明清织物 2版

Fabrics of Ming and Qing Dynasties

李雨来 李玉芳 著

東華大學出版社
·上海·

内容简介

本书作者是从事中国古代织物和绣品收藏的行家，具有丰富的藏品积累和收藏心得。作为《明清绣品》的姊妹篇，本书同样是作者多年收藏经历的总结，内容主要涉及明清织物的织造工艺、纹样种类、织物品种和名称来源等，并结合当时的社会环境、政治环境、经济环境等因素，对织造技术的演变、织物的文化内涵和服饰规章等进行系统梳理。

书中使用了作者收藏的大量实物图片，以实物对比的方式，对明清时期的织物进行解读，部分观点与学院派不尽相同，并提出了一些新问题和新概念。以作者的特殊身份和切身经历所得到的关于明清织物传世品的研究心得，可以为热爱中国古代织物的人士提供深入浅出的指引，也可以为从业者对中国古代织物的收藏和借鉴提供依据，还可为相关专业的学生和学者提供进一步探究的第一手资料。

图书在版编目（CIP）数据

明清织物 / 李雨来, 李玉芳著. —2版. —上海：
东华大学出版社, 2020.10
ISBN 978-7-5669-1800-0

Ⅰ.①明… Ⅱ.①李… ②李… Ⅲ.①织物-研究-
中国-明清时代 Ⅳ.①TS1-092

中国版本图书馆CIP数据核字(2020)第194980号

作　　者：李雨来　李玉芳
图片整理：李晓君　李晓建
摄　　影：李晓建　高金良
责任编辑：张　静
版式设计：魏依东　胡珍珍
封面设计：唐　蕾
本书中所有实物均由李家绣坊收藏

出　　版：东华大学出版社（上海市延安西路 1882 号，200051）
出版社网址：http:// dhupress.dhu.edu.cn
天猫旗舰店：http:// dhdx.tmall.com
出版社邮箱：dhupress@dhu.edu.cn
营销中心：021-62193056　62373056　62379558
发　　行：全国各地新华书店
印　　刷：杭州富春电子印务有限公司
开　　本：889 mm × 1194 mm　1/16
印　　张：31.5
字　　数：1118千字
版　　次：2020 年 10月第 2 版
印　　次：2020 年 10月第 1 次印刷
书　　号：ISBN 978-7-5669-1800-0
定　　价：598.00 元

作者夫妇

李雨来，1952 年生于河北省安新县大王镇小王村

李玉芳，1957 年生于河北省安新县大王镇大王村

夫妻二人从1979年开始接触织绣品，对明清织绣品有长时间的认识和研究，四十余年始终如一，对明清织绣品的年代、工艺、生产和流行地区等都有较深刻的认知和理解。所著的《明清绣品》一书，由原中国国家博物馆馆长吕章申题写书名。原北京故宫博物院院长吕济民、清华大学美术学院教授黄能馥、东华大学服装与艺术设计学院教授包铭新等，都给予了此书较高的评价。

1版序

中国是地球上流传纺织工艺历史最久，织物品种最丰富，品质最优秀的国家。中国在距今约7000年前就能利用天然蚕丝织造丝绸，在公元前六世纪，中国丝绸就从北方草原之路传运到欧洲。汉武帝开通“丝绸之路”以后，中国丝绸就源源不断从西北销运往欧洲。西方历史学家称中国为“丝绸之国”。

纺织品既是生活实用的物质产品，又是精神文化的载体，我国古代对纺织品的研究，在科技方面多关注工艺生产的流程，对品种设计的研究则语焉不详；而在精神文化方面的诠释，则因封建体制的历史影响，以宣扬封建体制政治伦理观念为主旨。二十世纪我国学术界对古代纺织科学艺术的研究开始了新的历程，如沈从文先生就十分重视以物证史的学术理念，悉心追索历代考古发现的物证，与古文献资料相佐证，以求科学的结论。明清时期是我国传统纺织技艺发展的最高峰，品种花色精美繁多，遗存实物极为丰富，国家保藏达数十万件，民间及海外流传者难以精确数据；明清时期“江南三织造”官工产品，固然可在国家博物馆收藏文物中看到，多为官府皇宫之御用品，而民间及海外流传之纺织品，其品种及纹彩设计，则更有见所未见者。故沈从文先生每星期都要去文物市场探访，并与一些古董商友好交往。

我是在二十世纪九十年代末与李雨来认悉的，2003年，他邀请我到他家去鉴定他所收藏的龙袍，我了解他是一位普通的农民，经过20多年的艰辛奋斗积累，从四方遗散的古董中收集了一批珍贵的龙袍，妥为收藏，使我深为感动，当即画了“神龙图”一幅，上书：

龙袍衮服，气宇辉煌，
材质珍贵，工技非常。
帝制崩溃，遗散四方。
李君雨来，奔走购藏，
历二十年，收效可观，
中华奇珍，与世共赏。

这幅“神龙图”作为我对雨来兄钦佩的深意赠送给雨来兄。

时光在不知不觉中过去了十年，这十年中我在失去了最亲爱的战友和同志陈娟娟研究员的悲痛情绪下，怀念恩师沈从文先生的嘱托，先后把陈娟娟生前和我共同研究的关于中华织绣和服饰文化的成果，编著成《中华丝绸科技艺术七千年》、《中国龙袍》、《中国南京云锦》、《中国成都蜀锦》、《服饰中华——中华服饰七千年》等大型学术专著，尊循沈从文先生以物证史的学术理念，用大量的文物图片进行具体分析研究，其中有少部份民间收藏的龙袍照片，来自于雨来兄。而雨来和王芳夫妇，也在这十年中，苦心学习，苦心研究，利用其从事织绣文物经营和收藏、能大量接触明清织绣实物的有利条件，完成了《明清绣品》和《明清织物》两大专著。《明清绣品》一书已于2012年6月由东华大学出版社出版，《明清织物》一书，包括“名称、术语和组织概念”、“面料组织分类”、“坯料种类和实物分析”三大门类，以大量实物图片结合历史知识和纺织科学知识进行叙述，内容丰富，编排科学，是中华纺织科技艺术史中一部宝贵的著作，在兹书出版之际，特序以为贺！

黄能馥 2012年8月
于北京

前言

说起古玩，人们会马上想起瓷器、玉器、铜器等很多种类，甚至能够想起鞋拔子、烟袋锅等使用年代比较近、范围较小的类别。但是对于古代的织绣品，除了一些艺术院校、专业博物馆以外，在收藏领域甚至形不成一个群体，根本不能像其他门类一样交流。这种现象应该和服装的概念太大众化有关，由于人们每时每刻都在接触服装，太多的接触往往会忽略文化内涵。实际上，无论是工艺、纹样，还是款式，与其他门类比较，织绣品更具有广泛的社会时尚和流行特征，能够更直接、更具体地反映时代和民族文化的变迁。人们时刻接触和应用的纺织品，其广泛而深远的文化内涵不亚于其他任何类别。

对于刺绣品，笔者是有意收藏的，而这些明清布料的收藏，却纯属偶然。仔细想来，应该和藏族的穿着习惯有关。西藏人驱邪用的法袍的袖子非常宽大，很多龙袍等宫廷服装改成了这种法袍，一般袖子上添加的部分是用较名贵的锦缎拼接而成的，其中的工艺和图案具有很强的时代特征。笔者买到后拆下来没舍得扔掉，近些年在国内外也买到一些明清锦缎，久而久之竟成了收藏。

时间长了，藏品越来越多，把大量的实物分类整理后，感觉无论是工艺还是纹样，都是可以给人借鉴的资料，所以开始看一些相关的书籍资料。综合起来，史料中研究历史渊源的较多，对实物进行分析的较少；概括性的理论较多，解释名词、术语、工艺类别的较少。有些名称、术语有重复性，甚至有些相同的名称，其含义却不同，概念上较为含糊。因此，开始考虑出版一本图录，加上一些技术分析，对明清织物的记载也颇有意义。

笔者写过一本关于刺绣的书，书名叫《明

清绣品》，因为与刺绣接触和揣摩的时间长，而且所有资料几乎都来自流传的第一线，总体感觉颇为满意。《明清绣品》第2版已于2015年出版。在人类文明快速发展的今天，曾经在中国蓬勃发展的刺绣产业逐渐衰落，很多与刺绣相关的名称、术语甚至工艺，逐渐被人们所忘却。此书至少能够使一些绣品的种类、名称、术语，以及流行区域等得以较长时间的延续。因为绣品和织物是相辅相成的，在很多领域是同时存在、不能分开的，在写《明清绣品》一书时，总觉得只写了一半，不够完整。所以，笔者在写绣品时就在酝酿，必须再写一本《明清织物》。

虽然笔者与纺织品的接触在时间、数量和种类上等都不亚于刺绣，但以前对纺织品不够重视，缺乏理解和研究，所以写本书的难度很大。好在有很多实物比对，也还挺有信心。但由于文化程度和现有史料等种种因素，为了最大限度地做到简单、明白，本书不在于研究织物的发展历史，对于一些古代织物的名词和术语，也不再使用，只写实物，以及笔者对于明清时期的纺织品的分析和理解。

笔者尝试着把经常见到的名称列在一起，试图梳理出一个较为清晰的概念，经过多次变更，最后觉得分为三个部分最为合理。

第一部分写明清时期的纺织品的常用术语和组织，包括绫、罗、绸、缎、纱、绒，并对四大名锦等进行解析。

第二部分介绍面料，主要分析纺织工艺，分成四个种类；

(1) 妆花：中途介入、重纬、采用抛梭、回纬的工艺；

(2) 织锦：多层经纬交织、通梭的工艺；

(3) 提花：单层经纬交织、通梭利用组织变化形成纹理的工艺；

(4) 缂丝：单层经、不通梭、纯回纬形成纹理的工艺。

第三部分写坯料，根据各个时代的特征，主要介绍织物的种类、款式和纹样的变化。

尽管同样有些混乱，但应该是相对较好的方法。

另外，对于棉、麻、毛织物、日本织物，以及清代民国时期传世的一些机头也作了简浅的介绍。一则是为了使织物爱好者对明清时期的纺织品了解得更加全面；再者，能够将明清藏品实物予以展示。就整体而言，织锦工艺和刺绣相比较，前者的构图和色彩的应用规范，其产品数量多而且稳定。

需要说明的是，本书的宫廷服装部分，其内容和《明清绣品》部分内容不可避免地重复，恳请读者谅解。

李雨来

2019年12月

目录 CONTENTS

第一部分

第二部分

目录 CONTENTS

第三部分

第一部分

名称、术语和组织概念

Mingcheng、Shuyu he Zuzhi Gainian

第一章 术语小解

在介绍纺织品之前，有必要把一些专业术语、名称等进行定位和解释，这对于纺织工艺的初步了解是必不可少的 。

第一节 基本机件名称

一、综

综是用于提拉经线沉浮的工具，根据织物纹样的需要，把需要提拉的经线拉起，使拉起的经线和不需要拉起的经线形成一个通道（梭口），以使带有纬线的梭顺利地穿越。

在织机上，综是织物由线变成布最为关键的部分。织物的组织结构、纹样的形成，都需要通过综的运行变化而完成。根据织物的工艺和织机的类别，一台织机可以有一对综，也可以有多片综。

一片综上分挂几列综丝（如两列、三列、四列等），称为复列式综框；一片综上只有一列综丝，称为单列式综框。

综框的排列顺序是自下向上排列的，在织机上，由织口（或胸梁）向织轴（或后梁）的方向排列。

穿综的基本原则如下：

（1）浮沉规律相同的经线穿入同一列综丝，有时，为了减少综丝密度，则分穿在几列综丝或几片综框内。

（2）浮沉规律不同的经线必须穿入不同的综框。

（3）每列综丝的密度不宜过大，在满足生产的前提下，尽量减少综框片数。

（4）提综次数多的经线一般穿入前面的综框。

（5）穿入经线数多的综框放在前面。

经线穿综方法根据织物的组织与密度不同而不同。常用的穿综方法有顺穿法、飞穿法、山形穿法、照图穿法、分区穿法、间断穿法等。

图 Yf046 棉线综
年代：清晚期

二、梭

梭是用来牵引纬线穿越梭口的工具。由于工艺的不同，梭的形状和大小及穿越方法也有区别。总之，以带动纬线穿越梭口时灵活、方便为准。

织物纹样的构成是非常复杂的工艺，每一种工艺都有其优点和不足，同一种颜色的织物只需要一把梭完成，带有纹样的彩色织物要使用多把梭才可完成。

三、筘

筘是由多个竖立薄片组合而成的。筘的作用是把纬线推到织口，当纬线完成一次通梭，需要用筘把纬线推到织物的最前端，以便和上一根纬线排列。这种排列是布匹形成的基本要素，所有的纺织品都是通过这种排列而形成的。经线必须从筘的间隙通过，根据经线所需的密度，筘的间隙也有差别。古代的筘是由竹片制成的，以后逐步改为钢筘。穿入经线相隔根数的多少，根据织物组织的需要和纹样、密度等因素确定。

第二节 组织名称

一、经

这里所指的是纺织品的纵横交织的名称，不是地理上的经纬度。经线是指布匹纵向的线。一般经线是根据布幅的宽窄事先设计并安装在织机上的，所以一旦上机，所用经线的根数、色彩和粗细就不能变动。经线依靠综的提拉形成梭口，让纬线穿越，通过隔行提拉经线和纬线穿越的变化形成交织。

二、纬

纬是指布匹横向使用的线。当综把所需的经线提拉形成梭口时，用梭带动纬线穿越。理论上，纬线不受线的粗细、颜色等限制，可以任意变化。所以，绝大多数纹样是通过纬线的变化而形成的。因此，业内把基本组织部分叫地纬，纹样部分的纬叫纹纬或花纬。

地组织是指面料纹样以外的组织结构，通常人们也称为基本组织。因为大多数纹样的形成需要织物组织的变化，所以人们在解释地组织的纬线时常用地纬的名称。

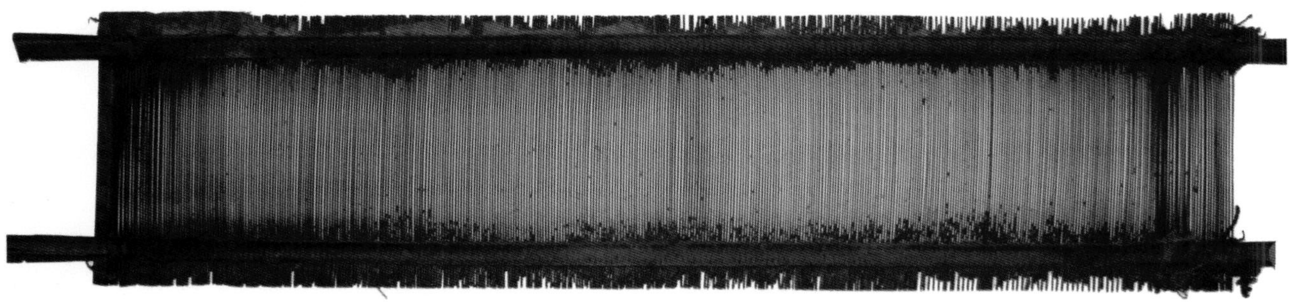

图 Yf044 竹制筘
年代：清晚期

三、飞和枚

组织循环：经组织点和纬组织点的浮沉交织规律达到循环时，称为一个组织循环。

相邻两根经线上相应两个组织点所间隔的纬线数加1，叫作飞数。

经线纵向的一个组织循环所穿越的纬线数，称为枚数。

枚数和飞数是指经线浮或沉相加的数，所以常用几加几来说明。一般浮的线在前面，沉的线在后面，如4加1就是经线跨越4根纬线后，沉到1根纬线下面又重新复出，形成有规律的循环，业内叫作5枚缎。

四、通梭、抛梭、回纬

纬线一次性穿越整个幅面，叫通梭。

介入的纬线一次跨越多根经线，叫抛梭。根据图案颜色的需要，织物反面的彩纬任意跨越多根经线，从一个图案直接拉扯到另外一个图案。这种拉扯多数是同一行纬线之间而为的，如果需要，也可以在不同的行距间进行。一般这种工艺只用于妆花，因为灵活多变，很适合织造各种坯料，所以明清时期的坯料中这种工艺很常见。

根据图案色彩的变化，途中把纬线往回折返的方法叫做回纬。如果需要，也可以随时使介入的彩纬在纹纬中间绕经线后返回，在相邻的经纬线之间继续使用。

妆花纹样是由抛梭和回纬结合而形成的。

缂丝工艺是指纯粹以回纬的形式产生纹样。

图 Ts006 妆花工艺反面抛梭图

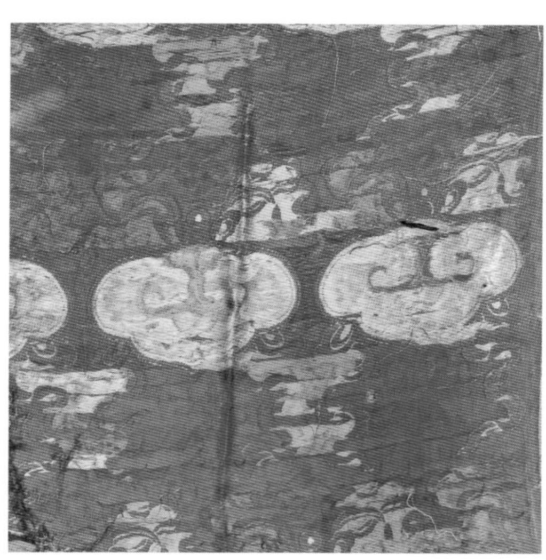

（a）反面回纬图

（b）正面回纬放大图

图 Ts037 香色妆花缎

五、组织结构

织物是指用纺织纤维织造而成的片状物体。布匹形成的基本概念就是在经线交叉时介入纬线，使经纬之间形成一个互相缠绕和固定的关系。传统的织物是由经线和纬线两个方向的丝线在织机上按一定规律交织而成的，这样反复的循环便形成了布匹。织物按生产方式的不同可分为机织物和针织物。

(1) 织物组织。织物中经、纬线相互浮沉交织的规律，称为织物组织。

(2) 平纹组织。经线和纬线每隔一根就交织一次的，叫平纹组织。

(3) 斜纹组织。经线和纬线隔两根交织一次，采用添加经纬交织点，改变织物组织结构，叫作斜纹组织。

(4) 缎纹组织。经线和纬线至少隔三根才交织一次，织纹纹路斜线无任何连续，即45°斜向无任何两个组织点紧挨的，叫缎纹组织。

(5) 组织点（浮点）。经纬线相交处，称为组织点。

(6) 经组织点（经浮点）。经线浮在纬线上，称为经组织点。

(7) 纬组织点（纬浮点）。纬线浮在经线上，称为纬组织点。

(8) 经面组织。经组织点多于纬组织点的，称为经面组织。

(9) 纬面组织。纬组织点多于经组织点的，称为纬面组织。

(10) 同面组织。经组织点等于纬组织点的，称为同面组织。

第三节 布匹概念

一、面料

面料是指在纺织时没有明确的目的，可以有多种用途的布匹。此类布匹占纺织品的绝大多数，从技术上涵盖了所有纺织品的工艺，既有各种纹样的布匹，也包括没有纹样的素面绸缎等。按照布匹的质地、组织结构、纹样等，可以随心所欲地制作任何用品。

二、坯料

坯料就是在纺织前事先设计好尺寸、纹样、轮廓和色彩等再织造而成的纺织品。业内把这种根据明确目的织造的、未经裁剪和缝制以前的布匹叫做坯料。

但这种称呼仅限于布匹阶段，如果把坯料或者面料，通过裁剪、缝制成可以使用的物品，都会有相应的名称，如服装、鞋帽等。

第四节 工艺概念

明清时期，在绫、罗、绸、缎、纱的基础上，采取各种方式形成图案的工艺可分为下述几种。

一、妆花

在局部植入彩线，采用回纬和织物背面抛梭相结合而形成图案的方法，叫作妆花。

根据图案和颜色的需要，在有基本组织的前提下，在指定位置的经、纬线之间介入彩纬。如已形成所需要的图案，在经线和纬线中间添加丝线或金线。对于所有图案，都是在固定的位置添加彩线，形成重纬组织，根据纹样的需要，随意地介入，可以在面料的任何一个位置开始或结束。此种织物就叫作妆花织物。这种织物如果不添加其他色线，其组织是常规的绸、缎或者纱，显缎纹组织的叫妆花缎，显绸组织的叫妆花绸，以纱为基本组织的就叫妆花纱。

在妆花织物中，抛梭和回纬是结合操作的，根据需要，色线的介入可以通过抛梭，也可以采用回纬的方法，完全根据图案跨越幅度的大小，按人工的意志进行。这种方法需要很高的技术含量，织同样的物品，有的妆花织物的背后比较平整，长距离跨越的丝线很少，说明使

用回纬的方法较多，这种工艺多数是能工巧匠所为。一般初学者用抛梭方法的较多，织物的反面有很厚的丝线。

（a）正面

（b）反面抛梭图

（c）局部放大图

图 Ts035 黄缎地花卉纹妆花面料
年代：清早期

二、织锦

纬线通梭，用几种彩色纬线，以色线沉浮交织的方式所形成图案的，叫织锦。

多层经纬交织的通梭工艺：面料的正面起花时，花纬与经线交织，花纬丝线浮在织物表面，利用花纬浮长的变化在织物表面形成花纹；不起花时，地纬与经线交织显示纬浮点，花纬沉于织物反面，为了避免花纬在织物反面的浮线过长，专设一个固结纬线的系统，可以每组4~5根与经线交织一次，使反面呈平整状态。

织锦的名称还有一层含义。业内很多人把所有织有纹样的绸缎都叫做织锦，如织锦缎、织锦绸、织锦龙袍等。这是一种习惯称呼，和组织结构没有关系。

（a）正面

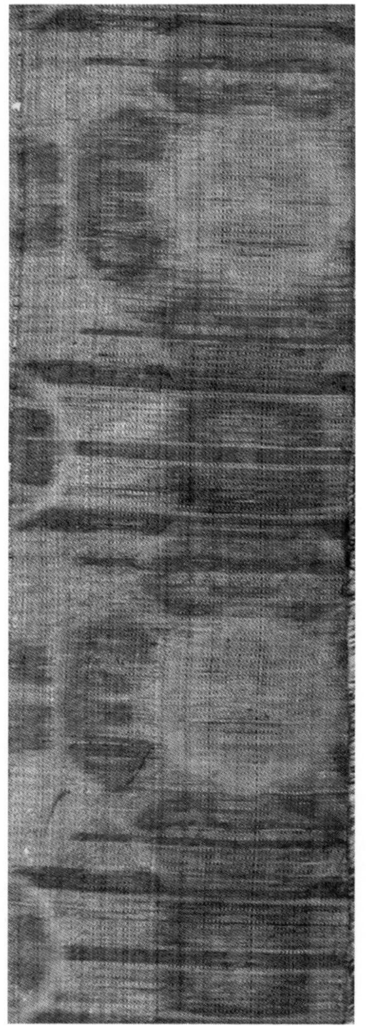

（b）反面

（c）正面局部放大图

图 Tm065 八达晕面料
年代：清中期
工艺：织锦

三、提花

纬线通梭，经与纬交织，通经、通纬、局部组织变化形成纹样的工艺，使用单色或双色，利用局部经纬关系变化形成纹样的，叫提花。

（a）正面

（b）反面

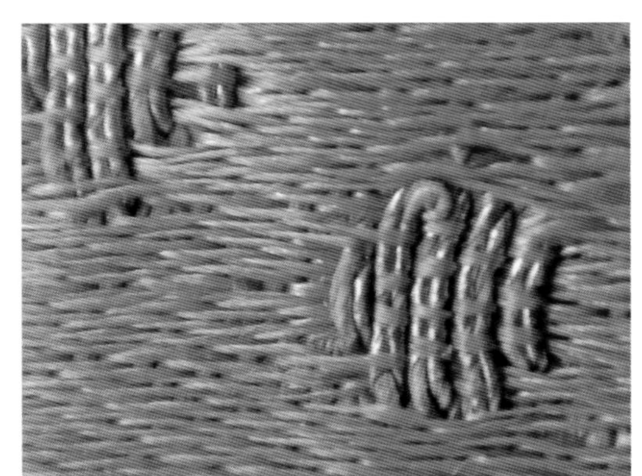

（c）正面局部放大图

图 Th013 黄色凤纹提花面料

图 Th013 所示凤纹面料为明黄色，主体图案为四合云和凤，并点缀佛家八宝等吉祥图案。这种纹样多见于明末清初，很多早期的妆花朝袍中有这种四合云纹。到清代中期，凤凰的纹样很少用，四合云纹也不再出现。到晚清时期，提花面料开始重新使用四合云等早期的图案，并较多地采用局部妆金的方法。

四、缂丝

对于所有的图案，都更换彩线，全部采用回纬的方法织成的，叫缂丝（晚期的这种工艺往往附加绘画工艺）。因为缂丝的经线是非常细的生丝线，所有的纹理都靠彩色纬线显示，对花纹的局部作通经回纬的挖花妆彩，很少有贯穿始终的地纬，连续回纬处有断纬的感觉，所以有人称缂丝工艺为通经断纬。

由于缂丝独特的工艺特点，明清时期的缂丝产品几乎全部是坯料，都是为某件衣物专门而织造的，面料很少。在众多缂丝品种中，笔者只见过一块金地牡丹纹缂丝面料，在传世实物中未形成种类特点，所以在面料部分不作介绍。关于缂丝，详见第二部分件料中的相关介绍。

（a）正面

（b）正面局部放大图

图 Ys154 浅蓝色花卉纹缂丝坐垫

尺寸：边长 45 厘米

五、印染

织成素布以后，采用各种方法将颜料附着于面料上，使面料局部或整体的色彩产生变化的工艺，叫印染。

织物的染色方法主要分浸染和轧染。浸染是将织物浸渍于染液中，使染料逐渐上染织物的方法，它适用于小批量、多品种的染色，绳状染色、卷染都属于此范畴。轧染是先把织物浸渍于染液中，然后使织物通过轧辊，将染液均匀轧入织物内部，再经汽蒸或热熔等处理的染色方法，它适用于大批量织物的染色。

图 Tf003 黑色牡丹纹辊压印花棉布正面
年代：清晚期

在印染工艺中，多种颜色的工艺需要通过几道工序完成。这块印花面料在纺织和印花工艺上已经很成熟，棉布的组织均匀平整，各种生长期、同视角的花卉、叶子的比例协调合理，色彩鲜艳逼真。

另外，常见的还有刺绣，这在《明清绣品》一书中已有介绍，这里不再重复。无论哪种织物，图案设计的好坏直接影响织物的外观和品质。纹样设计不仅要遵循绘画的规律，在尽量缩短循环的基础上，还要考虑织物的用途、原料的性质、色泽、织物密度、组织结构等因素。

大约在元末明初时期，各种织物无论在工艺、色彩还是构图方面，都得到了快速的发展。工艺上，除了原有的提花、多层织锦、中途介入的妆花和纯回纬的缂丝工艺外，开始采用妆花和提花相结合的工艺，即主体图案用妆花工艺，空白处加提花工艺，形成暗花的吉祥纹样，一般云纹较多。

第五节 地方棉布的纺织程序

传世的棉布主要有两种。一种是晚期通过电动力织机完成的棉布，因为这种纺织机械主要从国外进口，一般把这种棉布叫做洋布；另外一种是历史久远、主要通过人工织机完成的棉布，业内叫做土布。

根据记载，电动力机织棉布大约在晚清时期传入中国，这种棉布的棉纱细而均匀，布面平整，而且能织出多种组织，如平纹、斜纹、条绒等。可能是长期战乱、经济落后、政治上不稳定等因素，棉纺织工业的发展相对缓慢。到 20 世纪 60 年代，机织的棉纺织品主要用于城镇里比较富裕的家庭，而占人口大多数的农村的使用量则很少。

笔者出生在河北保定地区一个普通的农民家庭，有机会较深刻地体会了农耕文化。童年时代的农村和宋代的社会结构比较，并没有太大的变化，只是由原来的动、植物油灯改成了煤油灯，铁铧犁、织布机、推碾子、拉磨均未发生根本的变化。那时，父亲整日下地劳作，耕、播、锄、耪样样精通，母亲下地之余还织布纺线，做衣服、做鞋，每天都要一刻不停地劳作，笔者几乎每天都因为遮挡了煤油灯的光线而挨打受骂。勤劳是一种骄傲，干的活少是不过日子的表现，那是很大的耻辱。

那个时候，钱是用来打油（包括煤油）、买盐的。大胶皮车（胶皮轮胎的马车）、骡子、马比现在的奔驰、宝马汽车更奢侈，穿绸缎的衣服对于普通人更是遥不可及。这就是以前的普通人的生活。

笔者记得自己16岁以前的穿用全部是由母亲用自己纺织的土布做成的，从没有在商店里买过任何衣袜和鞋帽。那时，人们的生活几乎全部靠自己解决，吃自己种的粮、自己腌制菜，穿自己纺、自己织、自己做的衣服。大部分农村人日常穿的衣服和鞋帽、炕上用的被褥等主要是棉织物，棉布是真正普遍应用的纺织品。这几乎是当时整个社会的生活状态。

由于社会的快速发展，原始的纺织工艺已经逐渐被人们遗忘，这里做一个比较详细的介绍。笔者清楚地记得小时候农村的乡亲们纺织棉布的全部过程。要使棉花成为棉布，还要经过多道工序，这里对其中的主要工序进行介绍。

图 Yf054 民间土布织机图（民用织机的基本形状。地区不同，民用织机的形状和结构会有局部变化，但工作原理基本相同）

一、轧花

通过人工把棉花籽分离出来的过程，在笔者老家叫作轧车，大体原理就是用铁制成一排竖格，间距约1厘米，横向有一个约1毫米厚的铁片，操作时用人工踩踏底部的木板，像内燃机的曲轴一样，木板上连接一个直径约1.5米的飞轮，曲轴向下转动时踩踏，曲轴向上转动时抬起，使飞轮连续转动，通过齿轮使横向的铁片上下摆动，在籽棉经过时，通过铁片的砍压，使棉籽漏到竖格的下面，再经过一个圆辊，把无籽的棉花碾压出来。这种无籽的棉花在业内被称为皮棉。

二、弹花

由于皮棉基本上是每一瓣棉花为一体，纤维的分布很不均匀，对于纺纱和保暖都有很大影响。弹棉是使棉花成为一体的必然过程。原始弹棉花采用一个长约 2 米的弓，通过弓弦的颤动将棉花原有的纤维分解，从而重新组成一体。后来发明了人工轧车和弹花机，采用锯齿轧棉机加工得到的皮棉，称为锯齿棉。其动力传动过程和轧花基本相同，以人工踩踏木板，通过曲轴带动飞轮转动。但弹花主要利用齿轮带动一个有很多齿的轮子，把原来的皮棉纤维大幅度地分解，重新组合，使所有纤维分布均匀。弹压棉花是一种非常剧烈的体力劳动，必须由青壮年男子完成。

三、纺线

纺车非常简单、实用。取若干约 1 厘米厚、60 厘米长的木板，在木板的中间交叉重叠成一个圆形，分成相对的两组，两组中间用约 40 厘米长的木棍隔开，最后用麻绳将两面所有的木板连续缠绕连接，形成一个直径约 55 厘米、两侧为多块木板、木板顶端为麻绳的轮子。将轮子用木架固定，轮子的一端有一个约 5 厘米宽、16 厘米长的带圆孔的厚木板，用食指伸入圆孔，旋转轮子作为主动力。轮子上套一根直径约 1 毫米的线作为传送带，传送带的另一端是一个直径约 1.5 厘米、带有凹槽的小轮，小轮中间固定一根直径约 4 毫米的铁锥，由于动力轮和从动轮的比差很大，用食指转动时铁锥会高速转动，高速地绞缠棉花的纤维。在缠绞的同时均匀地拉动棉花，便形成了棉线。操作时右手食指转动主轮，左手拇指和食指捏着棉花，主轮转动的同时左手的棉花拉出一条棉线，左手拉到最大限度时，右手停止转动并向后倒退一点，紧接着向前一点，使拉出的棉线缠绕在铁锥上，然后进行下一个循环，如此反复。

图 Yf056 纺车的工作状态

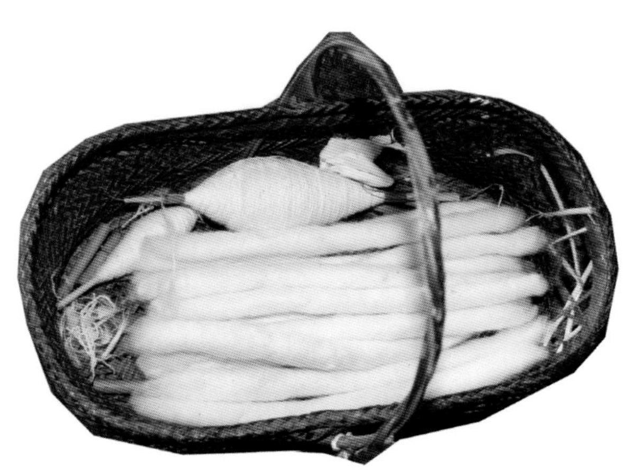

图 Yf057 纺线用的棉花和纺出的棉线

四、桄线

因为刚纺出的线是一个个锥形的轴，笔者老家叫作穗子。为便于以后操作，首先需要把穗子转换成一绺绺的形状。具体方法是用木棍（两横一竖）制作工字形工具，约高30厘米、宽26 厘米，当地人把这种工具叫作桄子。操作时，右手握住工字形工具正中间的木棍，将一根棉线沿工字形的四个角顺时针交叉缠绕，棉线走完四个角为一个循环，当棉线缠绕到一定厚度（约4个穗子）时，从一个角上把棉线取下，使棉线形成直径约60厘米的圆形。

五、浆线

首先把水加热，水温约 70℃时加入小麦面粉，并不停地搅拌均匀，面粉不要加太多，使水稍有黏稠度即可。把桄好的棉线放入里面翻动几次，浸泡均匀马上捞出、晾干。此工序的目的是使多数棉线的纤维粘贴在一起，使棉线表面的纤维减少，同时也能增加棉线的牢固度。

六、络线

把浆好的线架在可以旋转的圆形支架上，笔者老家叫作悬纺，另一端叫作络子。络子大体由六根（也有四根）木棍组成，两侧中间分别有一个约2厘米的圆孔，上下都有相同的六条腿，形成六角形圆柱体，直径约15厘米、高约25厘米，是一个专门缠线的用具。把络子横穿在一根带有底座的铁棍上，用手旋转络子的一条腿，把浆好的棉线缠绕在络子上，准备作为棉布的经线使用。

七、经线

那时几乎每家都会纺线，但把线织成棉布，一般要几个家庭联合完成。因为一旦把场面布置好，需要一定的时间才能完成织布，所以要求天气晴朗。

经线准备至少需 4~5 人，首先把带有棉线的络子一字形排开（多数是在向阳房屋较大的院子前面），一般放 20 个左右，为了在拉拽时棉线畅通，每个络子的正上方约 1.5 米处悬挂一个 U 字形支架，支架用高粱最上面的杆通过烘烤制成。排放络子的前方两侧，相对地在地面上各钉入一排木棍，木棍的间距约 30 厘米，需露出地面 10~15 厘米，两侧的木棍相距约 4 米，但末端需要并排地钉入两根、高出地面约 70 厘米的较粗的木棍。

操作时，把每个络子上的棉线通过 U 形支架，穿过一长条木板，然后将每根棉线结扎，并固定在右侧第一根露出地面的木棍上。长条木板叫做（经板），宽约 5 厘米、长约 70 厘米，上面有多个圆孔，是带动棉线从一边拉到另一边的工具。

图 Yf045 络子
年代：清晚期

具体工序：一人手握穿过棉线的木板，往返于两侧钉在地上的木棍之间，两侧木棍前各站一人，每走到一侧就把木板上的棉线交给那侧的人，那个人再把线挂在木棍上面，挂线的方法是从外向里，按顺时针进行。当把棉线从外到里缠绕到最后，也就是到两个横排的高木棍时，持经板的人把每一根棉线反转交叉后再挂到第一根木棍上，使第一根高木棍上的棉线和第二根之间形成交叉，等待以后把交叉后的线分别穿入两片综中，以形成将来织布时的梭孔。最后，先拔掉第一根挂线的木棍，按照棉线的行走顺序，把缠绕的线卷成一个球状。

这样，把所有木棍缠绕一次就是一个循环。一般是将络子上的棉线基本绕完为止，缠绕在木棍上的棉线总根数就是经线的总数，一般面料幅宽 40 厘米，经线总数约 380 根到 400 根。两侧木棍的总数量减 1，再乘以两排之间的距离，就等于本次上机经线的总长度。

八、缃布

缃布就是把经好的线重新梳理，缠绕在织机的木架上，最后把交叉的经线分别穿入两片综中，再穿过筘，把经线固定在一个用于卷布的木辊上即可，操作时用脚踏的方式，使综片带动经线上下变换，每变换一次，带有纬线的梭穿越一次，如此循环便形成最基本的棉布。

棉花在我国的普遍种植和应用的时间较晚，海南岛、西南、西北等地区最早，汉代开始种植和利用棉花。由于棉花的纺织性能好，宋、元以后得到迅速发展，取代了葛麻纤维。宋末元初，纺织技术有了实质的进展，向长江流域和黄河流域迅速传播。黄道婆为发展棉纺织技术做出了重大贡献。

黄道婆是松江府乌泥泾人（今上海龙华镇人），早年流落崖州（今海南岛崖县），从当地黎族人民那里学到了一整套棉纺织加工技术，总结出一套融会黎族棉纺织方法和内地原有纺织技术于一体的完整新技术，可归纳为擀（轧棉去籽）、弹（开松除杂）、纺（纺纱）、织（织布）。

第二章

解析四大名锦和江南三织造

明清时期，纺织产业快速发展，知名产地和专业人员大幅度增加，而当时的交通并不发达，最先进的通讯工具基本上是马匹。辽阔的中国领土，纺织品产地之间的文化习俗差异较大，各地的纺织产品自然也有区域差别，每个地区都有自己的风格和特色产品。这种风格特点便是区别纺织品产地的方法。实际上，对于纺织原理和很多工艺类别，都是相通的，在工艺、构图上没有绝对的产地差别。

第一节 四大名锦

不同地区所用的织机、经纬丝线的粗细，甚至构图风格、色彩的应用等，往往有一定的差别。相反，同一地区的同一种工艺，使用基本相同的织机，其组织结构、色彩、图案等差距甚微。这种区域性的差别是构成地区特点的重要因素。

在生产过程中，相同织机的同一种工艺，尽管生产地区不同，所生产的产品往往没有很大区别，特别是同一时期的产品，一般差异很小，所以要区别某件丝织品的产地很困难。为了搞清楚此事，笔者根据一些带有机头的实物，加上千余件明清面料传世实物，从工艺、色彩、纹样等方面，综合比对。下面将笔者个人的体会和观点做个陈述。

对历史的物品进行分析时，名称的多重性是概念上最为混乱的问题之一。由于多数名称是经过多年的口口相传而得来的，很多名称有多种含义。如宋锦既能解释为宋代的锦缎，也可以解释为苏州地区生产的某种锦缎，完全相同的名称，却有两个完全不同的含义，而且没有对与错的区分，都有其合理性。

需要注意的是，宋锦、云锦和杭锦三个地区产品中（即江南三织造），每一个地区在产品种类和纺织工艺上都有自己的特点。但是，仅限于种类和工艺，如果是同一时期、同一种工艺的产品，是没有办法明确区分的。

一、云锦

笔者在和各种织物的多年接触过程中，一直在揣摩大名鼎鼎的云锦，但始终没有形成一个清晰的概念。

根据大量的传世实物，可以看出明清时期南京地区的各种丝绸生产厂家很多。据说鼎盛时期的从业人员大约有30万，既有知名的、主要供给朝廷使用的江宁织造，也有其他带有南京或云锦机头的实物。但大多数厂家的产品是作为商品供给国内外市场的，众多丝织厂的产品主要以市场需求为导向，所以工艺的种类、色彩及图案的变化很多，而且具有很鲜明的时代特征。

明清时期的南京是中国绸缎产业最为发达的地区，产品种类也涵盖了当时所有的社会需求，既有宫廷所需的各种坯料、面料等，也有社会市场上三教九流的各种用品。在纺织工艺

上，既有素面的绫、罗、绸、缎，也有妆花、织锦、提花等坯料和面料。对于云锦的名称而言，史料上的依据，如众多传世的机头，都有记载。综合起来，云锦应该解释为南京地区生产的锦缎。也就是说，所有南京地区生产的锦缎都应该叫作云锦。

假如有两块南京生产的妆花缎和素库缎，让人区分哪块是云锦。绝大多数人会认为带有妆花工艺的是云锦，同时否定素库缎。在实际社会中，包括一些资料中对云锦的介绍，更多的是指最具有代表性的妆花工艺。这里说的代表性，是指产量在总的市场份额中占有率最大、质量最好、最具有地方特色，特别是清乾隆以前的宫廷服装，如传世较多的妆花龙袍、朝袍等。

其实到现在，人们所说的云锦多数也是指妆花工艺。所以，生产地区的含义和广泛的社会认知度，都是现实存在、无法否定的。故此，云锦的名称总体上应该有两种含义：

(1) 南京地区生产的锦缎；

(2) 南京地区妆花工艺的锦缎。

图 Ts176 南京生产的锦缎
名称：红地缠枝莲纹织金面料
年代：清早期

本织金面料的机头文字为“江宁恒记汉广真金”，其中“汉广”二字不能确定。

江宁地区是明清时期有名的纺织基地，江宁是南京所辖的区县，明洪武元年（1368），明太祖建都应天府，南京、江宁、上元县属应天府，洪武十一年（1378）南京更名京师，江宁、上元仍属应天府。

清顺治二年（1645），改南京为江南省、应天府为江宁府，辖江宁、上元等县。咸丰三年（1853），太平天国定都江宁府，改名天京。同治三年（1864），复称江宁府，辖江宁、上元等县。

中华民国元年（1912）1 月1 日，中华民国临时政府定都江宁府，改江宁府为南京府，废江宁、上元两县。次年废南京府，设江宁县。民国二十二年（1933）2 月10 日，江宁自治实验县成立，直属江苏省政府。民国二十三年（1934），县治由南京迁至东山镇，与南京市分开，属江苏省管辖。民国二十七年（1938），江宁地区先后建立江宁、横山和上元县。

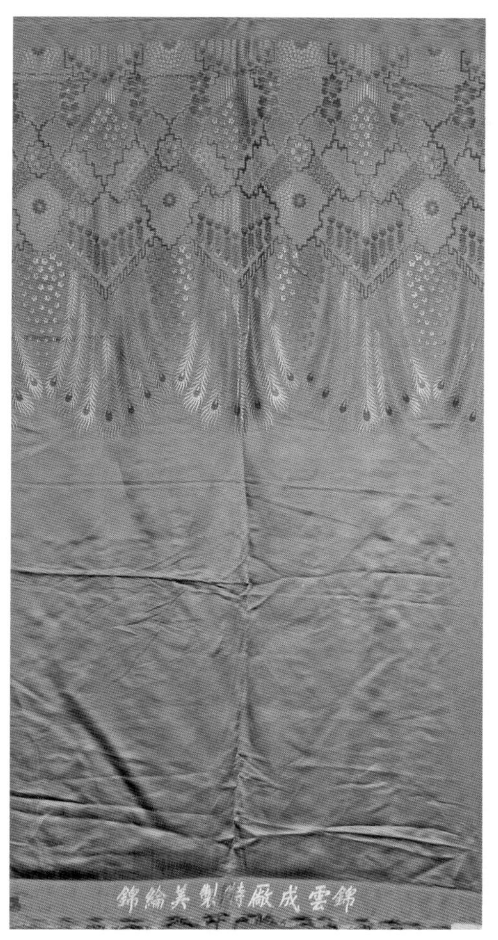

图 Ys009 南京生产的锦缎
名称：灰色提花坯料机头（锦纶美制特厂成云锦）
年代：清晚期或民国时期

图 Ts180 南京生产的妆花织物
名称：蓝色妆花龙袍坯料残片（江宁织造臣同德）
年代：清中期（约乾隆时期）

这种龙袍坯料，带有机头的非常少见，原因是机头不在使用范围之内。从这件残片，可明显看出机头距离立水的最下端大约有 10 厘米，正常情况下，在缝制龙袍时肯定被裁剪掉。这也是龙袍机头少见的主要原因之一。通过这件龙袍残片的机头，也可说明山水、云龙等纹样是 18 世纪宫廷造办处定制的妆花工艺。

二、宋锦

对于以盈利为目的的工厂，产品销售是最为重要的，市场的需求是唯一的导向，所以即便是同一厂家，每个时间段所生产的产品也不同。因此，作为产业，无论哪个地区，生产的锦缎中都有代表性的主打产品，往往用某一种产品代表整个地区，同时在工艺、纹样等方面有多个种类，在名称上难免有多重性。相对于其他地区，宋式锦的含义更为复杂。根据一些史料和业内的习惯名称，大概有三种不同的含义同时存在。

一是泛指苏州生产的锦缎。 南京的锦缎叫云锦，苏州的锦缎叫宋锦。业内为什么将苏州锦缎称为宋锦或宋式锦，据说是因为宋代兴盛。笔者觉得也可能和南京云锦相对应有关。说起宋式锦，多数人很自然地认为是苏州的锦缎，所指的是整个苏州地区的锦缎，而不是某种纺织工艺或者某个生产厂家的产品，产品种类几乎包括了所有同时代的丝织品。根据传世的机头和史料记载，既有绫、罗、绸、缎、纱，也有各种妆花、织锦、缂丝等工艺的产品。

二是指工艺特征。宋锦最有代表性的是多层织锦，即所谓的八达晕、四达晕等，多数用三枚斜纹组织，配色典雅和谐，色彩较协调，主要用于书画装饰。由于这种工艺的产品是苏州织物的代表性产品，有人称之为宋式锦。

三是指历史年代。由于中国历史上有一个宋代王朝，所以宋代的锦缎叫宋锦。但是，由于宋代的锦缎出土数量较少，传世实物更是寥寥无几，这个表现宋代锦缎的名称，在业内使用不多，社会认知和普及程度也不高。

代表产地和历史年代的两者同名，但不同姓，是完全不同的两个概念，所以要注意明确分开，不能混淆。

缂丝工艺也是苏州纺织工艺的一大亮点，明清时期流行的缂丝物品，绝大多数产自苏州地区。人们习惯性地把苏州织锦叫作宋锦，业内也有人把苏州缂丝叫作宋缂丝。为此，有人对“宋”字产生误解，以为是宋代的意思，把清代的织物理解成宋代的，把清代的缂丝说成宋代缂丝，这对于缂丝工艺的历史研究，会产生很大的偏差。例如，一些著名博物馆的著名藏品介绍资料中注明的宋代缂丝，其中不乏把清代苏州产的缂丝说成宋代产的，有多件物品的介绍有待商榷。

图 Ys196　苏州生产的妆花缎过肩龙朝服坯料
名称：黄色妆花缎过肩龙袍坯料（苏州织造臣椷兴）
年代：清中期

图 Ts174 苏州生产的龙纹妆花缎面料
名称：白地妆花龙纹面料
年代：清晚期

图 Th144 苏州生产的素缎
名称：红色提花素缎面料
年代：民国时期

（a）正面

（b）面料反面图

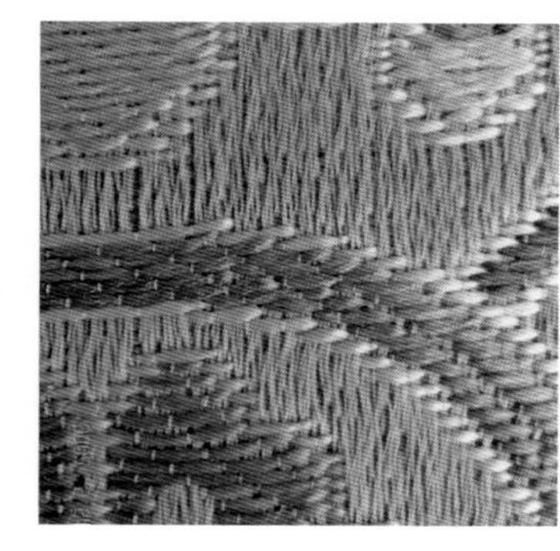

（c）局部放大图

图 Tm005 八达晕纹锦
年代：清中期

宋式锦的制作工艺多采用三枚斜纹组织；两经三纬，经线有地经和面经，地经为有色熟丝，织地纹组织，面经用本色生丝，纬线三种，一纬与地兼用，二纬专作纹纬；多用分段换色的短跑梭织主要纹样，用长跑梭织花叶枝茎或花的边线和几何纹。

三、杭锦

杭锦的经纬密度和色彩等接近于宋锦。和宋锦相比，杭锦的名称较为少见。从众多的传世品中可明显看出，到清代中晚期，杭州锦缎的生产规模、品种和数量均很大，而且是供应给宫廷用品的江南三织造之一。但杭锦缺乏自己的特色产品，产品名气比不上大名鼎鼎的江宁织造，而苏州生产的八达晕和绛丝也名声远扬，唯有杭锦在名气上处于一种较为尴尬的地位。

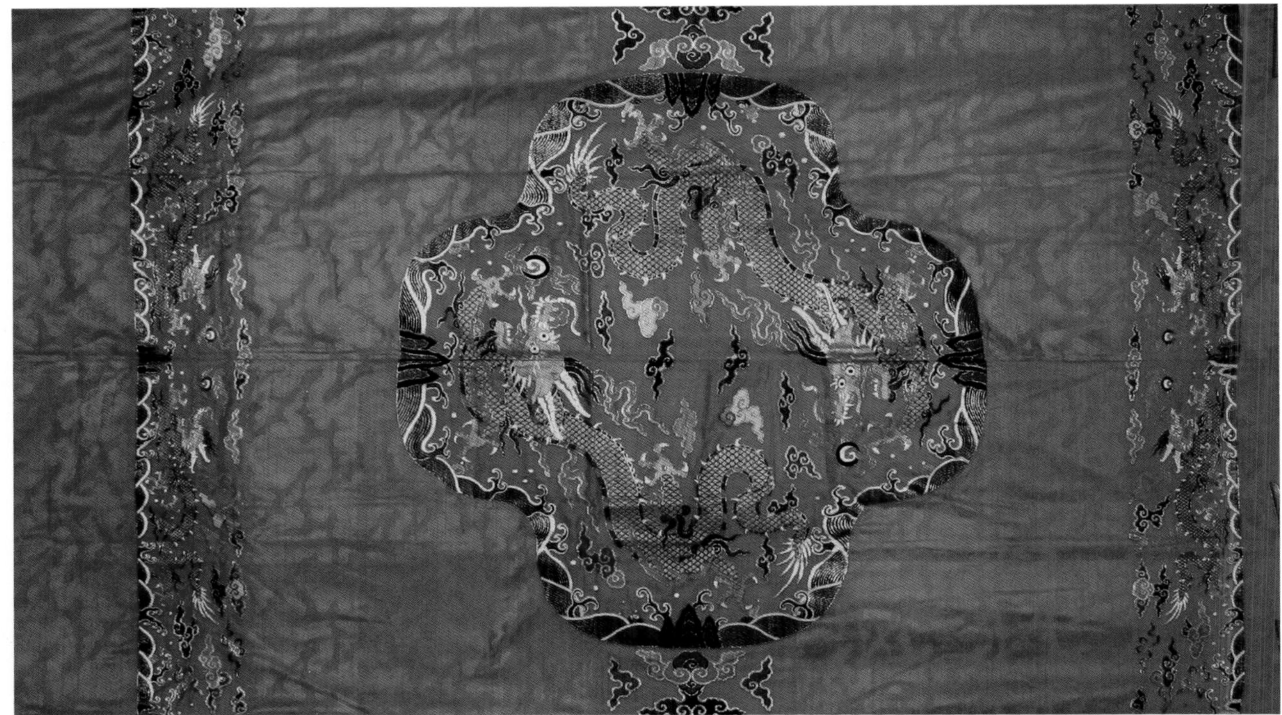

（a）正面

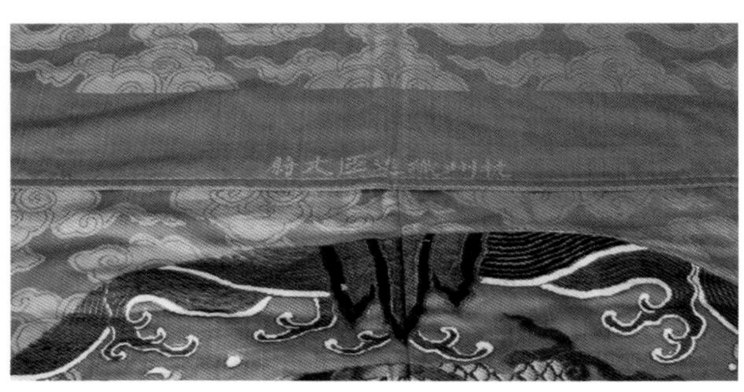

（b）局部放大图

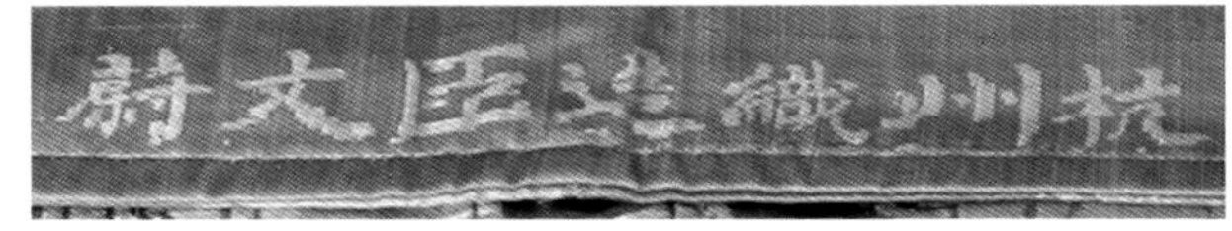

（c）机头

图 Ts178 杭州生产的妆花缎
名称：红地妆花过肩龙裙式朝袍坯料
年代：清早期

这块朝服坯料是笔者 2006 年在日本京都买到的。经营者是一对 70 多岁的老夫妇，夫妇俩给人的印象非常祥和本分，店面很小，看上去不足 10 平方米，专业经营古代丝绸，主要是日本丝绸，其中夹杂着少量中国织绣品。每块丝绸坯料上都有标签，上面标写着编号和价格，一般不能讨价还价。这种经营方式在古玩行中很少见，因为当时的织绣品，除了笔者以外，中国人基本不买，笔者是第一次去这家店，看到有很多中国织绣品，价格很便宜。笔者基本把该店存放多年的中国丝织品全部买下，另外买了些日本的丝绸。这件朝袍的坯料是用很便宜的价格买到的，因为是坯料，没有裁剪成衣服，所以机头还保留在上面。

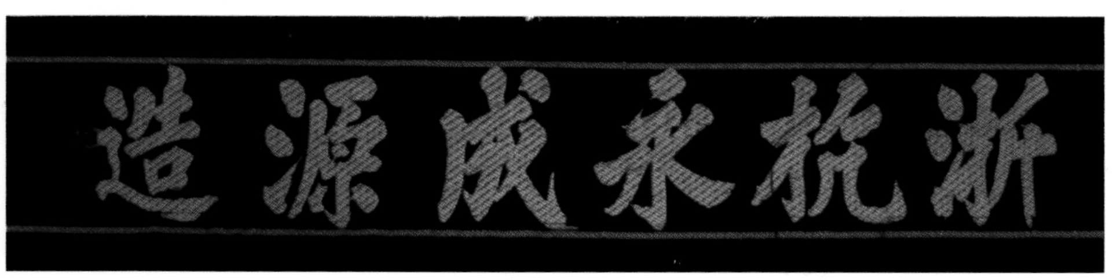

图 Th155 杭州生产的素缎
名称：黑色素库缎面料
年代：清晚期

图 Ys158 杭州妆花龙袍机头
年代：清晚期

四、蜀锦

笔者在20世纪80年代开始收藏蜀锦时，就想在年代上、工艺上将蜀锦收藏更加系统化，以便以后出版一本相关书籍。笔者和实物的接触较多，时间也较长。各种织物的工艺、纹样和产地等，在笔者头脑中都有一个概念，但是笔者始终未找到能够证明蜀锦的织物。所以，尽管笔者不怀疑自己的正确性，但所说的蜀锦的确没有可依据的概念，希望读者也持怀疑的态度。

在古代的纺织品中，蜀锦是最为古老、使用时间最长的丝织物，但是在笔者收藏的明清织物中，没有找到一件能够证明是四川地区生产的锦缎。笔者咨询过研究古代丝绸的专家，除了现代在四川境内生产的锦缎以外，他们也没有见过能够确定是蜀锦的实物，如带有机头的织物。

笔者认为，蜀锦的兴盛时期主要是明代以前，早期的丝织品大部分在四川地区生产，这一点不能否认。但到了明清时期，南京、苏州和杭州的锦缎生产快速崛起，品种和数量快速发展，很快占领了市场的多数份额，同时也得到了朝廷的重视。因此，明代以后，蜀锦的名气和社会影响力都远远比不上江南三织造。此时，四川丝织品的总体数量的比例有所下降。但是在四川，蜀锦的生产始终没有间断过。

还有一种原因，在几百年的流传过程中，由于江南三织造日益强大，人们对蜀锦有所忽略，加上蜀锦可能没有织机头的习惯。蜀锦在名称上不可否认，但实物无法确认，导致人

们尽量地回避评论，即便是把蜀锦放到眼前，也会误认为是其他的锦缎。久而久之，蜀锦的风格特点被淡忘或转嫁。

通过多年的经验，以及和实物的比对，笔者认为，通常业内所说的重锦应该是蜀锦的特点。这种面料厚重，组织结构紧密，图案轮廓较大，颜色较深，手感硬挺，正反面的色彩差别较大，反面的图案线条轮廓也比较模糊。笔者觉得这种工艺的锦缎应该属于蜀锦的范围，如图Tm032所示的灯笼纹重锦，是笔者2003年在四川成都买到的。

另一种同样为多层交织，特点是经纬丝线的粗细差距较大，面料相对于重锦较薄，质地松散柔软，正反面纹样的轮廓相对清晰。通过带有机头的实物等证明，这种大多数是苏州生产的，所谓宋式锦主要指这个种类。

（a）正面

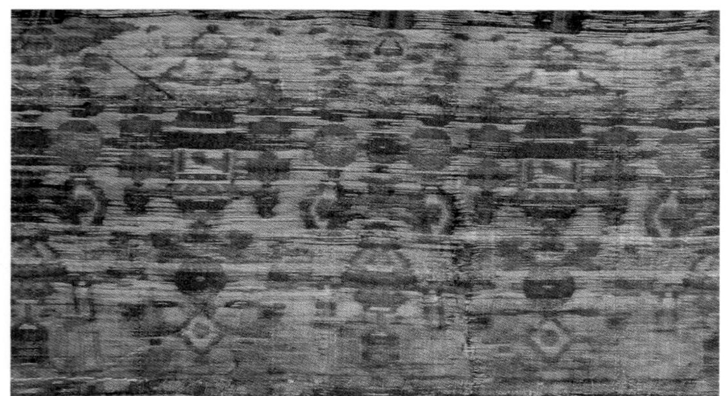

（b）面料反面图

（c）局部放大图

图 Tm032 蓝色灯笼纹锦

年代：清早中期

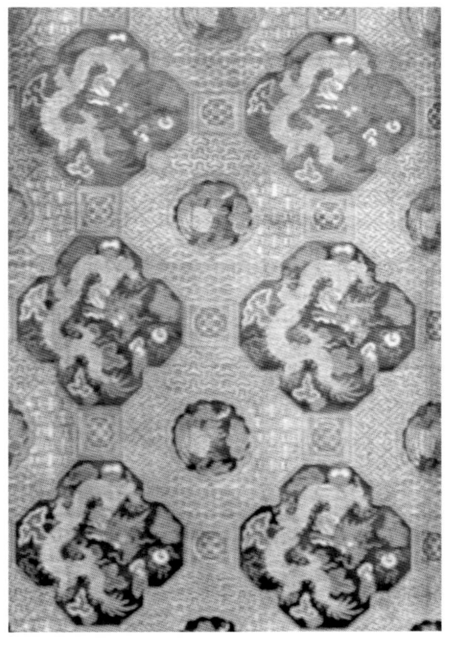
（a）正面

（b）面料反面图

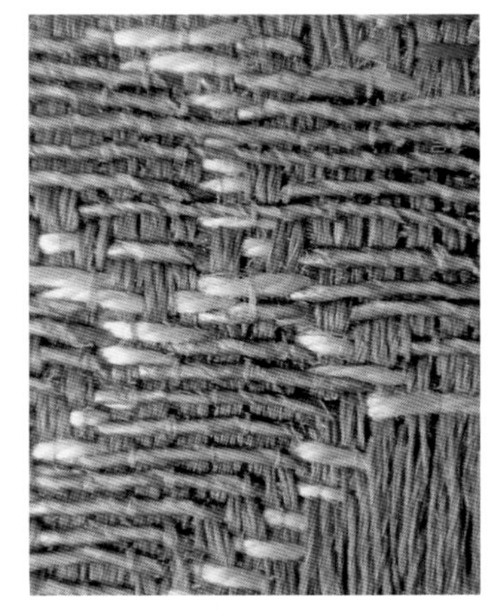
（c）局部放大图

图 Tm022 龙纹织锦
年代：清晚期

四大名锦是指云锦、宋锦、杭锦（即江南三织造）和历史悠久的蜀锦。也就是说，江南织造不包括蜀锦。这种现象和年代的差别有关，根据史料和传世实物，明代以前的锦缎应为四川生产的蜀锦，云锦、宋锦和杭锦的名称应该流行于明清时期。

从明清时期的丝织物传世品看，在种类上，南京和杭州更擅长生产各种服装坯料或面料，如妆花、提花和没有图案的素绸缎，多层通纬的织锦工艺甚少。苏州和四川主要生产织锦面料，四川生产的蜀锦大部分用于装饰，比较硬挺、厚重，多用在厅堂的廊柱、悬挂在寺庙里的幡等场合；苏州生产的宋锦多为几何纹样的八达晕，丝线较细，面料相对薄而松软，大部分用于装裱书画、制作锦盒等文人雅士的用品。

第二节 江南三织造

因为江南三织造的快速发展，到明清时期，宫廷在江宁（今南京）、苏州和杭州三处设立的办事处，主要管理各地纺织事物，负责供给朝廷使用的织绣品，管理各个级别的从业人员的工作和生产、社会秩序、征收税业务等，名曰江南三织造。其形式相当于现在的国营工厂，包括管理人员、各种花费、盈利和亏损都由国家负责。

江南三局的经费来源，完全靠工部和户部指拨的官款，其中工部拨款占55%，户部占45%，然后根据织造任务和生产能力的大小分配给三处织造。工部、户部拨款虽有数字，但与各局的实际费用并不相同。从总体看，织造局的实际费用呈逐年减少的趋势，如雍正三年（1725）江南三局的实际费用为21万3000余两，嘉庆十七年（1812）则降至14万两，反映出清代官营织造工业的规模日益衰落。

明代在三处就有织造局，久经停废，到清顺治二年（1645）恢复江宁织造局，杭州局和苏州局均于顺治四年重建，顺治八年确立“买丝招匠”的实质性的经营生产，在当时称为江南三织造局。

江南三织造局重建之初，对于督理织务的织造官员，曾一度袭用明制，派遣织造官员督管。顺治三年（1646）改为以工部侍郎管理织务，选内务府官员管理江宁、苏州、杭州三处织造局。三织造局重建初期，生产并不稳定，康熙七年（1686）以后，织造业务才逐步走上正常的生产和销售轨道。

清代江南织造通常分为织造衙门和织造局两部分。织造衙门是织造官员驻扎及管理行政事务的机构；织造局是经营和管理生产的工厂，生产组织都有一定的编制。苏州织造局分设有织染局（又名北局）和总织局（又名南局），局内织造单位分为若干堂或号，每局设三人管理，名为所官。所官之下有总高手、高手、管工等技术和事务管理人员，负责督率工匠，从事织造。江宁织造局下分设三个机房，即供应机房、倭缎机房和诰帛机房。技术分工较细，按工序有染色和刷纱经匠、摇纺匠、牵经匠、打线匠和织挽匠等工匠，具有工场手工生产组织形式的特点。

清代江南三织造局，从17世纪40年代重建到18世纪40年代这一百年的时间内，其主要生产工具——织机的数量不断缩减，清初有2100余台，乾隆十年（1745）下降到不足900台，但仍大于明代在南京和苏杭所设织局的规模。而各局拥有的人数比较稳定，一般在2000人以上，苏州局在顺治四年共有匠役2500余名，康熙二十四年（1703）有匠役2600余名；江宁局的三个机房，乾隆三年（1738）共有匠役2900余名；杭州局的原定额数不详，大致也在2000人以上。乾隆十年（1745）江南三织造局的匠役总数为7000名左右。

由于清廷长期大量织造锦缎，使内务府和户部两处的缎匹库存达到饱和状态，上用缎匹和赏赐缎匹均过剩，其中积存的仅杭锦一项就足支百年之用。这样，从道光二十四五年(1844，1845）起，江宁局和苏州局的生产处于缩减和停顿的状态，到咸丰元年（1851）年底，这两局因织造停减而不曾用掉的额定经费有白银20余万两。

江南三织造局先后受到战争破坏。咸丰三年以后，一向由江宁局织办的彩绸库各色制帛库存告急。因南京为太平军所占领，故暂交杭州局织办。光绪四年（1878）始奏准由杭州局添设机台，继续织造此项神帛诰敕各件，江宁局原从事此项织造的神帛诰命堂从此停办。

太平天国运动失败后，江南三织造局逐步恢复生产，凡上用和官用的各项丝经、练染、织挽工料所用银两，由户部重新理定，并陆续添设织机，但也不达乾隆时期织机数的三分之一。招募的工匠也不足额，总共三局不过千人。江宁和苏州两局的织造经费每年额定，无闰月时为18万两白银左右，有闰月时为白银18万1100余两。光绪十一年（1885），清政府为江南三织造支销增加至白银61万余两，以后虽逐年有所增多，如光绪二十年（1894） 增加到白银150多万两，但光绪三十年（1904），清政府以物力艰难为由裁撤了江宁织造局，标志着南京织造业的衰落。苏州、杭州两织局则随着清亡而终结。

实际上，社会上现在流行的明清纺织品完全和江南三织造局的盛衰相符。17 世纪应为明清织物在质量上处于顶峰的时期。早期技术还不够成熟，17世纪以后，过于追求多、快、好、省，多数产品在质量上明显地有所折扣。

（a）正面

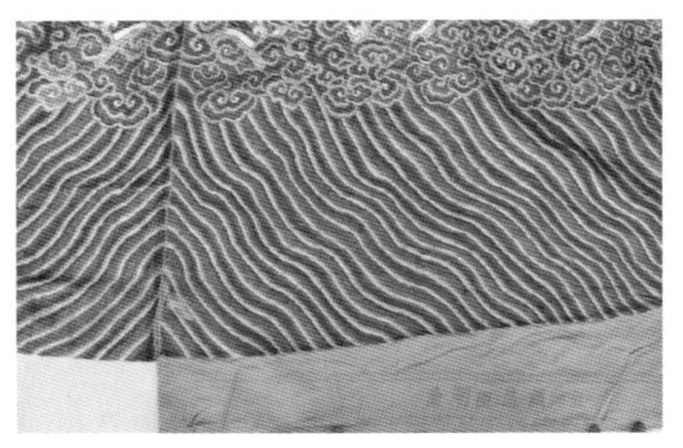

（b）局部放大图

（c）机头

图 Ys197 黄色带机头妆花缎龙袍

年代：清中期

机头文字：江南织造臣明伦

由于有江南三织造的说法，即江宁织造、杭州织造、苏州织造，同时还有三个地区以外的名称——江南织造。按照正常逻辑，既然每个地区都有自己的署名，江南织造的名称从何而来呢？

据说清中期，朝廷觉得“江宁”这个名称不够吉利，加上清代有一段时期（约顺治二年开始），现在的“南京”叫作“江南省”，所以把“江宁织造”的名称改为“江南织造”。笔者觉得这种说法应该靠谱，因为江宁织造的实物年代确实较早，而江南织造的实物年代普遍较晚，所以两种机头同为南京产品。

（a）正面

（b）局部放大图

图 Ts179 蓝色妆花缎过肩龙裙式朝袍坯料
年代：清中晚期
机头文字：江南织造臣文琳 机匠马玥

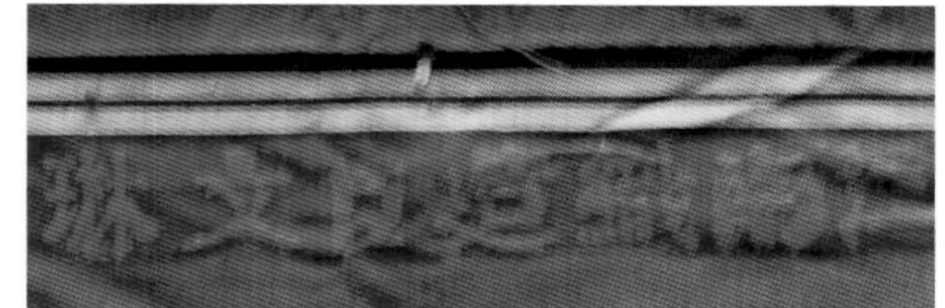

（c）机头

图Ts179所示坯料的边角处，带有“机匠马玥”的字样。在织造局的编制下，由于清代废除了明代匠户制度，采取雇募工匠制。工匠被招募到官局，不仅服役，还遭受严格的封建强制，并非完全自由的劳动者，其来源主要是官府招募的各色局匠，他们系官局编制内供应口粮的额设人匠，故一般又称为食粮官匠。这类工匠雇募到局应差后，如不被革除，不仅终身从业，并且子孙世袭。织造局还招收工匠的子侄为幼匠学艺，然后升正匠，即所谓的长成工。此外，织局还采用承值应差和领机给帖等方式，占用民间丝经整染织业各行手工业工匠的劳动，作为使用雇募工匠的补充形式。在领机给帖方式下，民间大批机户、机匠隶属于织局，往往沦为“官匠”，即“机户名隶官籍”。所谓领机给帖，指由织造局拣选民间熟谙织务的殷实机户、机匠承领属官局所有的织机，同时将承领者的姓名、年貌、籍贯造册存案，并发给官机执照，这些机户、机匠从此即成为织局的机匠，又称官匠。他们从官局领取原料和工银，雇工进局使用官机织挽，保证了官局织造任务的顺利完成。同时，他们大都自有织机，领帖替官局当差后，还可自营织业，遂具有“官匠”和“民户”的双重身份。但由于在官局当差负责包织，会影响其原有的自营织业，加上官局的剥削榨取，他们往往破产失业。

第三章 组织类别概述

几千年的发展历史、众多的使用领域、织布机械的不断发展变化、繁杂的经纬关系、丰富的色彩，使得流传至今的织物的名称和种类极为复杂，也自然而然地产生了多种称号。本书稿内容只涉及明清和民国时期的纺织品概述。

笔者认为，在名称术语方面，纺织品和刺绣类似，如果对每一种组织的变化、构图纹样的变化、历史时段的变化、生产地区的变化等历史和现代的曾用名一一表述，将是非常复杂的一项工程，且意义不大。故此，这里尽量归纳简化，尽可能地做到简单明白。通过综合的分析，在组织结构方面，明代以后，流行时间较长、影响范围较大的名称主要有绸、缎、纱、绫、罗、绒。每一个种类都有特定的组织结构、明显不同的组织纹样，比较容易区别，在业内基本上有一个统一的认知。

另外，在绫的名称上，主要是指所使用的范围，组织结构和提花没有区别，但是绫的社会认知十分广泛，并且在厚薄和使用目的上和其他织物都有明显的区别，所以把绫的组织变化也列入提花的范围内。

绢在组织结构方面，一般理解为1浮1沉的平纹细纱的丝织品，同时和绫一样，也有使用范围之意，在使用领域的概念上和绸近似，所以把绢归纳在绸的范围中。

一、绸

通常，业内把 2 浮 1 沉的斜纹组织叫做绸。由于工艺相对简单，而且结实耐用，绸织物是明清以来应用最广泛、产量最大的纺织品之一。绸是最简单、最原始的组织结构，多数绸的经线和纬线都比较粗，粗细差距不大。

过去，人们把 1 浮 1 沉的平纹组织叫做绢。绢的概念比较古老，近现代已经很少用“绢”的名称，近些年基本统称为绸。所以，本书把组织为 2 浮 1 沉的斜纹、1 浮 1 沉的平纹的组织统称为绸类织物。

图 Th122 黄色经纬组织局部放大分析图（下面的黑色横格是一个透明的标尺，每格的距离是 1 毫米，下文同）
年代：清中晚期
工艺：1 浮 1 沉平纹绸组织，经线每厘米 35 根，纬线每厘米 32 根

图 Th167 紫色绸纹面料
工艺：2 浮 1 沉 3 枚绸组织
年代：清晚期

二、缎

缎纹是设计最复杂、使用最普遍、组织形成较晚的丝织品。因为缎纹组织的经浮线较长，较长的丝线把相邻的多数组织点遮盖，织物表面光滑平整、质地柔软。根据组织的循环所遮盖丝线的根数分为 5 枚缎、7 枚缎、8 枚缎等。由于缎纹组织的经线跨越多根纬线，表面纬线基本处于不暴露状态，所以正面浮出的经线比例大，而反面显现的是浮出的纬线。纬线的粗细对布匹的表面基本无影响，所以缎组织的经线和纬线的粗细差距较大（一般纬线是经线的3倍左右）。这种组织的经纬线多根跨越，经纬线的粗细差距也较大，这为妆花和提花产品的显花提供了很大的方便，所以妆花和提花等产品的地组织多数使用缎纹。

大约到 17 世纪，由于织机的不断改进，大部分缎纹开始采用正反组织。正反组织是指一根经线的沉浮过程完成后，相邻的经线以相同的枚数反方向完成，形成沉浮点对纬线的围裹状态。这种工艺中，正反方向的沉浮点是由枚数的沉点所决定的，如 5 枚缎，组织为 4 浮 1 沉，相邻的经线隔一根；如果为 3 浮 2 沉，相邻的经线隔两根。

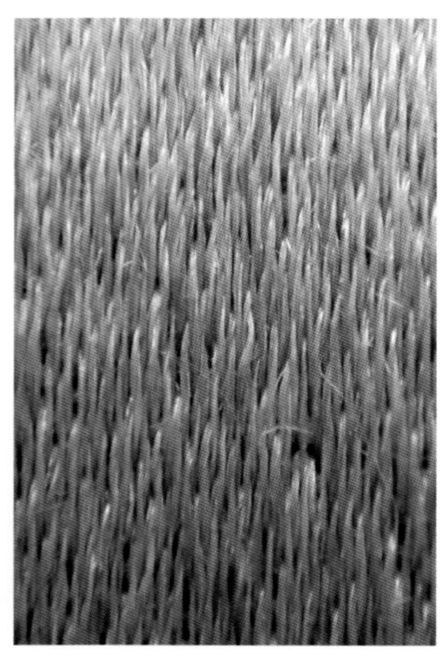

图 Th025 黄色缎纹面料放大图
年代：清中期
工艺：4 浮 1 沉 5 枚缎

图 Th082 黄色缎纹面料放大图
年代：清中期
工艺：4 浮 1 沉 5 枚缎

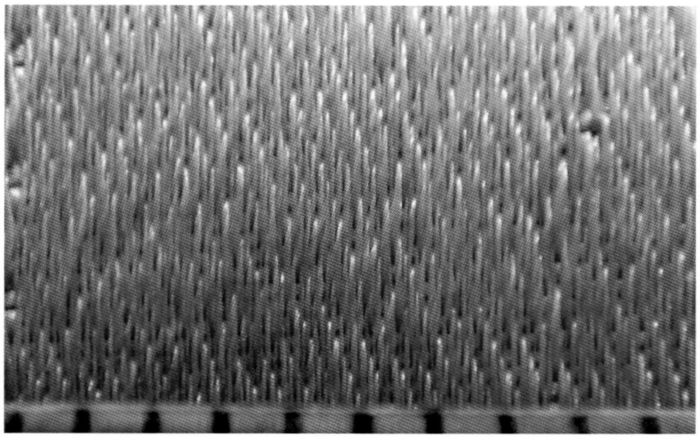

（a）

（b）

（c）

（d）

图 Th 089 缎纹组织反面放大图

年代：清雍正时期

工艺：7 浮 1 沉 8 枚缎，经线每厘米约 120 根，纬线每厘米 47 根

三、纱

纱是一个广义的名词。通常，人们把纺线称为纺纱，同时把带有孔眼的布匹叫做纱布。这里所说的，主要是明清时期用于制作服装面料的纱。这种织物是夏季服装的最佳面料，既有极好的通风透气的效果，也有较强的装饰性，纹样在视觉上若即若离，有较好的层次感。清代典章中的夏装就使用纱作面料，例如夏朝服、龙袍、官服等。

纱织物中，纹样的形成方法主要有两种。早期一般是通过绞经与不绞经的变化而形成暗花，如图 Th175，这种纱织物的年代多数在明代以前。明清时期大部分采用介入纬线的妆花工艺，即所谓的妆花纱，因为是半透明状态，多数不抛梭，介入纬线时采用全部回纬的方法。明清以后，随着纺织技术的不断进步，纱织物的种类逐步增多，根据经纬关系变化的不同，孔眼的形状、大小也不同，主要有平纹纱、亮底纱、芝麻纱等。

到民国以后，纱织物的孔眼的形状和大小及纹样的形成几乎是随心所欲的，可以产生多种变化。为了使孔眼相对牢固，纱的经纬关系也是通过多种方式形成的。

（a）织纱面料正面图

（b）局部放大图

图 Th098 两色云纹妆花纱
年代：明中晚期
工艺：织纱

织纱工艺的形成非常古老，但是在纱组织上用妆花工艺应出现在明代初期。由于妆花是在原有组织上介入彩纬的显花方法，所以在纱组织上妆花较为简单，图案也比较突出，但因为纱组织相对松散，经纬组织点容易松动，妆花纱容易出现跳丝，从而造成纹样变形的现象。

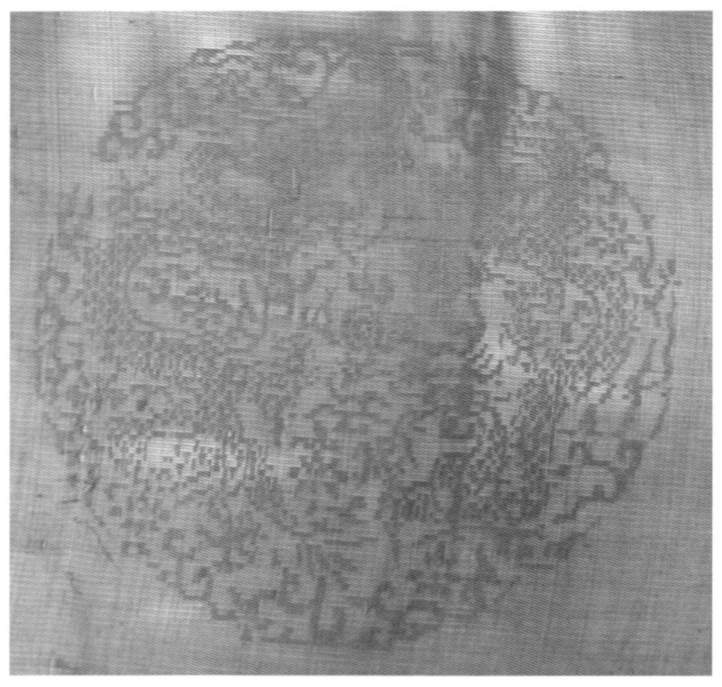

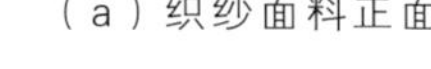

（a）织纱面料正面图

（b）局部放大图

（c）局部放大图

图 Th174 绞经纱分析图
年代：清中期
工艺：经线每厘米 17 根，纬线每厘米 12 根

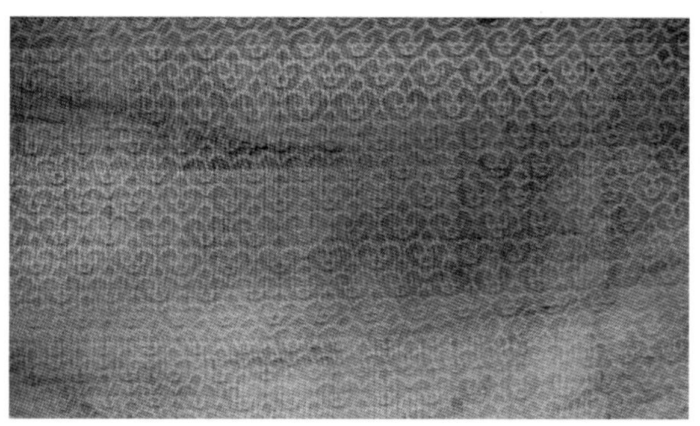

图 Th175 云纹妆花纱面料
年代：明代

纱是一个古老的织物种类，古代的纱使用的丝线较细，经纬丝线的粗细差距也很小，是 1 浮 1 沉的组织之间相隔一定间距而形成的。约宋代时开始出现绞经纱的工艺，并且逐渐通过绞经与不绞经的组织变化来形成暗花纱的效果。

这是一块明代以前的纱织物残片，纹样的形成采用经显花的方式。由于相邻的两根经线互相缠绕在一起，绞经时的经线就像一根，经纬组织间的距离较大，而不绞经的部分则是两根经线均匀的排列，经纬组织点相对密集。所以，如意纹是通过绞经和不绞经而形成的。从实物来看，这种组织结构的纱织物都在明代以前，以后的纱织物都采用纬显花的方法。

（a）织纱面料正面图

（b）局部放大图

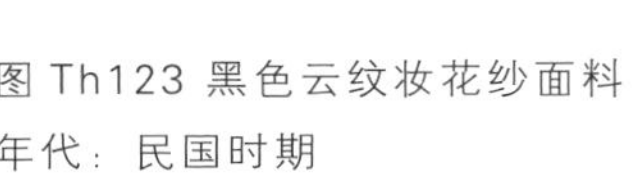

图 Th123 黑色云纹妆花纱面料
年代：民国时期

（a）织纱面料正面图

（b）局部放大图

图 Th097 黑色梅竹纹纱面料
年代；清晚期

图 Th095 蓝色妆花纱面料（一件妆花纱龙袍的局部组织）
年代：清晚期

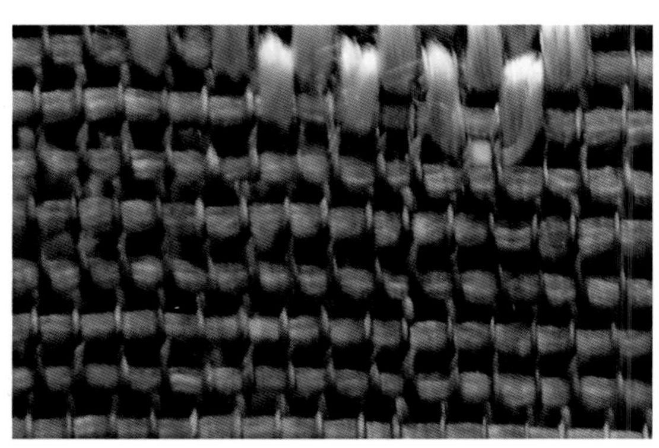

图 Th096 黑色织纱面料局部放大图
年代：清晚期

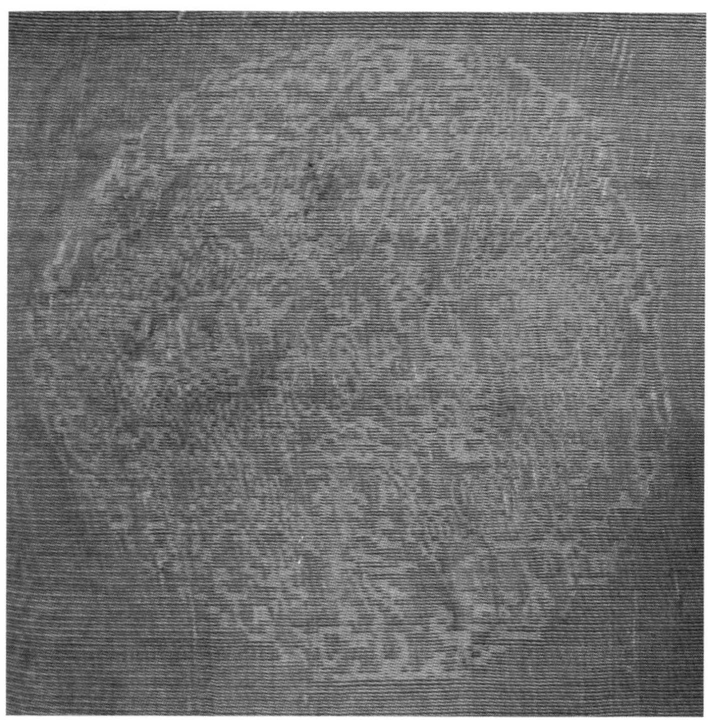

（a）织纱面料正面图

（b）局部放大图

图 Th171 咖啡色团龙纹经纱分析图
年代：清中期

（a）织纱面料正面图

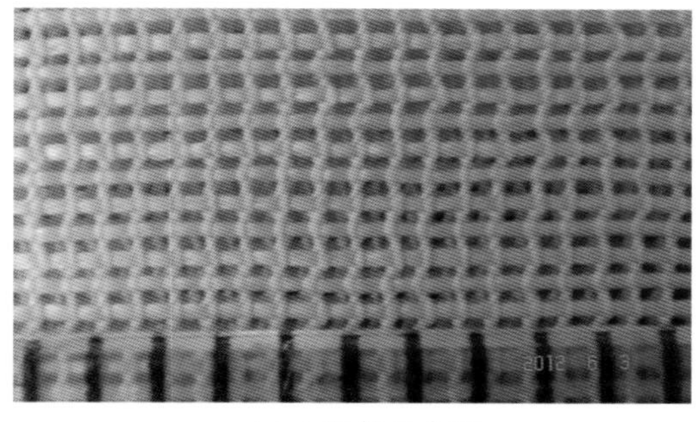

（b）局部放大图

（c）局部放大图

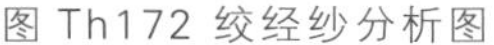

图 Th172 绞经纱分析图
年代：清中期
工艺：经线每厘米 20 根，纬线每厘米 19 根

（a）织纱面料正面图

（b）局部放大图

（c）局部放大图

图 Th173 芝麻纱分析图

年代：清中期

工艺：经线每厘米 20 根，纬线每厘米 19 根

四、绫

根据组织和产地的不同，绫有素绫、花绫、广绫等多种称呼。绫最大的特点是轻薄、柔软、光亮，多数织有暗花，构图零碎而密集，所用的丝线很精细，一般不加捻，经纬组织点不紧密，比较稀疏。

由于绫在一定程度上是应用领域的概念，是专门为装裱书画、制作锦盒、服装衬里等所织的软薄面料。在类别上，绫是指薄、软、带有暗花的织物，而不是指组织类别，名称上和织物组织没有关系。绫织物（地）的部分，从1沉1浮的平纹组织，到2浮1沉，3浮1沉，甚至4浮1沉的5枚缎都有，所以在工艺和纹样上没有办法明确区分。

因为绫的应用范围较广，社会使用量较大，在品种上也有属于自己的特点，能和其他织物明确区分，所以在名称上是业内认知度较高的一个纺织品种。

例如图 Th091 所示，是一件清代中晚期汉式氅衣的衬里局部，组织是4浮1沉5枚缎纹。清代中晚期大部分使用这种面料作服装、裙子的衬里。由实物分析，显花方式是提花工艺，组织类别是缎纹组织。这种面料，除了较薄和柔软外，其他方面和提花面料相同。

无论采用什么组织，绫一定是轻薄柔软的，显花方式和提花工艺相同，也是通过经纬组织关系的变化而形成的。故此，对绫织物的组织结构不做解释。

（a）正面

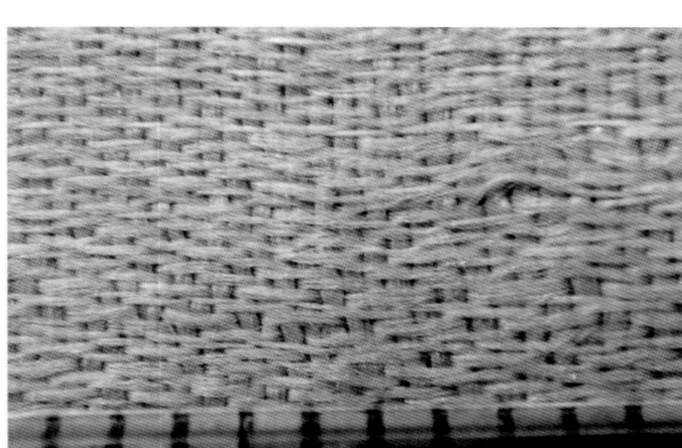

（b）局部放大图

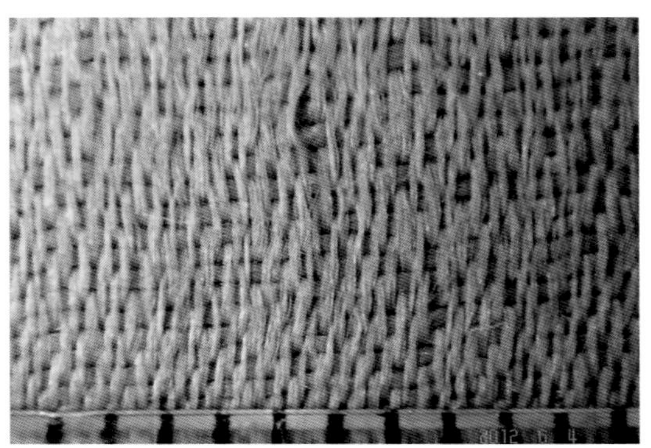

（c）局部放大图

图 Th091 蓝色花卉纹绫面料

年代：清中晚期

工艺：经线每厘米 52 根，纬线每厘米 29 根

（a）正面

（b）局部放大图

图 Th117 酱色平纹绫地冰梅纹面料
年代：清中期

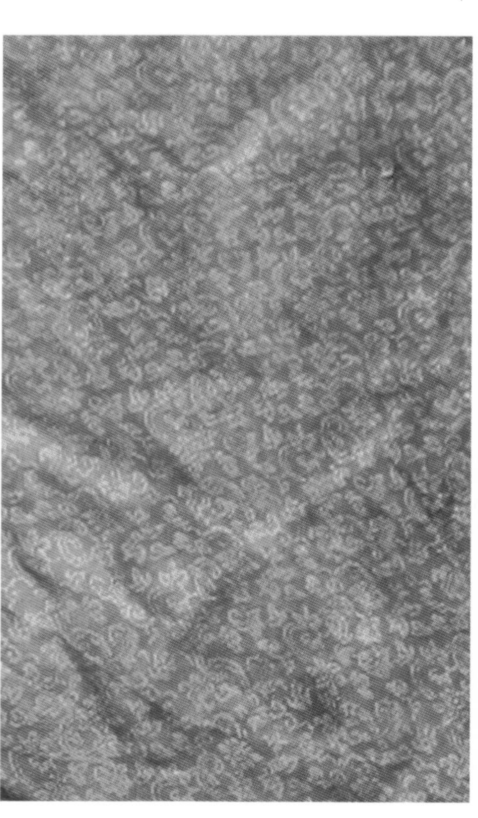

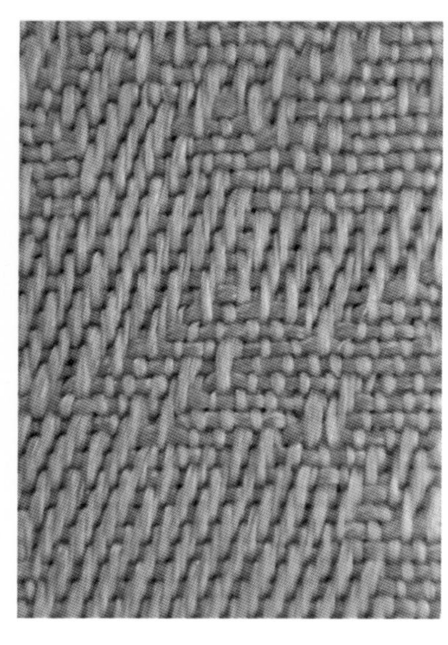

（a）正面

（b）局部放大图

图 Th073 黄绫地小钩莲花纹提花面料
年代：清中期

虽然绫的组织结构和显花方式同样采用提花工艺，但多数绫用斜纹显花，比一般的提花面料轻薄、柔软很多。

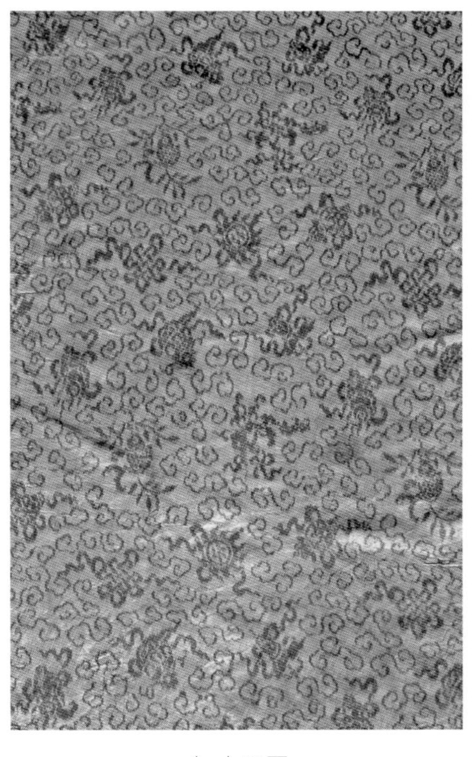

（a）正面

（b）反面

（c）局部放大图

图 Th069 浅蓝色平纹绫地八宝纹面料
年代：清中期

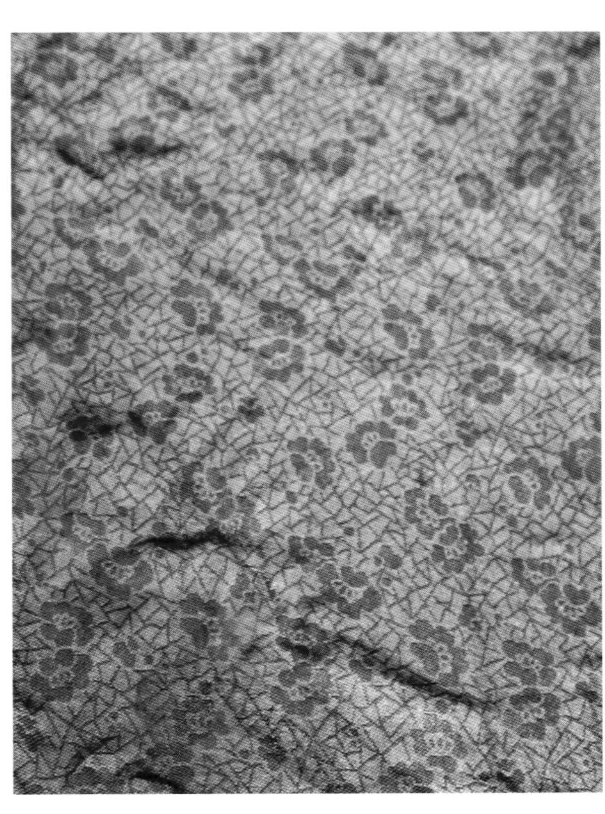

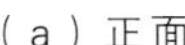

（a）正面

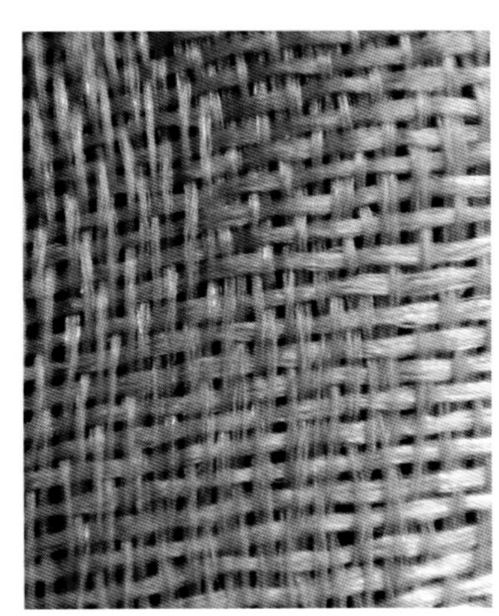

（b）局部放大图

图 Th075 粉白绫地冰梅纹提花面料
年代：清中期

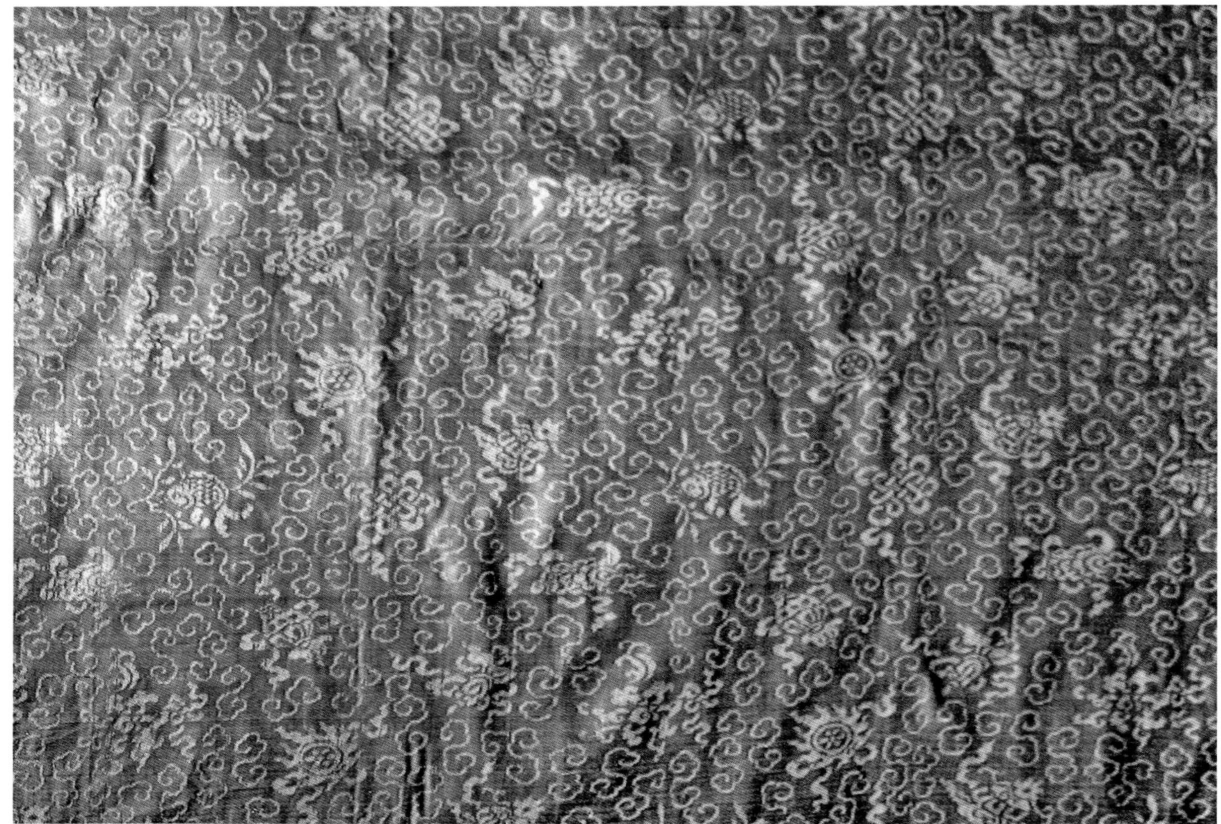

（a）正面

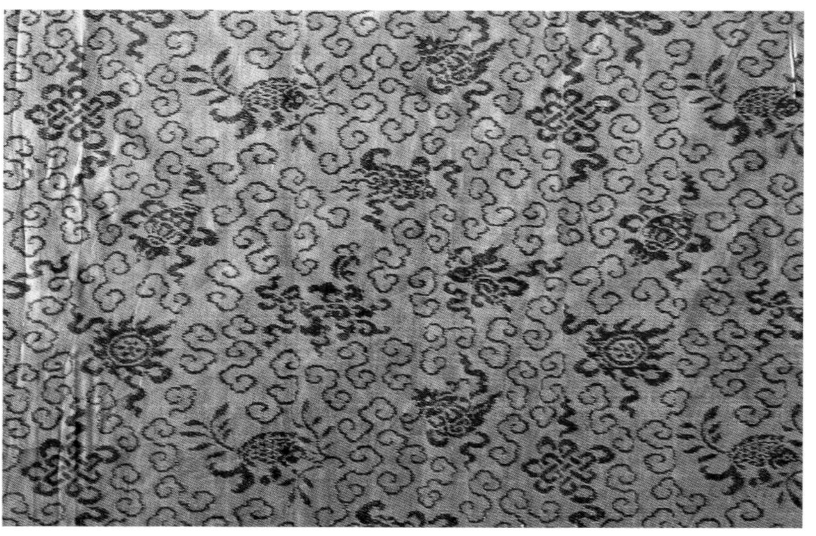

（b）反面

（ ）局部放大图

图 Th022 平纹粉白绫地冰梅纹面料
年代：清中期

五、罗

罗织物是由条形隔行绞经组织形成的丝织品，分为直罗和横罗。横罗每织 3、5、7、13 梭平纹后绞经一次，每隔四根纬线为一个循环，经纬密度大约为 46 根 / 厘米 ×42 根 / 厘米。在织物的表面形成平纹与绞经间的横纹，根据平纹的多少称为几丝罗，经丝互相绞缠后呈孔形。

直罗是每隔若干根纬线，经纬之间起对称的绞孔，在织物表面形成一条经向排列的孔眼。由于罗组织在视觉效果和牢固程度上都比较缺乏实用性，和其他织物相比，传世量较少，近些年处于濒临绝迹的状态。

（a）正面

（b）局部放大图

（c）局部放大图

图 Ts150 黄地缠枝如意纹面料
年代：明代
工艺：经线每厘米 44 根

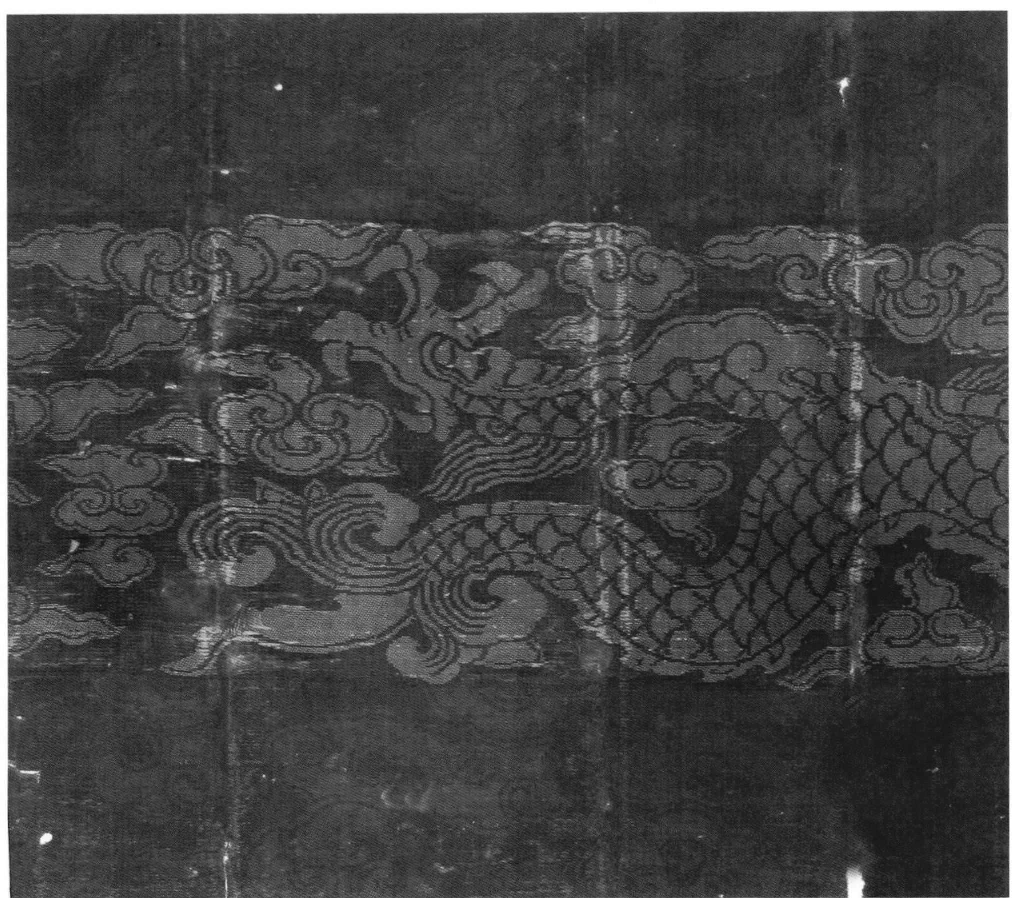

（a）正面

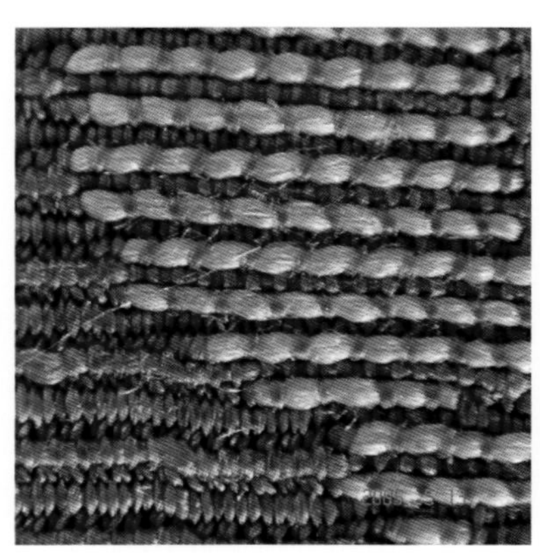

（b）局部放大图

（c）

（d）

图 Ts154 红地云龙纹残片
年代：明代
工艺：横罗，经线每厘米 47 根

六、绒

从传世品和资料来看，明清显绒的纺织品主要有两种，一种属于丝织品的范围，业内叫做漳绒；另一种主要是毛织物，业内一般叫卡拉绒或毛绒。实际上，多数地毯属于毛织物。

明清时期的漳绒织物并不发达，在纺织品中的比例很小。但似乎每个时期都未中断过生产，而且产量较均衡。应该是技术的原因，早期的绒织物，绒毛比较稀疏，一般年代越晚，起毛越浓密。

明清时期，多数绒织物采用割经显绒的工艺，大体用两层经，一层用来固结整体面料，另一层主要用来显绒。具体操作方法：用起绒杆，像纬线一样穿越，使起绒的经线上升，使显绒的部分把起绒杆围绕起来，用割绒刀把需要显绒的部分割断，整理后便形成绒状。如果地的部分是绒，图案是缎组织，一般叫做漳绒；如果地是缎纹组织，图案部分显绒，业内叫漳缎。随着社会的快速发展，显绒的技术很多，如近现代的条绒、金丝绒等 。

（a）漳绒正面

（b）反面通梭

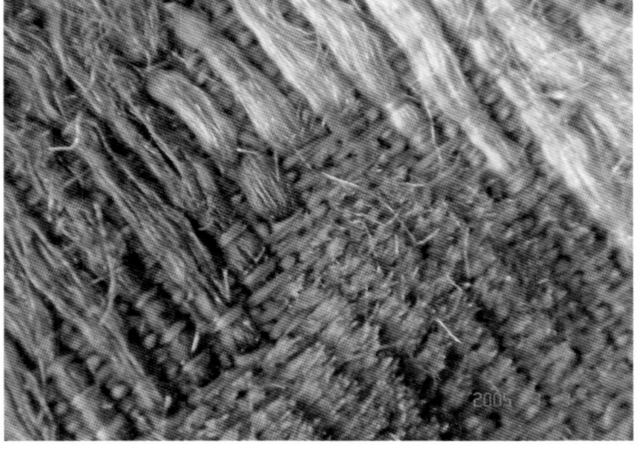

（c）组织放大图

图 Ts141 漳绒残片
年代：明代

图 Ts050 漳绒面料加刺绣工艺残片
年代：明末清初

（a）漳绒正面

（b）反面

（c）组织放大图

图 Ts167 漳绒龙纹椅披
年代：清早期

（a）漳绒正面

（b）局部放大图

图 Ts169 漳绒山水画立轴

年代：民国时期

立轴的背面标明产地为福建，这种漳绒画大部分都是晚清民国时期的产品，显现山水画的部分也采用割绒的方法，画面中的山水树木栩栩如生，远山近水很有深度，但通过组织放大可以看出，是采用漳绒的组织关系，颜色是画上去的。实际上，这种深浅愠色的效果，是无法用漳绒组织完成的，但能够使纺织品成为纯粹的艺术品，应属漳绒工艺的创举。

（a）正面

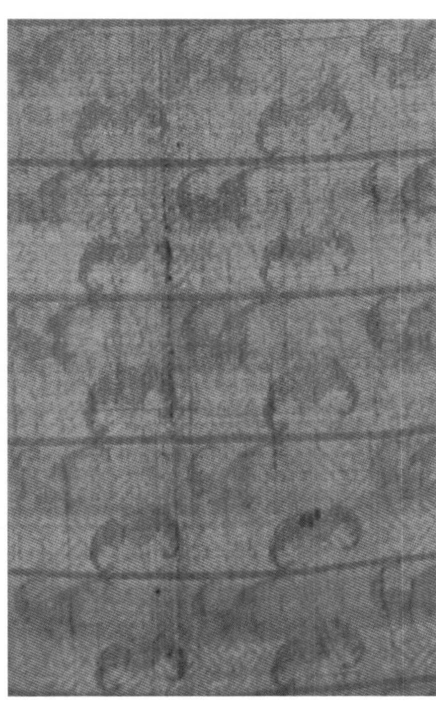

（b）反面

图 Ts170 红色万福纹漳绒面料

年代：清中期

为了使纹样有清晰立体的效果，不需要割绒的部分则不割。所以，大部分漳绒是坯料，面料极少。这块漳绒面料上，万字不到头的纹样全部用割绒的工艺，排列有序的蝙蝠纹样用片金显示，空白处为缎纹组织。割绒加织金的工艺很费工时，如此华贵的面料一般不会用于缝制服装，多用于床罩和覆盖贵重物品等。

（a）正面

（b）反面

（c）组织放大图

图 Th020 黄色漳绒面料
年代：清晚期

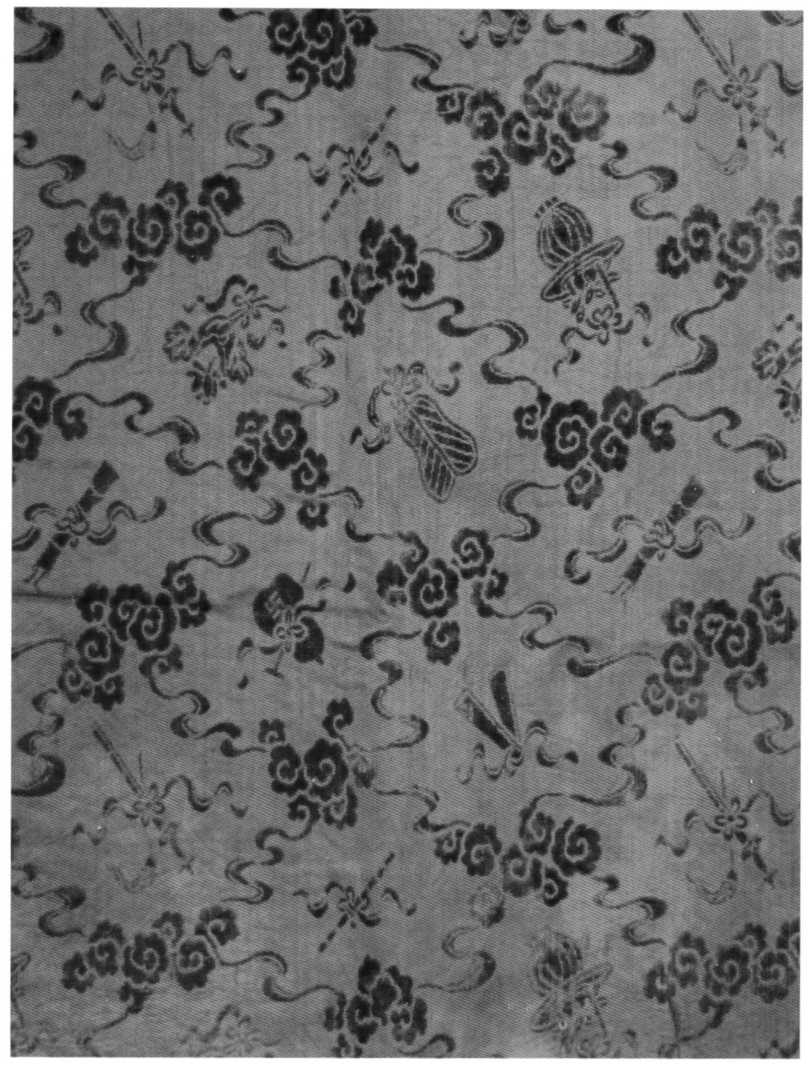

（a）漳绒正面

（b）组织放大图

图 Th099 红色八宝纹面料
年代：民国时期

漳绒在现代也有织造，因为织机的现代化，从纹样设计到产品的生产速度，都有大幅度的提高，但是现代的漳绒织物大部分掺杂有化学纤维。

第二部分

面料分类

Mianliao Fenlei

第四章
妆花

人类发展的关键在于对使用工具的改革。纺织品更直接地反映了这一点。在以农耕为主的明清时期，纺织工业是中国的主导性产业。由于纺织机械的不断改革，纺织品的经纬结构的变化由简到繁，始终在发展和进步。

妆花所采用的工艺,早在唐代时就有使用，但妆花工艺的大范围传播与应用大约为元末明初。此项工艺是纺织产业的一大革命，通过介入彩纬的方法，能够随心所欲地在所需位置织出任何图案。明清时期的妆花织物，在织造工艺和技术上更趋成熟，得到了快速的发展和普及，特别是在江苏南京一带，妆花产品的质量和数量远高于其他地区，妆花工艺成为南京云锦的代表性工艺。所以，清代的妆花产品主要来自江苏南京一带。

第一节 妆花工艺的特点

妆花是在原有地纬组织的基础上，在基本组织的两根纬线之间添加彩纬的方式进行显花的工艺。根据图案的轮廓、色彩，在指定部位采用介入彩纬的方式，植入丝线或金线而形成图案，就是所谓的挖梭妆花或者叫过管妆花。其明显的优点是具有很大的灵活性，因为原有地纬的基本组织不变，图案部分的彩纬组织是双重的，可以在幅宽范围内的任何经线之间介入彩纬。彩纬的沉浮仅限于纹样部分，根据图案的需要，彩纬可以在经线之间随意返回，回纬也可以在织物背面所需处任意穿越，抛梭则在织物背面形成长短不一的浮线。

为了使布匹的表面平整，多数是每两根纬线植入一次，变换颜色时再从另一根的空档处植入，使原有的基本纬线保持平衡。植入的彩纬一般比地纬稍粗。为了使图案明显，当植入的彩纬浮出布匹表面时，多数是每隔四根经线将彩纬固定一次。实际上，这时的纬线组织为双重状态，植入的彩纬在表面，原有基本组织的纬线被彩纬遮盖。

每一次经纬关系和色彩的变化，都是由工匠按照画稿完成操作的，经纬组织和彩纬植入都可以根据图案的需要人为地操作，具有很大的灵活性。显花是在原有的经纬组织间重纬而形成的，每一个纹样的形成都不是一成不变的，因此，这种工艺可以在任何纹理的织物中使用，无论基本组织是绸、缎还是纱，彩色纬线的介入方法基本相同。业内的称呼习惯随基本组织而定，基本组织为缎纹叫作妆花缎，基本组织为纱组织叫作妆花纱，以此类推。

妆花工艺需要较复杂的织机、较大的场地和很多的资金投入，因为花纹循环的变化操作需要几个人的准确配合，技术上需要一定的熟练程度，一般的小作坊难以完成。在图案的设计上，要充分考虑形成件料后的视觉效果，即便是规模较大的工厂，每改变一次图案，也很有难度。所以，图案一旦确定，其变化相对缓慢，有的图案能够持续使用几年甚至几十年。

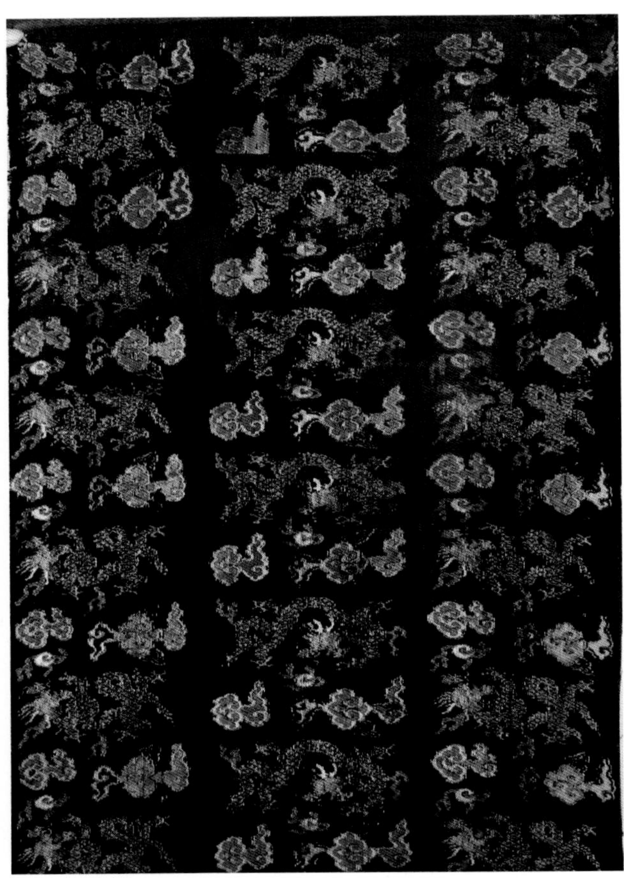

（a）正面

妆花工艺在明清织物中的应用占有很大的份额，而且几乎涉及所有纺织品领域，但多数是坯料，妆花面料相对较少。

由于时代、产地风俗等多种原因，妆花工艺的名称很多，但无论使用哪个名称，都觉得互相牵扯。故此，把妆花织物叫做局部植入类织物较为确切。

（b）反面抛梭图

图 Ts001 石青缎地云龙纹妆花面料
年代：清早期

第二节 含义广而深的吉祥纹样

一、行龙纹

当笔者把几十块龙纹面料放在一起比对时，发现从明代晚期到清代中期，龙纹面料的整体构图形式基本上没有变化，种类也不多。主要有龙头在中间、龙的身体从一侧盘绕、龙尾绕向头顶上方的行龙和小团龙两种形式。这两种构图方式在龙纹面料中占有很大比例。实际上，同一时期正面龙纹在坯料中已经较普遍地使用，但面料上很少见到正面龙和坐姿的行龙。经过认真分析，发现这种构图形式非常科学、合理，因为从任何方向看面料的龙纹和云纹，都最大限度地减少了倒置的感觉。

由于面料没有明确的使用目的，最大限度地要求纹样在视觉上没有方向性，这是在设计面料图案时必须考虑的问题。除了门帘、挂帐等少数专作挂件的织物以外，图案设计时尽量避免一面正、一面反的效果，因为这样会大大降低面料的使用范围，严重影响市场销售。

龙纹妆花面料的工艺都很精细，多数为缎地配金龙、彩云。早期的龙纹体型比较纤细，以后逐渐肥胖，但是构图都比较规范。

早期面料的幅宽大约为65厘米，清中期以后逐渐加宽，多数在70厘米左右，一般10~12厘米循环一次。无论是行龙还是团龙，大部分搭配云纹，主要是大云头、短云身的有尾四合云形式。

大部分龙纹面料供皇家专用，所以黄色较多。一般百姓不能使用。因为寺庙在禁用范围以外，所以各种寺庙也是龙纹面料的主要消费市场。

（a）正面

（b）反面全抛梭图

图 Ts188 石青缎地云龙纹妆花面料
年代：清早期

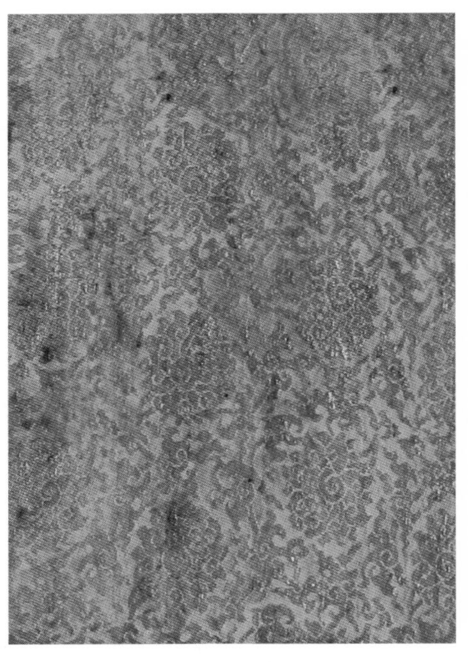

（a）正面

（b）反面全抛梭图

（c）局部放大图

图 Ts014 黄缎地云龙纹妆花面料
年代：清早期

（a）正面

（b）反面全抛梭图

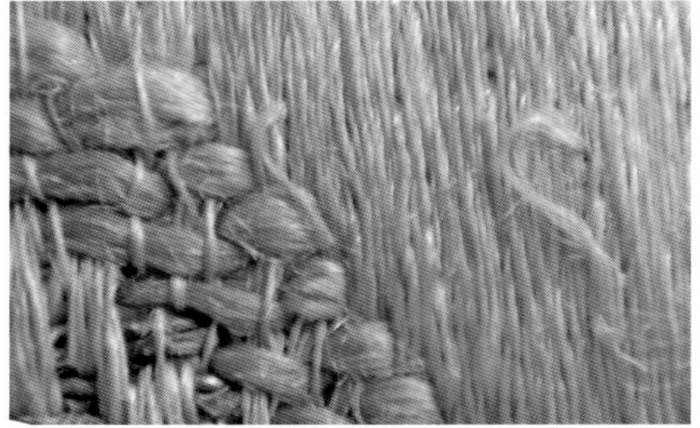

（c）局部放大图

图 Ts016 黄缎地云龙纹妆花面料
年代：清早期

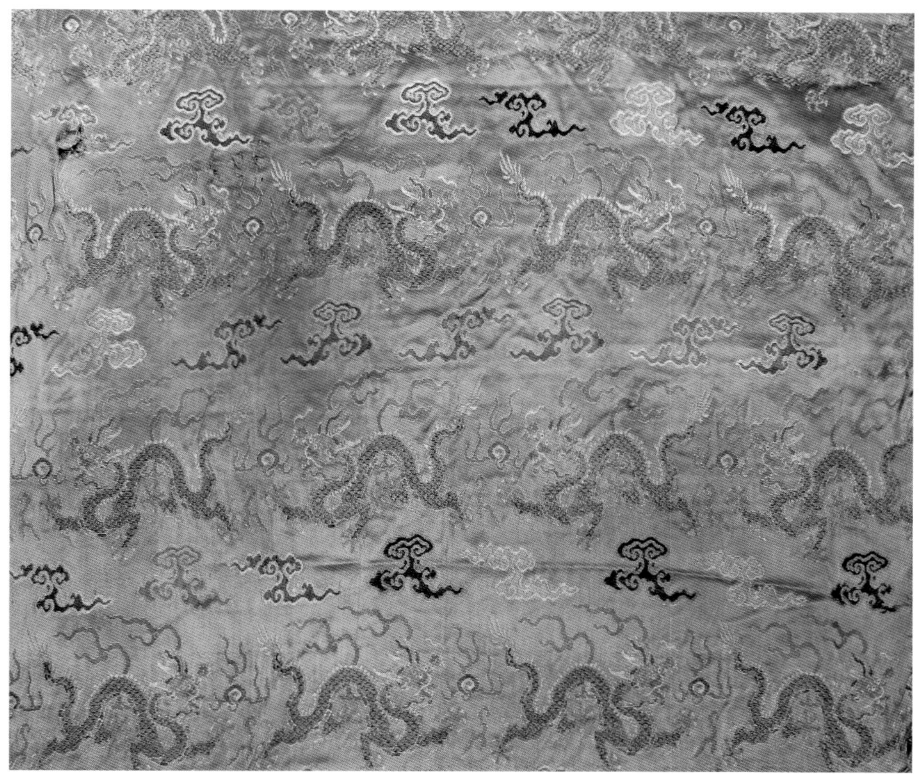

（a）正面

（b）反面全抛梭图

（c）局部放大图

图 Ts018 黄缎地云龙纹妆花面料
年代：清早期

云龙纹妆花面料之所以传世较多，除了当时的产量较多以外，应用范围广也是重要因素之一。

明代的龙纹，不但百姓不能应用，官员也严格禁止使用，故而有类似龙纹的纹样，如给龙加上翅膀、换上鱼尾叫飞鱼，把龙爪换成牛蹄或牛角则叫斗牛。

清代相对简单，名称上有龙、蟒之分，形状相同、缺少一个爪的龙叫蟒，即所谓的五爪为龙、四爪为蟒。但清中晚期几乎全部是五爪，四爪蟒极少，造成形状相同。皇帝、皇太子穿用的叫龙袍，皇子、王爷和以下官员穿用的都叫蟒袍，造成龙和蟒只限于名称而形状上并不绝对的现象。

（a）正面

（b）反面全抛梭图

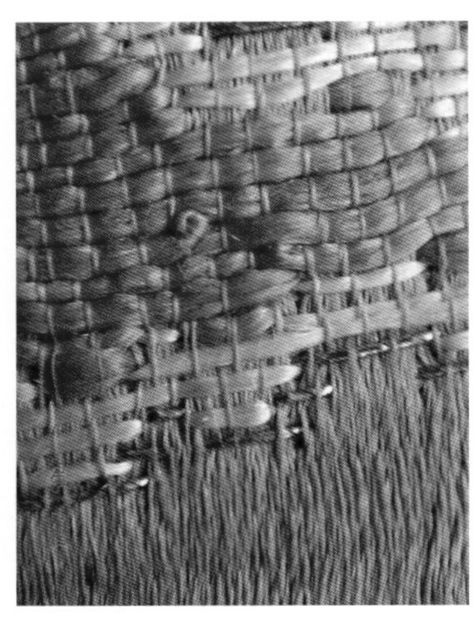

（c）局部放大图

图 Ts006 红色缎地云龙纹妆花面料
年代：清早期

妆花织物的特点是彩纬配色自由、色彩变化丰富，图案的主体花纹，通常用两个或三个层次的色彩表现，单色花纹很少。

（a）正面

（b）反面全抛梭图

（c）局部放大图

图 Ts019 红色缎地云龙纹妆花面料
年代：清早期

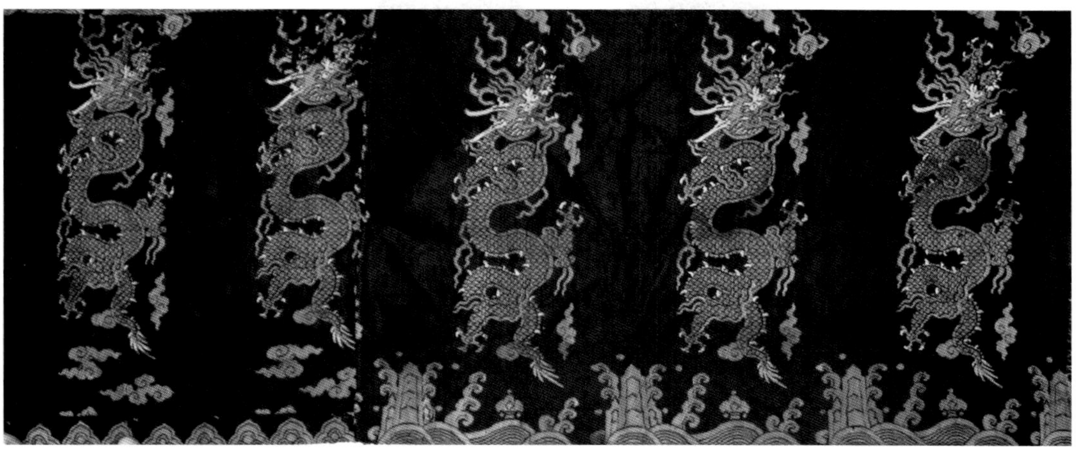

（a）正面

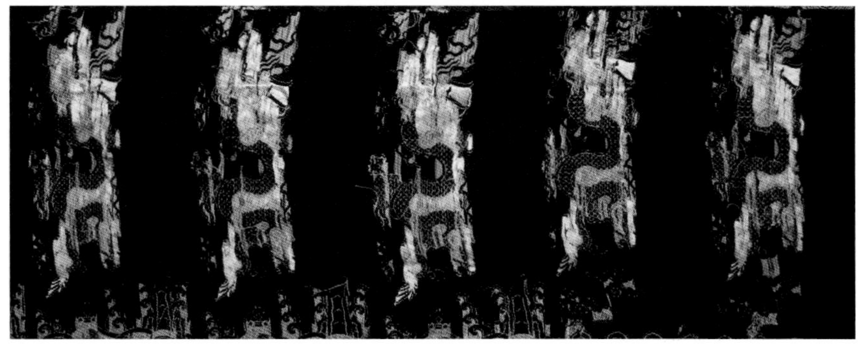

（b）反面全抛梭图

图 Ts187 石青缎地云龙纹妆花面料
年代：清早期

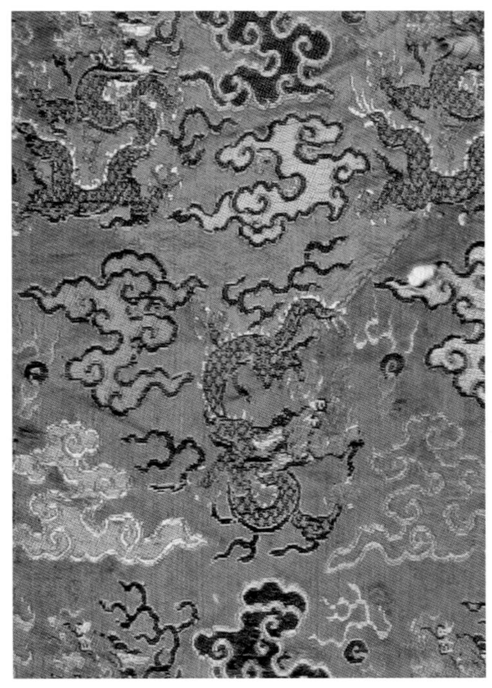

（a）正面

（b）反面全抛梭图

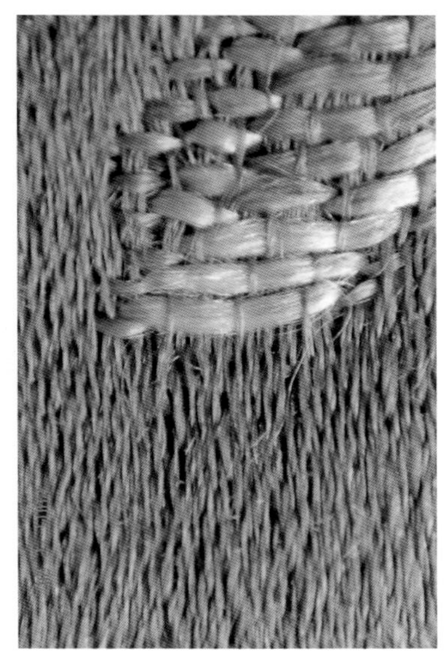

（c）局部放大图

图 Ts015 绿色缎地云龙纹妆花面料
年代：清早期

（a）正面

（c）局部放大图

图 Ts147 红色缎地云龙纹妆花面料
年代：清晚期

（b）反面抛梭图

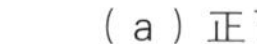

（a）正面

（c）局部放大图

图 Ts017 蓝色缎地云龙纹妆花面料
年代：清早期

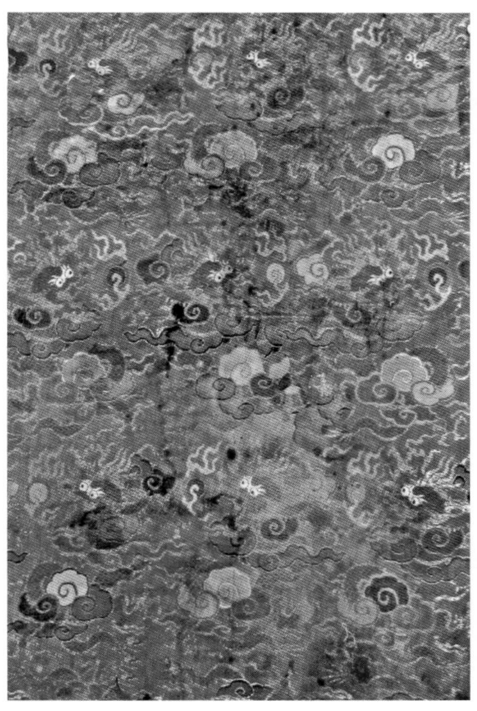

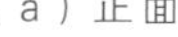
（a）正面

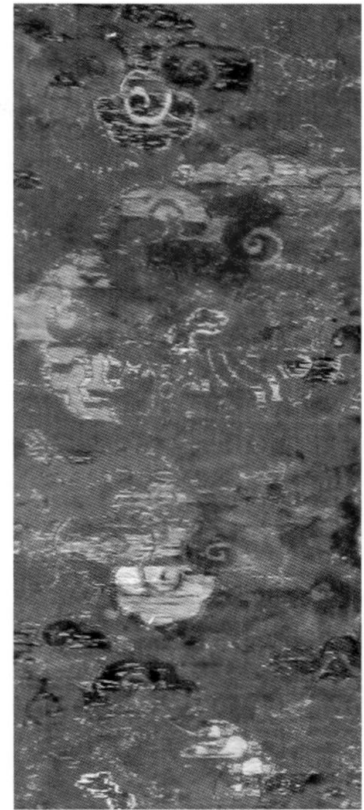

（b）反面抛梭图

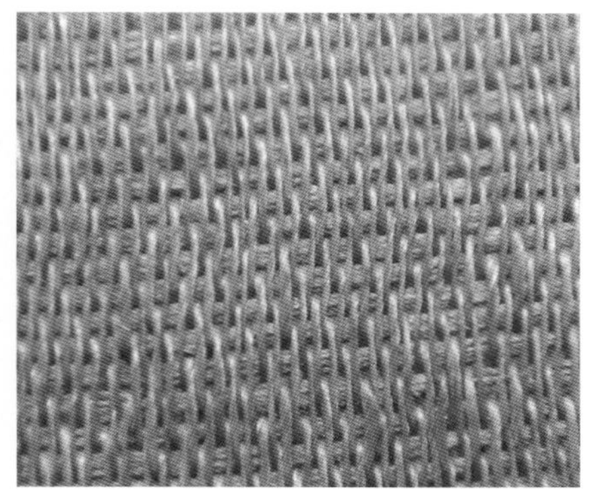

（c）局部放大图

图 Ts072 棕色缎地云龙纹妆花面料
年代：清早期

早期的云龙纹面料，几乎全部为19世纪以前的产品，尽管早期、中期、晚期的纹样比较相似，但色彩和构图有很大差距。一般早期的龙纹形体较瘦小、色彩比较柔和协调，晚期的龙纹相对肥胖、色彩艳丽，具有明显的时代特征。

（a）正面

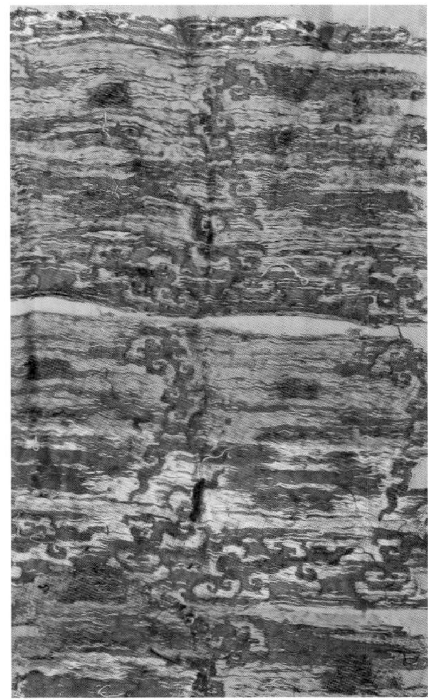

（b）反面全抛梭图

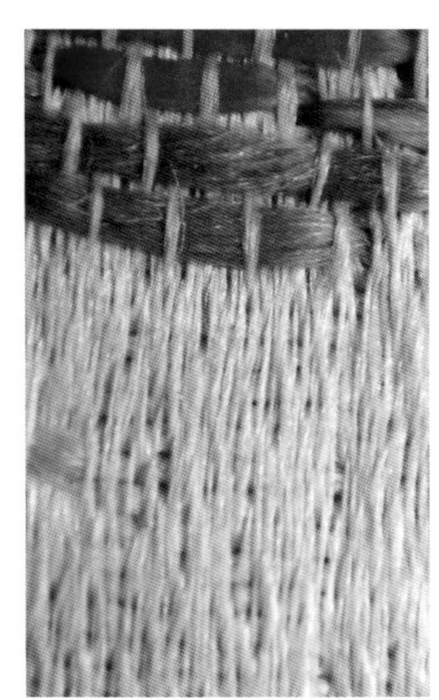

（c）局部放大图

图 Ts174　白色缎地云龙纹妆花面料
年代：清晚期

（a）正面

（b）反面抛梭图

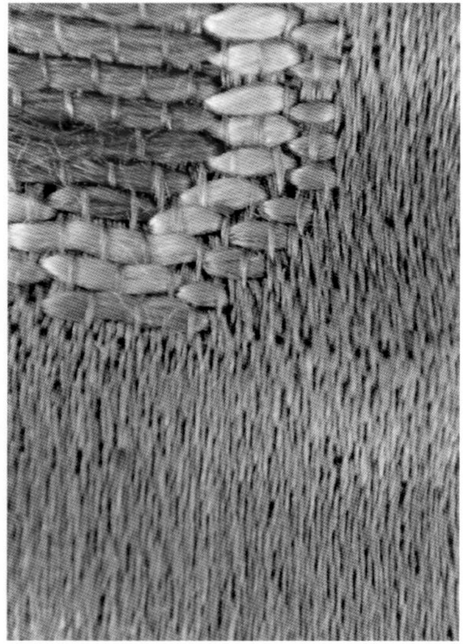

（c）局部放大图

图 Ts066 蓝色缎地云龙纹妆花面料
年代：清中期

（a）正面

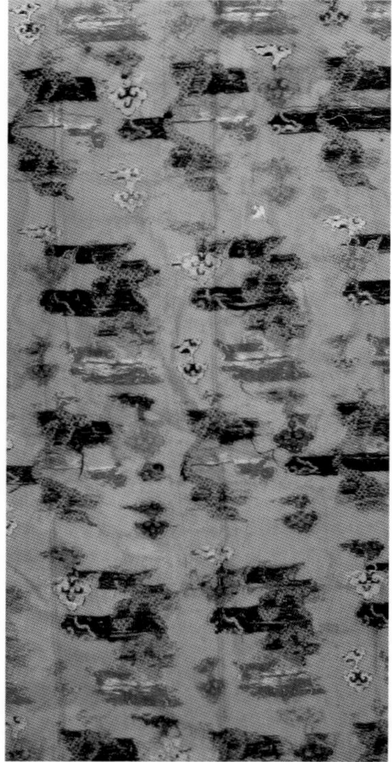

（b）反面抛梭图

（c）局部放大图

图 Ts146 黄色缎地云龙纹妆花面料
年代：清早期

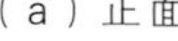

（a）正面

（b）反面抛梭图

（c）局部放大图

图 Ts045 绿色缎地云龙纹妆花面料
年代：清中期

清代乾隆以前，经纬丝线比较细，组织密度也很高，丝线的质量好，面料相对轻薄。到清晚期，为了节省工时，经纬丝线明显加粗，大部分使用 7 浮 1 沉 8 枚缎地，也有少数劣质品掺杂棉、麻等纤维，显得组织紧密厚重，部分产品的构图循环开始加大。

（a）正面

（b）反面半抛梭图

（c）局部放大图

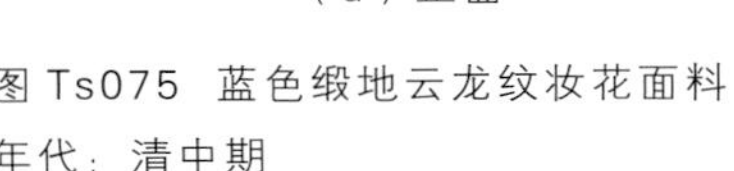

图 Ts075 蓝色缎地云龙纹妆花面料
年代：清中期

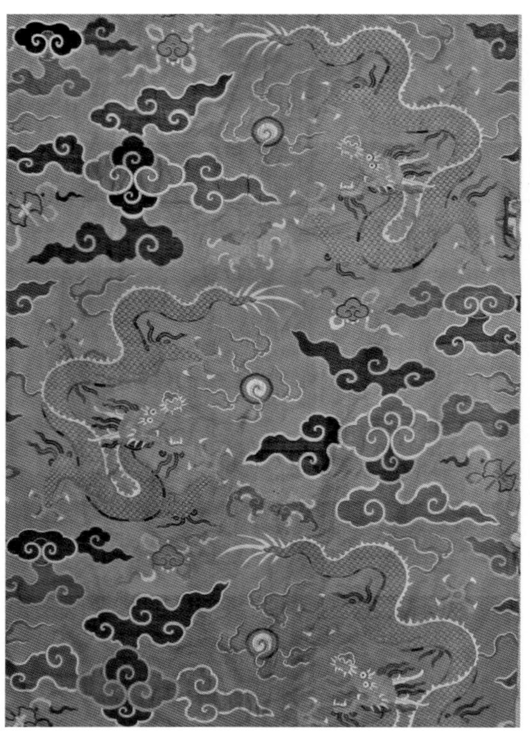

（a）正面

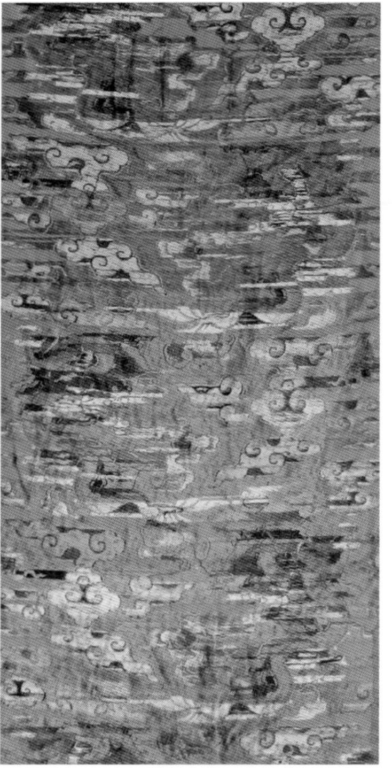

（b）反面抛梭图

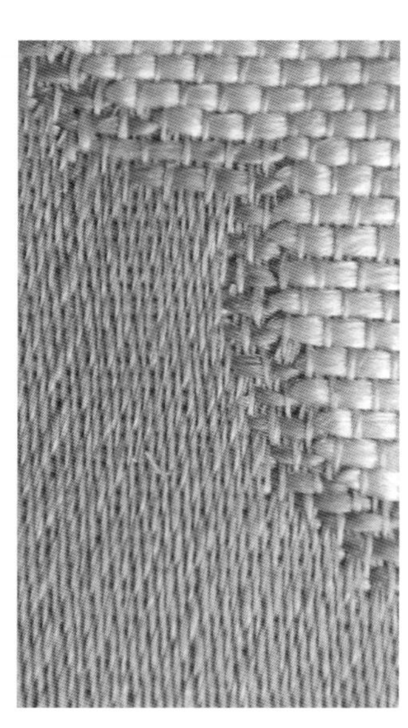

（c）局部放大图

图 Ts002 黄色缎地四合云大龙纹妆花面料
年代：清早期
工艺：4 浮 1 沉 5 枚缎

图Ts002所示面料中是很少见到的大龙纹，幅宽为70厘米，龙纹高20厘米，是标准的四合云纹，品相很好，当时已经制成一件长袍，是笔者2006年春天在美国的一个叫作码头（xxx秀）的交易会上买的。卖方主要经营和收藏中国的织绣品，曾经和贝弗利·杰克逊（Beverley Jackson）写过一本介绍补子的书，对中国官补的收藏在业内颇有名气。通过他的翻译，笔者和他交谈了一个多小时，很敬佩这位说话实实在在、直接了当的美国人，他热爱中国的纺织服装文化，对中国的织绣品有一定理解和研究。

（a）正面

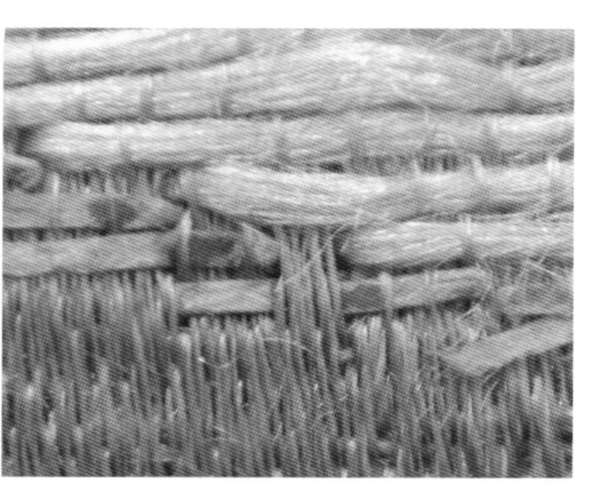

（b）局部放大图

图 Ts065 黄色缎地云龙纹妆花面料
年代：清早期

（a）正面

（b）反面抛梭图

图 Ts004 石青缎地云龙纹妆花面料
年代：清早期

（a）正面

（b）反面抛梭图

图 Ts005 石青色缎地云龙纹妆花面料
年代：清早期

坐姿行龙面料的传世很少，龙纹高约12厘米，云龙纹的循环较大，布局较长。这种分布较均匀的构图更耗费工时。此块龙纹面料的彩色、云纹、火等图案都用片金围边，龙的主体部分用捻金线，肚脐、须发等边缘用片金线。这种捻金线和片金线结合使用的工艺是17世纪下半叶的一大特点，其他时代都没有这种片金和捻金结合使用的工艺。

（a）正面

（b）背面

图 Ts122 黄色缎地云龙纹妆花藏袍
年代：清中期

（a）龙纹藏袍

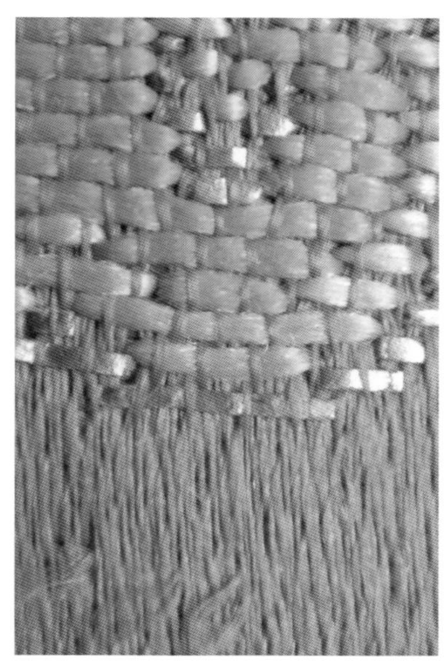

（b）面料局部

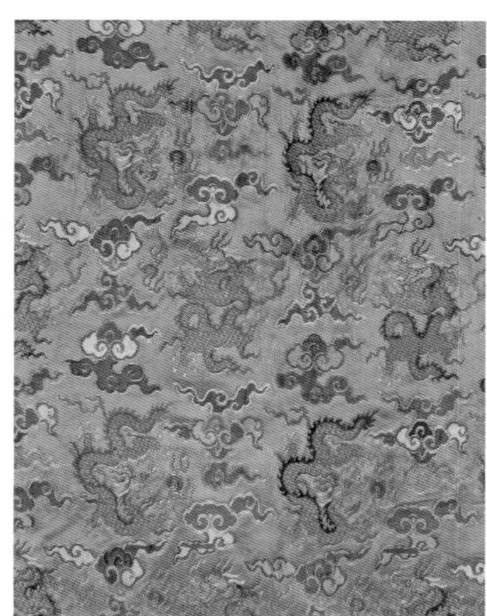

（c）放大图

图Ts145中这件长袍来源于西藏，年代约为清中期。这种昂贵的妆花面料一般不会制成服装，这件长袍是西藏人后来制成的。清王朝被推翻后，历经不同的社会体制和几代人的辗转，多数后人已经不了解这些古人传承物品的实际价值，很多有文化价值的物品被不同程度地损坏。

图 Ts145 黄色缎地云龙纹妆花藏袍
年代：清中期

二、团龙纹

在妆花工艺产品中，小团龙纹样的出现晚于行龙纹，大约在清雍正时期，由于循环间距较短，彩纬的介入少，面料上的空白多，构图形式比行龙纹节省工时，大幅度地减少了生产成本。根据传世数量看，当时小团龙面料的产量多于其他龙纹面料。

一般小团龙的直径约 7 厘米，并间以尺寸相等的云纹，图案和空白部分的尺寸也相等，无论年代早晚，都大同小异，没有太大的差别，但色彩随着年代的变化而不同。一般年代较早的，植入的彩纬较细，纹样的细节较为清晰，晚期使用的彩纬较粗，纹样的线条轮廓相对模糊。因为空白较多，循环也比较简单和规律，业内把这种构图形式叫做寸缎。

（a）正面

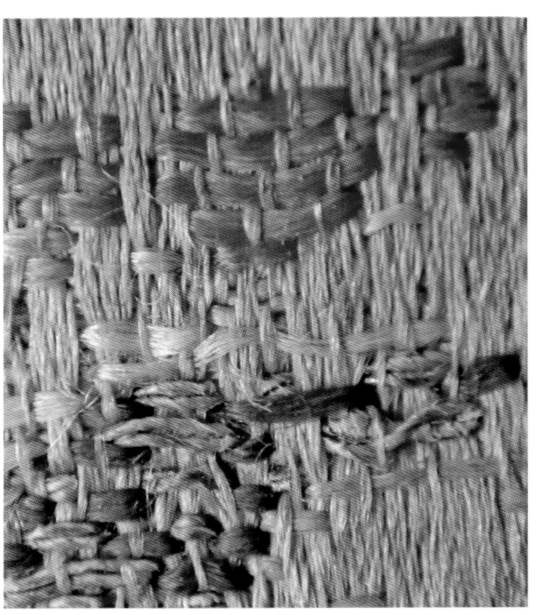

（b）局部放大图

图 Ts008 黄色缎地云龙纹妆花面料
年代：清中期

从局部放大图可明显看到，纬线的植入是根据图案要求人为操作的，有时甚至显得有些凌乱无序。这种现象和具体操作工人的熟练程度有关。

由于妆花工艺需要几个人配合完成，几乎每完成一次通纬，都需要多次介入彩纬，每改变一个纹样，从开始到熟练需要很长时间。所以，某个品种的纹样一旦确定，往往维持很长时间。

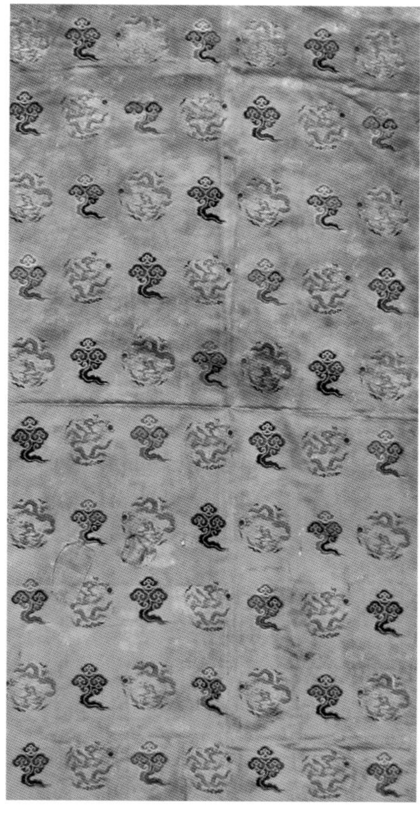

（a）正面

（b）反面

（c）组织放大图

图 Ts009 黄色云龙纹寸缎面料
年代：清早期

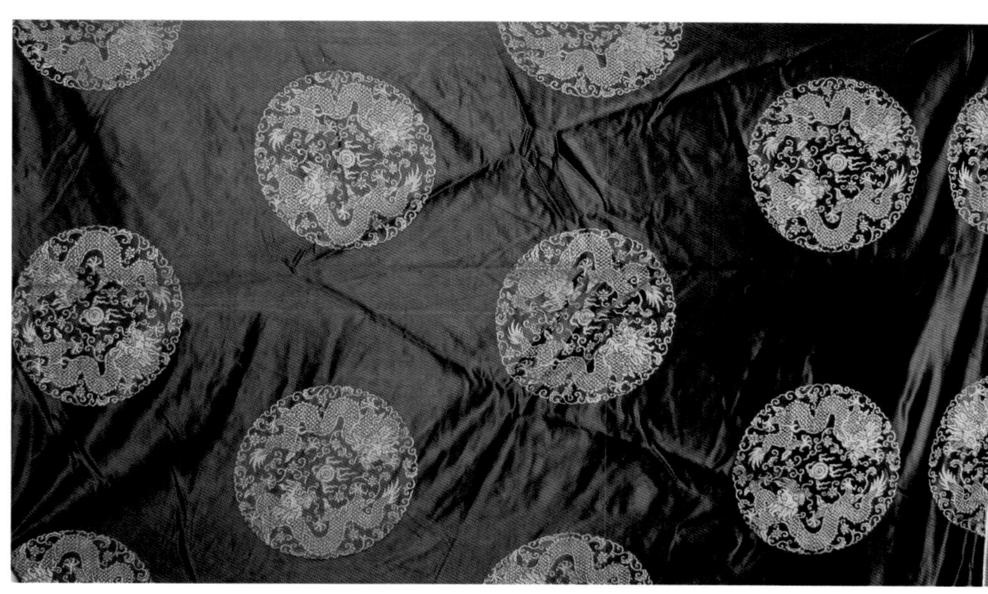

图 Ts024 石青缎地团龙纹妆花面料
年代：清中晚期

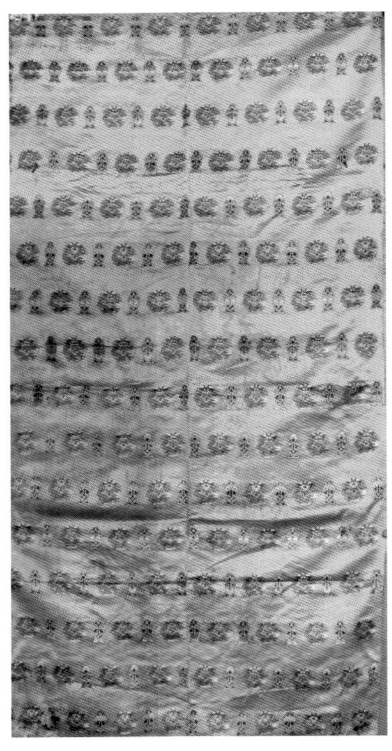

（a）正面

（b）反面抛梭图

（c）局部放大图

图 Ts010　黄色缎地云龙纹妆花面料
年代：清中期

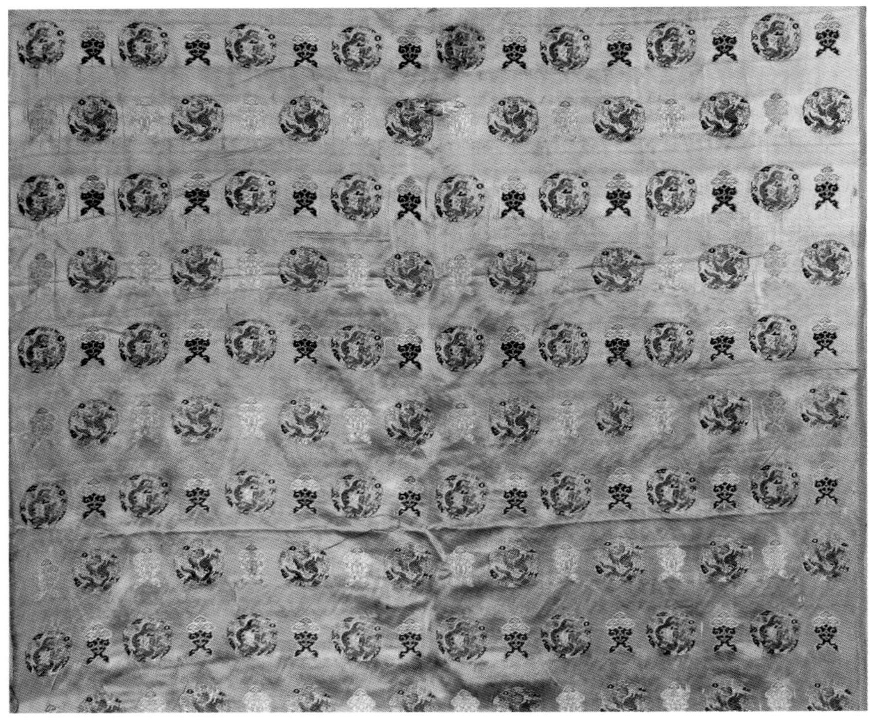

（a）正面

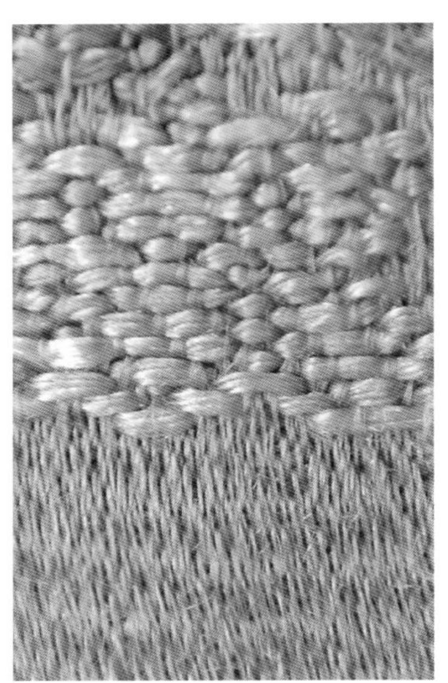

（b）局部放大图

图 Ts011 黄色缎地云龙纹妆花面料
年代：清早期

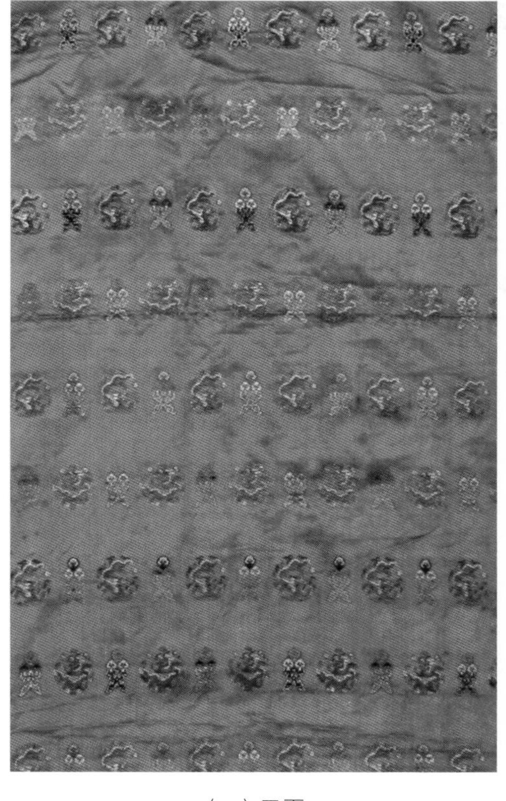

（a）正面

（b）反面抛梭图

（c）局部放大图

图 Ts012 红色缎地云龙纹妆花面料
年代：清中期

（a）正面

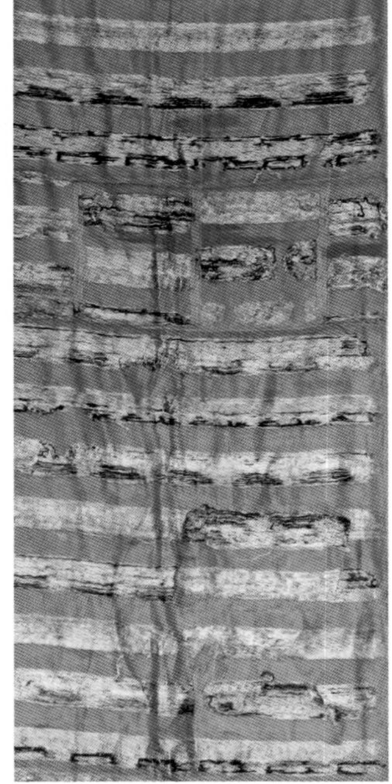

（b）反面抛梭图

（c）局部放大图

图 Ts013 黄色缎地云龙纹妆花面料
年代：清中期

（a）正面

流传到国外的明清织绣品中，在数量上，宫廷服装流行于欧美的较多，而在纺织面料上，日本明显多于其他地区。这是2005年笔者和夫人第一次去日本时在京都买的，当时的情景至今难忘。图Ts007是一家专门经营明清布匹的夫妻店，大约10平方米的小店内装满各种绸缎，主要是日本生产的具有明显日本特色的绸缎。

语言上的障碍使双方用了很长时间才使店主明白笔者的目的，他非常礼貌而热情地帮忙找中国丝绸。笔者很快在一摞摞的绸缎中找到一件完整的17世纪晚期的红色过肩龙袍坯料，标价11万日元，约合人民币7700元。而这种品相的袍料的市场价最低也超过人民币25万元，笔者和夫人热血沸腾。很快，笔者又找到一件清中期纳纱朝服的上衣，标价9万日元，合人民币6000多元。正当笔者觉得便宜之际，他的儿子从里屋拿出了那件朝服的裙子，凑到一起正好是一件完整的清代中期的纳纱朝服，当时这种工艺和品相的纳纱朝服的最低价在人民币20万元以上。当笔者和夫人大喜过望时，老板看了一下号牌，说这是一个号，裙子不要钱。除了两件朝袍，笔者和夫人又买了些中国锦缎。

（b）局部放大图

图 Ts007 浅蓝绸地云龙纹妆花袈裟
年代：清早期

笔者从事这个行业多年，被人骗过，也捡过漏，太多的经历已经忘却，但日本的这次经历笔者始终清楚地记得。以后的几年笔者又多次到过日本，每次都会去这家店买一些中国锦缎，基本上都是按着对方说的价钱，尽量不还价，并有一种不好意思的感觉。

在日本，除了京都以外，笔者在东京也认识了一位经营丝绸的友人，名叫森田直，每次去日本都会在他那里买一些中国丝绸，多次的交往使双方成为好友，森田直曾多次来中国。

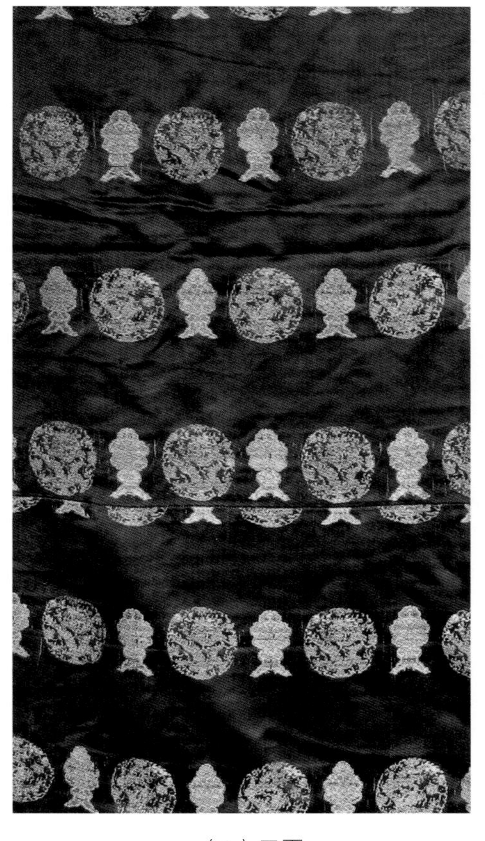

（a）正面

（b）反面抛梭图

（c）局部放大图

图 Ts020 石青缎地云龙纹妆花面料
年代：清中期

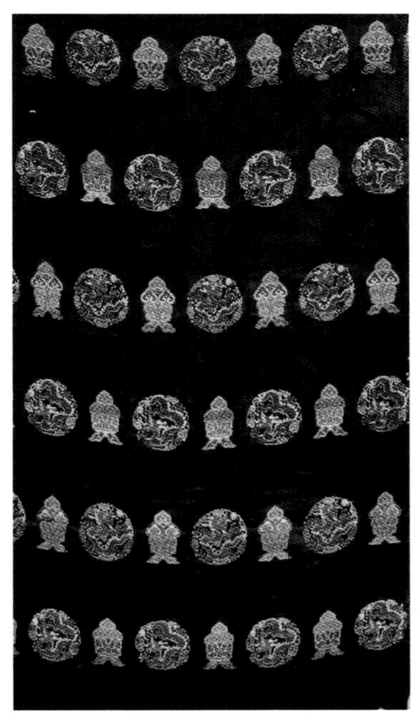

（a）正面

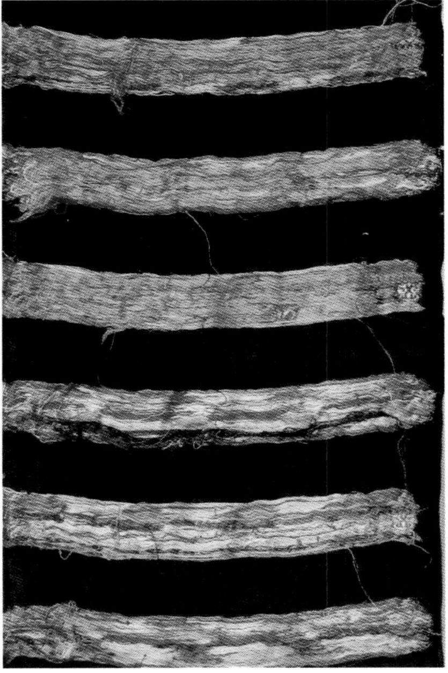

（b）反面抛梭图

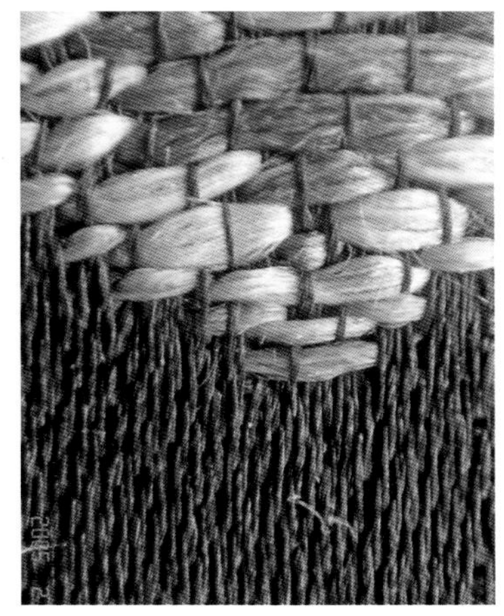

（c）局部放大图

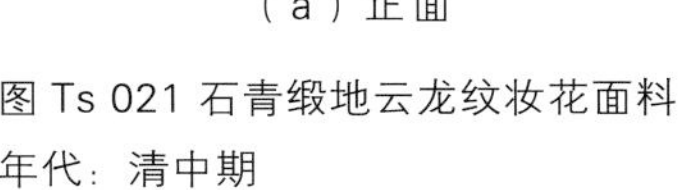

图 Ts 021 石青缎地云龙纹妆花面料
年代：清中期

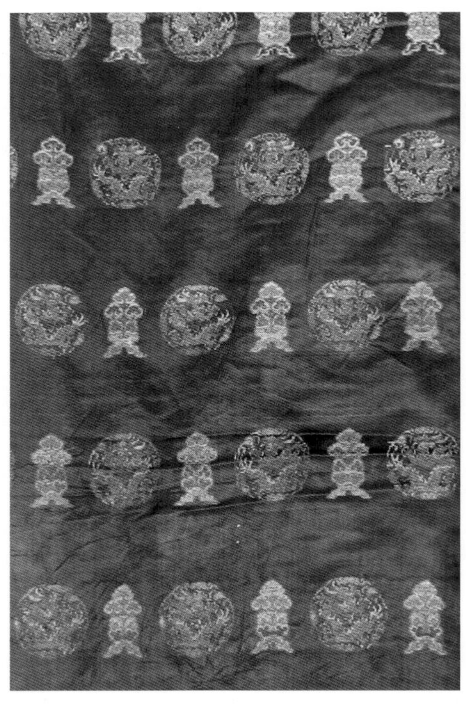

（a）正面　（b）反面抛梭图　（c）局部放大图

图 Ts022 蓝缎地云龙纹妆花面料
年代：清中期

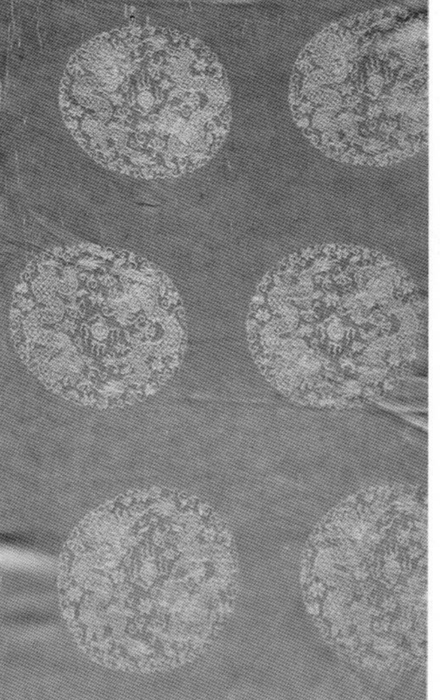

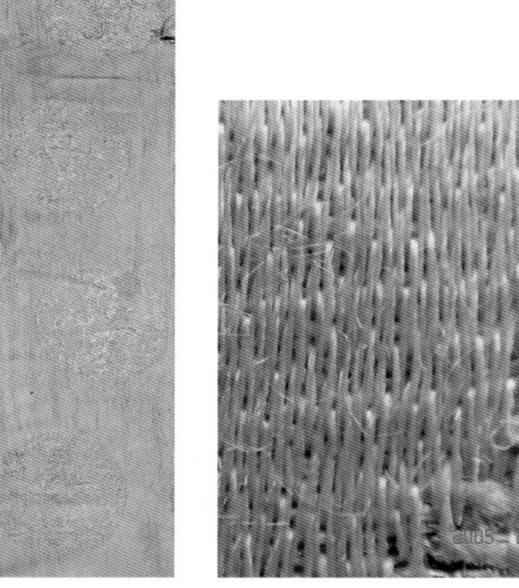

（a）正面　（b）反面　（c）局部放大图

图 Ts128 黄色团龙纹妆花面料
年代：清晚期
工艺：7 浮 1 沉 8 枚缎

从局部放大图看，这块团龙纹面料明显采用植入色线的妆花工艺，面料的反面有多处采用较短的抛梭。使用两色形成图案的面料多数采用提花工艺，这种局部妆花产品的年代为晚清民国初期。笔者收藏的龙纹面料大部分来自西藏地区，由于西藏具有收藏缎子的风俗（他们把丝织品叫作缎子），这些历经几百年的传世品才得以保留。

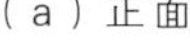

（a）正面

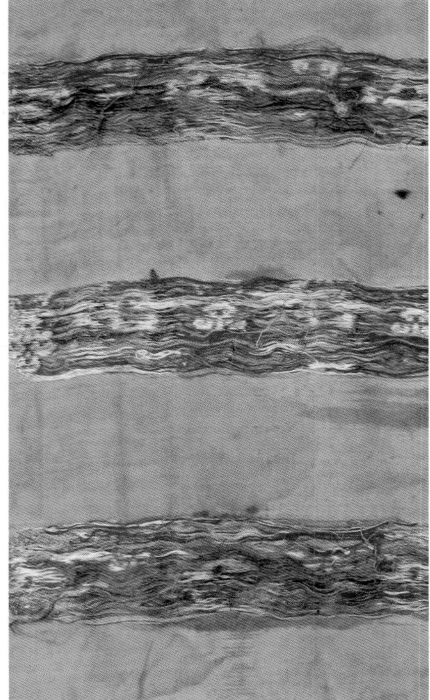

（b）反面抛梭图

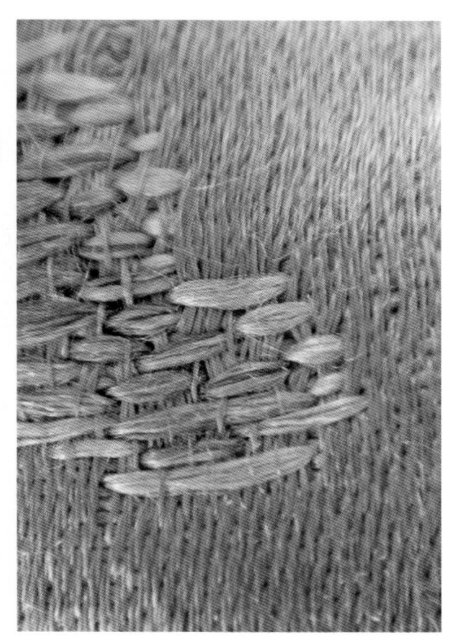

（c）局部放大图

图 Ts063 黄缎地云龙纹妆花面料
年代：清中期

笔者始终在思考这些很费工时的锦缎的主要用处。很显然，由于龙纹习惯上不能倒立，用这种龙纹面料制作服装是不合适的。根据传世的使用范围，大部分是用作装饰的，如北京故宫中有些物品用这种锦缎包裹，寺庙中的经卷也用这种面料包裹。另外，除了唐卡的花边，笔者见过几件后来改制的藏袍，没有见其他用途。几百年的流行时间、若干种风格类别、顶级的纺织工艺，只是作为包袱使用，显然不现实。笔者总觉得它们应该有更普遍的使用场合。

三、云纹和杂宝

云纹在织物上的使用自古有之，具体形状随时代而有多种变化，名称有如意云、祥云、骨朵云等。天空中千变万化的云彩，给人以太多深不可测的遐想，多数云纹有吉祥如意的含义，但乌云等也可以用来形容丑恶。因为云纹过于深奥博大，从古到今，中华纹样中常见的云纹并没有具体的含义。

云纹在纺织品上往往是作为陪衬而出现的，在绝大多数物品中都是填补空白的作用，以云纹作为主要纹样的织物很少见。根据传世实物的图案、风格和色彩，云纹的应用范围主要是宫廷和寺庙，纺织工艺和构图等均精细规范。

从明代晚期到整个清代，在宫廷用纺织品中，云纹的使用远远多于其他任何纹样，云纹也随时代的变化而明显地变化。

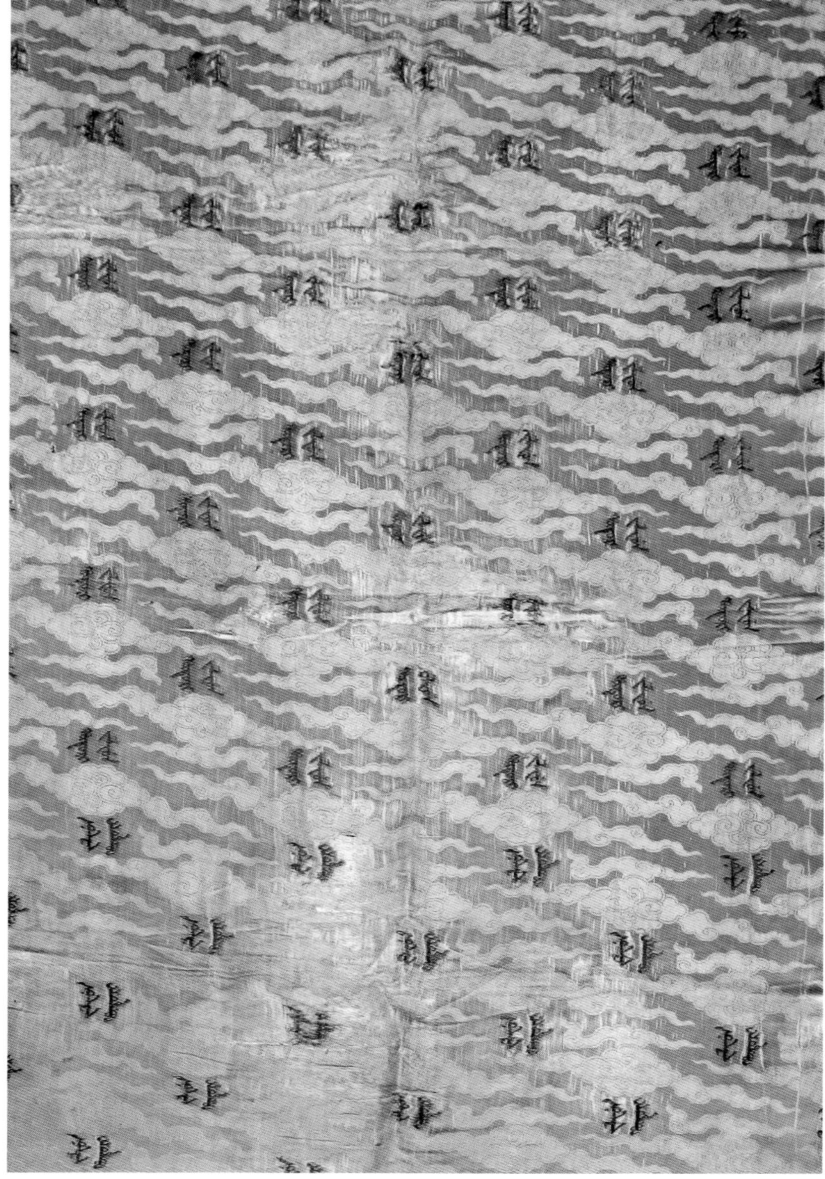

（a）正面

（b）反面抛梭图

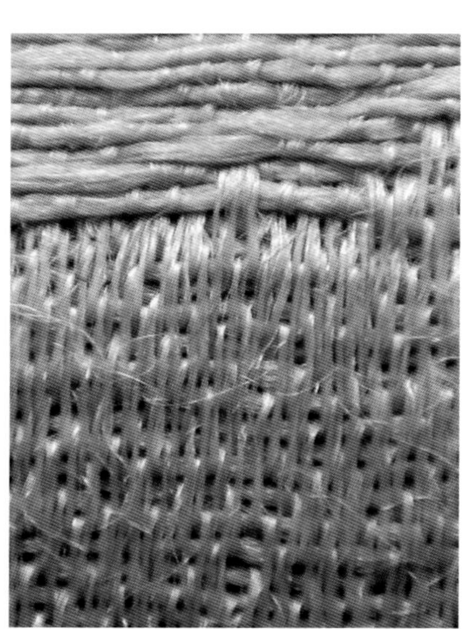

（c）局部放大图

图 Ts120 白地提花四合云妆花满文面料
年代：清中期
工艺：提花加妆花，7 浮 1 沉 8 枚缎

一般带有满文的面料是宫廷造办处监制的，多作为包装使用，如宫廷服装、圣旨和经书等用品。

跨越明清两个朝代的 17 世纪，是织绣工艺的鼎盛时期。这一时期的很多织绣工艺是空前绝后的，如洒线绣、缂丝加绣等。在纺织工艺上，很多坯料和面料都采用提花和妆花结合的工艺，如使用提花工艺织云纹作地，用妆花工艺织龙纹等主体纹样。由于过于耗费工时，大约清乾隆以后，随着使用范围的大幅度提高，逐渐显现市场化多快好省的自然规律，刺绣工艺、提花和妆花结合的工艺逐渐减少。

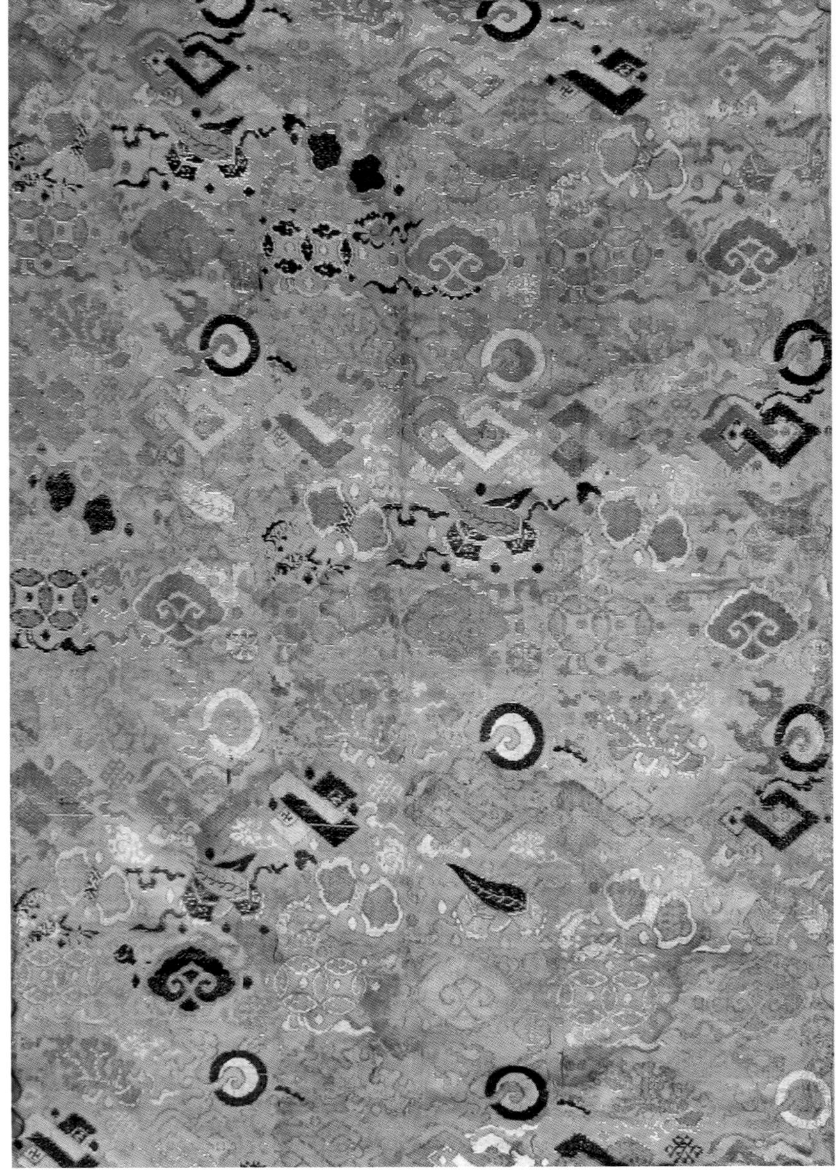

（a）正面

（b）反面

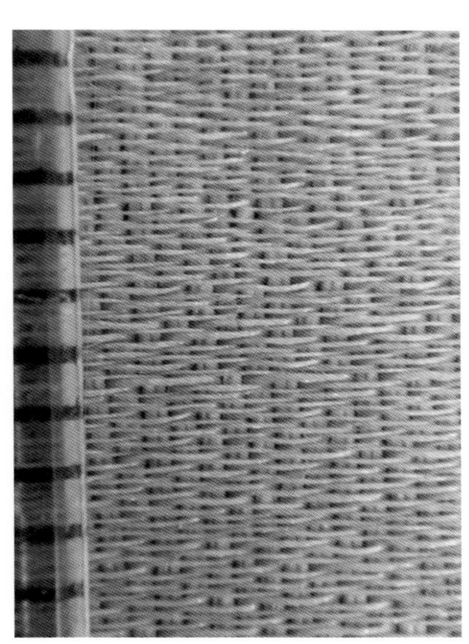

（c）局部放大图

图 Ts140 黄色八宝纹妆花面料

年代：明中期

工艺：4 浮 1 沉 5 枚缎，3 浮 2 沉 5 飞，经线每厘米 102 根，纬线每厘米 24 根

此面料的构图、色彩和工艺都是典型的明代中晚期风格，经线比较细，质地较薄，纹样循环并不大。但是排列零碎，每完成一根纬线的通梭都有多次彩纬的介入，很费工时。纹样的色彩和排列都缺乏合理性，视觉上整体感觉杂乱无序，没有层次感。也可能是因为这种佛八宝面料多用于和佛事活动有关的场合，当时的设计者为了显示佛法的深奥而有意设计成这种效果。

（a）正面

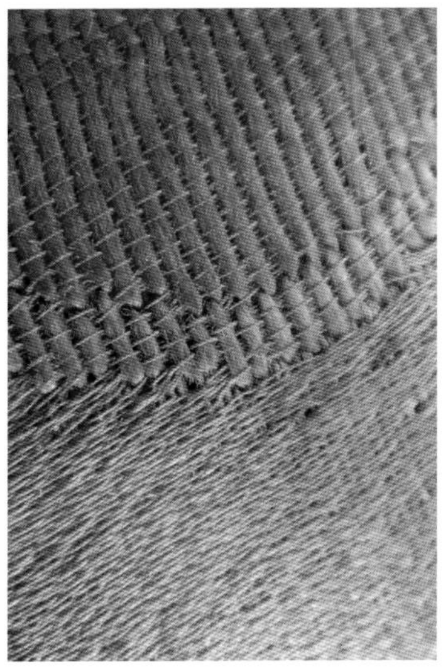

（b）反面抛梭图

（c）局部放大图

图 Ts042 红色缎地四合云寿字纹妆花面料
年代：清早期

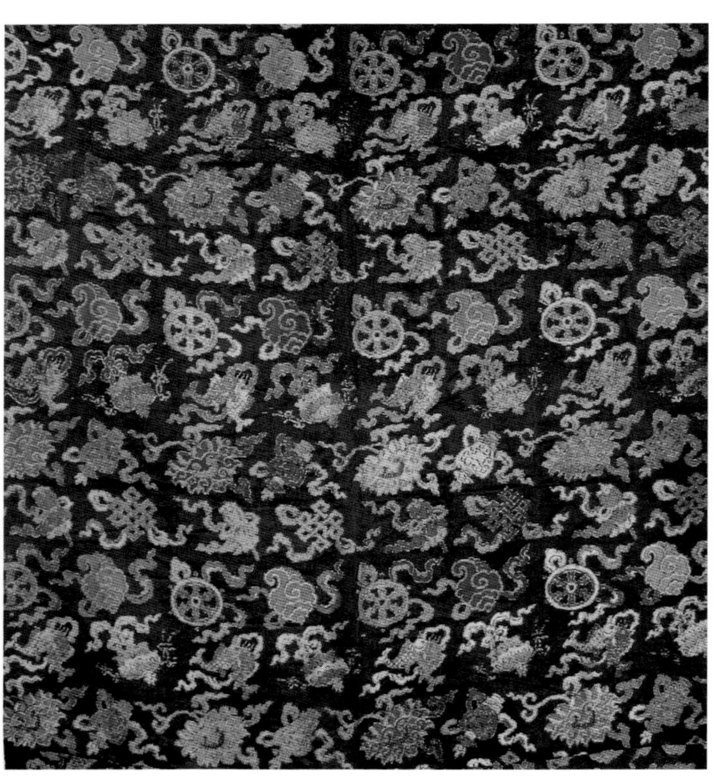

（a）正面

（b）反面抛梭图

图 Ts148 石青色八宝纹妆花面料
年代：清中期

（a）正面

（b）反面局部抛梭图

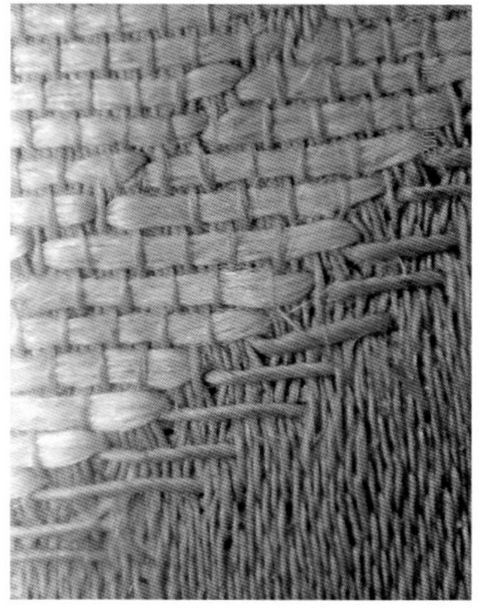

（c）局部放大图

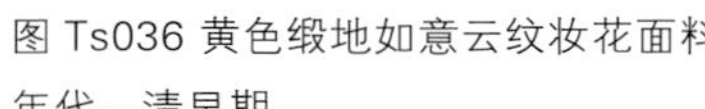

图 Ts036 黄色缎地如意云纹妆花面料
年代：清早期

（a）正面

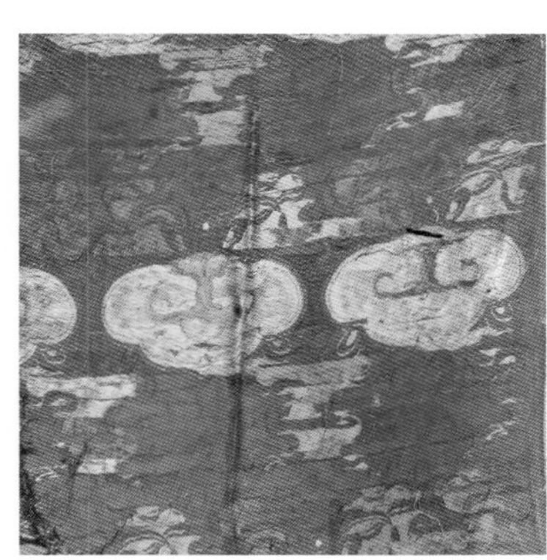

（b）反面局部抛梭图

（c）局部放大图

图 Ts037 木红色缎地如意云万寿纹妆花面料
年代：清早期

（a）正面

（b）反面抛梭图

（c）局部放大图

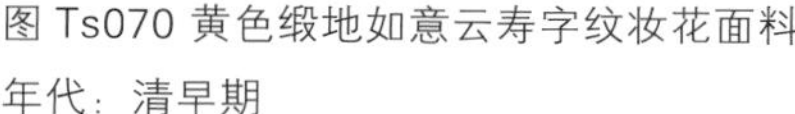

图 Ts070 黄色缎地如意云寿字纹妆花面料
年代：清早期

以上几块面料残片的构图风格、妆花工艺等很近似，较大的如意云头，间以寿字和佛八宝，应为同一时期的产品，年代应该为17 世纪下半叶。这一时期，很多面料和坯料的纹样中加入寿字。到清代中晚期，寿字纹样有所减少，大部分用寿桃纹样替代。

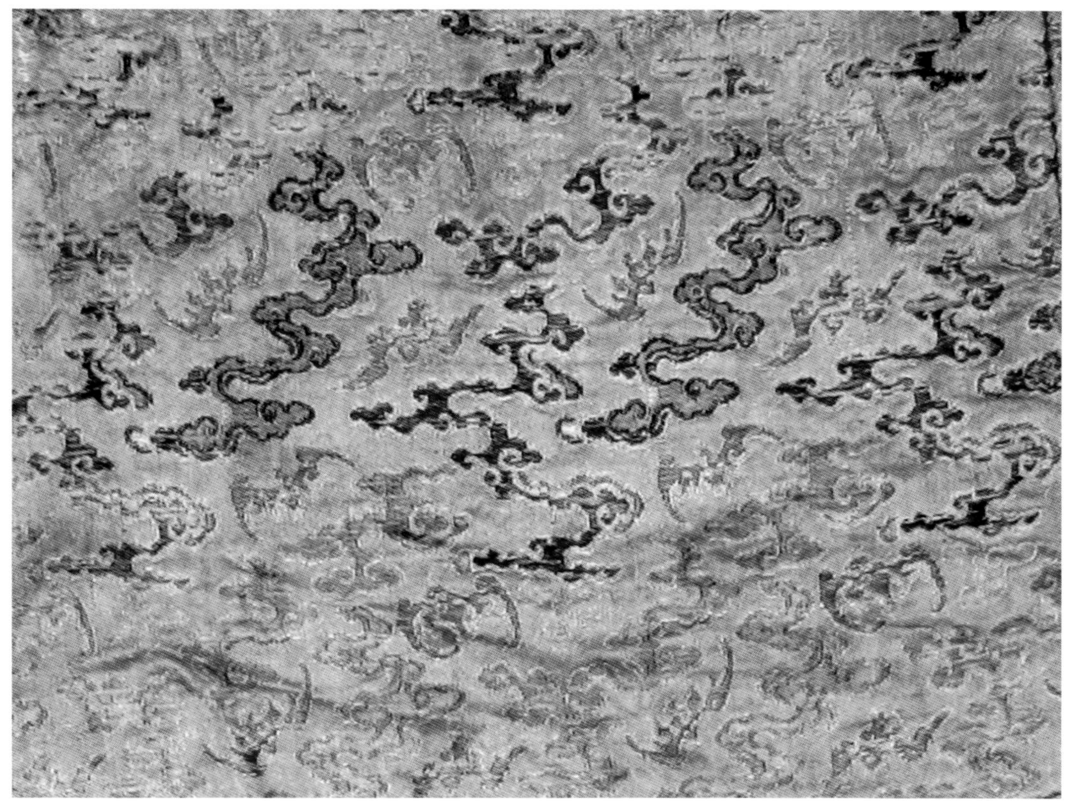
（a）正面

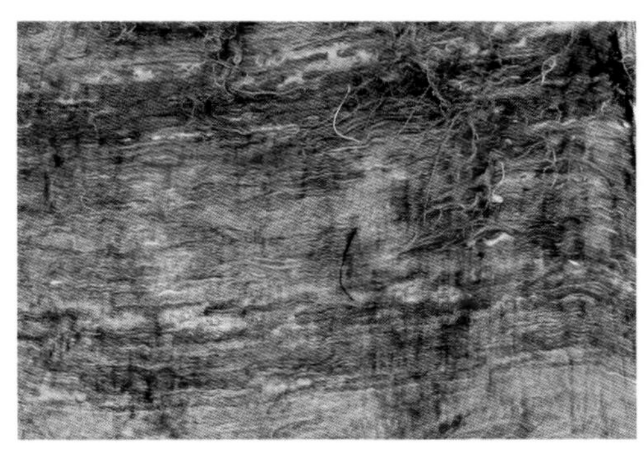
（b）反面抛梭图

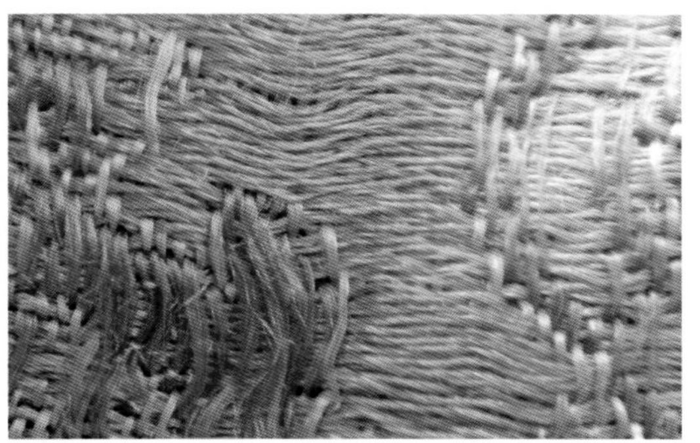
（c）局部放大图

图 Ts057 黄色缎地蝙蝠云纹妆花面料
年代：清早期

蝙蝠的寓意是洪福、多福，“福”字有顺利、吉祥的意思，涵盖的内容极为丰富，寄托着民间所有的美好憧憬，反映了人们的理想与愿望。大约在明代晚期，纺织品中开始有蝙蝠纹样，早期的蝙蝠带胡须，翅膀修长，且边缘锯齿较深。到清乾隆时期，蝙蝠的胡须基本消失，体型稍显短小、肥胖。由于其丰富的内涵，在以后的各朝代，蝙蝠纹样的使用越来越普遍。

（a）正面

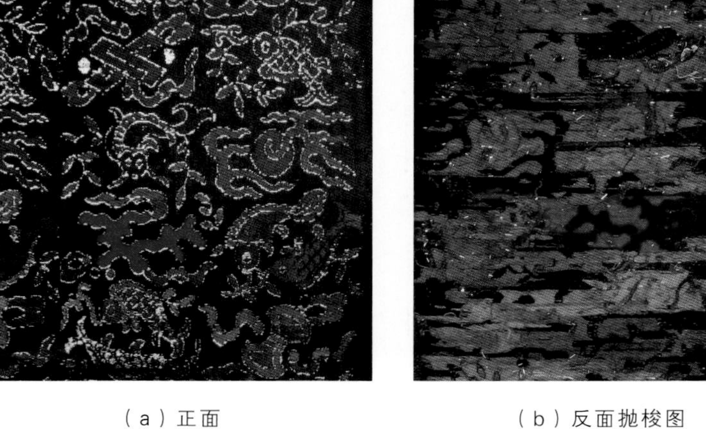

（b）反面抛梭图

（c）局部放大图

图 Ts041 石青缎地佛八宝纹妆花面料
年代：清中期

此面料全部由佛八宝纹样组成，图案线条较细，整体构图零碎密集，而且所有图案用片金围边。这种彩纬加片金的妆花工艺档次较高，也是耗费工时、应用较多的品种。曾经有人数过，这块幅宽 72 厘米的面料，很多部位的每一根彩纬的通梭需变换彩纬 80 到 100 余次，如果纬线每厘米需要 40 根，则每织 1 厘米需变换色线 3200 到 4000 次，可见织一匹妆花缎所用工时巨大。

四、飞禽

明清纺织品中，采用飞禽纹样的种类和传世数量都比较少，主要有凤凰和仙鹤。到民国时期，由于纺织机械的不断发展和进步，燕子等飞禽纹样开始增多。

凤纹和龙纹都是人们想象中的崇高化身，有史以来常把皇帝比做龙，把皇后比做凤，纺织品中的龙凤纹也常代表高尚、吉祥。

从明代起，官员的品级通过官服前面和后面各饰一个补子来显示。文官一品官服的纹样为仙鹤纹，使得人们对本来就高贵典雅的仙鹤更宠爱有加。以仙鹤纹为主要图案的丝绸面料随之流行。根据实物，以仙鹤纹为题材的面料主要有两种，一种是团鹤，空白处添加彩云、八宝等；另一种是整齐排列的飞鹤，主要以灵芝陪衬。后者的年代较晚，多数是 19 世纪的产品。

（a）正面

（b）局部放大图

图 Ts157 石青色凤凰纹两色提花面料
年代：明中晚期

《中国织绣服饰全集》第 309 页，故宫博物院藏的明代“红色凤凰牡丹纹织金罗”的纹样和这块面料相同。

（a）正面

（b）反面局部抛梭图

（c）局部放大图

图 Ts069 石青地团鹤纹妆花面料
年代：清早期

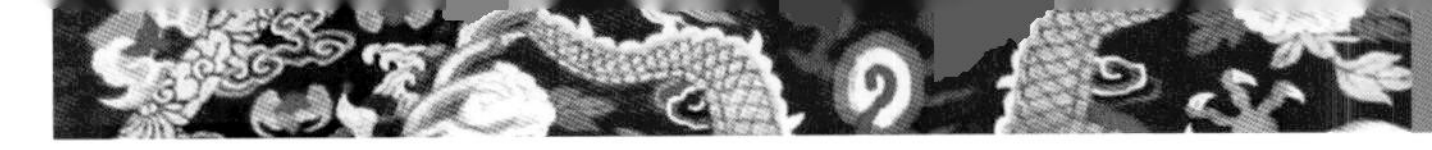

（a）正面

（b）反面局部抛梭图

（c）局部放大图

图 Ts039 棕色地团鹤纹妆花面料
年代：清早期

以上两块团鹤纹面料的年代相对较早，大约是明末清初时期。团鹤的直径约 10 厘米，五彩四合云纹，所有图案用片金围边，团鹤则结合使用片金线和捻金线，工艺精细规范。这种工艺极费工时，是妆花工艺中具有代表性的精品。

（a）正面

（b）反面抛梭图

（c）局部放大图

图 Ts023 黄地仙鹤灵芝纹妆花面料
年代：清中期

仙鹤的含义有两种：首先指长寿之意，如鹤发童颜、松鹤延年等；也有高雅的意思，主要指名士高人自命不凡，不与世俗合流，多半是指向往大自然的隐逸人士，素有闲云野鹤、独来独往的说法。

（a）正面

（b）反面抛梭图

（c）机头（江南织造臣七十四）

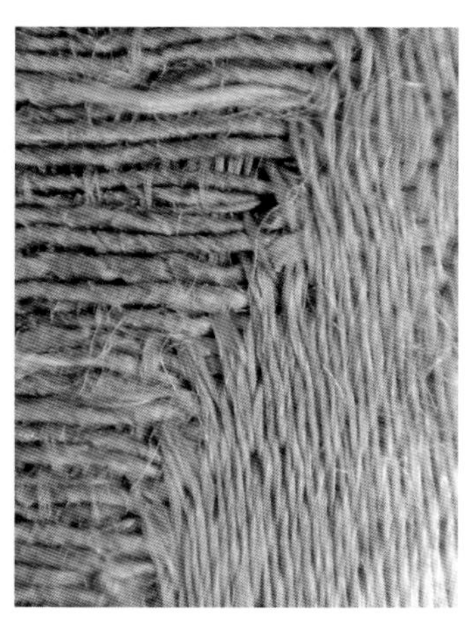

（d）局部放大图

图 Ts025 黄地仙鹤灵芝纹妆花面料
年代：清中期

经过多年的体会，笔者觉得，对于织绣品，皇帝和百姓、宫廷和地方，在阶级和环境上的差别很大。但是在日常生活中，也许没有笔者早年想象的巨大差别，宫廷中的大多数生活用品和地方是通用的。本书中的很多面料和坯料，与已发表的故宫藏品相同或相似。

（a）正面

（b）反面抛梭图

（c）局部放大图

图 Ts026 红色缎地仙鹤灵芝纹妆花面料
年代：清早期

《中国织绣服饰全集》第 319 页，故宫博物院藏的明代“黄地灵仙祝寿妆花缎”的图案和这块面料相同。古代关于灵芝的吉祥含义的说法很多，最普遍的是认为只有上苍赐福才会长出灵芝。另外，灵芝有“长生不老草”之称。此面料的构图为仙鹤叼着灵芝，有上苍馈赠福寿之意。

（a）正面

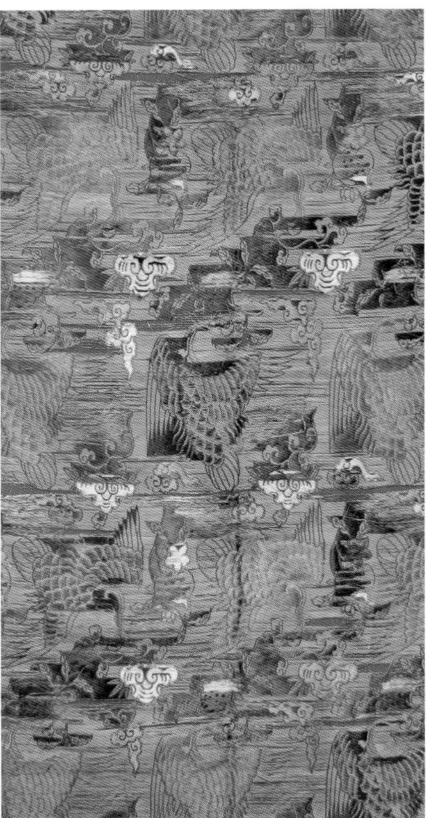

（b）反面抛梭图

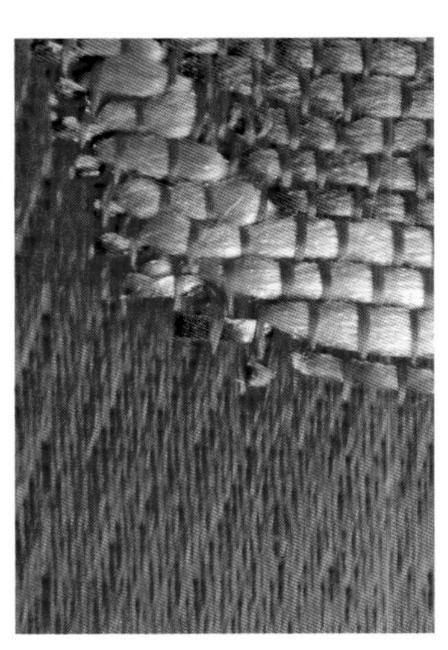

（c）局部放大图

图 Ts082 红色缎地仙鹤灵芝纹妆花面料
年代：清晚期

（a）正面

（b）反面抛梭的片金线

（c）局部放大图

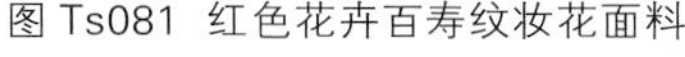

图 Ts081 红色花卉百寿纹妆花面料
年代：清晚期
机头文字：正源兴本机粧缎

（a）正面

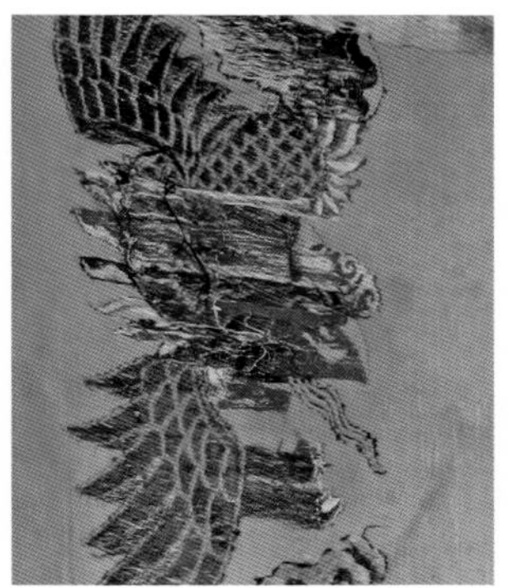

（b）反面抛梭图

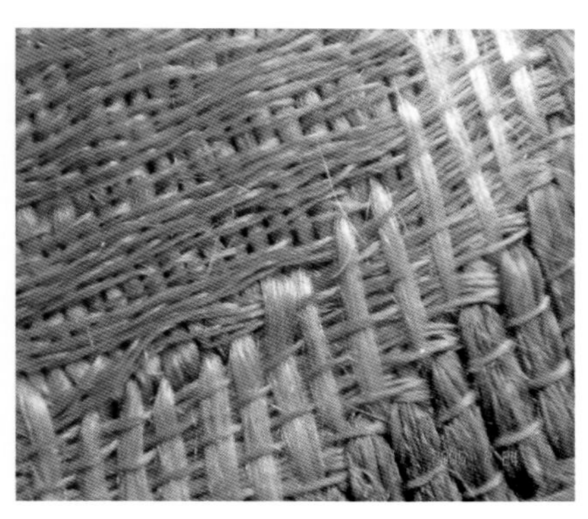

（c）局部放大图

图 Ts028 黄色缎地云凤纹妆花面料
年代：清早期

凤凰是百鸟之王，是人们喜闻乐见的图案之一，但在明清纺织品中很少见。这种现象应该和制成服装时正面和背面的头尾不能协调有关。

在现代人的概念中，凤凰和其他鸟类一样，只是一种飞禽。而古人所说的凤凰是指雌雄两个类别，凤指雌、凰指雄。特别是清代早中期，织绣品上的凤凰往往是雌雄成对出现，单尾伸出再分多个叉的是雄性的“凰”，直接伸出多个尾翼的是雌性的“凤”。

（a）正面

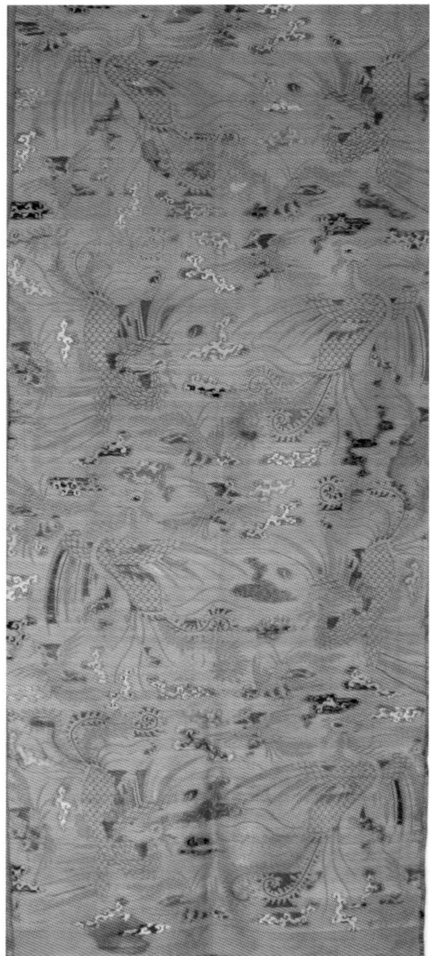

（b）反面抛梭图

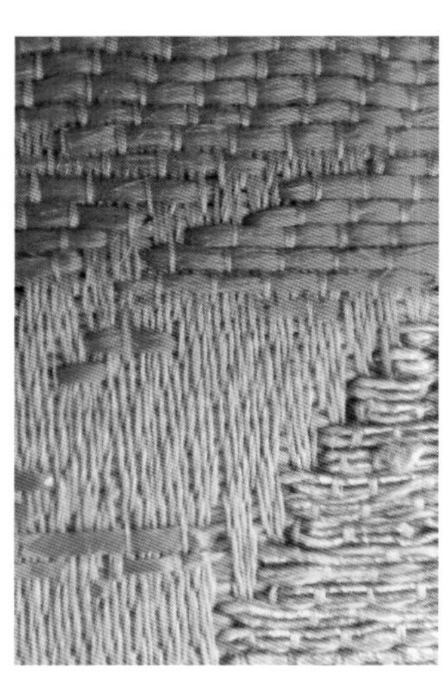

（c）局部放大图

（d）机头

图 Ts076 黄色缎地凤凰灵芝纹妆花面料

年代：清晚期

因为片金线比较脆弱，清乾隆以后很少在妆花工艺中应用，多使用捻金线。直到民国时期，片金线和捻金线结合应用的工艺又逐渐增多，但由于清晚期的色彩、构图、金线含金量少等因素，明显不如早期的妆花工艺精美。

从这块面料的反面可明显看到片金的抛梭很完整，说明保存得很好。实际上，很多片金织物的反面布满金线，只是片金比较脆，容易折断，时间长了，大部分片金被磨损掉了。

五、花卉

花卉面料的使用范围广，从宫廷皇家到地方百姓，都有应用。根据各民族和地区的风俗习惯，加上每一种花卉都有某种内涵等因素，随应用场合、人群、年龄等不同，织绣品上应用的花卉品种有差别。从明代到清代，整体的变化趋势是：17 世纪以前最为流行的是缠枝莲花、宝相花，到清乾隆以后，代表富贵的牡丹花明显增多。

因为花卉纹样的面料主要以制作服装为目的，要充分考虑缝制成服装后正面和背面的图案协调，一般尽量减少花型的方向感，如加大花朵的比例、排列对称而均匀、缩短叶子和枝叉、在视觉上防止图案倒置。

（a）正面

（b）反面抛梭图

（c）局部放大图

图 Ts046 红色缎地花鸟纹妆花面料
年代：明代

从整体上看，明代以前的花卉织物在工艺上已经较为成熟，色彩上也逐渐丰富。明代织物使用颜色的特点是红色艳丽但不泛紫（这种红在光线环境中很容易褪色），绿色浓郁而且泛灰，颜色的反差较大，多数图案由片金线围边，早期的线条比较粗，花朵、枝叶的轮廓也比较大。

明早期的构图要求整体布局匀称协调，但过于随意。首先是布局上比较杂乱，随意地在空白处添加图案，普遍缺乏合理性。同时，对每个图案的细节也不在意，不注意现实生活中的写实。如为了色彩对称，不管什么花卉或叶子，都用红色或蓝色等色彩。有时结构上也是如此，不管是否合理，任意在空白处添加图案。

1. 莲花

在中国古代，莲花被尊崇为君子，中国人自古以来便喜爱这种植物。17 世纪以前的纺织品中，莲花较多。莲花比较素雅，有廉洁、清廉等含意，是洁身自好、不同流合污的高尚品德的象征。因此，诗人有“莲生淤泥中，不与泥同调”之赞美。素有出污泥而不染的莲花是纯净的象征，在中国文学中，与莲有关的诗词歌赋不计其数。

莲花是佛教四大吉花之一，又是八宝之一，也是佛教九大象征之一。它代表一切活动的鼎盛阶段，被想象成洁白无瑕、尽善尽美的象征。在世界上，很多文明都把莲花视为神圣的象征，并将莲花广泛地融入艺术设计之中。佛教中的莲花被描述为四瓣、八瓣、十六瓣、二十四瓣、三十二瓣、六十四瓣、百瓣和千瓣。

明代晚期织物中的莲花多为缠枝莲，枝叶围绕莲花近一周，花瓣数量多，而且形状尖。清早期的纺织品中莲花形似荷花，花瓣稍显肥厚；清晚期的莲花比较写实，近似现实生活中的牡丹，枝叶基本不缠绕花朵，只是稍歪斜。

（a）正面

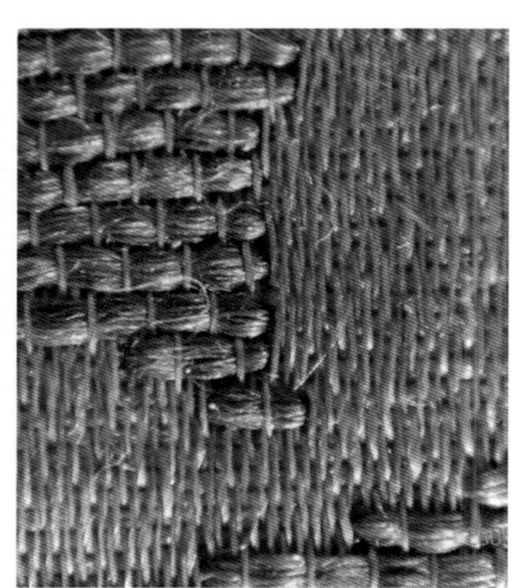

（b）局部放大图

图 Ts152 红色缠枝莲纹两色妆花面料
年代：明中晚期

（a）正面

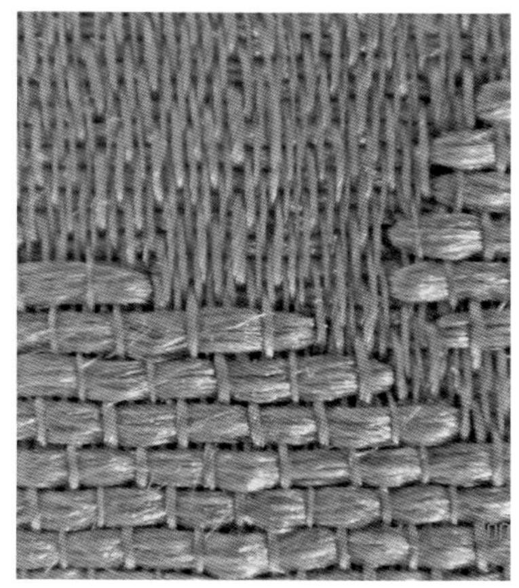

（b）局部放大图

图 Ts158 红色缠枝莲纹双色妆花面料
年代：明晚期

（a）正面

（b）局部放大图

图 Ts159 红色缠枝莲纹双色妆花面料
年代：明晚期

图Ts152、图Ts158和图Ts159所示多数采用双色提花工艺，年代为明代中晚期。

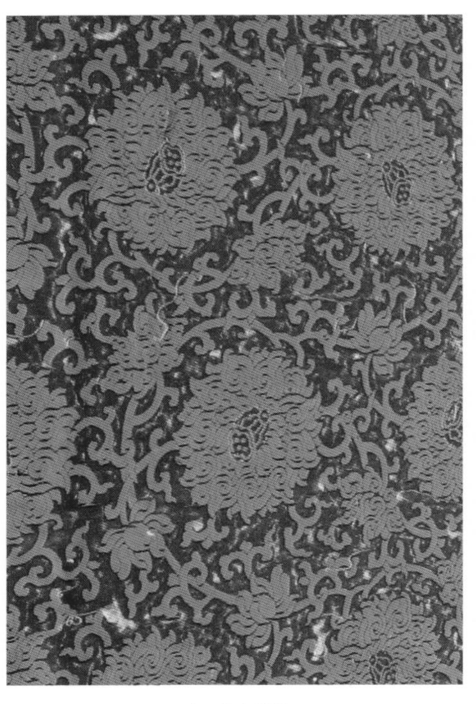

（a）正面

（b）反面

（c）局部放大图

图 Ts156 红色缠枝莲花纹双色提花面料
年代：清中晚期
尺寸：高 210 厘米，宽 75 厘米
工艺：6 浮 1 沉 7 枚缎，隔行正反组织

正反组织大部分采用隔一根纬线的方法，具体是第一根经线沉到反面，相邻的经线隔一根纬线后以反方向浮出，也有的采用隔两根纬线浮出的方法，此面料采用正反隔两根纬线的方法。

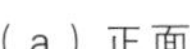

（a）正面

（b）正面放大图

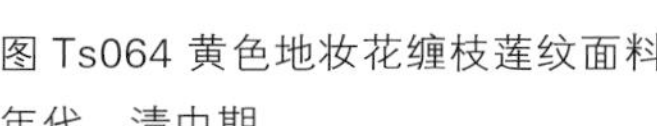

图 Ts064 黄色地妆花缠枝莲纹面料
年代：清中期

（a）正面

（b）反面半抛梭回纬图

（c）局部放大图

图 Ts142 黄缎地花卉纹妆花面料
年代：清早期

妆花工艺配色是用各种颜色的纬线，对面料上的花纹作局部的盘织妆彩，根据纹样，再局部植入彩色丝线而形成图案。这种工艺可以任意改变色线，使图案的色彩变化更加丰富。而背面的彩纬可以根据纹样的需要，任意跨越经线，所以织物的背面有彩色抛线，业内叫做抛梭（或叫回梭穿线）。因配色复杂、彩纬沉浮多，面料比较厚重。由于纹样是通过彩纬介入而形成的，所以厚薄不均匀，花纹部位厚，地部薄。

（a）正面

（b）反面局部抛梭图

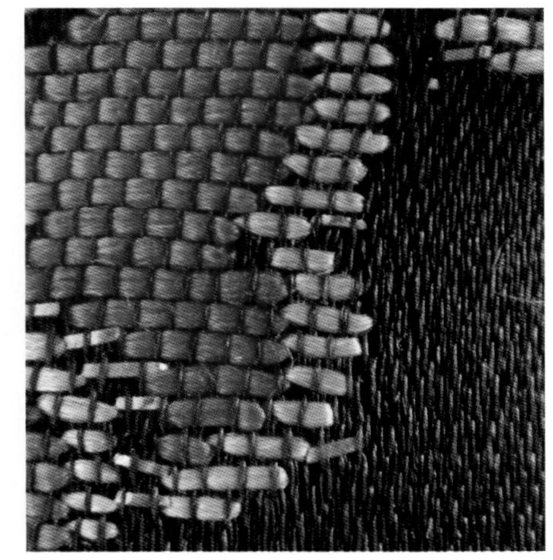

（c）局部放大图

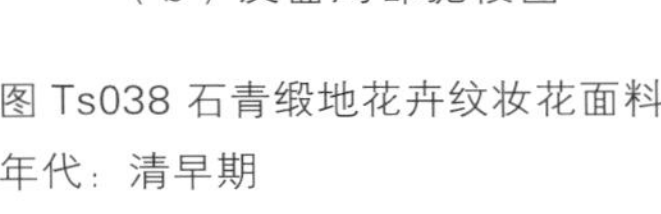

图 Ts038 石青缎地花卉纹妆花面料
年代：清早期

（a）正面

（b）反面抛梭图

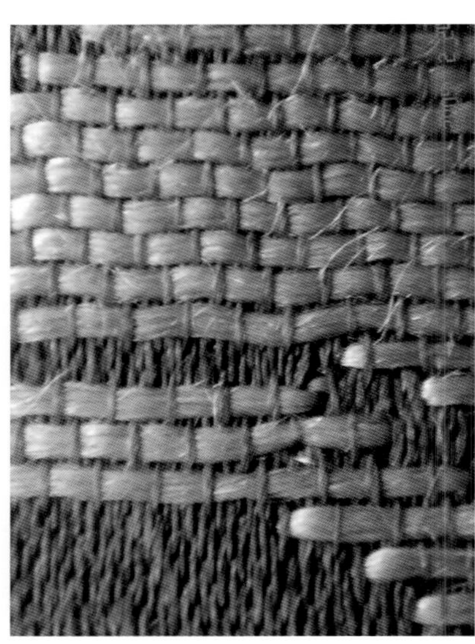

（c）正面局部放大图

图 Ts043 石青缎地莲花纹妆花面料
年代：清早期

明清时期，对蓝色和黑色的名称还比较模糊，在纺织品中，多数地区没有蓝和黑的概念，一般把浅蓝叫做淡青，把深蓝叫做石青，把黑色称为青色。

从矿物色、植物色发展到化学色后，纯黑色织绣品的传世较少，因为这一阶段的黑色棉织物的印染需要大量火碱，而火碱具有很强的腐蚀性，保存得再好也不能存放很长时间。现在传世的织绣品中，有很多其他部分保存完好，只有黑色部分有很大的破损。这种现象可能和染料中添加的某种化学成分有关。

（a）正面

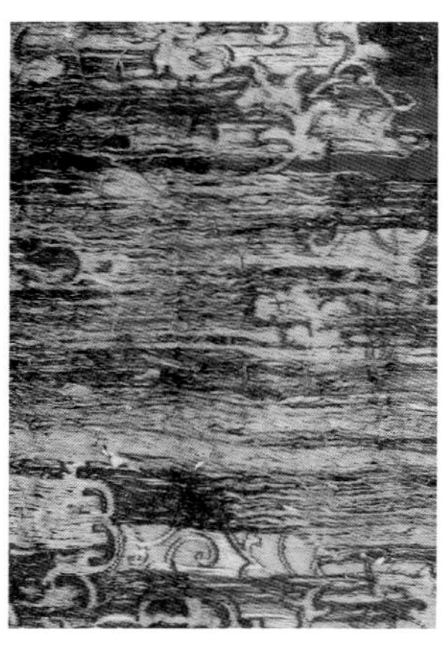

（b）反面

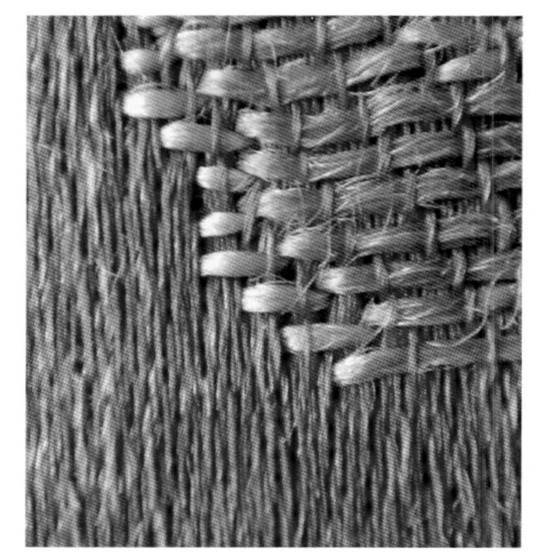

（c）局部放大图

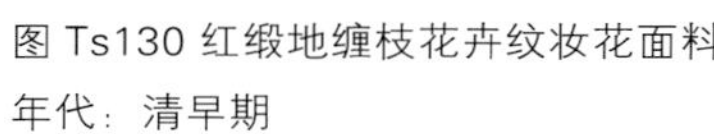

图 Ts130 红缎地缠枝花卉纹妆花面料
年代：清早期

（a）正面

（b）局部放大图

图 Ts058 黄缎地莲花纹妆花面料
年代：清中期

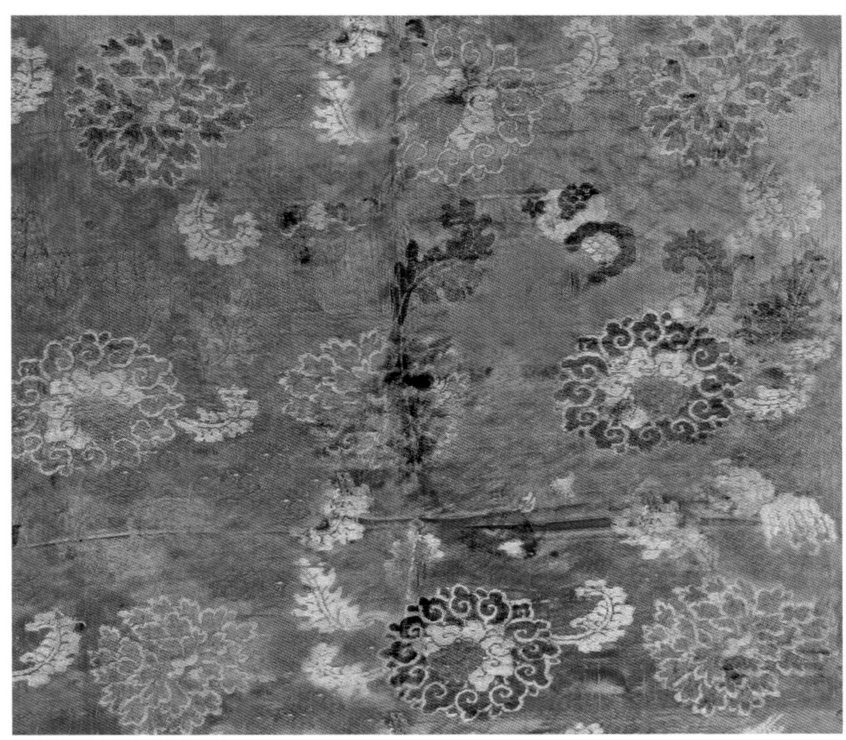

（a）正面

（b）反面抛梭图

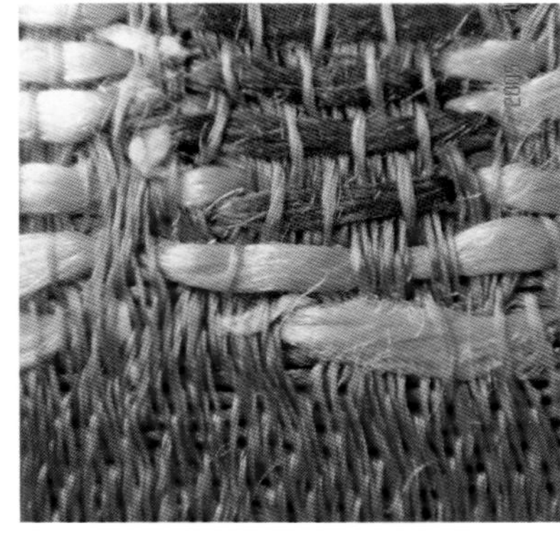

（c）局部放大图

图 Ts029 红缎地缠枝莲花纹妆花面料
年代：清中期

（a）正面

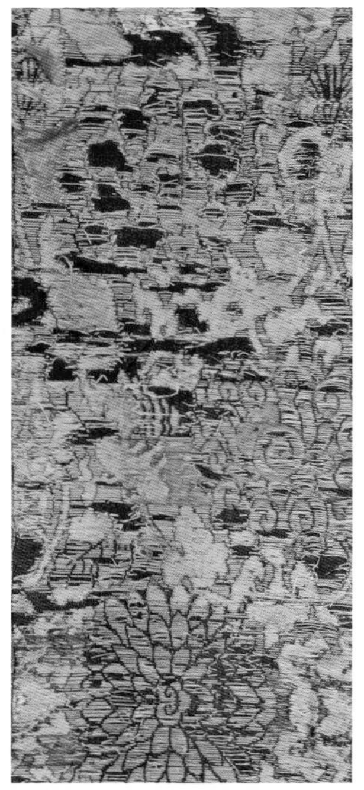

（b）反面抛梭图

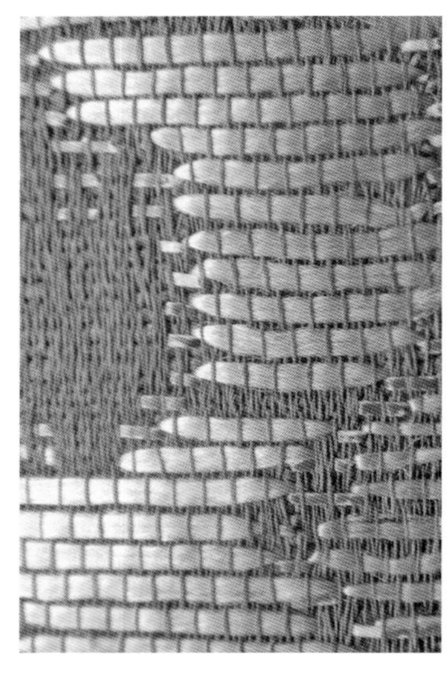

（c）局部放大图

图 Ts040 蓝缎地花卉纹妆花面料
年代：清中期

（a）正面

（b）反面抛梭图

（c）局部放大图

图 Ts032 黄缎地缠枝莲纹妆花面料
年代：清早期

在中国的民俗中，有许多与莲有关的话语。莲有一蒂二花者，称并蒂莲，象征男女好合、夫妻恩爱，喜庆对联中常有“比翼鸟永栖常青树，并蒂花久开勤俭家”等；又如藕断丝连，用于指男女虽然分手，但情意未绝；莲与“廉”（洁）“连”（生）谐音，民俗中有“一品清廉”“连生贵子”等谐音取意。

2. 宝相花

宝相花，又称宝仙花，名称源于东汉，唐、宋、元时有所发展，明代时最为盛行，到清代中晚期快速减少，清咸丰以后基本被牡丹花所取代。

在众多的花卉纹样中，只有宝相花是子虚乌有的一种花卉名称，整体形状由多个椭圆形花瓣组成，整齐排列如齿轮状。宝相故有“宝”和“仙”的含义，佛教常以“宝相庄严”四字来敬称佛像。纹样的构成方法是将多种自然形态的花朵进行艺术处理，使之成为理想的富有装饰性的纹样。

由于现实中没有相应的实物，很多人认为宝相花和莲花是同一种花卉，曾查阅各种词汇和书籍，对这两种花卉也没有明确的区分。但在历史实物中，是完全不同的两种纹样。如图Ts030，从左至右分别是牡丹、莲花、宝相花。在正常情况下，如果当时把莲花和宝相花视为同一种花卉，不可能将两种纹样和名称完全不同的花型列在一起。所以，无论在名称上还是含义上，莲花和宝相花是完全不同的两种花卉。

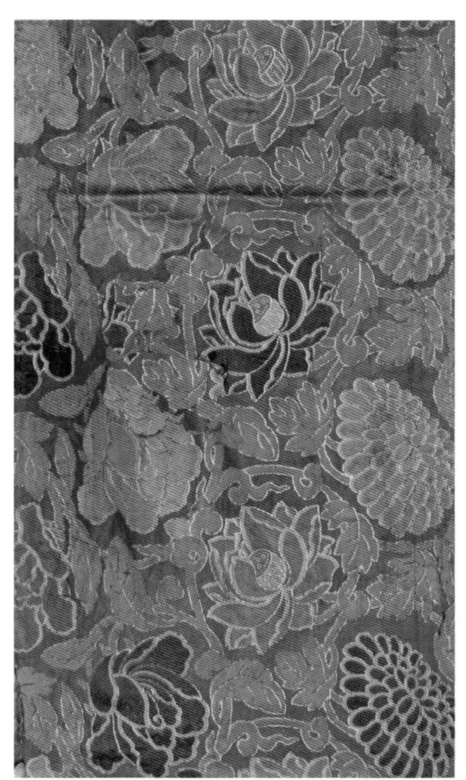

（a）正面

（b）反面抛梭图

（c）局部放大图

图 Ts030 红缎地缠枝莲宝相花纹妆花面料
年代：清中期

图 Ts030 中，最左边是牡丹花，中间是莲花，最右边是宝相花。明清时期，牡丹花的含义是富贵，而莲花常被誉为圣洁，宝相花具有保佑的意思。为了赋予更美好的含义，这三种花卉是明清织物中最常见的花卉纹样，也经常混合应用。

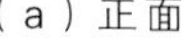

（a）正面

（b）反面抛梭图

图 Ts 054 浅黄缎地缠枝莲宝相花纹妆花面料
年代：清中晚期

图 Ts030 所示面料的三种花为纵向排列，而图 Ts054 所示这一块则是三种花为横向排列，但寓意相同。这种表现方式在清代是很普遍的。

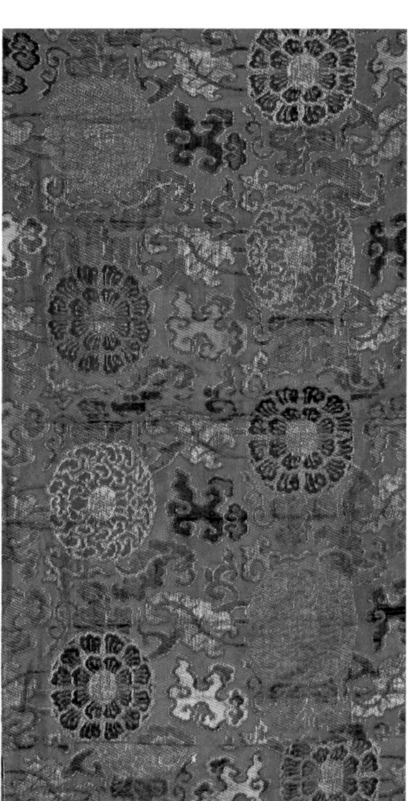

（a）正面

（b）反面抛梭图

（c）局部放大图

图 Ts 067 红缎地宝相花纹妆花面料
年代：清中晚期

1978 年改革开放后，很快出现了一个倒卖古玩的群体。之后，随着经济的快速发展，倒卖和收藏古玩的队伍持续扩大。到 2010 年，在经济基础和媒体的作用下，古玩的收藏几乎成了全国家喻户晓的热点。在这 30 年的时间里，只要是正常情况下收集的古玩、艺术品，不管哪个门类，存放一个时段，其价格都会上涨，时间越长，增长幅度越大。这种现象和中国经济的快速发展是同步的，但相对于其他古物品种而言，织绣品的涨幅最为缓慢，和其文化内涵并不相符。

（a）正面

（b）反面抛梭图

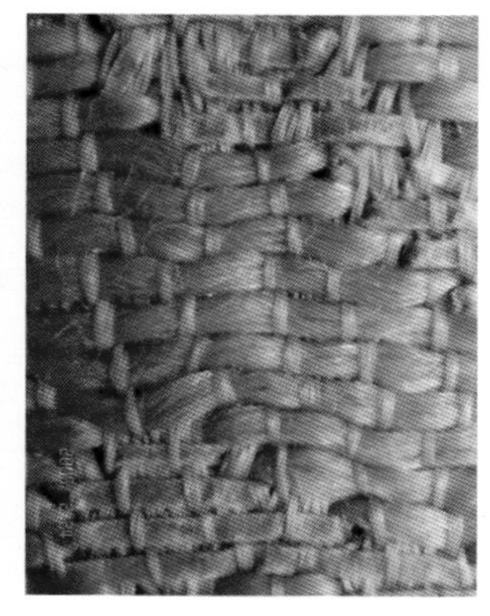

（c）局部放大图

图 Ts056 黄缎地宝相花纹妆花面料
年代：清晚期

（a）正面

（b）反面抛梭图

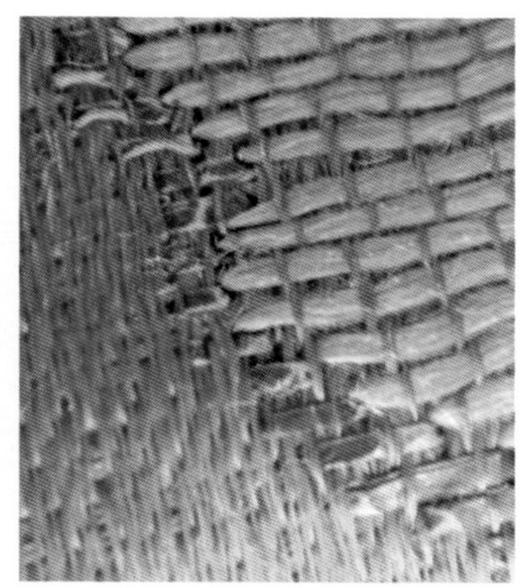

（c）局部放大图

图 Ts080 黄缎地宝相花纹妆花面料
年代：清晚期

（a）正面

（b）反面抛梭图

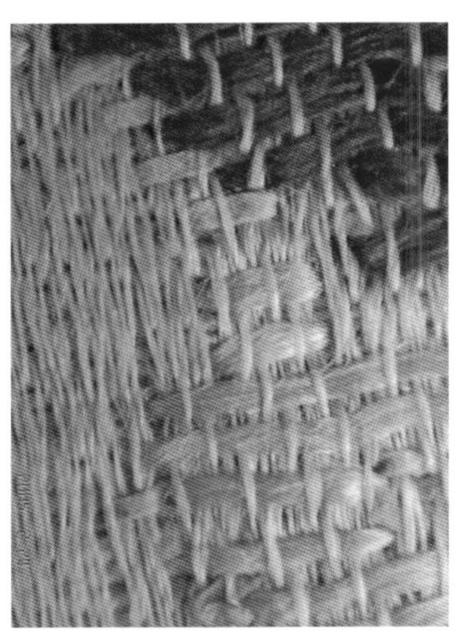

（c）局部放大图

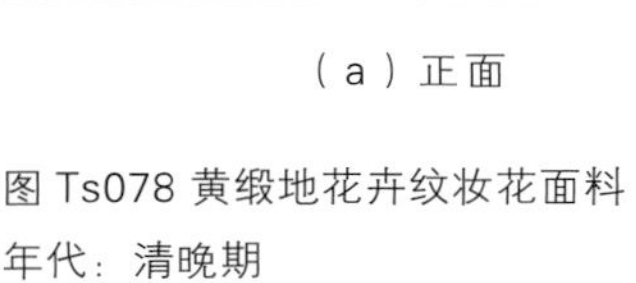

图 Ts078 黄缎地花卉纹妆花面料
年代：清晚期

因为宝相花是经过神化的想象中的花卉，现实生活中并不存在，所以它在织绣品中的色彩、花型和每个花瓣的形状组合千变万化，差距很大。

3. 牡丹

牡丹是我国特有的木本名贵花卉，花大色艳、雍容华贵、富丽端庄、芳香浓郁，而且品种繁多，素有“国色天香”“花中之王”的美称，长期以来被人们当做富贵吉祥、繁荣兴旺的象征。

在织物中使用牡丹纹样的年代很早，但真正盛行应该在清乾隆以后。明代时，莲花非常流行，在织物及铜器、玉器和建筑物上，多数以莲花作为主要纹样。大约到清代雍正晚期，寓意富贵的牡丹纹开始增多，似乎用很短的时间就取代了莲花，使用数量和范围也呈现逐渐扩大的趋势。到同治光绪时期，流行多年的缠枝莲大部分改变为缠枝牡丹，牡丹纹样几乎无处不见。

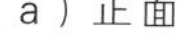

（a）正面

（b）反面抛梭图

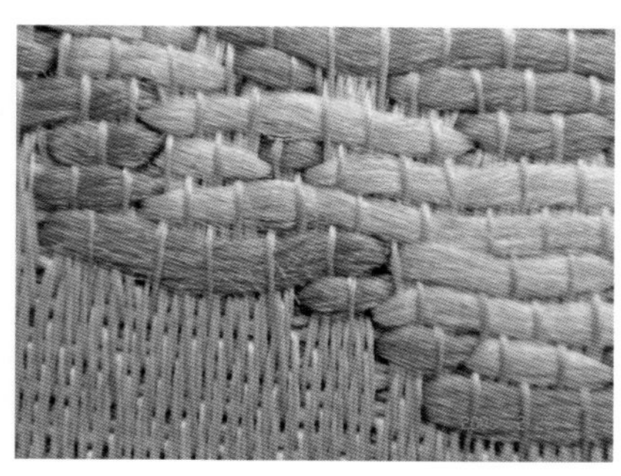

（c）局部放大图

图 Ts171 白色缠枝牡丹纹织锦面料
年代：清中晚期

红花、绿叶、白地，几种色彩的搭配极佳，具有很好的视觉效果，看面料的反面，叶子显双色提花效果，而牡丹花的正反面几乎同为红色。这是提花和妆花结合的工艺，所用的织机比一般妆花织机多 1~2 片综。图 Ts034 和图 Ts055 所示面料均采用此种工艺。

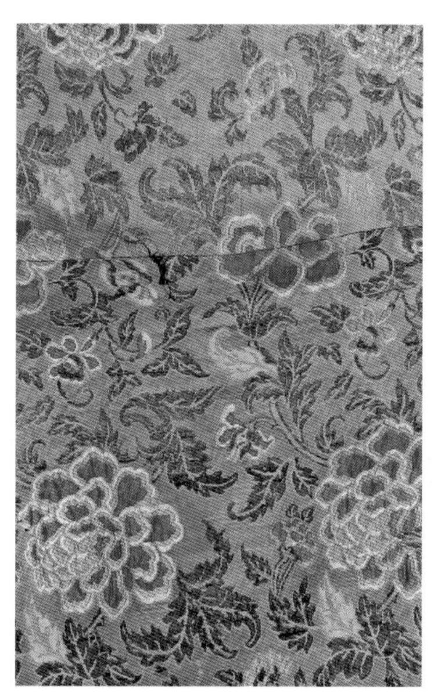

（a）正面

（b）反面抛梭图

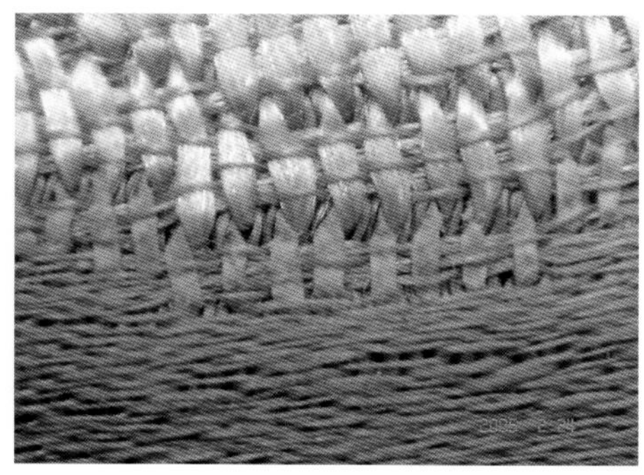

（c）局部放大图

图 Ts034 黄缎地牡丹纹妆花面料
年代：清中期

（a）正面

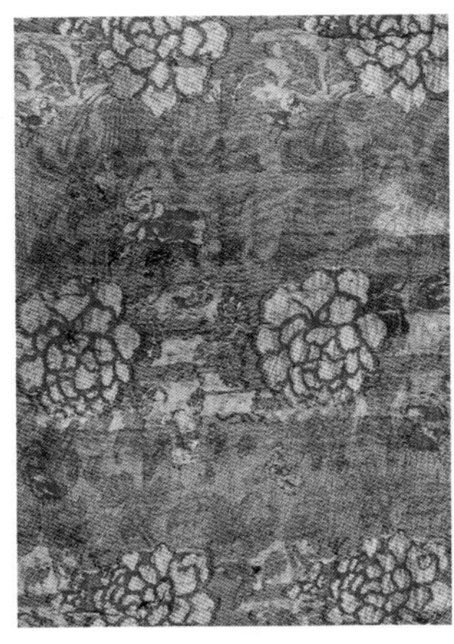

（b）反面抛梭图

（c）局部放大图

图 Ts055 绿缎地牡丹纹妆花面料
年代：清中晚期

由于对织绣品的收藏，笔者认识了很多业内的友人，不但有幸结识了国内的著名专家和教授，如包铭新、赵丰、黄能馥等，同时结识了很多国外的朋友。这块牡丹纹妆花面料是笔者 2007 年在日本东京买到的。卖主叫森田直，年龄约65 岁，夫妻二人在东京的南青山地区开了一家店铺，专卖古代纺织品，多数是日本的丝绸，也有少数中国纺织品，对中国丝绸也颇有研究。笔者每次去日本都要去这家店买一些纺织品，对方有时也到北京来。双方从 1998 年开始交往，已成为很好的朋友。

（a）正面

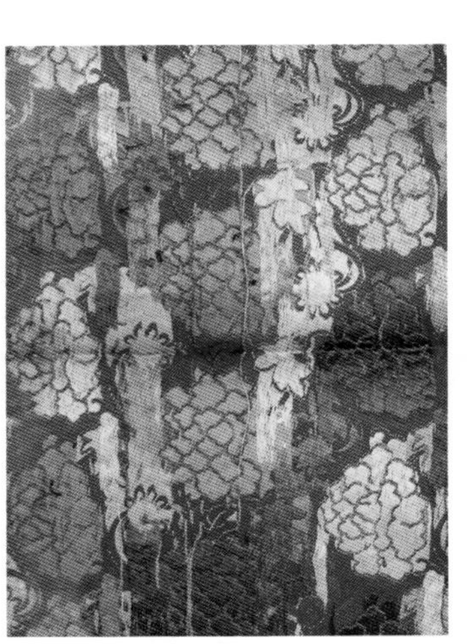

（b）反面抛梭图

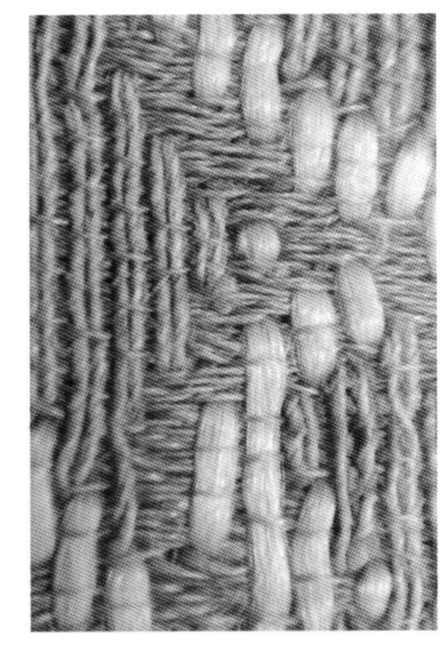

（c）局部放大图

图 Ts049 紫红缎地牡丹纹妆花面料
年代：清早期

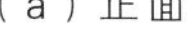
（a）正面

（b）反面抛梭图

（c）局部放大图

图 Ts031 石青缎地花卉纹妆花面料
年代：清中期

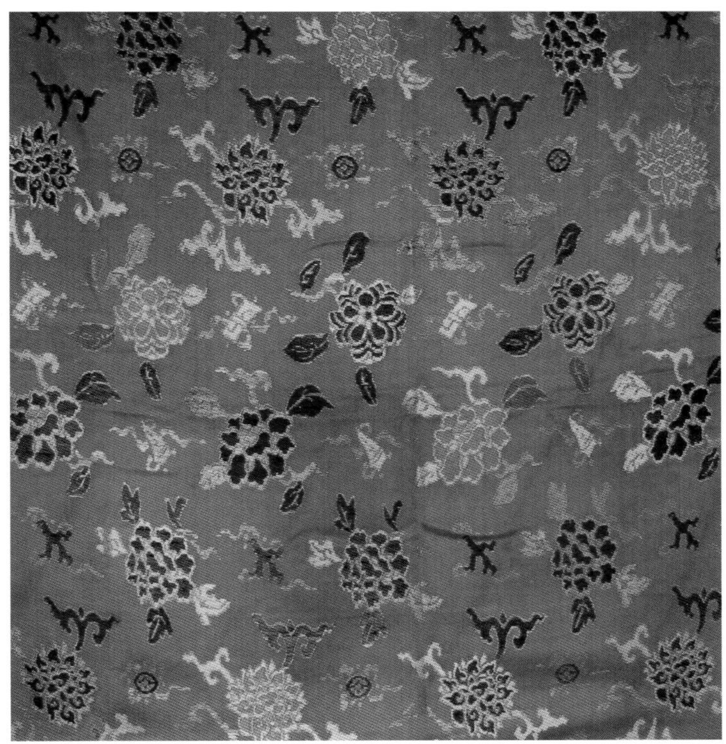

（a）正面

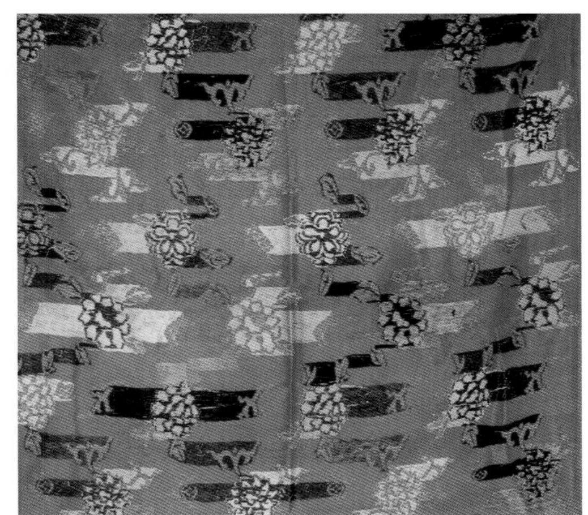

（b）反面半抛梭回纬图

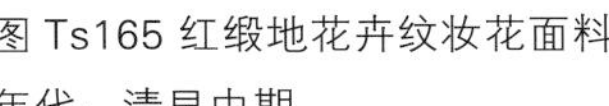
图 Ts165 红缎地花卉纹妆花面料
年代：清早中期

（a）正面

（b）反面抛梭图

（c）局部放大图

图 Ts071 石青缎地花卉纹妆花面料

年代；清早期

（a）正面

（b）反面抛梭图

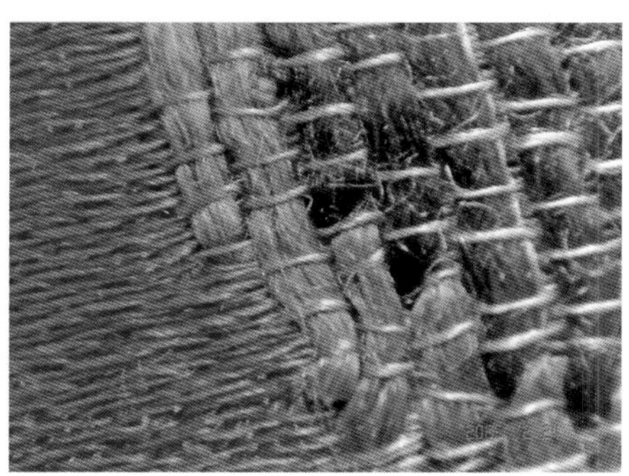

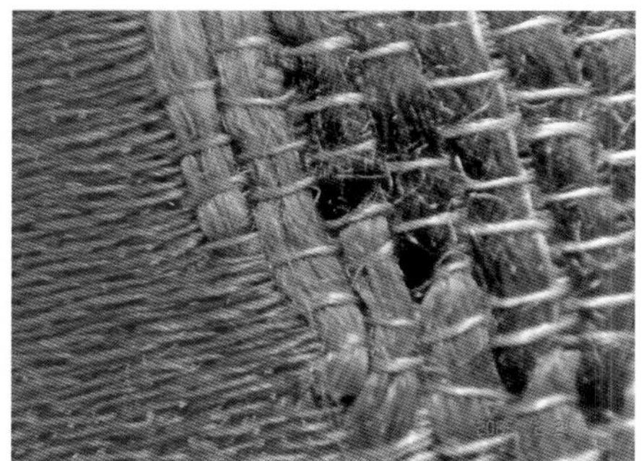

（c）局部放大图

图 Ts051 红缎地花卉纹妆花面料

年代：清早期

（a）正面

（b）反面抛梭图

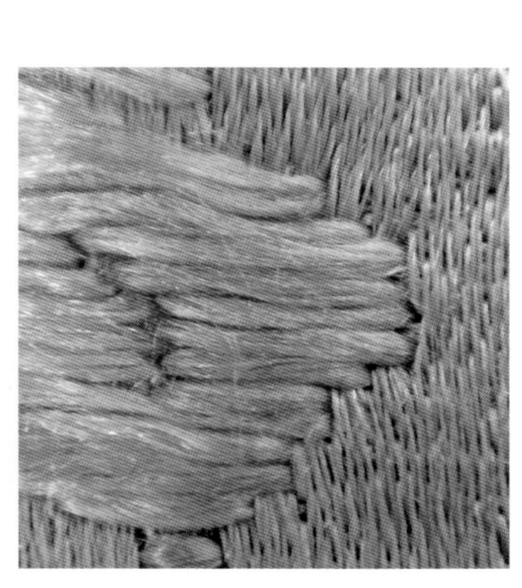

（c）局部放大图

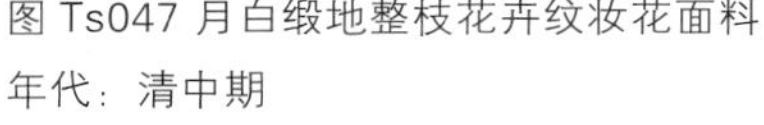

图 Ts047 月白缎地整枝花卉纹妆花面料
年代：清中期

在妆花工艺中，整枝花卉纹样的应用比较少。这种现象和纹样循环太大有关系。纹样图案的琐碎程度、循环距离的长短和所耗费的工时多少有很大关系。一次通纬更换 30 次色线需要的工时，和更换 100 次色线有很大的差距。同样，如果每两寸循环一次，比一尺循环一次简单很多。纹样的循环距离越长，操作难度就越大。

（a）正面

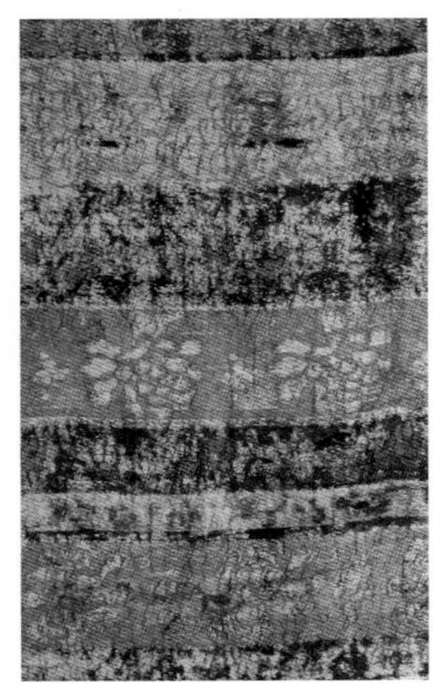

（b）反面抛梭图

（c）局部放大图

图 Ts033 蓝缎地缠枝牡丹纹妆花面料
年代：清中晚期

（a）正面

（b）反面抛梭图

（c）局部放大图

图 Ts077 织金地牡丹纹妆花面料
年代：清晚期

这块面料（图Ts077）的工艺和构图与“故宫博物院藏文物珍品大系”《明清织绣》第66页的“黄缠枝牡丹芙蓉纹金宝地锦”属于同一类型，说明当时的宫廷也使用这种面料。

（a）正面

（b）反面抛梭图

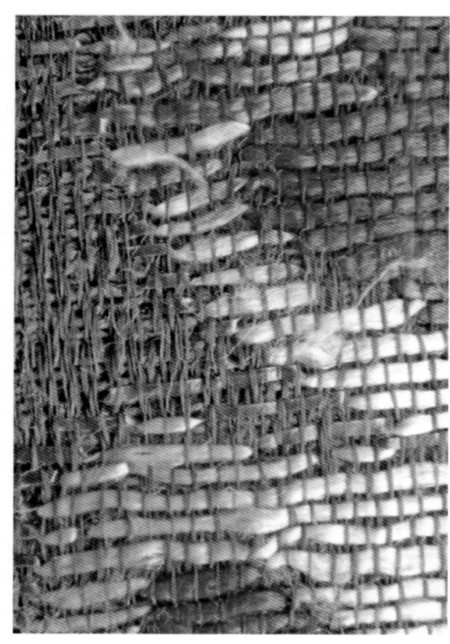

（c）局部放大图

图 Ts079 绿缎地花卉纹妆花面料
年代：清晚期

六、其他

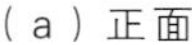

（a）正面

（b）局部放大图

图 Ts151 红色灯笼纹双色提花面料
年代：明中晚期

《中国织绣服饰全集》第335页故宫博物院藏的明代“红地黄八宝纹双层锦”，在颜色、织物组织，以及年代上，和此面料（图Ts151）基本相同，说明当时的宫廷和地方都在使用这种面料。纹样的上部为伞盖形状，下部有两朵莲花相托，包括多边方形的中心部分、两侧的飘带等，整体构图较为生硬，不够协调，是灯笼纹形成初期的纹样之一。

（a）正面

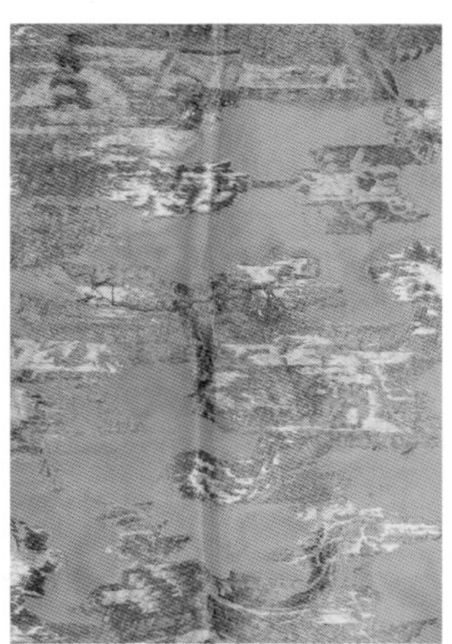

（b）反面抛梭图

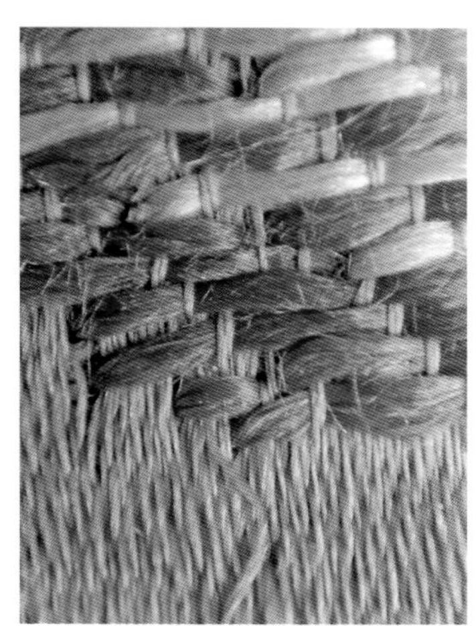

（c）局部放大图

图 Ts044 黄缎地整枝花卉纹妆花面料
年代：清中期

此面料（图Ts044）的构图风格、色彩搭配等和“故宫博物院藏文物珍品大系”《明清织绣》第83 页的 “明黄地缠枝大洋花纹妆花缎”如出一辙，整体纹样图案没有循环。这种纹样设计较费工时，而且明显具有西亚的构图风格。

（a）正面

（b）反面抛梭图

（c）局部放大图

图 Ts062 蓝缎地妆花灵芝寿字纹妆花面料
年代：清中期

（a）正面

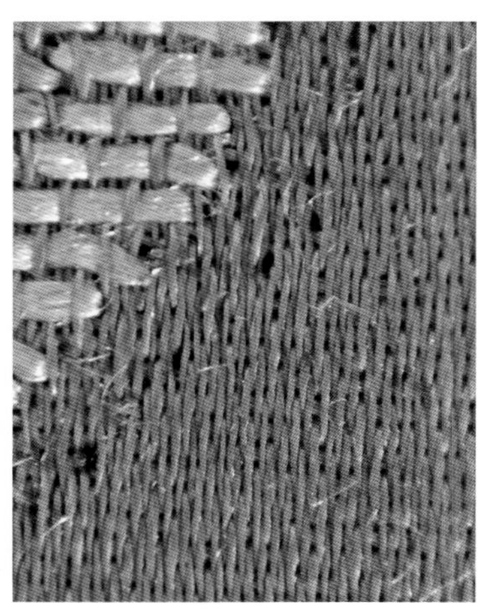

（b）局部放大图

图 Ts153 如意灵芝纹妆花缎
年代：明中晚期

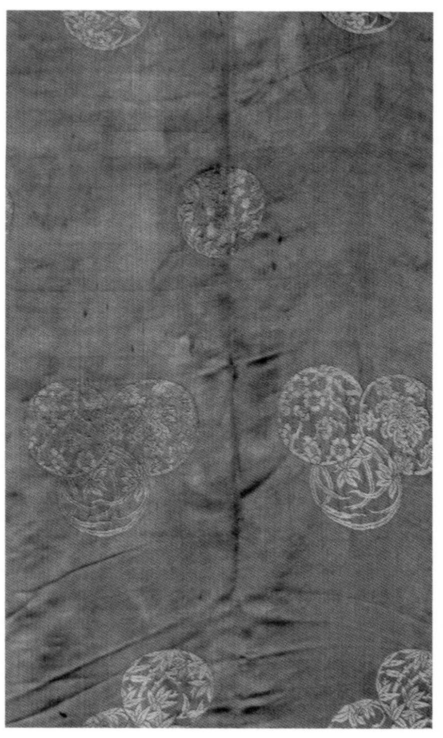

（ａ）正面

（ｂ）反面回纬抛梭图

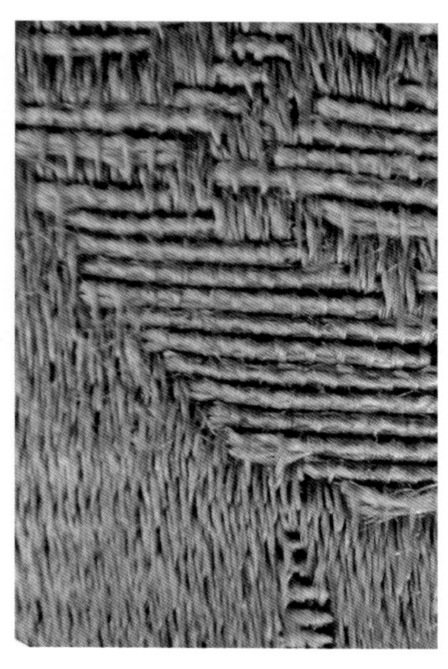

（ｃ）局部放大图

图 Ts110 蓝缎地皮球花纹妆花面料
年代：清晚期

皮球花又称为小团花，是一种不规则的呈放射状或旋转式的圆形纹样，相传有3000年以上的历史，一些青铜器和陶器上有这种回旋纹，到明清时已普遍应用。皮球花的尺寸通常在3厘米以内，通常由一个或者几个小团聚在一起，疏密有致。

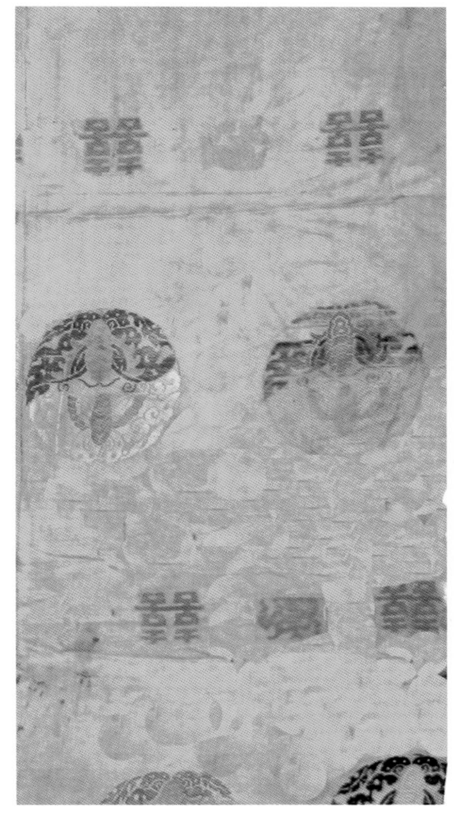

（ａ）正面

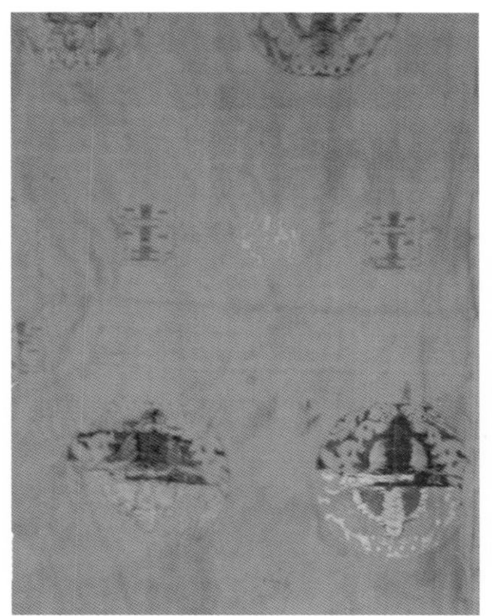

（ｂ）反面回纬抛梭图

（ｃ）局部放大图

图 Ts061 黄缎地喜相逢纹妆花面料
年代：清晚期

（a）正面

（b）反面抛梭图

（c）局部放大图

图 Ts048 黑色花蝶团寿纹妆花面料
年代：清晚期

（a）正面

（b）反面抛梭图

（c）局部放大图

图 Ts027 石青缎地五福捧寿纹妆花衣服下摆
年代：清中期

（a）裙子马面

（b）局部放大图

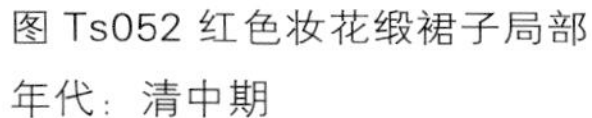

图 Ts052 红色妆花缎裙子局部
年代：清中期

（a）正面

（b）反面抛梭图

（c）局部放大图

图 Ts059 蓝色花蝶双喜纹妆花缎面料
年代：清中晚期

（a）正面

（b）局部放大图

图 Ts123 石青缎地团寿花卉纹妆花面料
年代：清中晚期

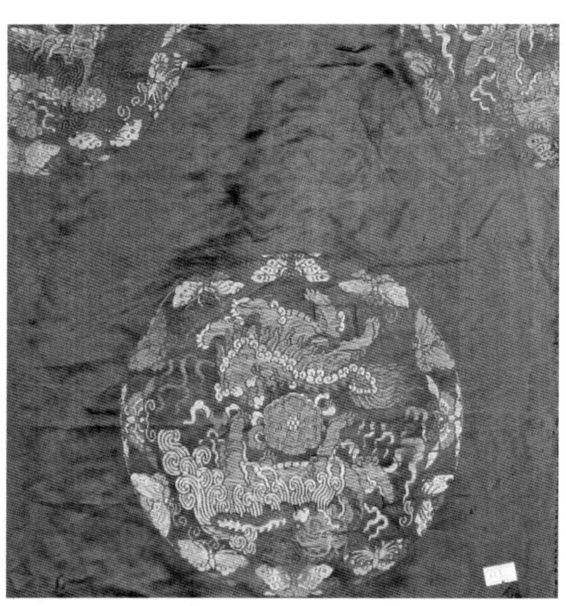

（a）正面

（b）反面抛梭图

图 Ts126 蓝缎地狮子滚绣球纹妆花面料
年代：清中晚期

此面料采用横向的狮子滚绣球团花图案，无论怎样使用，都会有一只狮子的两腿朝上，呈倒立状态。团花以彩色蝴蝶围边，和狮子滚绣球极不相称。这种纹样非常少见，应该是面料中最不靠谱的图案设计。

狮子滚绣球是清代的传统吉祥纹样。相传，狮为百兽之王，是权力与威严的象征，所以社会上对狮子非常推崇。我国古代工艺品中的狮子纹样，是历代民间艺人加工、提炼并加以图案化的结果。绣球是用丝织品仿绣球花而制作的圆球，古代视绣球为吉祥喜庆之品。“狮子滚绣球”或“狮子戏球”是民间在吉庆时表演的一种游戏。具体是两个人扮演一只狮子，一人在前，双手举狮子头模型，两腿便是狮子的前腿；另一人弯腰，双手搂抱前面一人的腰部，充当狮子的身体和后腿。一般需两只或多只狮子，共同表演。明清时期，中国的很多地区在吉庆日子里都有耍狮子的风俗习惯。

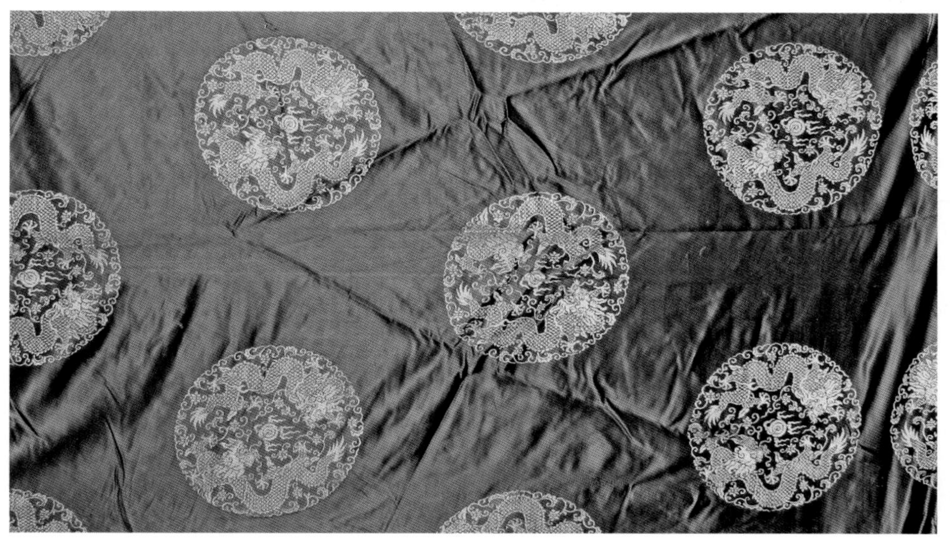

（a）正面

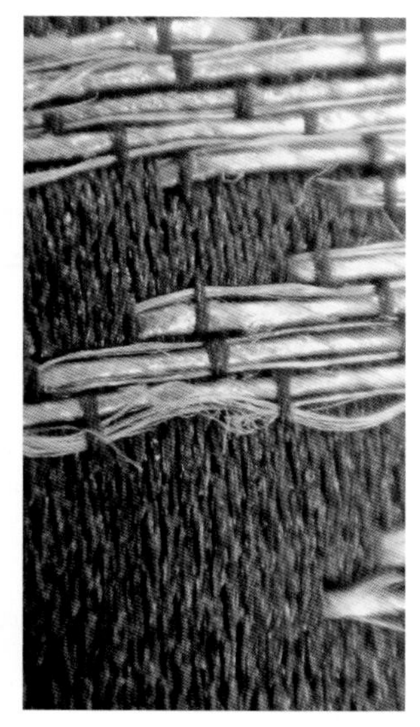

（b）局部放大图

图 Ts127 石青缎地二龙戏珠纹织金面料
年代：清中晚期

团花纹样是面料中相对简单的构图方式，首先在视觉上能减少方向感，另外空白较多，纹样集中，操作较简单。

（a）正面

（b）反面抛梭图

（c）局部放大图

图 Ts125 紫色缎地喜上眉梢纹织金面料
年代：清晚期

(a) 正面

(b) 反面抛梭图

(c) 局部放大图

图 Ts124 紫色万字地花卉纹提花加织金面料
年代：清晚期

这块紫色面料的年代为清末民初时期。由于织机的不断改进，民国以后，在植入金线的同时植入一根棉线。采用这种方法，首先是为了防止金箔脱落，其次能够增加金线的拉力。

（b）反面抛梭图

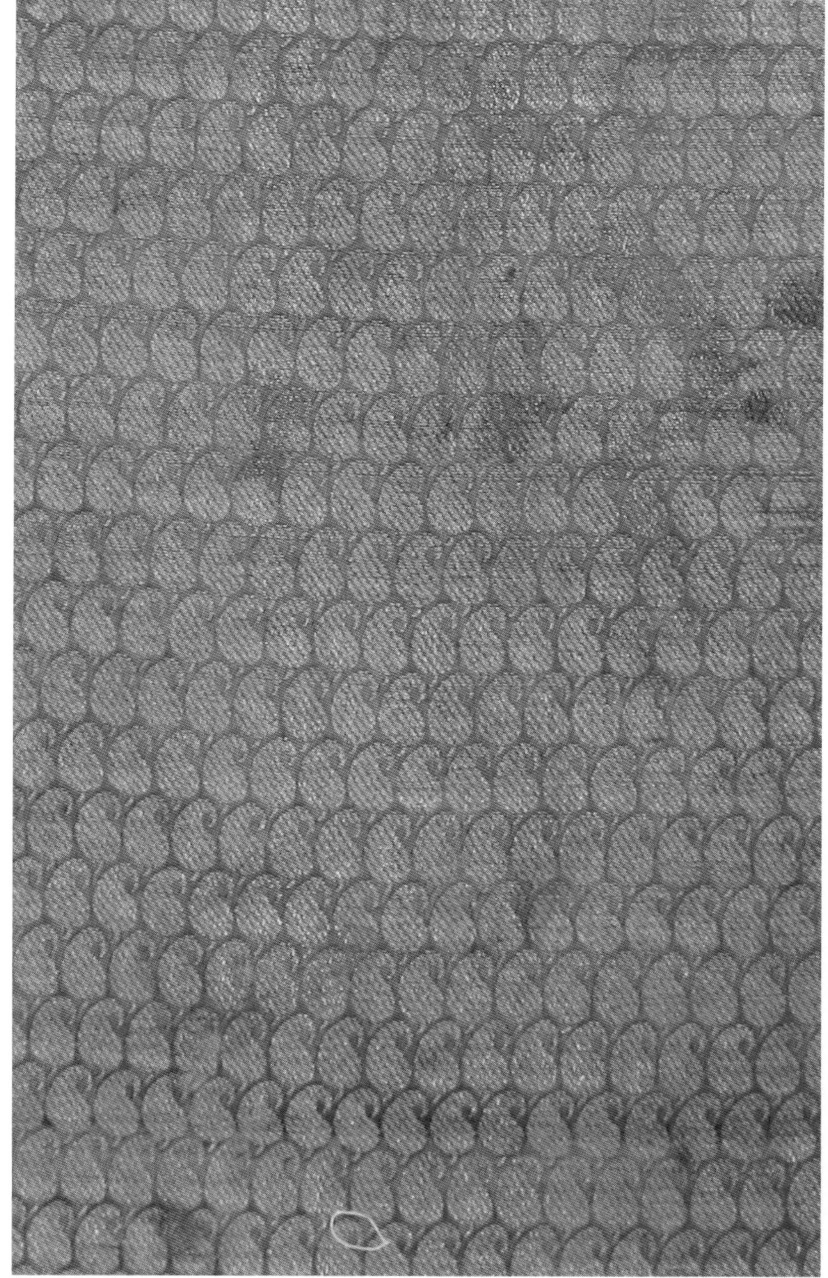

（a）正面

（c）局部放大图

图 Ts129 红色鱼鳞纹提花面料
年代：清晚期

几米高的织机，相对复杂的经纬关系，在当时需要几个人的配合才能完成的工艺，其产品的产量是相当少的。据说，正常情况下，一台织机每天只能生产几寸的面料，成本高，只有权贵阶层才有能力购买，普通百姓望尘莫及。

第五章
提花

提花织物是使用范围最广的一种织物种类，从宫廷皇室到普通百姓，从服装到装饰品、日用品。提花产品涉及社会生活的很多领域，总产量在丝织品中占有最大的份额，流行年代最长，从汉唐到现代，历经两三千年的风雨飘摇。从人工织机到各种现代化、自动化织机，提花工艺始终在不间断地发展。

第一节 提花的工艺特点

经线和纬线均为单层交织，纬线通梭，使用多综织机，经纬之间局部变换组织关系所产生的纹理，以经线、纬线交错组成的凹凸花纹，称为提花组织。这类组织的变化方法不拘一格，基本根据图案的纹理、工艺所需要的变化而为之。

提花工艺大体上有两种形式。如果经线和纬线使用同一种颜色，纯粹以经和纬的组织变化形成纹样，显示的花纹也是同一色彩，通常人们把这种提花工艺叫做暗花。

如果经纬丝线使用不同的颜色，用经纬沉浮比例的变化形成图案，使纹样部分和地部呈现两种颜色，一般业内把这种工艺叫做两色提花。两色提花工艺早在秦汉时期就已经成熟，纹样明显，近似于妆花，但不使用回纬和抛梭，为通梭织物，地纬之间只能显示两种颜色，色彩的显示通过经纬的变化而形成。

由于织机的不断改进，清末民国时期，部分提花面料采用回纬方式，用金线重纬进行点缀的妆花工艺。

（a）正面

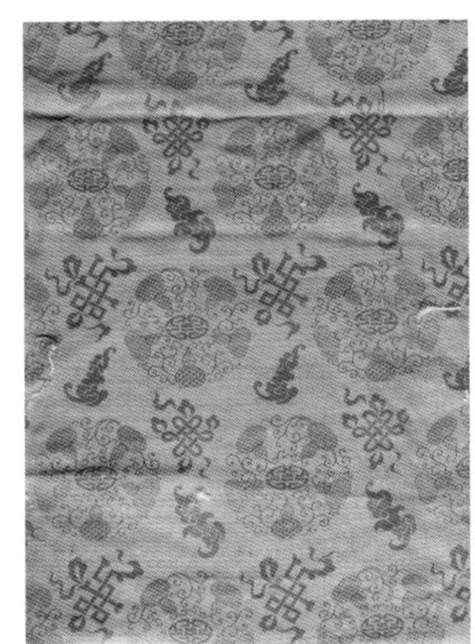

（b）反面抛梭图

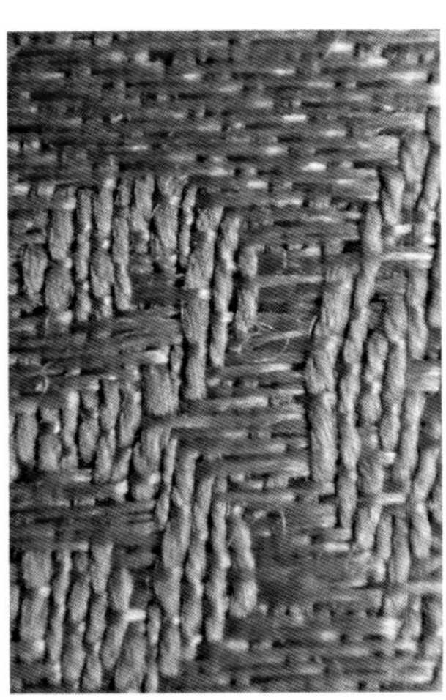

（c）局部放大图

图 Th036 黄色五湖四海纹提花面料
年代：清中晚期
工艺：7 浮 1 沉 8 枚缎

《中国织绣服饰全集》第 317 页，故宫博物院所藏的明代“红地五湖四海团纹金缎”在构图形式上和这些面料大同小异。清代时，这种纹样有广大、深远之意。

第二节 两色提花

这是最为古老的织物组织之一，古代的很多丝织品采用这种组织。经纬使用两种颜色的丝线，利用经纬线沉浮、组织关系的变化显示图案。与单色提花相比，两色提花的色差明显，纹样显而易见。其工艺特点是织物正反两面的纹样相同，但颜色不同，正面的图案部分纬线浮出，每隔多根固结一次，所以纹样显示纬线的颜色，地组织多为缎纹，显示经线的颜色；反面的图案部分显示经线的颜色，地部显纬线的颜色。

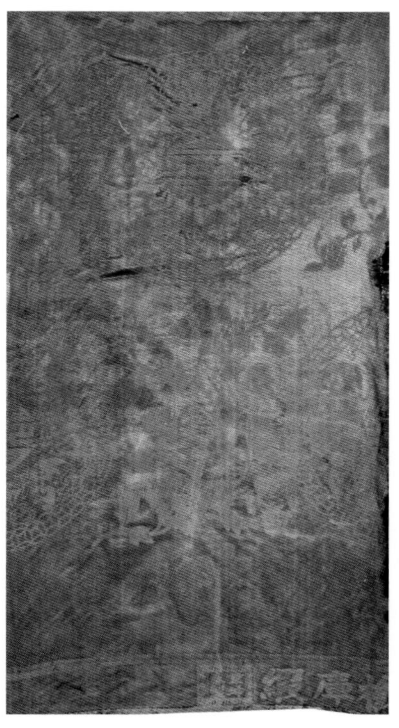

（a）正面

（b）反面抛梭图

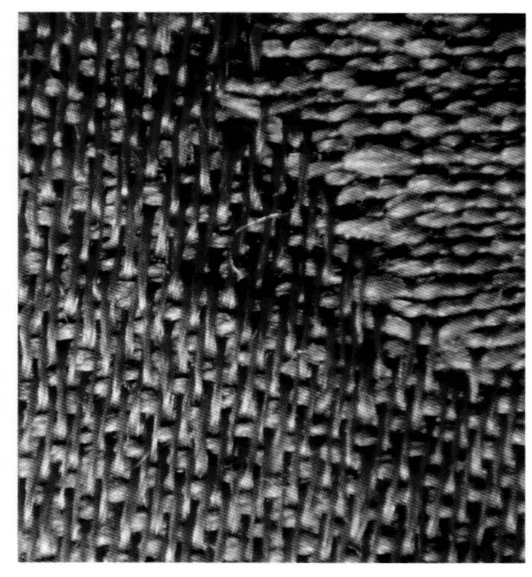

（c）局部放大图

图 Th166 绿缎地五福幅捧寿纹两色提花面料
年代：清晚期
工艺：4 浮 1 沉 5 枚缎

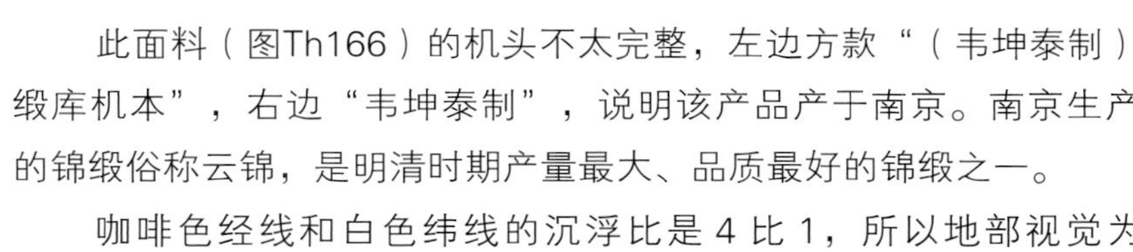

此面料（图Th166）的机头不太完整，左边方款“（韦坤泰制）缎库机本”，右边“韦坤泰制”，说明该产品产于南京。南京生产的锦缎俗称云锦，是明清时期产量最大、品质最好的锦缎之一。

咖啡色经线和白色纬线的沉浮比是 4 比 1，所以地部视觉为浅咖啡色；纹样部分是白色的纬线，每隔 4 根经线固结一次，使纬线同样以 4 比 1 的比例浮于表面，所以纹样显浅白色。这种比例正好使正面的纹样组织等于反面的地组织，使得正、反两面的组织关系对等，通过经纬线的沉浮变化，形成两种颜色的反差。

（a）正面

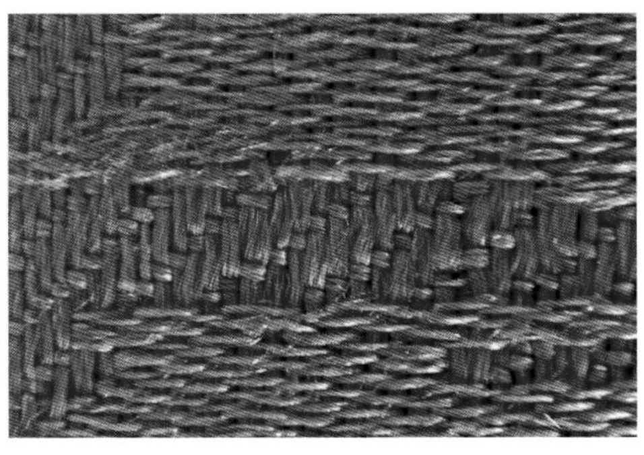

（b）局部放大图

图 Th015 香黄色缠枝八宝纹两色提花面料
年代：明中晚期

（a）正面

（b）反面

（c）局部放大图

图 Th092 月白地福寿纹两色提花面料
年代：清晚期

此提花面料（图Th092）的年代较晚，经线为月白色，纬线用天蓝，色彩整体和谐而明快，无论是纹样还是色彩，都很成功。在纹样上，整块面料只有两种题材，一种是分布均匀、飞行方向各异的蝙蝠，在蝙蝠的中间有团寿纹，寓意为多福多寿。团寿分正反方向隔行排列，这种构图方式，无论从哪个方向看，都没有明显的正反感觉。为了使产品适应更广泛的社会需求，在丝绸面料的图案设计中，无论哪种工艺，解决视觉上的正反效果是第一要素，尽量使图案没有方向感。

（a）正面

（b）反面

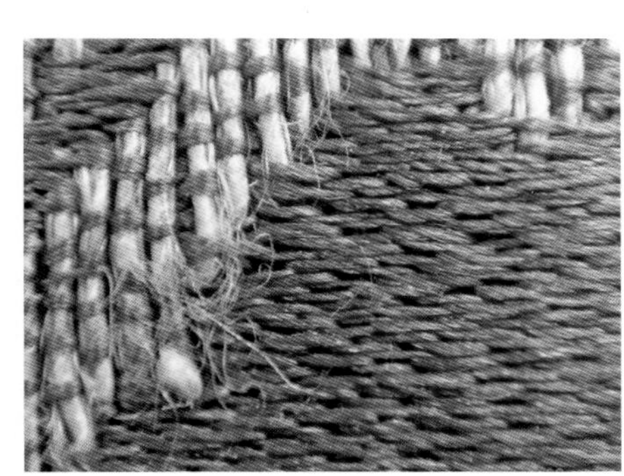

（c）局部放大图

图 Th008 紫色缎地花鸟纹提花面料
年代：清晚期
尺寸：长 245 厘米，宽 78 厘米

此面料（图Th008）的花卉枝头有喜鹊的纹样，民间将喜鹊作为吉祥的象征。关于喜鹊，有很多优美的神话传说，喜鹊登枝、喜上眉梢等寓意喜庆。中国古人的吉祥用语中，取自鸟名的相对较少，能够成为鸟类称呼的也很少。而喜鹊一直被沿用，在于它的民众认知度高。

（a）正面

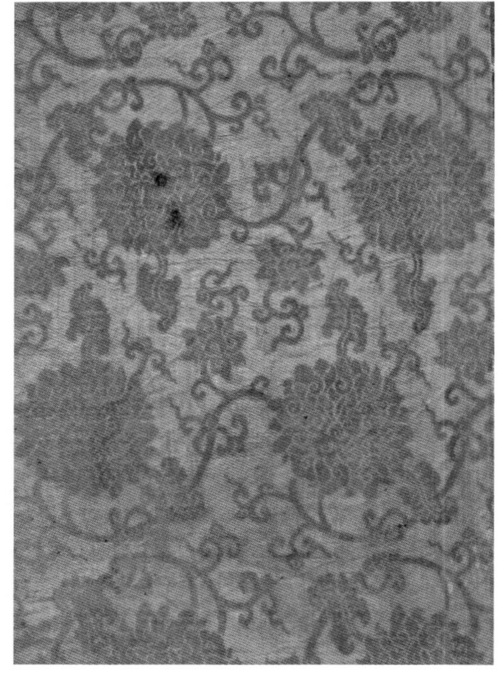

（b）反面

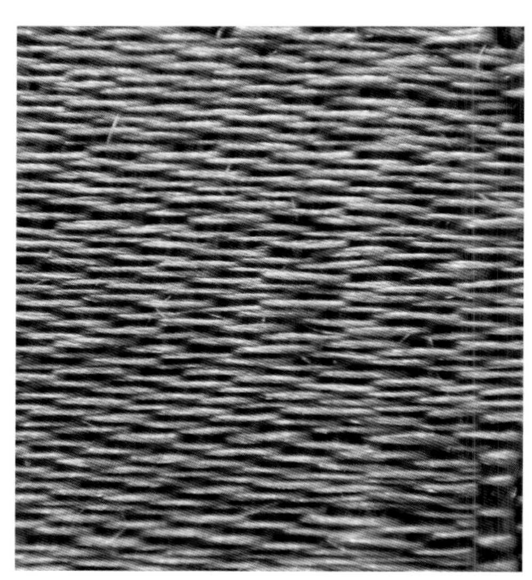

（c）局部放大图

图 Th170 绿地缠枝莲纹两色提花面料
年代：清晚期
工艺：4 浮 1 沉 5 枚缎，2 沉 3 浮 5 飞缎地

此两色提花面料（图Th170）和两色妆花面料在视觉上很接近。如图Ts035、图Ts151、图152　等，正面和这块面料没有区别。但妆花是在基本组织的前提下，通过介入彩纬而形成纹样图案，其面料的反面明显有回纬、抛梭的痕迹。而提花面料的正反面的纹样相同，只是色彩相反。

（a）正面

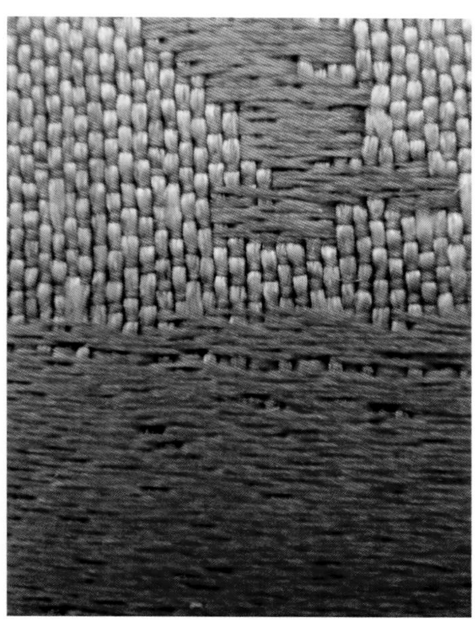

（b）局部放大图

图 Th087　红地人物习武纹两色提花面料
年代：民国时期

（a）正面

（b）反面

（c）局部放大图

图 Th047 黑地两色提花面料
年代：民国时期

（a）正面

（b）反面

图 Th002 石青地两色提花面料
年代：清中期

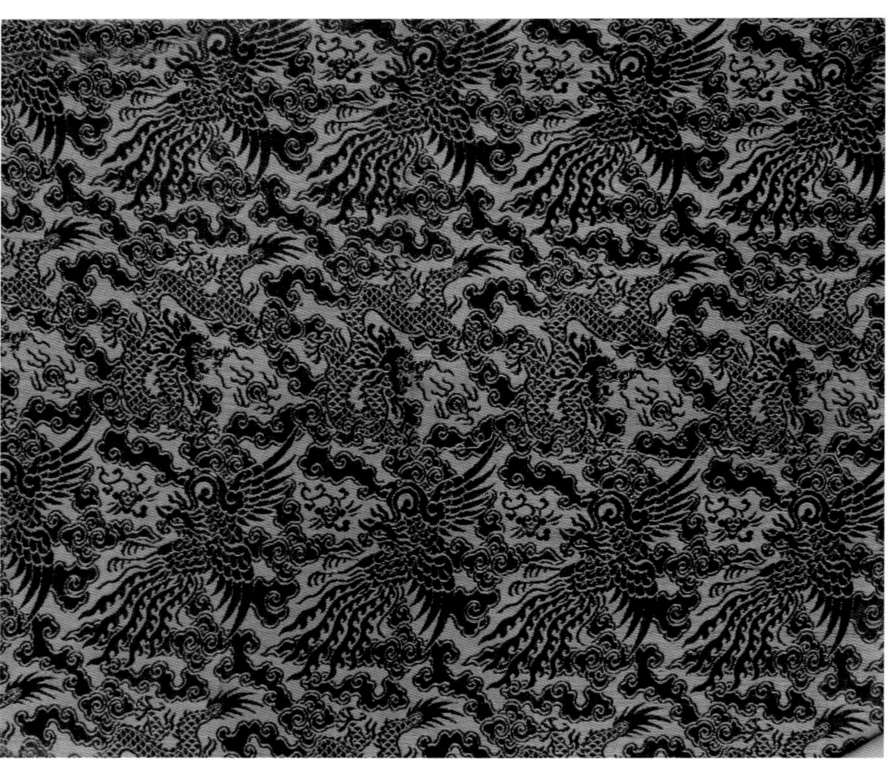

（a）正面

（b）局部放大图

图 Th070 黑地凤凰纹两色提花面料
年代：清中晚期

（a）正面

（b）反面

（c）局部放大图

图 Th040 紫蓝地八宝纹宝相团花两色提花面料
年代：清晚期

（a）正面

（b）反面

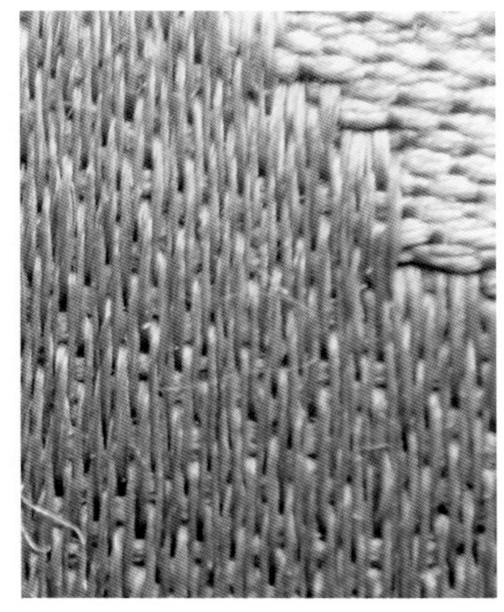

（c）局部放大图

图 Th041 香黄色缎地云凤纹两色提花面料
年代：清晚期或民国时期

（a）正面

（b）局部放大图

图 Th064 蓝地花卉纹两色提花面料
年代：清晚期

（b）反面

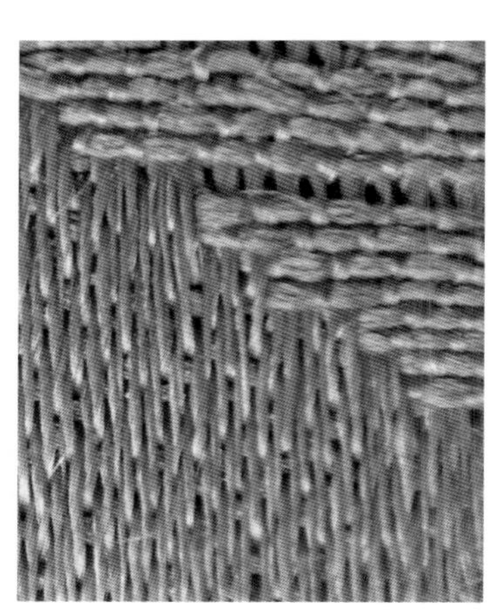

（c）局部放大图

图 Th035 香黄色提花仙鹤云纹面料
年代：清晚期

从明代开始，规定一品文官的补服用仙鹤纹样。以后的织绣品中，仙鹤纹样的使用逐渐增多，特别是发展到清代道光以后，由原来圣洁高雅的象征逐步增加了长寿的含义。仙鹤纹样的应用呈现全民普及的态势，松鹤延年、松鹤同春等寓意长寿的题材比比皆是，使用的范围既有宫廷皇家，也有平民百姓。

（a）正面

（a）正面

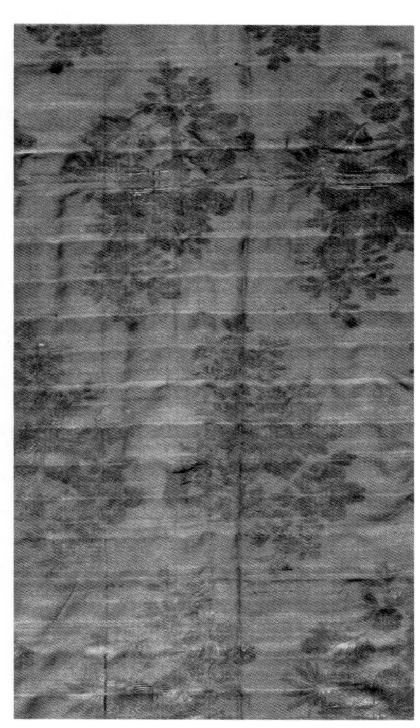

（b）反面

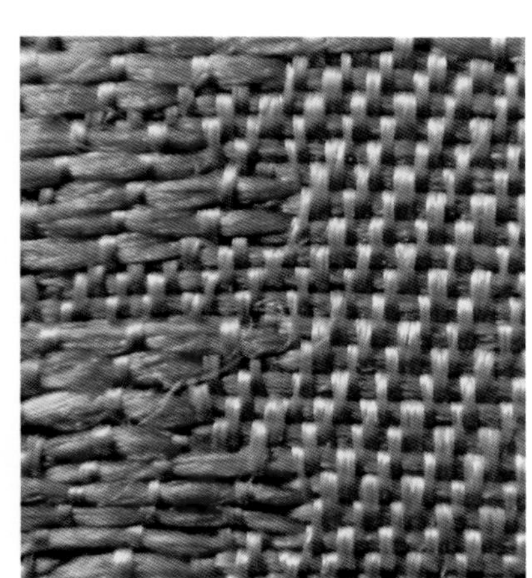

（c）局部放大图

图 Th054 蓝地花卉纹两色提花面料
年代：民国时期

通过此面料（图Th054）的正反两面，可以看出经线是蓝色，纬线是浅黄色，正面的花卉纹显黄色，而反面的颜色相反，地部和花部呈两种颜色。这种效果是通过经纬线沉浮产生的，是典型的经纬两色提花工艺。

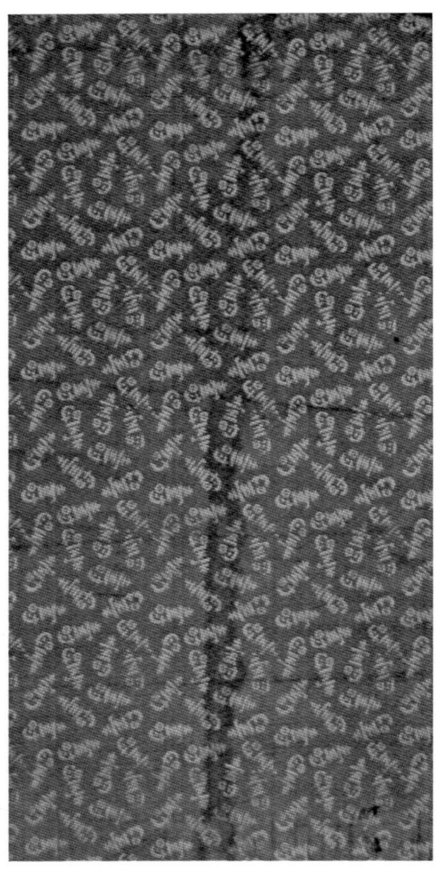

（a）正面

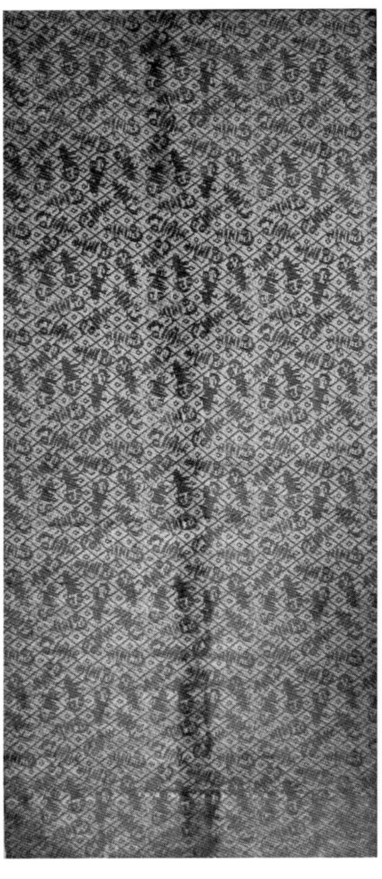

（b）反面

（c）局部放大图

图 Th006 浅蓝色地百寿纹织锦面料
年代：清晚期
尺寸：实物长 96 厘米，幅宽 32 厘米
工艺：经显花平纹组织

此面料（图Th006）除基本的经线以外，设置了一个用于显花的经线系统，显花时红色丝线浮于表面，并跨越两根纬线，使纹样的颜色更突出，经纬线的粗细差较大，结构紧密，很厚挺。

第三节 单色提花和图案文化

由于提花面料的传世较多，所以写之前觉得有很多内容，但是把了解的工艺做简单介绍以后，发现没有其他内容可以做进一步的分析。通过多次尝试，只能从纹样上进行划分，介绍图案和工艺中所包含的内容、主要流行时段、涉及的工艺特点等。

提花面料中的纹样较多，主要有龙纹、凤纹、云纹、花卉纹、寿字纹、葫芦纹等。纹样的构成与工艺的局限性、所使用的场合，以及对时尚的追求都有直接的关系。

由于笔者接触过很多青藏人，所收藏的提花绸缎大部分来自青藏地区，既有明清传世的面料，也有服装残片，年代从明清到民国时期。少部分则来自中原或其他地区，因为风俗习惯和文化信仰等因素，中原地区流传下来的明清丝绸面料大多是素绸缎，妆花或提花工艺的产品较少，而且蓝色或灰色居多。

一、云龙纹

在朝廷法规的约束下，龙纹提花面料在明代较少，清代中期开始增多。大体上有两种构图形式：一种是团龙，图案比较简单，团的直径约 20 厘米；另一种是以多种形式将龙纹和云纹均匀、有序地排列，为了减少视觉上的方向感，采用早期的四合云、三合云等多尾云的纹样，一个组织循环约 50 厘米。

民国时期，因为人们崇尚的龙纹失去了法律约束，扩大了市场销售空间，龙纹面料的生产有较大的发展，特别是青藏地区，到现在还在大量地使用龙纹面料。所以，有相当一部分传世的提花面料是民国时期的产品。这些面料基本延续清代的纹样，多数采用较零碎的云龙循环方式，一个组织循环约 30 厘米，有些重点纹样采取局部加金线的工艺。

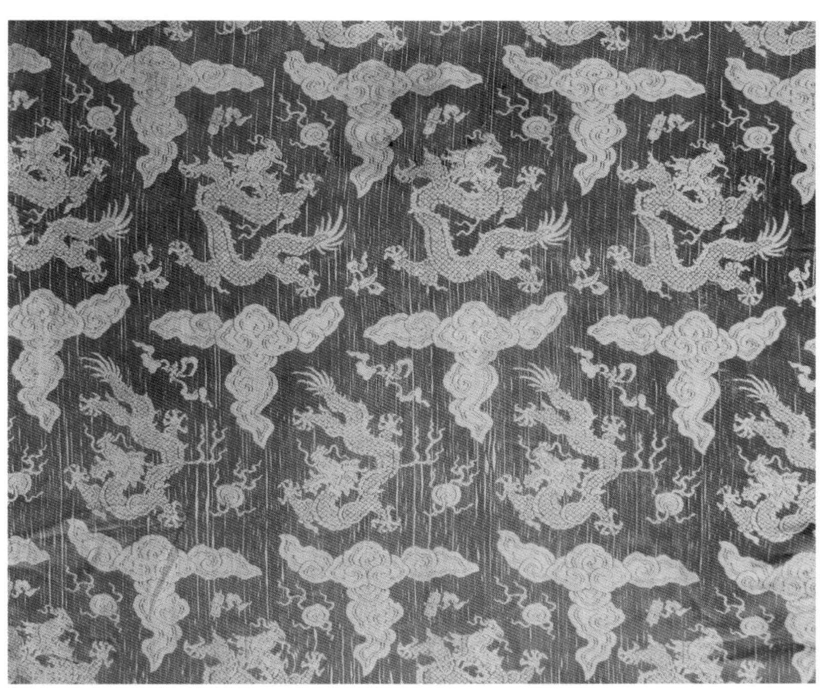

（a）正面

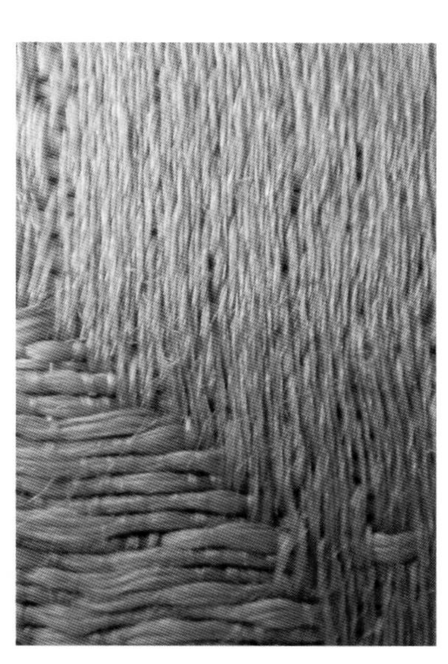

（c）局部放大图

（b）反面

图 Th028 黄色云龙纹面料
年代：清中期

在一组云纹中三个云尾伸向不同方向的，叫作三合云。三合云纹出现的年代比四合云早。明代早期的云纹是没有规律的块状；明代中晚期出现多尾的云纹，出现顺序为三合云、四合云、壬字云；清乾隆时期为线条流畅、延续较长的单尾云；嘉庆时期出现排列整齐的彩头无尾云；道光以后彩头云逐渐消失；同治光绪时期的云纹较小，排列整齐而密集。总之，云纹的整体变化是形状由大到小，排列由稀疏到浓密，数量由少到多。

（a）正面

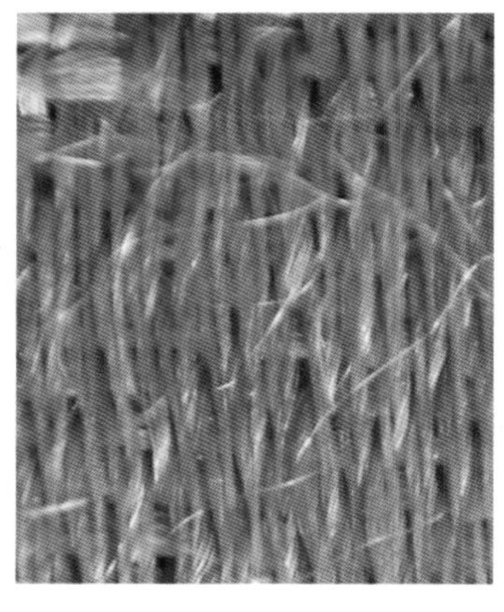

（b）局部放大图

图 Th042　红色云龙纹面料
年代：清晚期

除了青藏地区以外，宫廷和寺庙中，这种面料也较多，但中原地区的数量很少，主要原因是清代典章有明确规定，禁用黄色和龙纹。

（a）正面

（b）反面

（c）局部放大图

图 Th057　黄色云龙纹面料
年代：清晚期

以上几块面料的年代和纹样均差异不大，是典型的明代晚期的风格。但根据其质地、色彩等进行分析，经线约每厘米 95~110 根，纬线约每厘米 55 根，明显比明末清初的产品粗厚，实际年代应该是清晚期或民国时期。这种仿古现象不但体现在纺织品中，一些晚清民国时期的瓷器、木器家具等也仿制明末清初时期的风格。

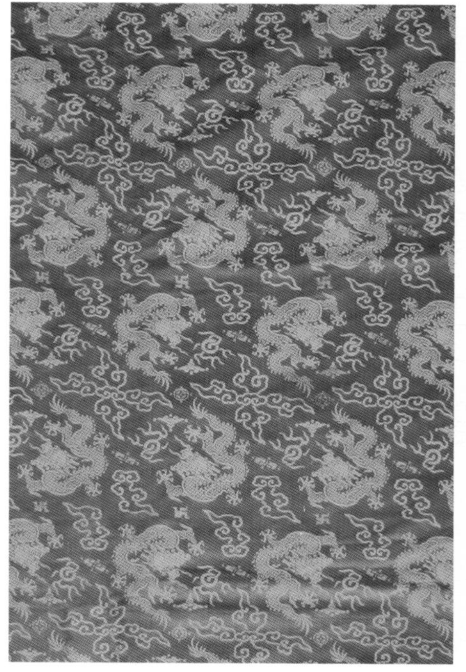
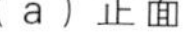

（a）正面

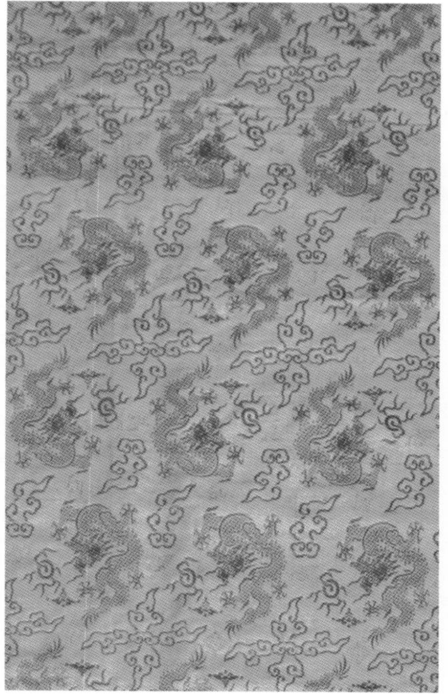

（b）反面

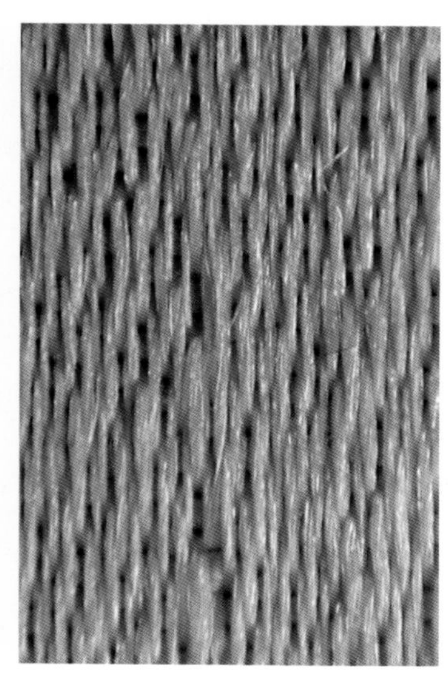

（c）局部放大图

图 Th005 黄缎地云龙纹提花面料
年代：清晚期
尺寸：长 520 厘米，宽 78 厘米

局部妆金的工艺、延续不断和密集的排列方式、较为肥胖而呆板的龙纹、浓密的纹样布局等，这种提花工艺采用某个图案无限循环，图案的边缘部分可以对接在一起，应为清晚期或民国时期的产品。

（a）正面

（b）局部放大图

图 Th112 黄绿色提花云龙纹面料
年代：清中期

由于行龙纹样全部为一个方向，在使用过程中，从视觉上和习惯上，都比较忌讳龙头向下，所以这种面料的使用范围很小，一般不用来作服装，常用作门帘、屏风或用于包裹寺庙内的梁柱、顶棚等。

（a）正面

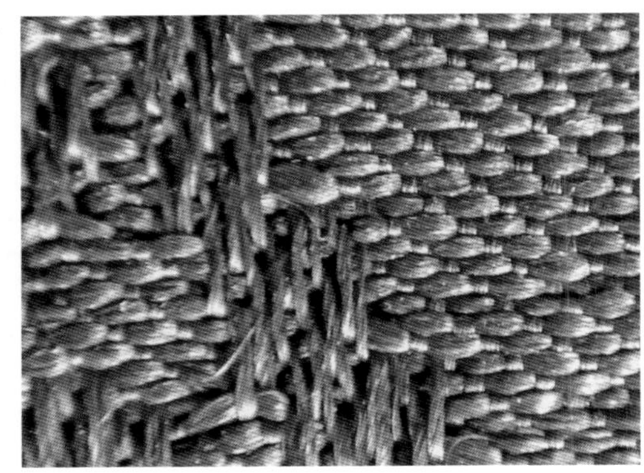

（b）局部放大图

图 Th050 云龙纹提花面料
年代：清晚期
尺寸：长 280 厘米，宽 75 厘米

业内把中间为一组云头、上下和左右均连接带尾云身的叫做四合云。四合云纹样是明末清初时期的风格，而且一直到清晚期，都很少发现多尾云纹的反复。到民国时期，提花面料中又开始应用四合云纹，但排列方式有所不同，晚期的云尾多数互相连接，早期的多尾云都是个体排列，不相互连接，也相对稀疏，龙纹较流畅、有动感。

（a）正面

（b）反面

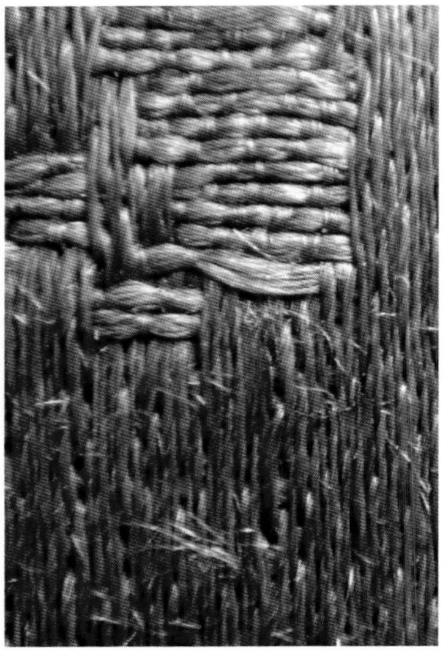

（c）局部放大图

图 Th038 咖啡色云龙纹提花面料
年代：民国时期

（a）正面

（b）反面

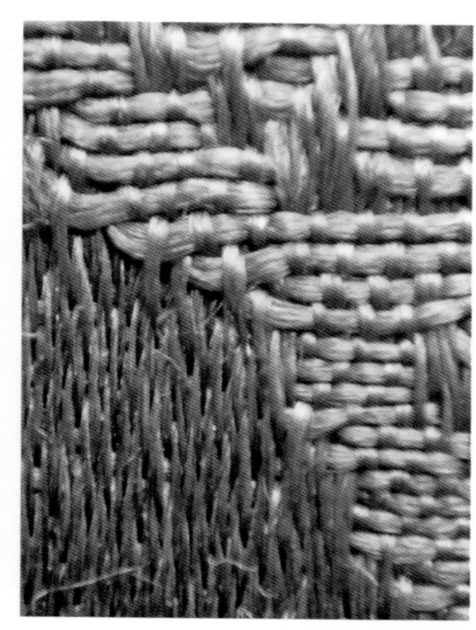

（c）局部放大图

图 Th032 蓝色龙凤纹提花面料
年代：民国时期

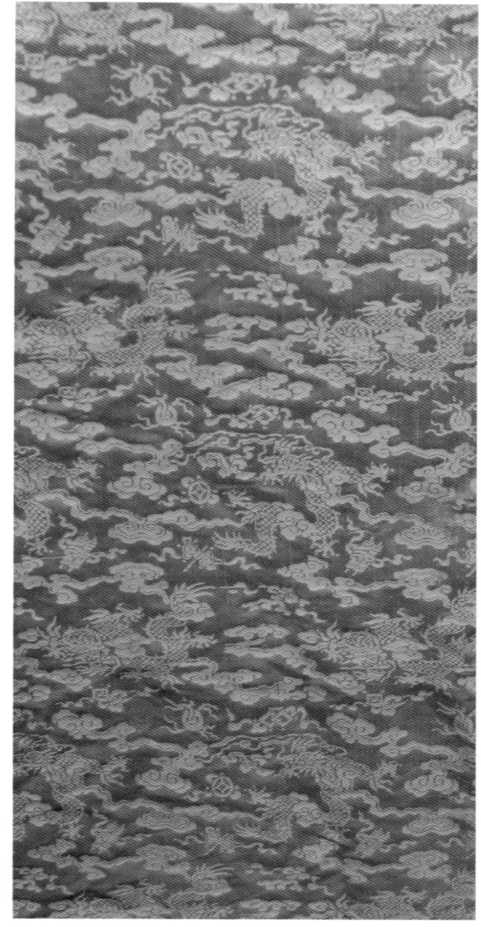

（a）正面

（b）反面通梭

图 Th169 黄地云龙纹经纬同颜色提花面料
年代：清中期

经和纬使用相同颜色的丝线，完全依靠局部经纬关系变化而形成纹样，通常称为暗花。这种织物的正反面的纹样是相对的，正面的纹样显深色，反面显浅色，既没有抛梭也没有回纬。

（a）正面

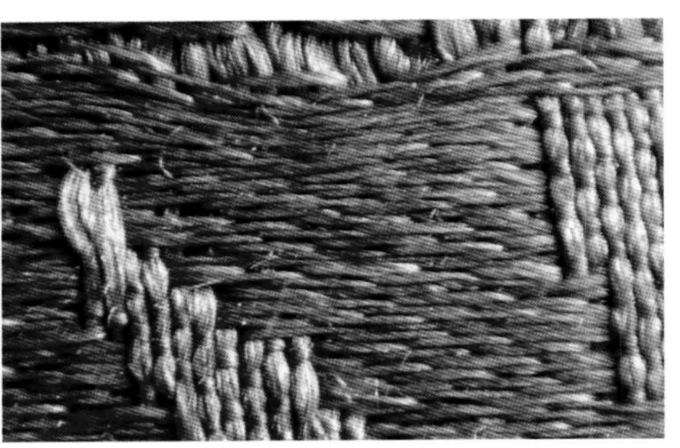

（b）反面

（c）局部放大图

图 Th060 咖啡色云龙纹提花面料
年代：民国时期

图 Th038 和图 Th060 所示为典型的民国时期的面料，图案密集而混乱无序，导致整体上没有主题。为了赋予面料更多更深的吉祥含义，将云、龙、八宝、八仙等明清时期所有高贵、吉祥的图案用于织物，甚至部分纹样因为空间的需要而有所变形，这种现象是民国时期的构图特点之一。这一时期的面料，工艺上大都很精细。

纹样主体为龙纹，并用各种吉祥图案拼成圆形，业内一般称之为团龙。这种构图方式的主要目的是使图案失去方向感。另外，圆形有圆满的含义，便于在更广泛的领域使用，扩大市场销售。因为单色提花纹样的反差小，明清时期，正式场合穿用的服装多数用妆花、缂丝等产品制成，如龙袍、朝袍等。团龙提花面料一般制作宫廷便装，如常服、便服、马褂等。

根据应用场合，团中使用的纹样很多。早期常见的有不同姿态的龙、凤、蝙蝠、寿字等纹样，到清晚期，牡丹、葫芦、仙鹤等纹样增多，名称繁杂，如五福捧寿、五湖四海等。业内一般根据团中的主体纹样命名，为龙纹的叫做团龙，为花卉纹的叫做团花。

团龙纹贯穿了整个明清和民国时期，但明清两代的典章都明确规定，皇帝、皇太子可以使用龙纹，其他各级人等严禁使用，所以 18 世纪以前的龙纹提花面料传世较少。但是到清代中晚期，由于“十从十不从”的规章，人口众多的汉族妇女、各种类型的寺庙、死者的殡葬，都不同程度地使用各种姿态的龙纹、蟒纹。比例最大的应属汉族妇女穿的龙凤裙，清代时在山西、陕西、河北等地很流行。

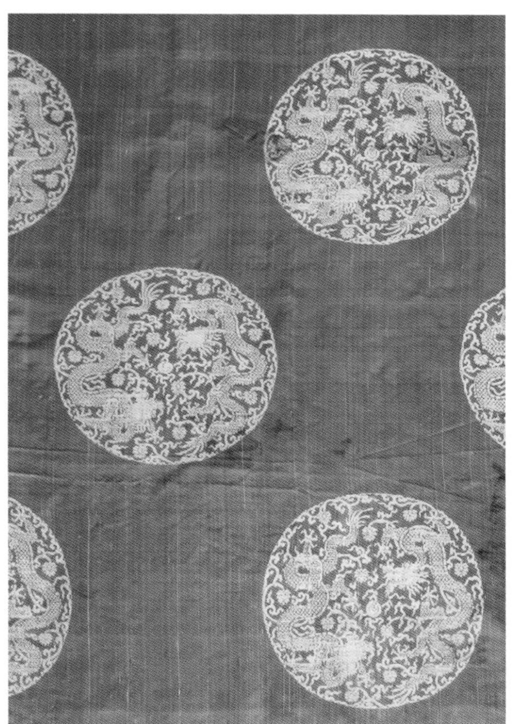

（a）正面

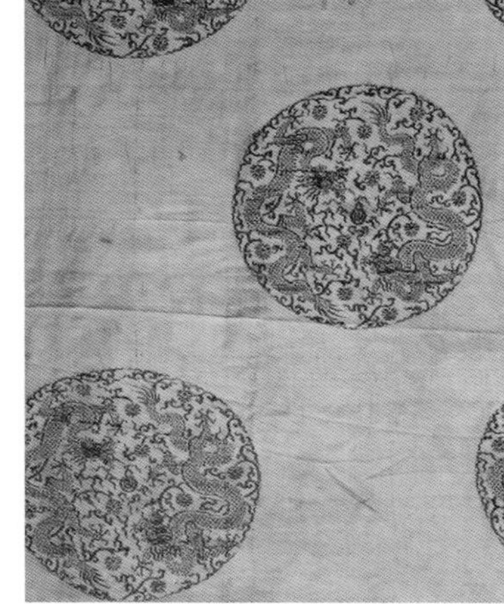

（b）反面

（c）局部放大图

图 Th034 黄色团龙提花面料
年代：清晚期或民国时期
工艺：7 浮 1 沉 8 枚缎

（a）正面

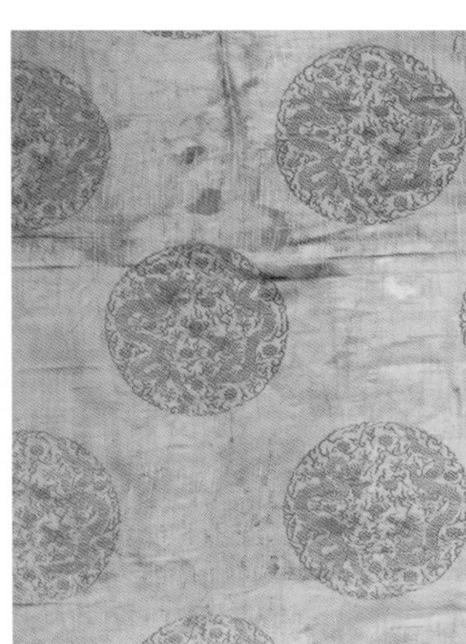

（b）反面

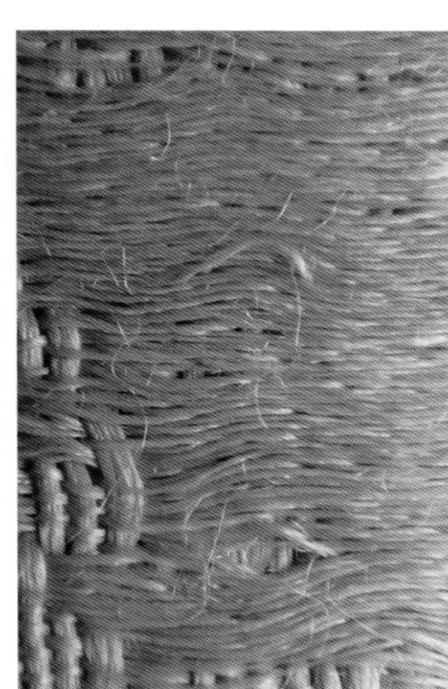

（c）局部放大图

图 Th026 黄色团龙纹提花面料
年代：清中晚期

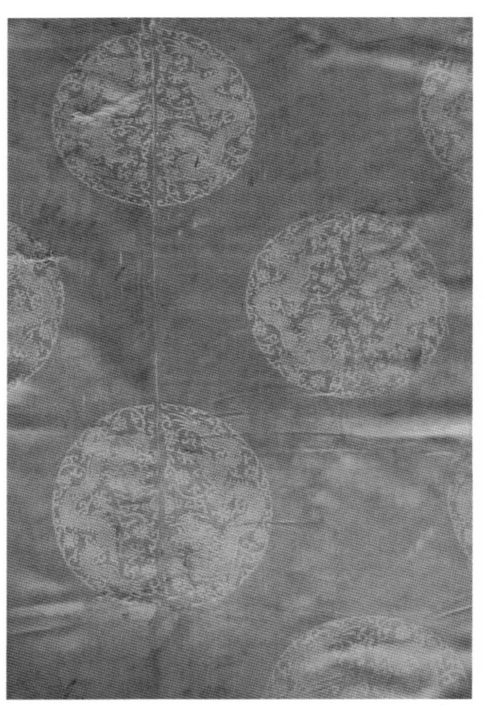

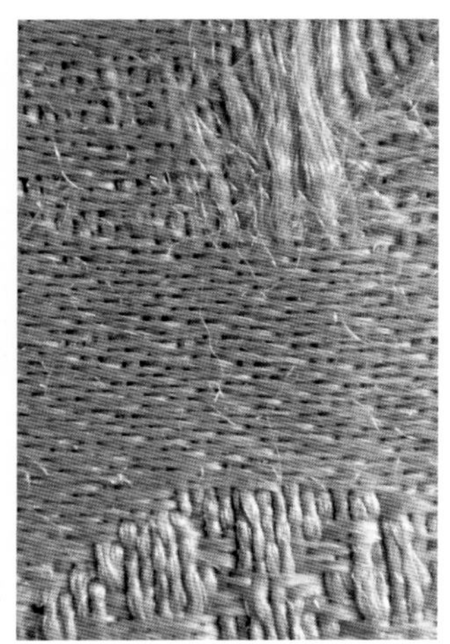

（a）正面　（b）反面　（c）局部放大图

图 Th071 明黄团龙提花面料
年代：清中晚期
工艺：7 浮 1 沉 8 枚缎

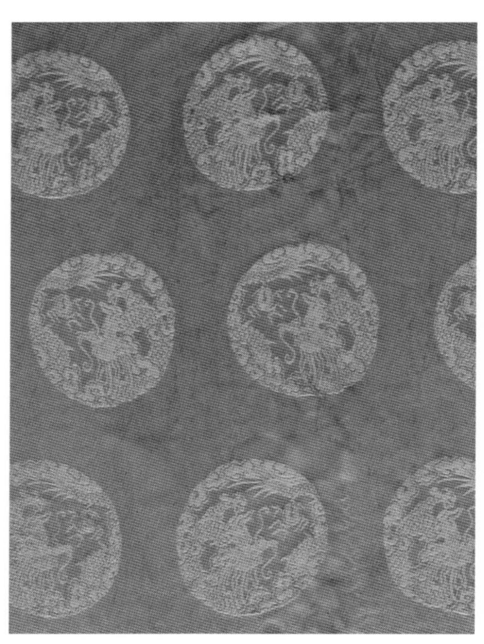

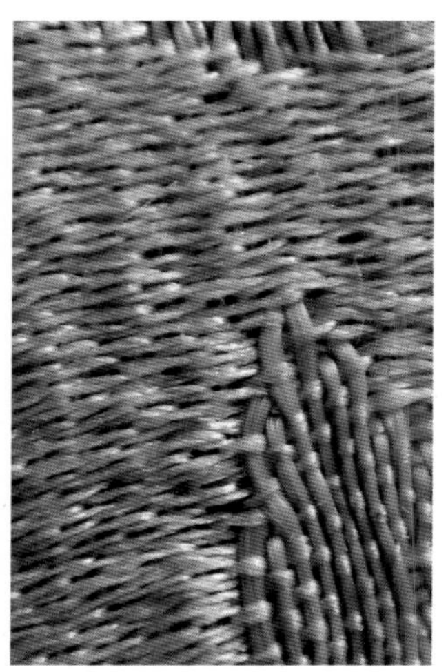

（a）正面　（b）反面　（c）局部放大图

图 Th063 明黄团龙提花面料
年代：清晚期
工艺：7 浮 1 沉 8 枚缎

明代团花大部分采用妆花或刺绣工艺。图 Th026、Th034、Th063 和 Th071 所示应为清代中晚期的宫廷用品，颜色均为宫廷使用的黄色，组织同为 7 浮 1 沉 8 枚缎，工艺精细，是提花面料中的上品。

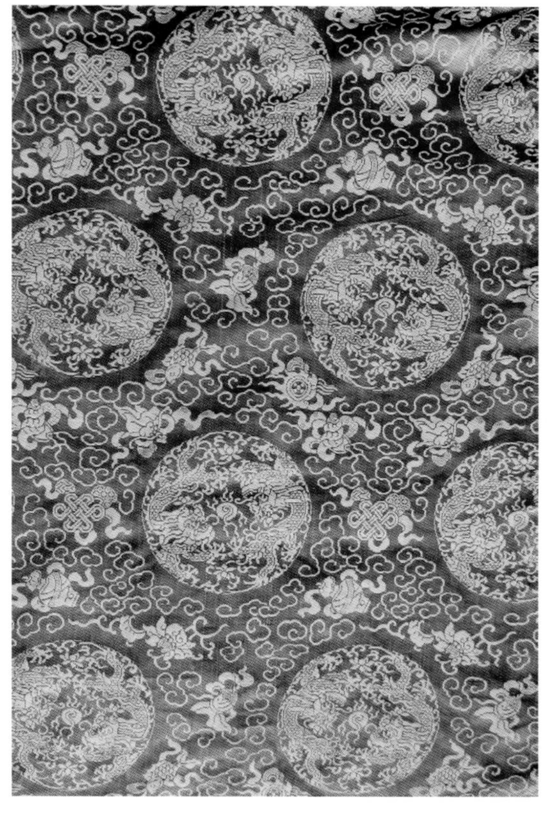

（a）正面

（b）局部放大图

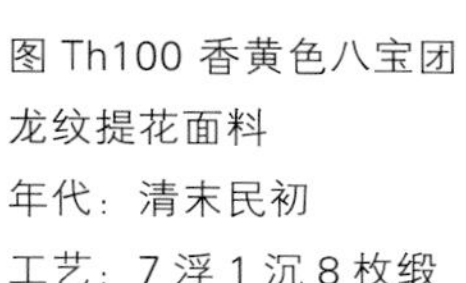

图 Th100 香黄色八宝团龙纹提花面料
年代：清末民初
工艺：7 浮 1 沉 8 枚缎

（a）正面

（b）局部放大图

图 Th 114　团龙捧寿纹提花面料
年代：民国时期
工艺：5 浮 1 沉 6 枚缎

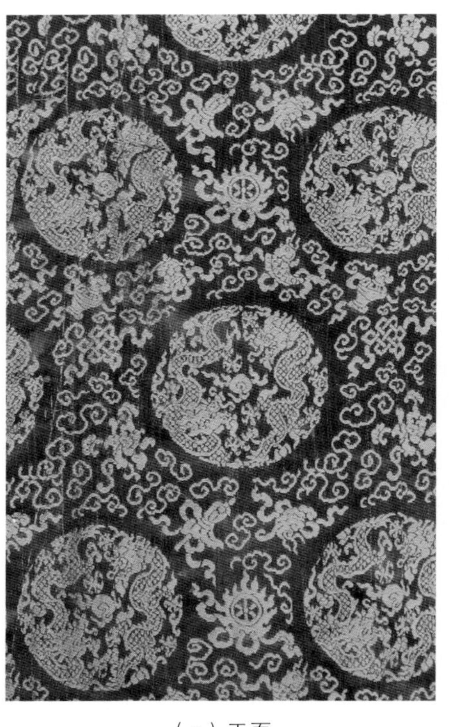

（a）正面

（b）反面

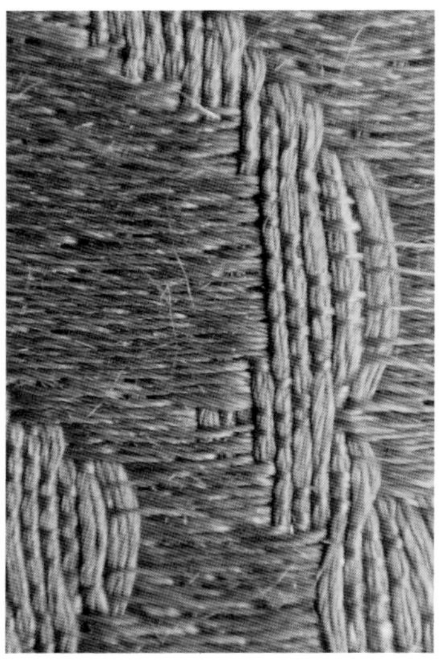

（c）局部放大图

图 Th119 蓝色八宝团龙纹提花面料
年代：民国时期
工艺：7 浮 1 沉 8 枚缎

（a）正面

（b）局部放大图

图 Th079 紫色团龙捧寿纹提花面料
年代：民国时期
工艺：4 浮 1 沉 5 枚缎

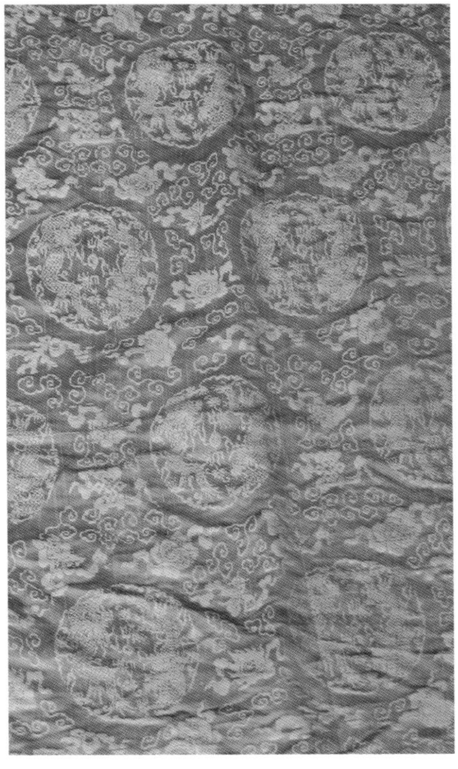

（a）正面

（b） 反面

图 Th168 黄色团龙纹提花面料
年代：民国时期
工艺：4 浮 1 沉 5 枚缎

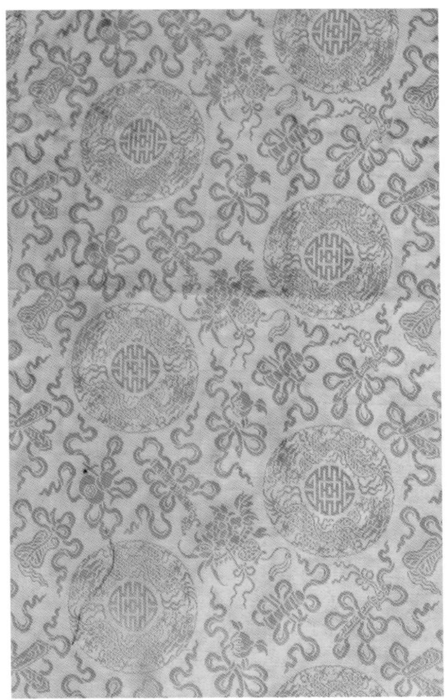

（a）正面

（b）反面

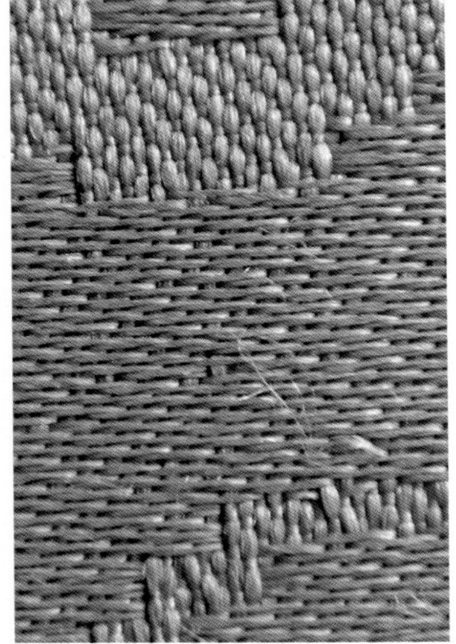

（c）局部放大图

图 Th065 绿色暗八仙团龙捧寿纹提花面料
年代：民国时期
工艺：5 浮 1 沉 6 枚缎

（a）正面

（b）反面

（c）局部放大图

图 Th061 红色龙凤纹提花面料
年代：民国时期

随着清王朝的消亡，万众向往的龙纹题材不再受朝廷的干预。为了适应市场的需求，民国时期生产了很多龙纹织绣品，工艺上和清代时期没有大的差别，但由于应用范围大幅度地扩大，色彩更加丰富，纹样也越来越复杂。因为团龙是喜闻乐见的题材，团龙纹样的提花面料在近现代都有生产。由于纯丝制品的成本较高，加上各种合成纤维的快速发展和织机的革新，现代的提花面料大部分采用化学纤维，纯丝提花产品的份额越来越少。

二、凤纹

民国以前，以凤凰作为主体纹样的纺织品较少，只有少量的妆花和刺绣产品使用凤凰图案，多数用于坯料。所以，现在看到的这些凤凰纹面料都是清光绪以后的产品，织物组织、构图风格的差异不大。

凤凰在中国历史上为人们所崇拜，是中国古代传说中的百鸟之王，和龙一样，是经过夸张和神化，现实生活中并不存在的鸟，其长相和羽毛一般以自然界中的孔雀为原型。但是凤凰和麒麟一样，是雌雄统称，一般解释为雄为凤、雌为凰，其总称为凤凰。因此，凤凰是吉祥和谐的象征，是代表幸福的一种灵物，所以常用来象征祥瑞。

清乾隆以前的织绣品图案中，凤和凰多数是成对的，而且雌雄有别，单尾分叉纹样是凰（雌），多尾纹样为凤（雄）。乾隆以后，凤凰的概念逐渐变化。到清代晚期，凤凰一般只代表女性。概念上，习惯地认为凤凰代表雌性，龙代表雄性。

明清时期，社会上普遍认为龙和凤是世间最高尚的生物，所以往往把皇帝比作“龙”，将皇后比作“凤”。可能是性别上的解释互相矛盾的原因，在传世和出土的明清宫廷服装中，凤凰纹样的使用远远少于龙纹，很多正式场合的宫廷女装也用龙纹作为主体纹样，甚至少于清代中晚期的仙鹤纹样。

（a）正面

（b）反面

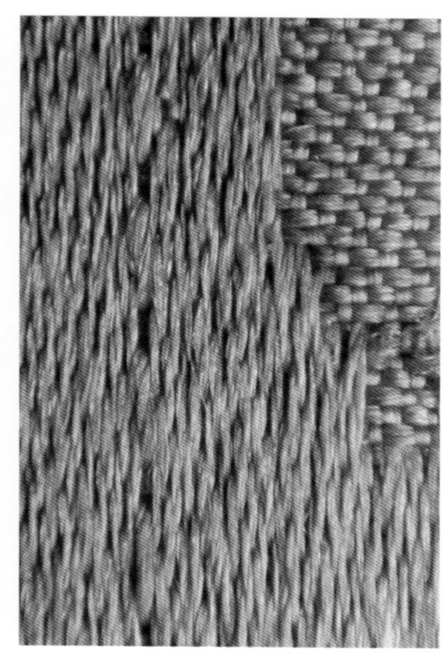

（c）局部放大图

图 Th009 黄缎地龙凤纹妆金提花面料
年代：清中期
尺寸：长 260 厘米，宽 62 厘米

（a）正面

（b）反面

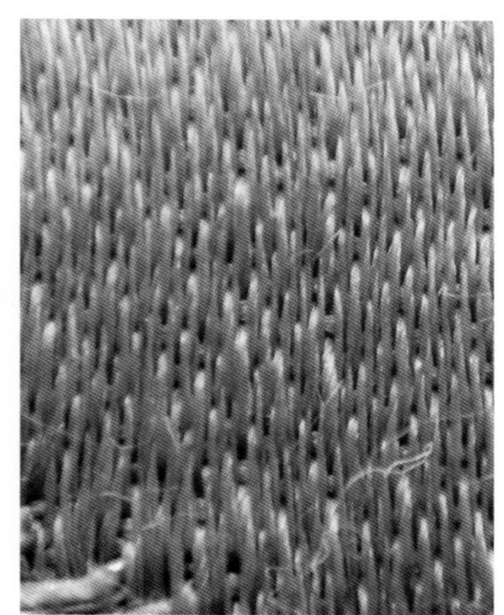

（c）局部放大图

图 Th011 香黄色凤凰纹提花面料
年代：清晚期

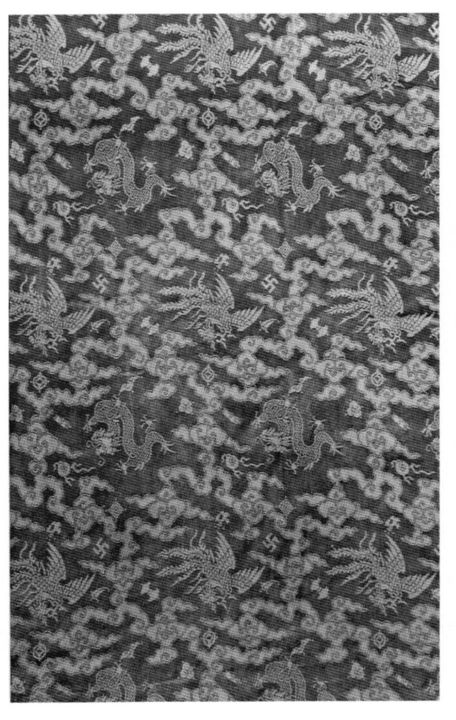

(a)正面

(b)反面

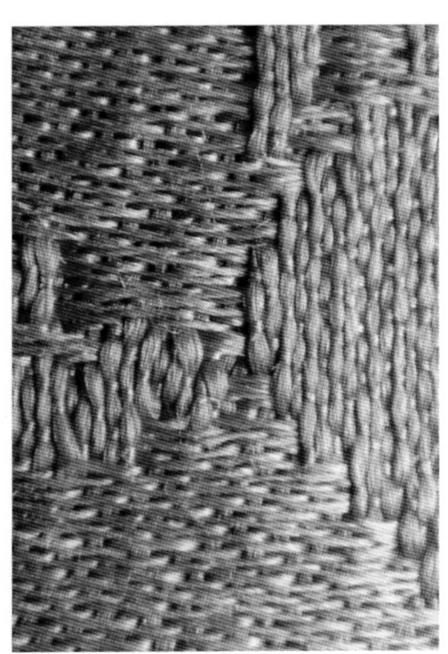

(c)局部放大图

图 Th027 香黄色凤凰纹提花面料

年代：清晚期

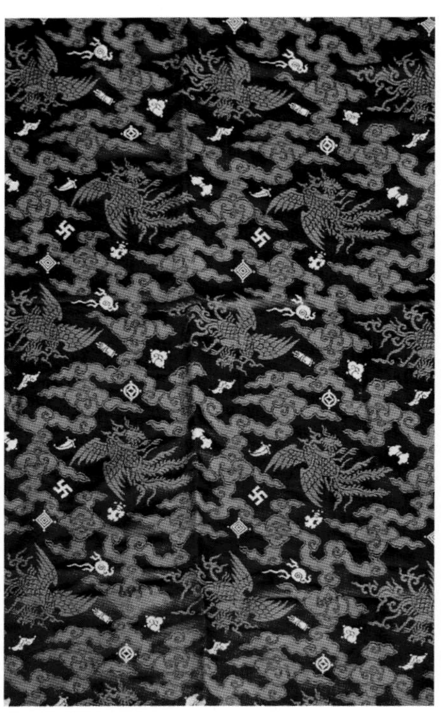

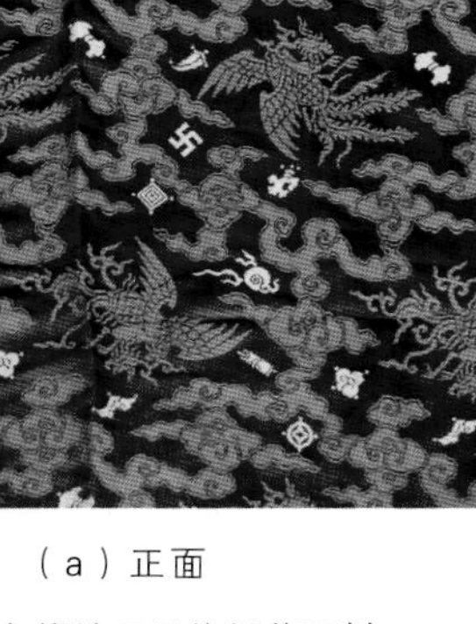

(a)正面

(b)反面

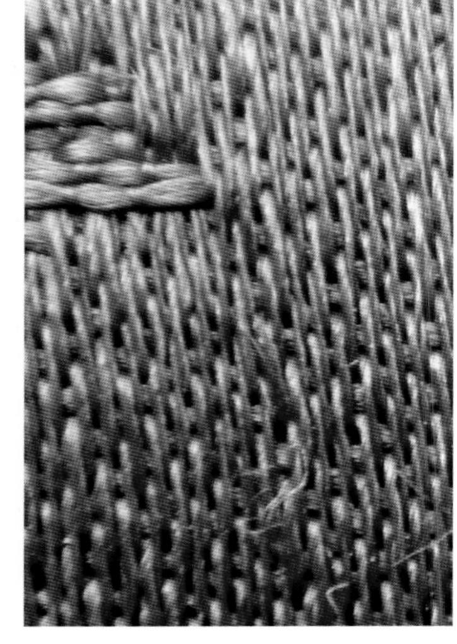

(c)局部放大图

图 Th004 紫红色缎地云凤纹提花面料

年代：清中期

尺寸：长 126 厘米，宽 66 厘米

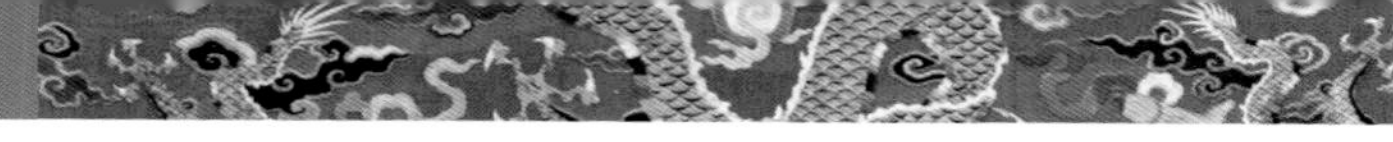

（a）正面

（b）局部放大图

图 Th083 紫色缎地龙凤祥云纹提花面料
年代：清晚期或民国时期

不难看出，凤凰纹面料在构图形式上和龙纹面料基本相同，使用延续不断的云纹，空白处形成开光的效果，其中添加龙凤等主体纹样。工艺同为 6 浮 1 沉 7 枚缎，经线密度为每厘米 100 根左右，纬线为每厘米 50~60 根，应为同一时代和地区的产品。这些提花面料的年代跨度不大，门幅较宽，质地细腻，花纹复杂，多数是民国或以后的产品。

（a）正面

（b）反面

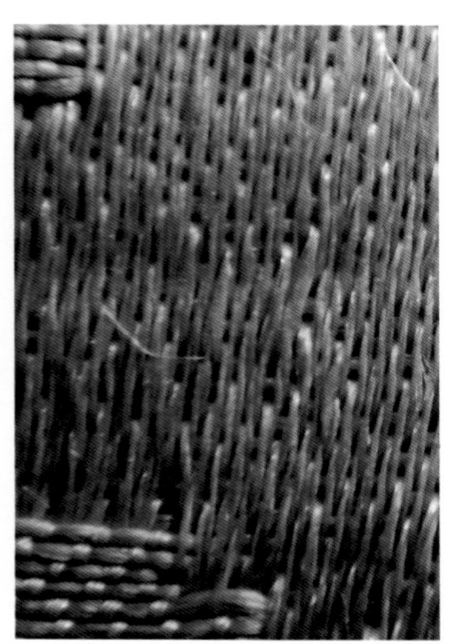

（c）局部放大图

图 Th045 浅绿色地云凤纹两色提花面料
年代：清晚期或民国时期

（a）正面

（b）反面

（c）局部放大图

图 Th031 蓝色地云凤纹两色提花面料
年代：清晚期或民国时期

（a）正面

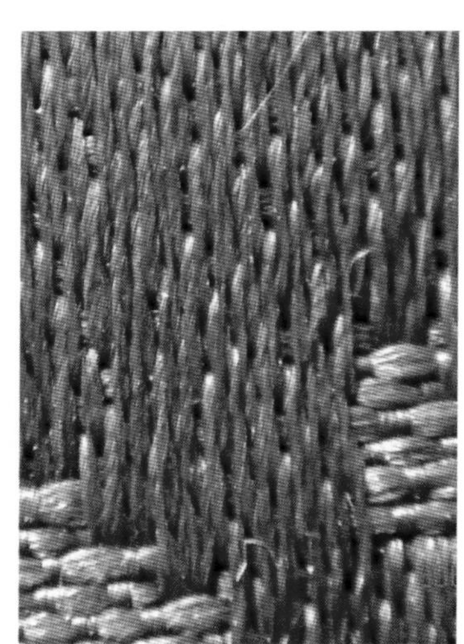

（b）局部放大图

图 Th049 红色地云凤纹两色提花面料
年代：清晚期或民国时期

（a）正面

（b）反面

（c）局部放大图

图 Th051 香黄色缎地团凤纹提花面料
年代：清晚期

三、花卉纹

由于动物纹样面料多数存在倒置的问题，用来缝制服装的相对较少。而花卉纹样面料的主要用途是制作各种服装，而且多数是汉族人喜欢的纹样。从整体的发展轨迹看，17 世纪以前，较多使用出污泥而不染的莲花、意为长久的缠枝莲等纹样，其间穿插宝相花；到清代中晚期，多采用代表富贵的牡丹、多子多孙的石榴、寓意长寿的桃子等花卉纹。

相比较而言，提花工艺只能显示两种颜色，纹样的反差较小，色彩单调，循环方式比较刻板，经纬丝线上织机以前的设计也比较复杂，但由于循环程序是提前设计的，在织布过程中，人工参与较少，较省工时。

（a）正面

（b）反面

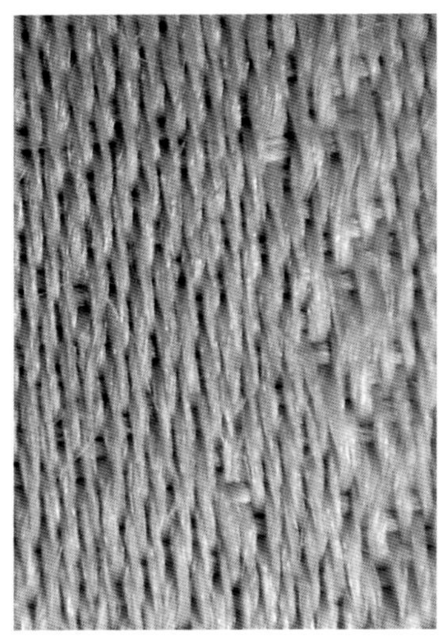

（c）局部放大图

图 Th021 黄色缠枝牡丹纹提花面料
年代：清中晚期

清代乾隆以后，人们对寓意为廉洁的莲花的兴趣逐渐减少，而象征富贵的牡丹花受到普遍的青睐，富贵牡丹纹样很快普及。这一时期，上至宫廷用品，下到百姓需求，包括织绣品在内的各种工艺品、建筑物雕刻等，都大量地用牡丹作为主体纹样。

（a）正面

（b）反面

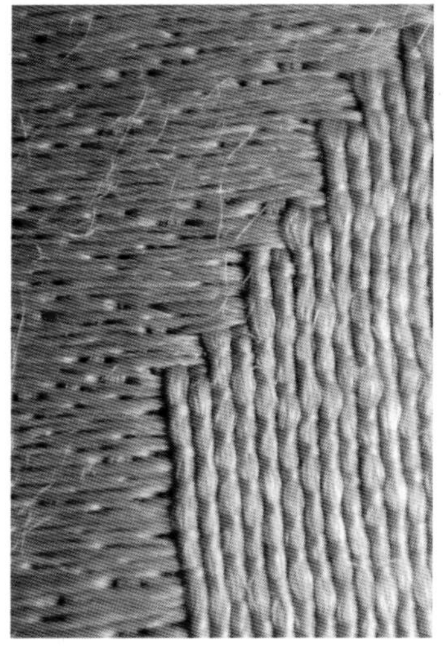

（c）局部放大图

图 Th029 黄色缠枝牡丹纹提花面料
年代：清中晚期

为了使面料具有更广泛的应用领域，需最大限度地使纹样不具有方向感，突出牡丹花朵，而缩小枝叶部分。这几块面料的纹样设计合理，工艺精细规范，应该是宫廷用品。

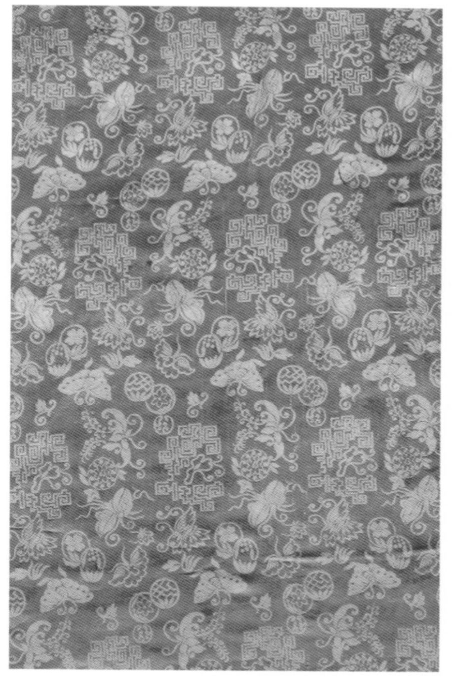

（a）正面

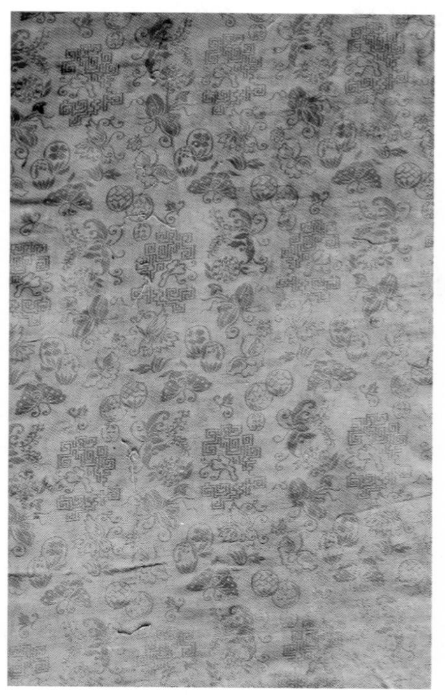

（b）反面

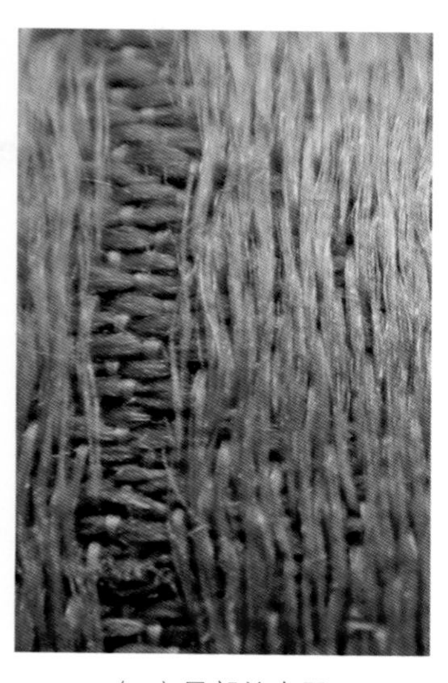

（c）局部放大图

图 Th043 明黄色蝶恋花纹面料
年代：清中晚期

清代时，黄色为国色，是一般人不能使用的。按照清代的典章，只有皇家才可以使用各种黄色。但是，根据传世的实物，除了皇家以外，寺庙也可以使用黄色。另外，根据“十从十不从”的规章，汉族女人也可以使用黄色，如汉族女人穿的裙子，有很多是黄色的；汉族人死亡以后，殡葬也可以用黄色（生从死不从）。其他领域则一律禁用。

（a）正面

（b）局部放大图

图 Th080 咖啡色宝相花纹提花面料
年代：清早中期

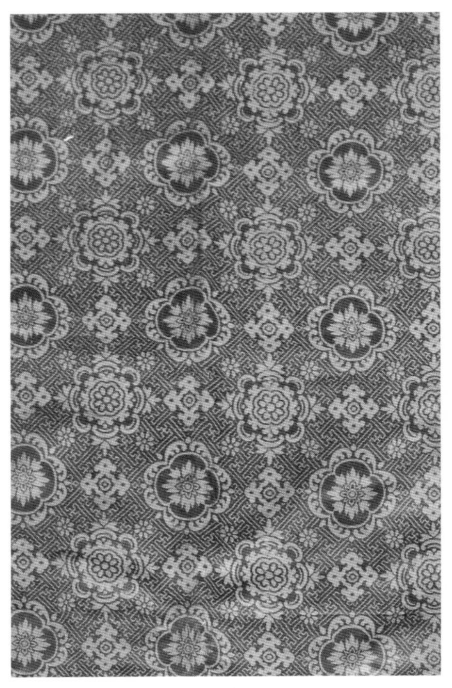

（a）正面

（b）反面

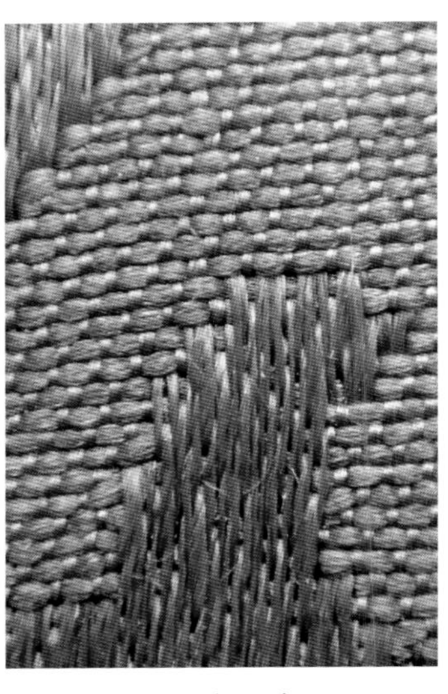

（c）局部放大图

图 Th033 香黄色宝相花纹提花面料
年代：清晚期

对于宝相花的名称，大多数人比较熟悉，但并非指存于世间的某种花卉，在现实社会中没有实际的物种，只是一种带有迷信色彩的花卉名称。

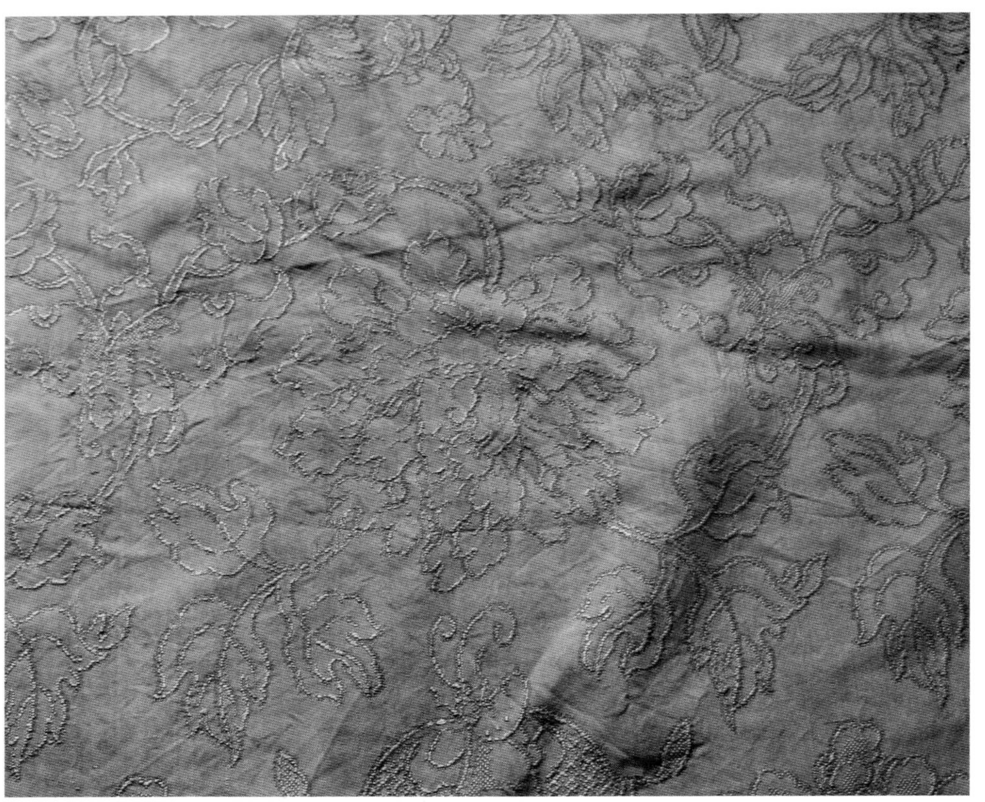

（a）正面

图 Th107 香黄色花卉纹提花面料
年代：清中晚期
工艺：经线每厘米 35 根，纬线每厘米 32 根

（a）正面

（b）局部放大图

图 Th108 香黄色花卉纹
提花面料
年代：清中晚期

图Th107和Th108所示为提花工艺的一个类别，显花采用经纬组织关系的局部变化，以勾勒出纹样轮廓，所有图案只显示轮廓线条。由于这种面料在整体视觉上有很多隆起的线条，业内有人称之为麻缎。

（a）正面

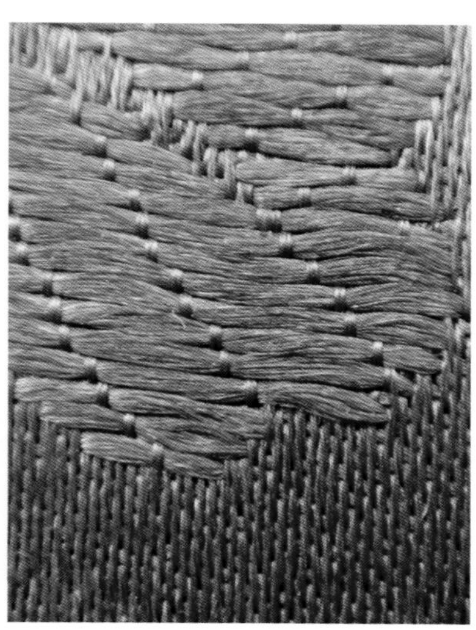

（b）局部放大图

图 Th077 香黄色宝相花纹
提花面料
年代：清中期

（a）正面

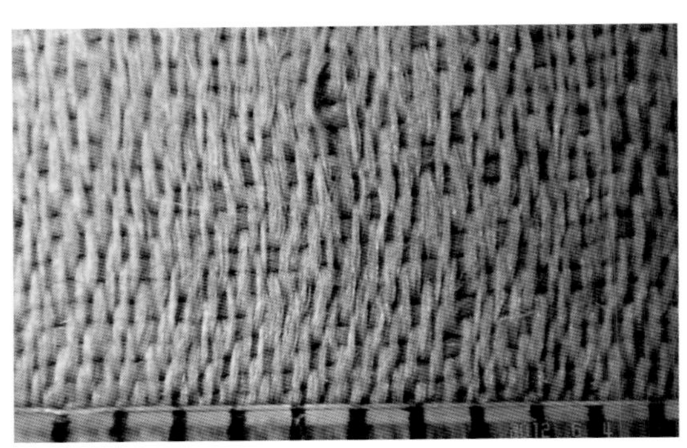

（b）局部放大分析图

图 Th091 蓝色缎地花蝶纹提花面料
年代：清中晚期
工艺：经线每厘米 60 根，纬线每厘米 28 根

（a）正面

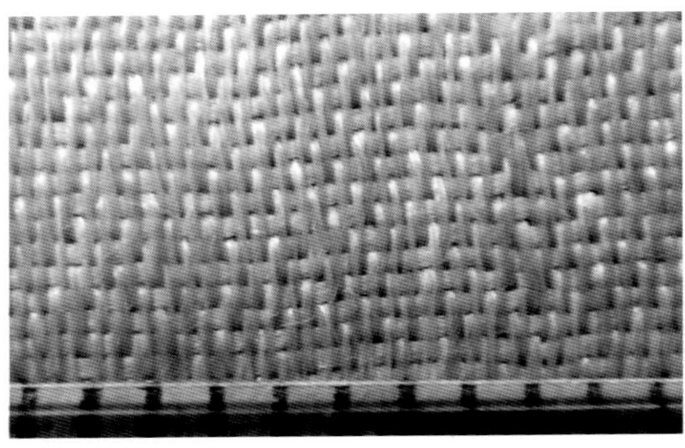

（b）局部放大分析图

图 Th090 蓝色缎地花卉纹提花面料
年代：清中期
工艺：4 浮 1 沉 5 枚缎，经线每厘米 64 根，纬线每厘米 28 根

通过图Th090和Th091的局部放大图，可明显看出组织为4浮1沉5枚缎，质地非常软薄，专门作为服装、锦盒等的衬里。业内将这种专门用作衬里的薄织物叫作绫。

（a）正面

（b）反面

（c）局部放大图

图 Th118 绿地飞燕牡丹纹提花面料
年代：民国时期

（a）正面

（b）反面

（c）局部放大图

图 Th044 绿地牡丹纹提花面料
年代：民国时期

以一束花为题材的织物，其年代一般在民国以后。清代的花卉纹多数以花朵为主，因为以一束花为纹样题材，会使组织循环扩大，从而使相关程序复杂很多，需要织机的进一步革新才能完成。

（a）正面

（b）反面

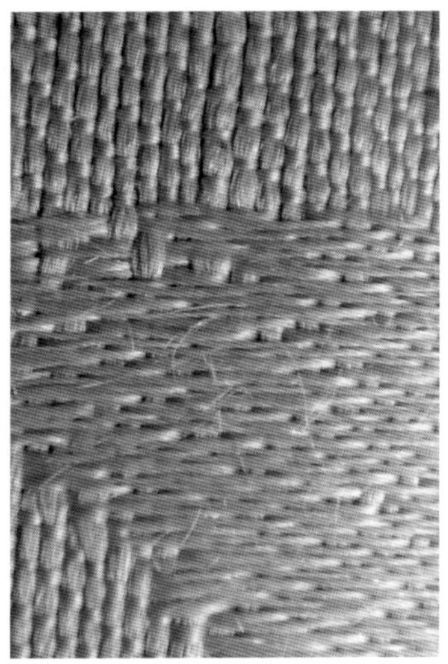

（c）局部放大图

图 Th037 黄色缎地花卉纹面料
年代：清中晚期
工艺：6 浮 1 沉 7 枚缎

明代的团花纹面料大部分是相对灵活的刺绣或妆花产品，提花织物中的团花纹样较少。这种现象和织机有关，因为提花组织的循环相对复杂，每个循环的经纬变化需要在上机以前完成设计，综的数量、织机的结构都和花纹显示有直接的关系。这些工作既需人为编辑程序的能力，也必须有织机功能的配合。随着织机的逐步改进、设计技术的提高，到清代中晚期，各种提花织物快速发展。由于团花织物更便于制作服装，所以清晚期时多采用各种纹样组成团花。

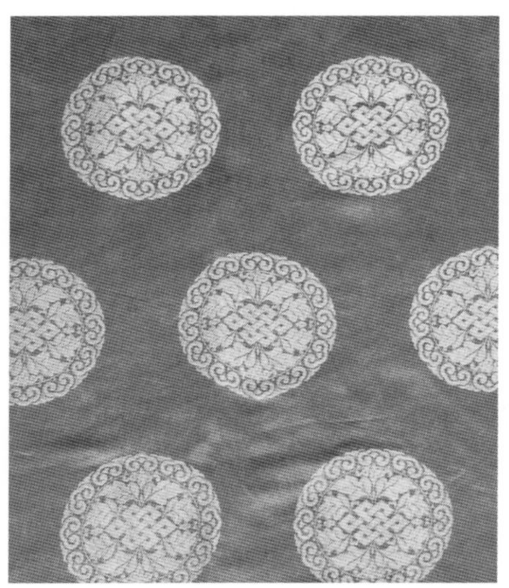

（a）正面

（b）反面

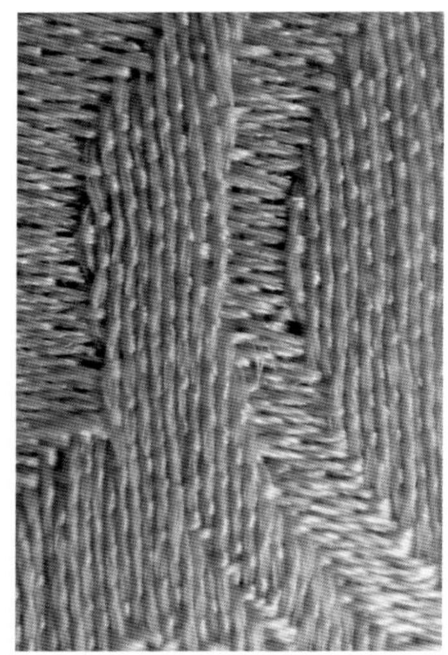

（c）局部放大图

图 Th023 黄色缎地团花面料
年代：清中晚期
工艺：6 浮 1 沉 7 枚缎

此面料（图Th023）的团花由三种吉祥纹样组成，外围为如意纹，中间围绕一圈叶子，中心是盘龙纹。根据清代的风俗，这种纹样构成的寓意为“天长地久、永不分离”。

正面

图 Th115 黄色莲花团纹提花面料
年代：清晚期

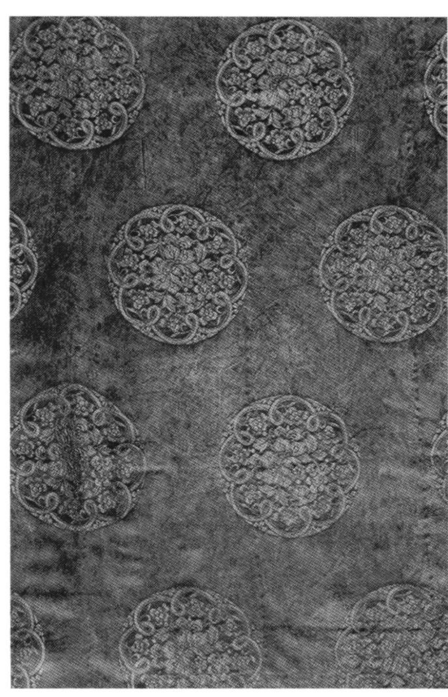

（a）正面

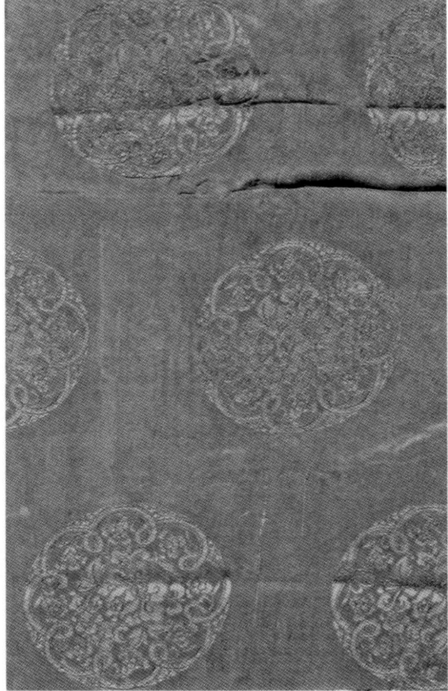

（b）反面

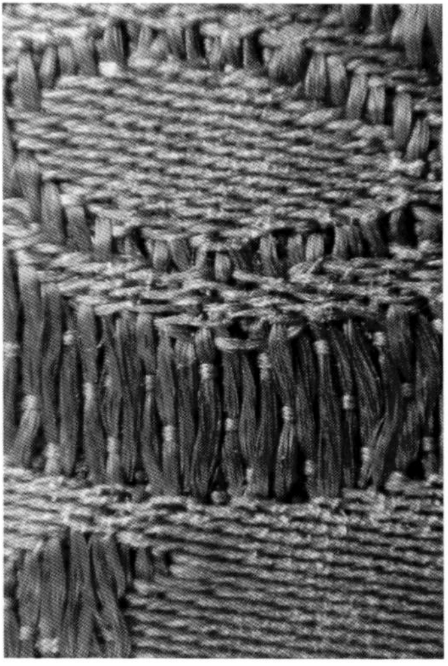

（c）局部放大图

图 Th024 紫色莲花纹面料
年代：清晚期

（a）正面

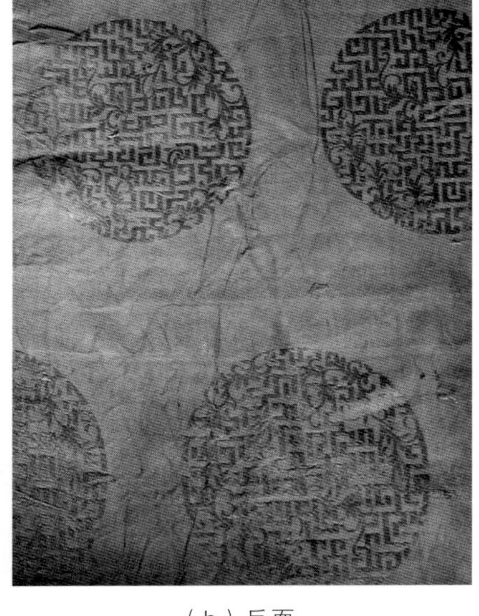

（b）反面

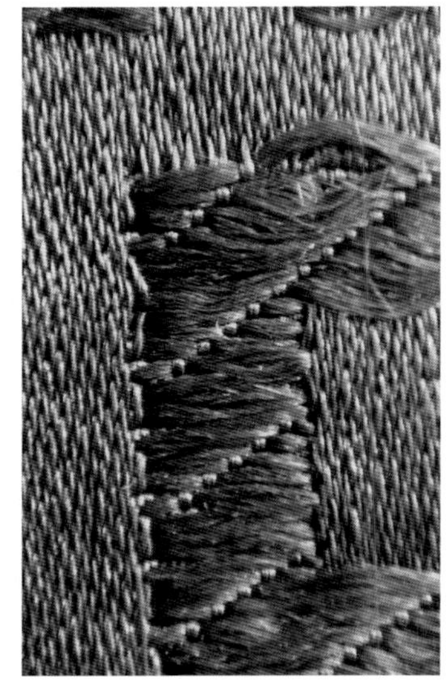

（c）局部放大图

图 Th067 石青色提花面料
年代：清中晚期

明清时期，业内普遍地把深蓝色称为石青色。所谓石青色，是介于蓝色和黑色之间的颜色。也就是说，只要不是纯蓝或纯黑，都属于石青色的范围以内。由于清代的很多宫廷服装规定用石青色，也不禁止平民百姓使用，清代早中期的石青色服装很多。随着化学染料的快速发展，到清晚期至民国时期，丝织面料非黑即蓝，石青面料明显减少。

四、八宝和八仙

八宝或八仙纹样面料的使用领域广泛，内在含义丰富，传世较多，纹样的排列方式也多种多样。八宝纹一般为佛门常用纹样，流行的时代较早，流行时间也很长，16~17 世纪达到顶峰。八宝是我国传统工艺品中的主要纹饰，象征吉祥、幸福、圆满。

相传释迦牟尼诞生时，天上献下种种供品，此八宝即为天人所供。又有一说，八宝代表释迦牟尼成佛时身上的八个部位，并各有喻意。

八宝也叫佛八宝，纹饰由法螺、法轮、宝伞、白盖、莲花、宝罐、金鱼、盘肠八种纹样组成。每种纹样的含义不同，分别为：

轮代表佛说大法圆转，万劫不息；

螺代表菩萨果，妙音吉祥；

伞代表张弛自如，曲覆众生；

盖代表遍覆三千，净一切乐；

花代表出五浊世无所染；

罐代表福智圆满，具完无漏；

鱼代表坚固活泼，能解坏劫；

肠代表回环贯彻，一切通明。

八仙之名，明代以前众说不一，有汉代八仙、唐代八仙、宋元八仙，所列神仙各不相同。至明吴元泰《八仙出处东游记》，即《东游记》，始定为：铁拐李（李玄/李洪水）、汉钟离（钟离权）、张果老、蓝采和、何仙姑（何晓云）、吕洞宾（吕岩）、韩湘子和曹国舅（曹景休）。

八仙纹样大约在 17 世纪末开始流行，随着八仙过海等人物故事的流行，八仙纹样也得到快速发展，特别在文明相对发达的中原地区，用较短的时间就取代了八宝纹样，其他地区也逐渐普及应用八仙纹样。

纺织面料上，一般用每个人所持的法器代表，通常也叫暗八仙，又可称为道家八宝，既有吉祥的寓意，也代表万能的法术，主要功能与佛家八宝大同小异，分别代表佛、道两家各自的境界与追求。

暗八仙的具体纹样是鱼鼓、宝剑、笛子、荷花、葫芦、扇子、玉板和花篮。细节随时间、场合、器物等的变化而变化，但主体不变。每个纹样所代表的具体人物和寓意分别为：

鱼鼓，张果老所持宝物，鱼鼓频敲有梵音，能占卜人生；

宝剑，吕洞宾所持宝物，剑现灵光魑魅惊，可镇邪驱魔；

笛子，韩湘子所持宝物，紫箫吹度千波静，使万物滋生；

荷花，何仙姑所持宝物，手执荷花不染尘，能修身养性；

葫芦，李铁拐所持宝物，葫芦岂只存五福，可救济众生；

扇子，钟离权所持宝物，轻摇小扇乐陶然，能起死回生；

玉板，曹国舅所持宝物，玉板和声万籁清，可净化环境；

花篮，蓝采和所持宝物，花篮内蓄无凡品，能广通神明。

（a）正面

（b）反面

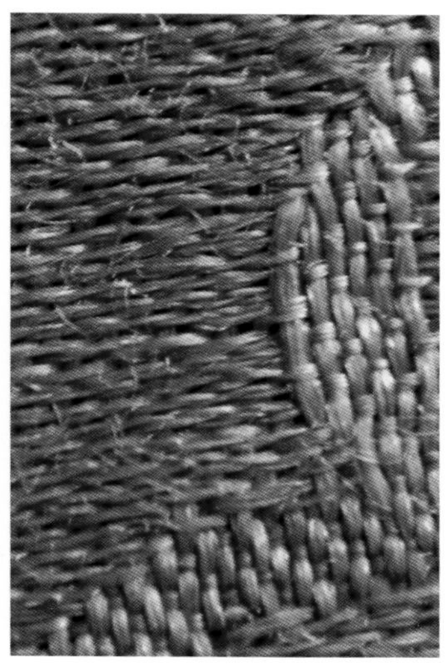

（c）局部放大图

图 Th052 香黄色八宝纹提花面料
年代：清中期

此面料（图Th052）的提花工艺精细，纹样结构为中间一朵宝相花，周围盘绕着八宝纹。宝相花在现实生活中并不存在，是人们遐想中神化的花卉，加上佛法无边的八宝，更增加了无限的想象空间。

（a）正面

（b）反面

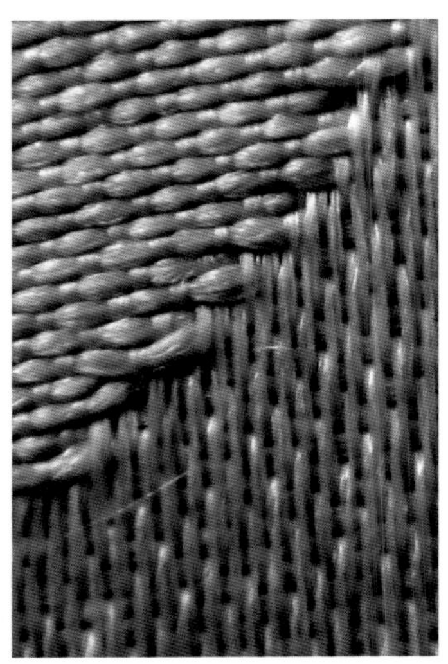

（c）局部放大图

图 Th053 福寿纹提花面料
年代：清晚期

此面料（图Th053）的主体用小团寿、盘龙、蝙蝠三种纹样，寓意长福、长寿。为了整体布局协调，小团寿和盘龙周围饰有飘带。飘带是八宝纹中常用的，不管哪种八宝，加上飘带则显得更有动感。

（a）正面

（b）反面

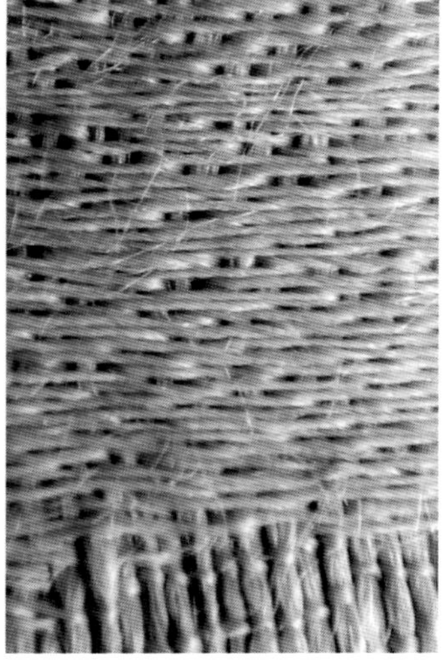

（c）局部放大图

图 Th018 香黄色八宝寿字纹提花面料
年代：清晚期

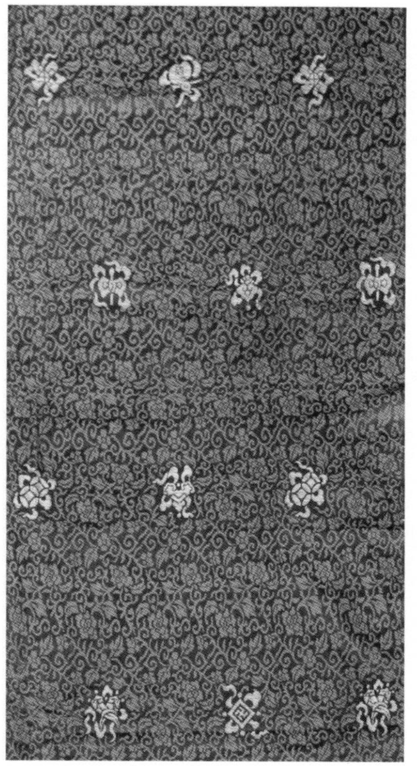

（a）正面

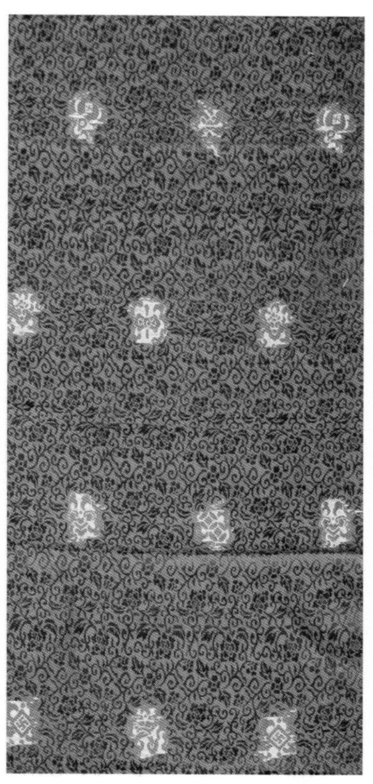

（b）反面

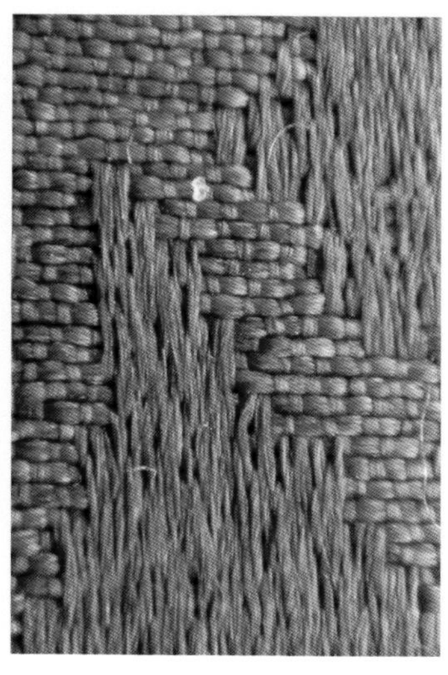

（c）局部放大图

图 Th007 紫色缎地吉祥花卉纹提花面料
年代：清晚期
尺寸：长 240 厘米，宽 78 厘米

此面料（图Th007）采用提花加妆金的工艺，质地紧密，年代相对较晚。

（a）正面

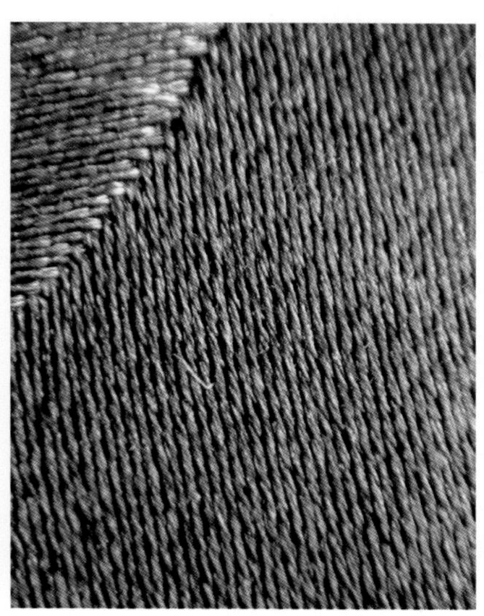

（b）局部放大图

图 Th078 暗八仙纹提花面料
年代：清晚期

（a）正面

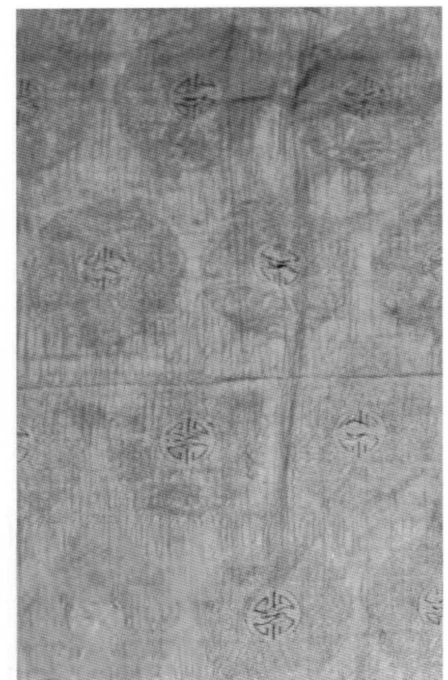

（b）反面

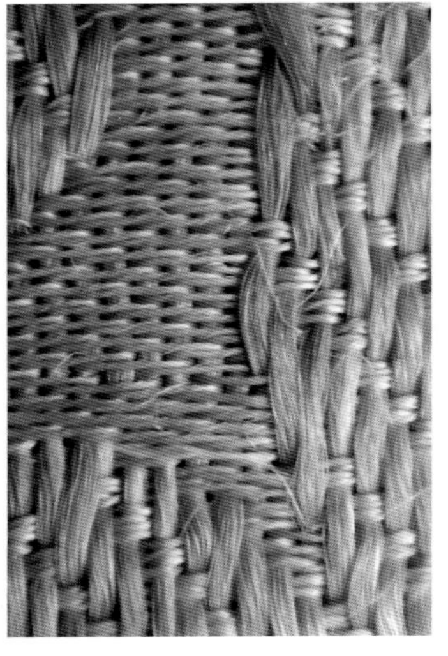

（c）局部放大图

图 Th012 黄色缎地八宝纹提花面料
年代：清中期
工艺：4 浮 1 沉 5 枚缎

此面料（图Th012）的团花纹样很少见，只用八宝中的伞、盖、轮、肠这四宝组成一个团，其余则不用。而一般是用四宝组成团纹样，上下或左右使用其余四宝作为纹样。当然，纹样的变化越多，工艺越复杂，加工难度增加。

（a）正面

图 Th059 香黄色提花面料
年代：清晚期

（b）反面

由于年代、使用目的和信仰等因素，八宝纹样并不是一成不变的，有时根据需要做局部变化。有的干脆不用八宝或八仙纹样，而是以相同的排列方式，将八宝或暗八仙中的某种纹样稍加改动，形成有其他含义的吉祥纹样，多数采用飘带捆绑各种法器。

（a）正面

（b）反面

（c）局部放大图

图 Th056 江山万代纹提花面料
年代：清晚期

图Th056所示面料的构图风格的传世作品很少。整体由三种纹样组成，即江崖围绕山纹，飘带中间加“卍”字、如意纹。根据清代纹样都有吉祥含义的逻辑，笔者将这三种纹样结合解释为江山万代纹。

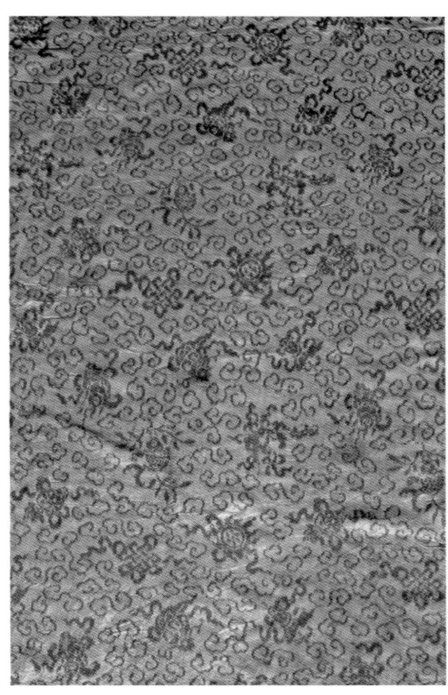

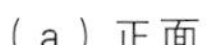

（a）正面

（b）反面

（c）局部放大图

图 Th069 咖啡色暗八仙纹提花面料
年代：清晚期

（a）正面

（b）反面

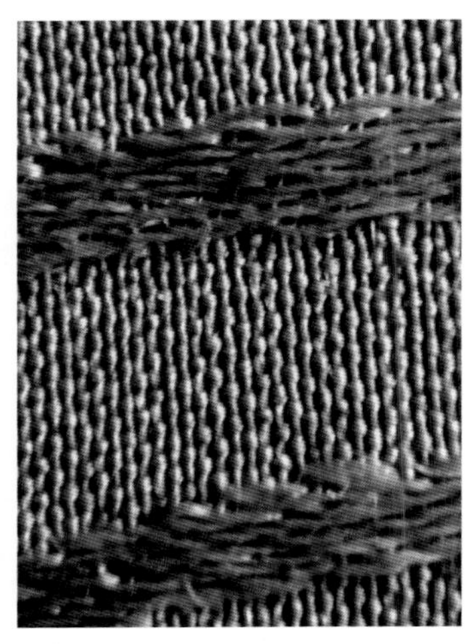

（c）局部放大图

图 Th055 黑色万福纹提花面料
年代：清晚期
工艺：经显花缎纹组织

如果不仔细观察，真的看不出此面料（图Th055）的纹样是由无数个蝙蝠组成的。这个构图很巧妙，以不同飞行方向的蝙蝠组成面料的纹样，可以给人更深远的想象力。笔者将这种构图方式称为万福纹。

（a）正面

（b）反面

（c）局部放大图

图 Th068 黑色提花面料
年代：清晚期
工艺：经显花缎纹组织

经显花织物多数出现在唐代以前，清代织物中，经显花组织很少见，图Th055所示的面料来自山西，而图Th068所示的面料来自河南。这两块面料的构图方式、显花方式、年代等基本相同，应为同一时期、同一地区的产品。

到清末民国时期，对于各种吉祥纹样的解释达到了顶峰，有的纹样很难理解。可以肯定图Th068 中的纹样有更吉祥、深奥的意义，但因为不了解原始背景，很难凭直观感觉对纹样做出解释。

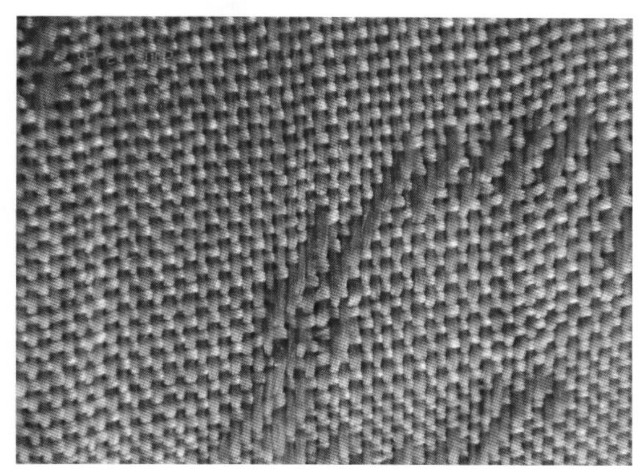

（b）局部放大图

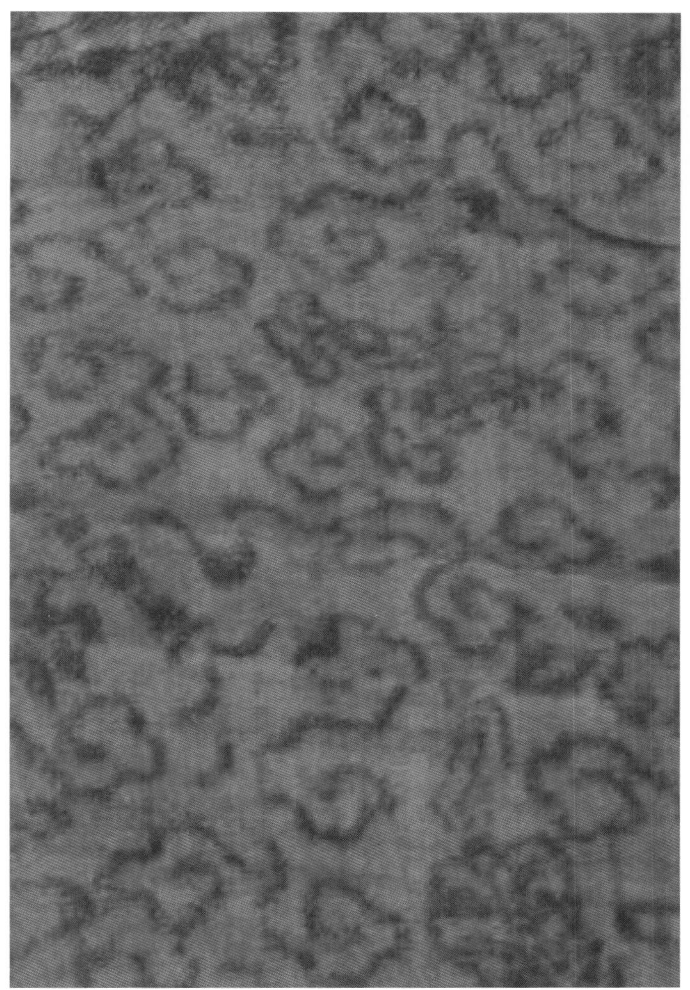

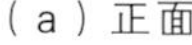

（a）正面

图 Th072 红绸地提花面料
年代：民国时期

提花织物的纹样大多数是以纬线浮于表面而形成的。由于缎纹组织表面的经线多，一定程度上可以任意选择纬线的沉浮点，以便于纹样的形成，所以一般采用缎纹组织形成提花织物的地部。

五、葫芦纹

葫芦是中华民族最原始的吉祥物之一，我国有很多民族崇拜葫芦，并有葫芦神话之说。古人认为葫芦可以驱灾避邪，祈求幸福。因此，人们常在门口挂葫芦，以避邪、招财。千百年来，葫芦作为一种吉祥物和观赏品，一直受到人们的喜爱和珍藏。

明清纺织品中的葫芦纹样，多数采用五个葫芦围绕一个吉祥图案的排列方式，这种纹样叫作五湖四海纹。到清代中晚期，招财进宝、多子多孙等吉祥的内涵更加深奥，使得葫芦纹样在纺织品中占有很大的份额，宫廷人员和地方百姓都有使用，年轻女子穿用葫芦纹表示多生儿女，老年人穿用葫芦纹希望子孙满堂。

葫芦的枝藤也叫蔓，与万字谐音；每个成熟的葫芦里，籽粒众多，可联想到子孙万代、繁茂吉祥。葫芦造型优美，无需人工雕琢，就给人以喜气祥和的美感。有些农家在屋梁下悬挂葫芦，称其为顶，据说可使居家生活平安顺利。更讲究者则用红绳线串绑五个葫芦，称其为五福临门。在台湾的乡间，流传着一句谚语，“厝内一粒瓠，家风才会富”，意思是，家里摆放一个葫芦，才会聚财、富有。

（a）正面

（b）反面

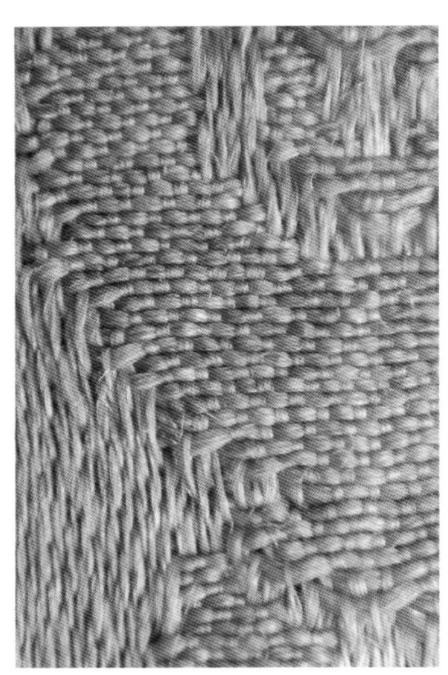

（c）局部放大图

图 Th016　黄色五湖四海纹提花面料
年代：清中晚期
工艺：6 浮 1 沉 7 枚缎

以五个葫芦围绕寿字或喜字等，形成一个圆团，有人将这种纹样叫作“五湖四海”。《中国织绣服饰全集》“染织卷”第386页的“故宫藏五湖四海纹妆花缎”，其构图方式与这种提花面料相同，视觉上没有方向感，葫芦的排列均衡合理。

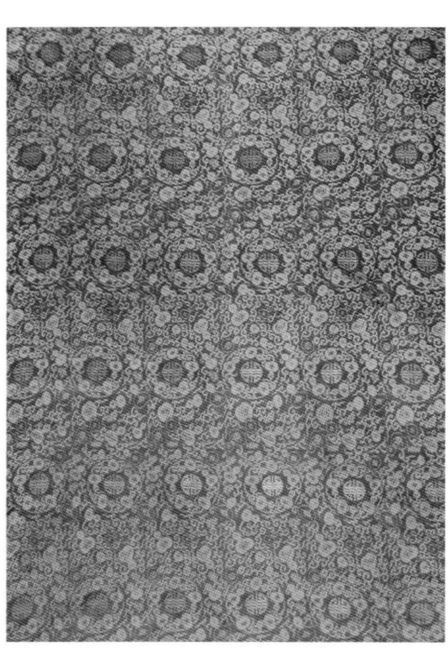

（a）正面

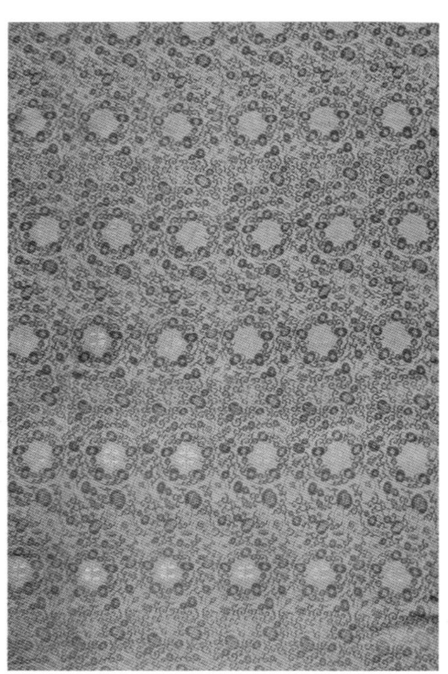

（b）反面

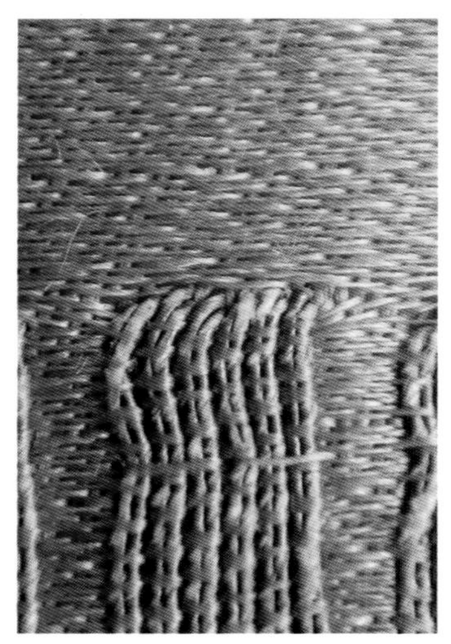

（c）局部放大图

图 Th110 黄色五湖四海纹面料
年代：清晚期或民国初期
工艺：7 浮 1 沉 8 枚缎

清末民国时期，部分提花面料使用捻金线时，采用一根金线和一根丝线并排使用的工艺。这样既增加了金线的耐磨性和拉力，也减少了金线的使用。同时，由于金线和丝线双根沉浮，大幅度地增加了工效，但工艺上略显粗糙。

（a）正面

（b）反面

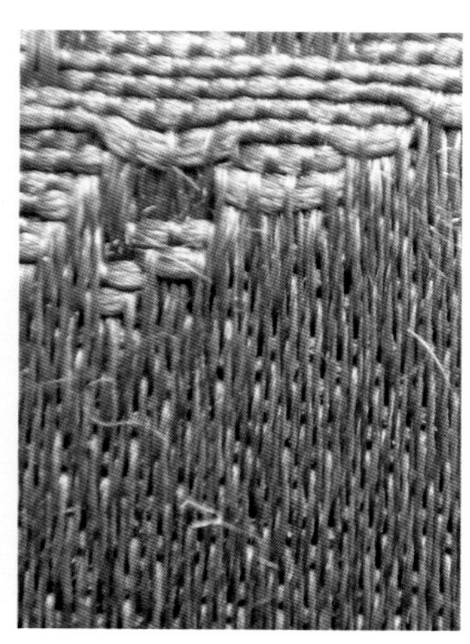

（c）局部放大图

图 Th017 咖啡色葫芦纹提花面料
年代：清晚期或民国初期
工艺：7 浮 1 沉 8 枚缎

（a）正面

（b）反面

（c）局部放大图

图 Th014 咖啡色福禄寿喜纹提花面料
年代：清晚期或民国初期
工艺：7 浮 1 沉 8 枚缎

（a）正面

（b）反面

（c）局部放大图

图 Th066 蓝色葫芦万代纹提花面料
年代：清晚期
工艺：6 浮 1 沉 7 枚缎

（a）正面

（b）反面

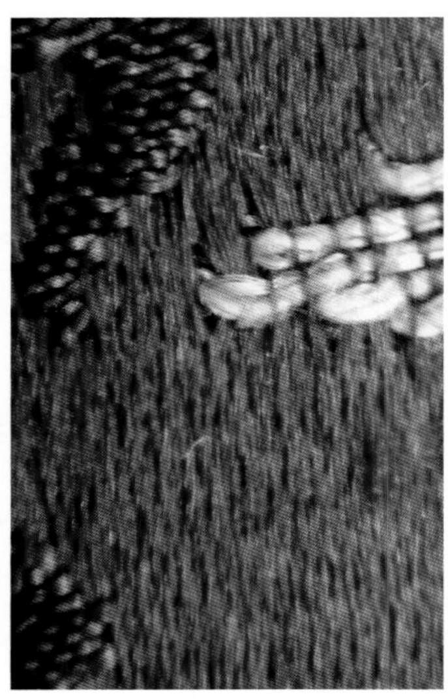

（c）局部放大图

图 Th076 紫色五福捧寿纹提花面料
年代：清晚期或民国初期

（a）正面

（b）反面

（c）局部放大图

图 Th003 紫色葫芦纹提花面料
年代：清晚期或民国初期
尺寸：长 138 厘米，宽 71 厘米

从色彩和工艺上看，图 Th076 和 Th003 所示面料的年代明显较晚，所用的染料为化学染料，经线部分为金线和丝线并行，经线比较细密，而纬线较粗。

清晚期，这种葫芦寿字纹样很多。由五个葫芦组成一个圆团的五湖四海纹有广大、深远之意，通过织物反面可以清楚地看出，团花中间的金线寿字为重纬组织，通过回纬或者抛梭而形成，也就是采用了中途介入的妆花工艺。

六、福寿纹

在纹样的使用上，明代使用最多的纹样应属莲花，第二是宝相花；清代使用最多的纹样，第一应为牡丹花，第二是蝙蝠纹，第三是葫芦纹。这里所说的福寿纹就是蝙蝠和寿字纹样。蝙蝠纹样在织绣品中应用始于17世纪中叶至下半叶，但到18世纪初才比较普遍地应用，开始作为局部衬托使用，由于具有广泛的祝福含义，到清代中晚期，蝙蝠的吉祥寓意越来越丰富，应用的领域和数量逐渐增多。

祈求长寿自古以来都是人类追求的话题。自古至今，修炼法术、炼丹术的人物层出不穷。人们总希望能够寻找出长生不老的方法。代表生存时间的寿字是使用领域最多、时间最长的文字之一。到了明清时期，太多失败的经验已经使很多人的观点有所转变，逐渐由修炼转为祝福。

从历代织绣品中的纹样看，17世纪下半叶，寿字使用很普遍，寿字的写法也非常多，所谓的“百寿”是指一百个寿字采用一百种写法。之后从未间断，但使用范围和数量有所减少。到民国时期，又有所增加。

（a）正面

（b）反面

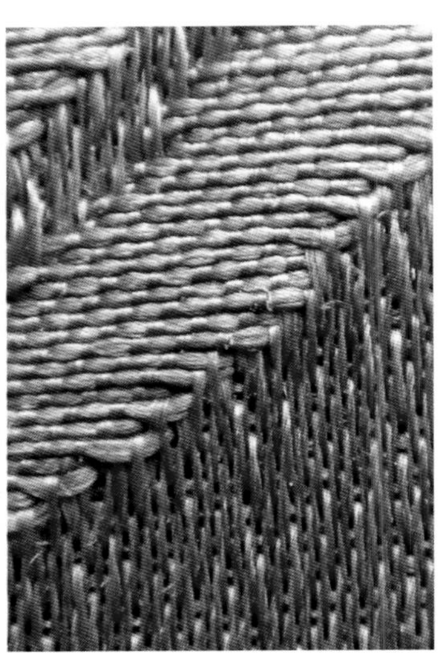

（c）局部放大图

图 Th010 棕色缎地五福捧寿纹妆金提花面料
年代：清中期
尺寸：长 148 厘米，宽 68 厘米

仔细观察，清早期的蝙蝠有胡须，大约乾隆以后胡须逐渐消失。五只蝙蝠围绕寿字或桃子，人们习惯地称呼为“五福捧寿”或“多福多寿”。蝙蝠之“蝠”与“福”字同音，“寿”字代表长寿，是民间广为流传的一种传统吉祥图案。

五福“一曰寿，二曰富，三曰康宁，四曰攸好德，五曰考纹命”，“攸好德”是“所好者德也”的意思，“考纹命”是有善终。

（a）正面

（b）反面

图 Th030 香黄色万福捧寿纹提花面料
年代：清中晚期

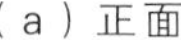

（a）正面

（b）反面

图 Th084 黄色八宝五福捧寿纹提花面料
年代：清中晚期

七、八达晕

几何纹以多边形连接而成，业内多称为八达晕、四达晕、天华锦等，主要为多边形循环组成的纹样，边角之间的连接方式、形状大小，以及主体纹样的变化很多。因为视觉上没有方向感，纹样排列规律密集，大部分用于装裱书画、制作锦盒等装饰类物品，色彩比较文雅。

这种纹样大部分由多层织锦工艺而形成，由于经纬线的沉浮频率较高，适合采用通梭工艺，背面无抛梭，更适合装裱。和一般的提花织物比较，工艺复杂很多，更耗费工时，成本较高。

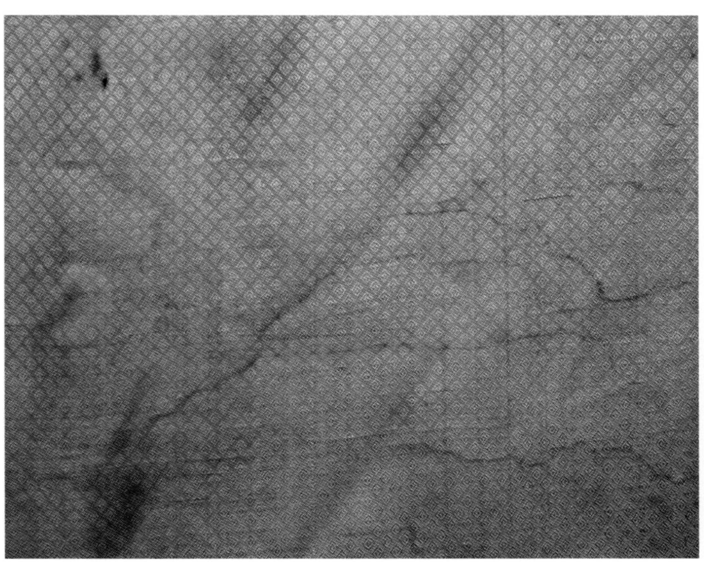

（a）正面

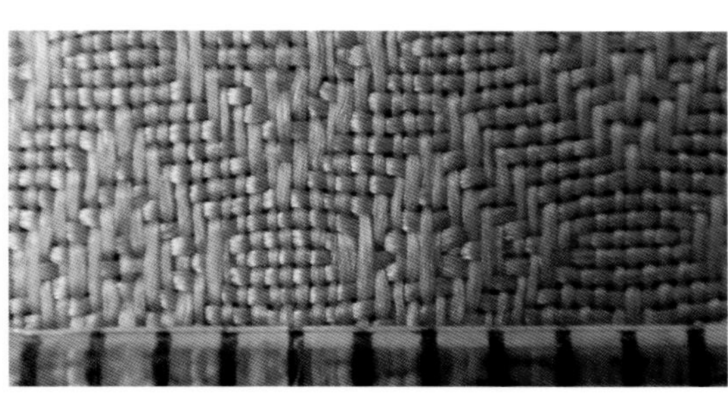

（b）局部放大分析图

图 Th094 提花面料组织分析图
年代：明代
工艺：经线每厘米 44 根，纬线每厘米 35 根

这种菱形纹样的年代较早，从史料上看，从宋元时期到清初期，都有流行，如《中国织绣服饰全集》第 228 页刊载的“青地菱形花纹织金锦”，工艺上和此面料接近。明代的菱形纹较多见，到清代基本消失。

（a）正面

（b）反面

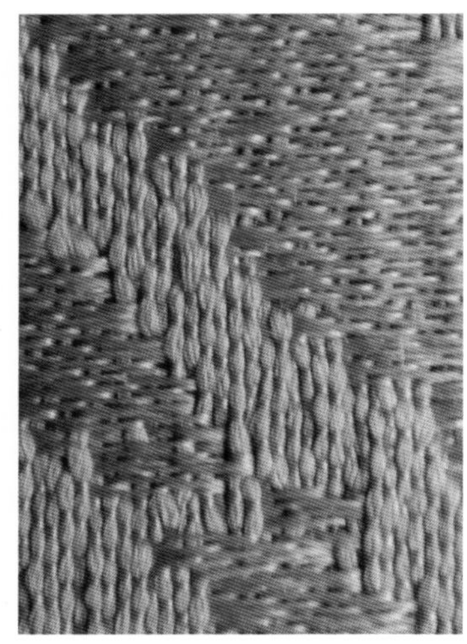
（c）局部放大图

图 Th111 香黄色提花面料
年代：清中期

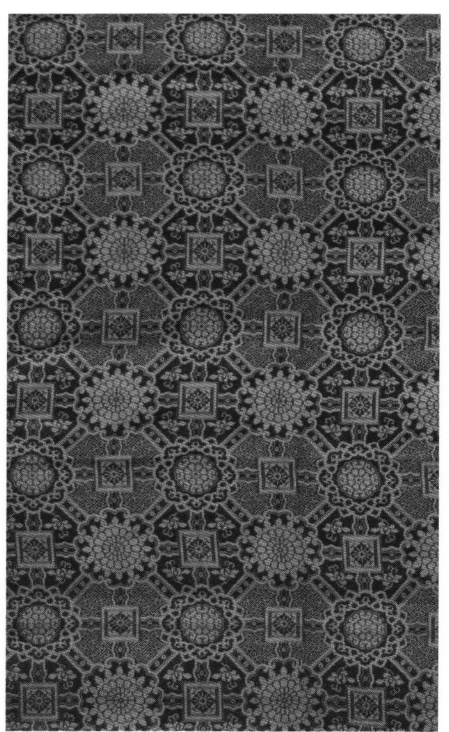
（a）正面

（b）反面

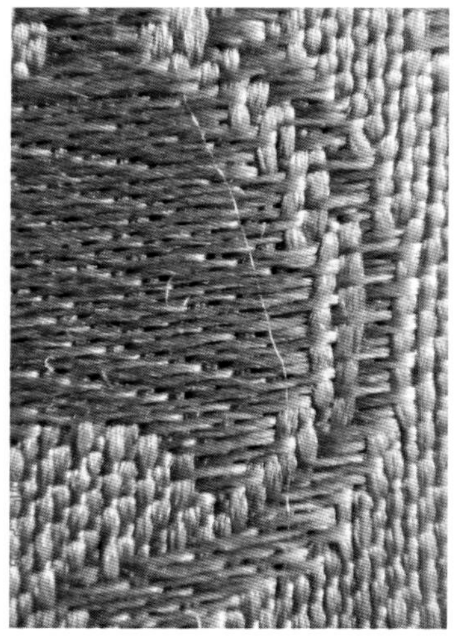
（c）局部放大图

图 Th048 紫红色八达晕提花面料
年代：清末民国

（a）正面

（b）反面

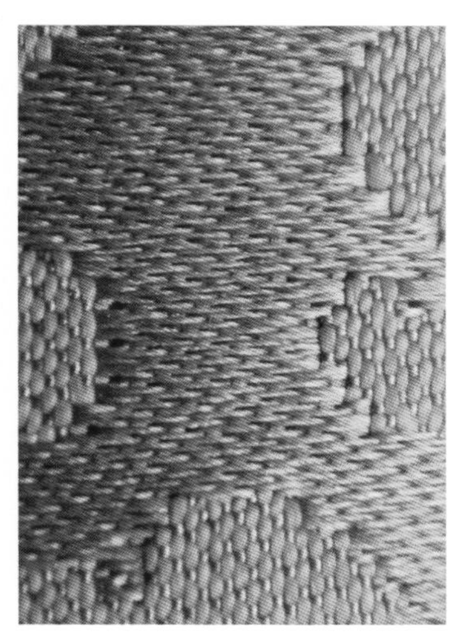

（c）局部放大图

图 Th120 香黄色八达晕提花面料
年代：清末民国

（a）正面

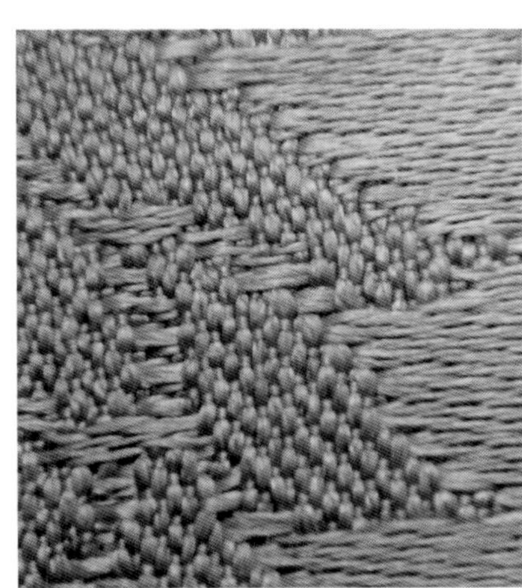

（b）反面

图 Th081 蓝色八达晕提花面料
年代：清末民国

八、万字纹

万字纹用于织绣品应始于清朝初期。开始是“卍”字单独应用，往往是多或广的意思，如龙袍的海水江崖上面有“卍”字，意为万水千山。随着“卍”字纹样的吉祥含义越来越深奥，逐渐把多个“卍”字连在一起，即所谓的万字不到头，意为更多更广。

万字纹是中国传统文化中具有吉祥意义的几何图案。万字不到头，又称为万字不断、万字锦等。万字不到头利用多个“卐”字联合而成，是一种四方连续图案，其中“万”字寓意吉祥，“不到头”寓意连绵不断。因此，万字不到头的意思为吉祥连绵不断、万寿无疆等。

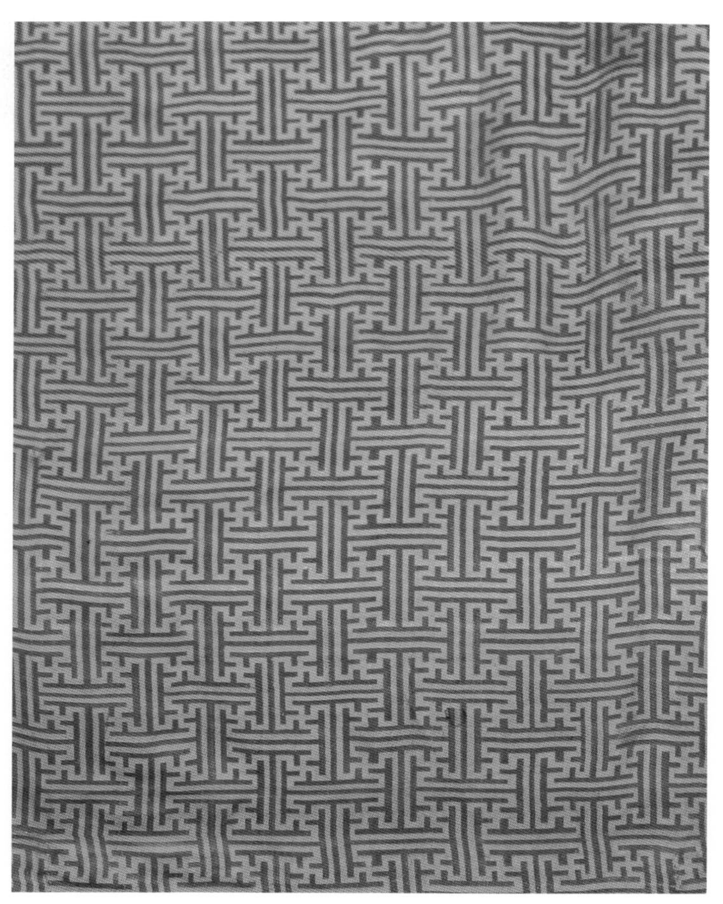

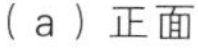

（a）正面

（b）反面

图 Th113 黄色万字纹提花面料

年代：清晚期

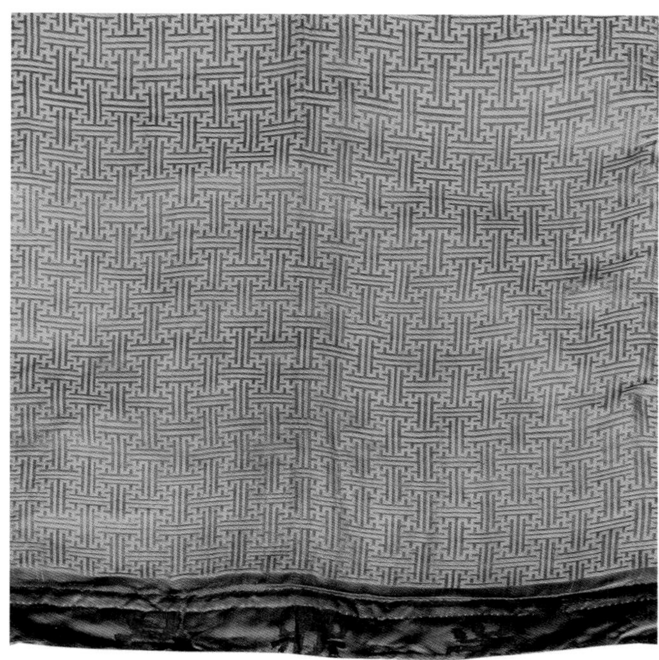

（a）正面

（b）机头

（c）局部放大图

图 Th116 黄色万字纹提花面料
年代：清晚期

万字不到头纹样的组织循环较小，图案变化规律性强，工艺相对简单，但应用范围较小，多为面料，根据传世的实物，多用于高档物品的包装，藏传寺庙中的袈裟等也常用这种面料。

（a）正面

（b）反面

（c）局部放大图

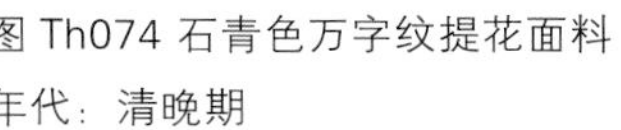

图 Th074 石青色万字纹提花面料
年代：清晚期

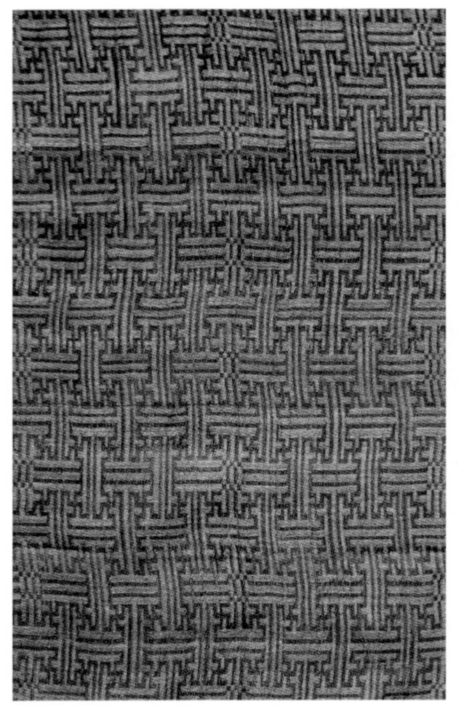

（a）正面

（b）反面

（c）局部放大图

图 Th046 蓝色万字纹提花面料
年代：清中期

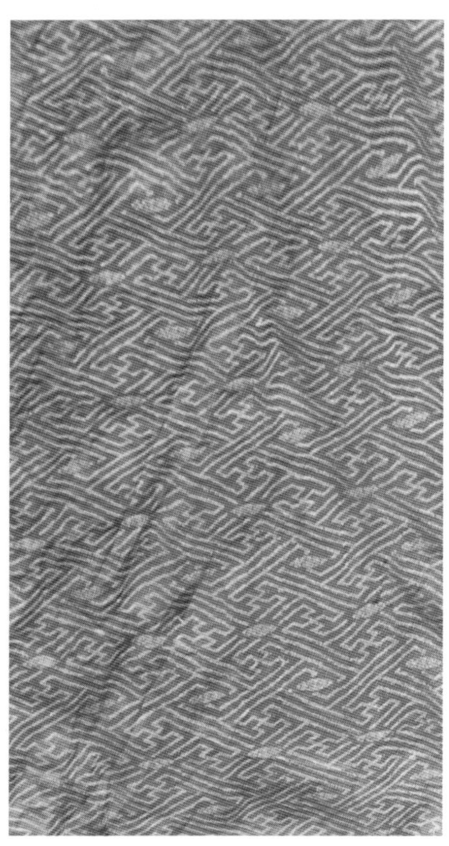

（a）正面

（b）局部放大图

图 Th086 黄色万字纹提花面料
年代：清中晚期

九、边饰

由于针线和织机的局限性，古代的多数织绣品只用于服装的花边。花边能使服装更加华丽，更重要的是突出服装的轮廓线条。所以几千年来，花边的应用经久不衰，从古到今，始终在使用。就整体而言，宋代以前，花边多数比较宽（约6~8厘米）；元明时期，花边的使用比较少，多数作为领、袖部分的点缀；清代时，花边的应用呈现出快速发展的局面，随着纺织工艺的发展，花边的种类和使用量不断增加，由原来的一层增加到多层，工艺主要有织和绣两种。

现在传世的花边绝大部分是清代的产品。清早期的花边多使用石青色面料，图案主要是缠枝牡丹等。大约同治以后，多数花边的底色逐步转变为白色，纹样以内涵更丰富的人物故事、殿台楼阁等为题材。清晚期，宫廷服装的花边多数用蝴蝶、兰草等纹样。

作为勾勒服装轮廓的主要材料，采用提花工艺的花边，业内叫做裥杆，或叫绦子。由于使用的物品不同，裥杆的宽窄差距很大，较宽的裥杆用于服装（4~5厘米），而用于小件的裥杆（如披肩、荷包等）宽仅0.5厘米左右。

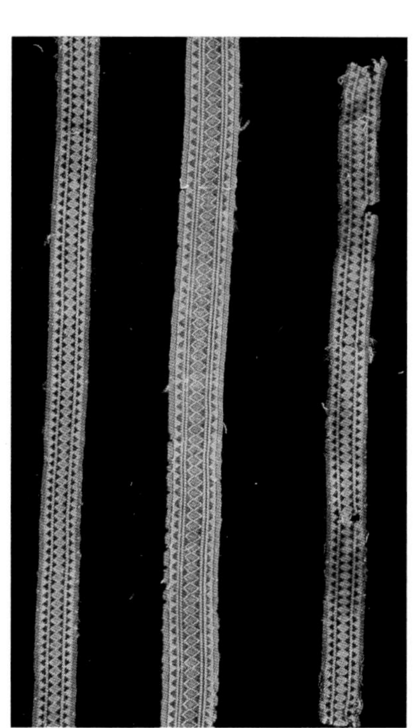

图 Th102 织锦花边
年代：汉代

图 Th103 织锦绦子
年代：南北朝

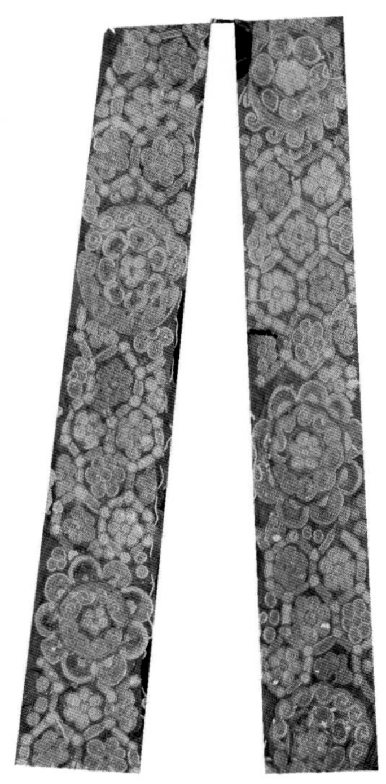

图 Th101 宝相花刺绣花边
年代：宋代

图 Th139 各种绦子
年代：清代到民国

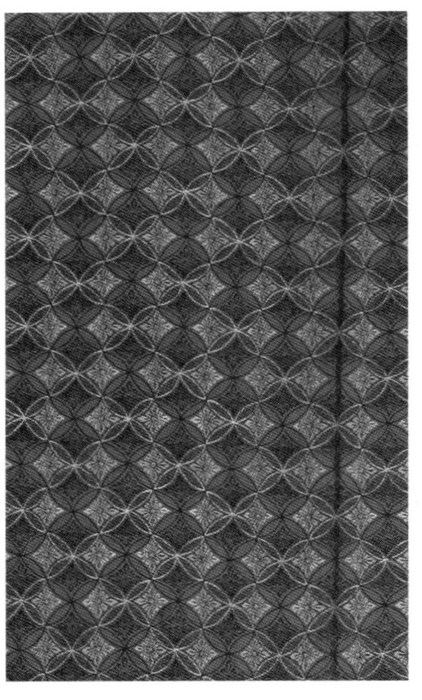

（a）正面

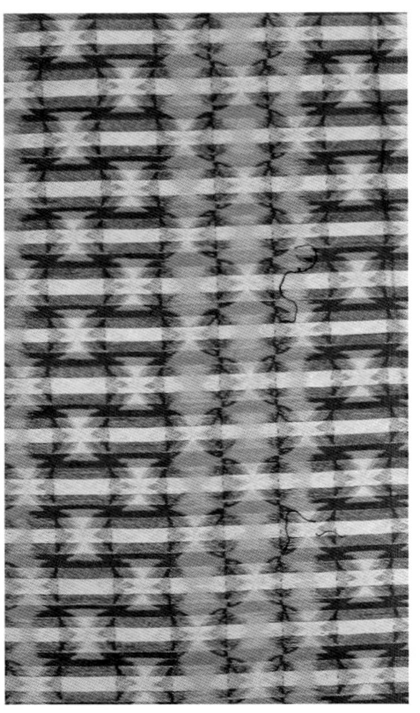

（b）局部放大图

图 Th093 提花边饰
年代：民国时期

（a）正面

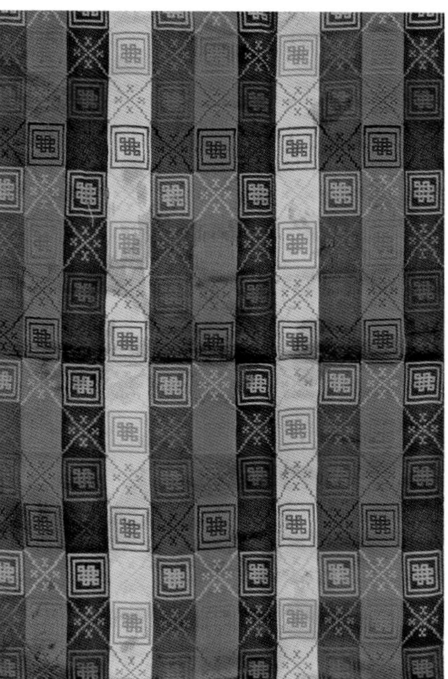

（b）反面

（c）局部放大图

图 Th088 提花边饰
年代：民国时期

图 Th085 提花边饰
年代：民国时期

大部分襕杆采用专业的织机，根据所需宽度一次织成。这种一次织多条，使用时剪开的很少，年代也较晚。

第六章 织锦

第一节 织锦的组织结构

织锦是通过彩色丝线沉浮变化而形成的多层织物。织锦的图案是用多综加多层彩色纬线通梭织成的。根据纹样需要，起花时，用综将特经（纹经）分开，彩色纬线则沉浮于织物中，花纬与经线交织显示在织物表面，利用花纬的沉浮变化形成花纹。花纬与经线交织显示纬浮点，显花部位的彩色纬线露于织物表面，不显花的彩色纬线织入织物的背面。

因为纹样的需要，实际上，彩色纬线无法有序地排列，为了避免花纬在织物背面的浮线过长，一般每隔4~5根需要有一根经线浮出，遮压背面的彩色纬线，形成经纬交织的状态。业内的术语为扣背，用于固定纬线。所以织锦产品厚薄均匀，背面比较平整，没有很长的纬浮线，这与妆花不同。

由于织锦是通梭多综织物，纹样相对复杂，纬线密度高，所以采用的纬线很细。纬线越细，每次通梭的效率越低，就越费工时。所以，织锦面料是纺织品中组织最复杂、经纬丝线重叠最多、沉浮次数最多的一种，是最耗费工时的品种，也是最昂贵的织物之一。

因为工艺的局限性，在同一个循环段最多可使用四五种颜色。为使颜色的变化更丰富，织锦采用分段换色，但在整体配色中，需要一两种颜色作为基本色彩。这样，从整体上看，色彩既有变化，也能做到整体统一。这种基本色彩的纬线，业内叫作长跑梭，分段更换的纬线叫作短跑梭。由于短跑梭有规律地变换，在同一个循环段所显示的花纹，其排列顺序和色彩完全相同，显示在织物的背面，呈现一段横向彩条。

应该说明的是，按照业内的习惯称呼，多数人把所有织有纹样的绸缎统称为织锦，但如果把不同的纺织工艺分开，织锦的名称只能单指某一种工艺。实际上，统称的方法在很多纺织领域是为了方便而采用的。当需要区分纺织工艺时，业内大部分认可这种多层交织、通纬的工艺为织锦工艺。

（a）正面

（b）反面

（c）局部放大图

图 Tm003 八达晕织锦面料
年代：明末清初

第二节 主要纹样

一、八达晕

八达晕纹样在古代织锦中已有流行，唐宋时称为八达晕锦。元代时称为八搭韵锦，近代也称为“天华锦”，也有人把八边形叫作八达晕，把四边形叫作四达晕，是织锦中数量最多、最常见的纹样。在这种工艺中，经纬丝线的沉浮复杂，大部分经线两根同时沉浮，纹样的组织循环比较小，以多边形为中心，沿边角向外连接，形成各种几何纹，并组成纹样。边框的大小、中心的纹样，都可以随心所欲地变化，所以细节上的变化也非常丰富，而整体上却有大同小异的感觉。由于纹样由各种多边形组合循环而成，视觉上没有方向性。

这种锦缎大部分图案排列密集，纹样分布均匀有序，主要用于装饰，如书画的边饰、封皮，以及各种锦盒的表皮等。在明清时期，这种物品的使用群体往往是社会的上层，具有很大的社会影响力。加上织锦工艺比较费工时，价格昂贵，在一定程度上是普通百姓敬慕的奢侈品。

根据对传世实物和相关历史资料的分析，业内一般认为八达晕纹样开始于四川的蜀锦。蜀锦在明清时期的传世品中占有一定的市场份额，特别是八达晕纹，曾经是蜀锦的主要产品之一。但由于明清时期苏州的宋式锦发展迅速，加上江南织造的政治影响，而且蜀锦一般无机头，在知名度和社会影响力方面，苏州宋锦比历史悠久的四川蜀锦大很多。因此，八达晕织物在一定程度上成为了苏州宋锦的代表作。实际上，两个地区同时都有生产。

也就是说，在织锦面料中，既有四川生产的蜀锦，也有苏州生产的宋式锦，而且八达晕纹是两个产地的共同特点，所以区分两地的产品比较困难。但在实物中，确实存在薄厚和色彩上有明显区别的两种类型：

一种的色彩反差小，整体素雅，经纬线较细，质感薄而柔软。根据一些带有机头的实物，综合分析，应属于苏州的宋式锦风格。

另外一种明显厚重硬挺，整体颜色较深，色彩反差大，业内一般称为重锦，应该属于蜀锦风格。因从未见过蜀锦的机头，并没有确凿的依据。

1. 薄软类

这类织锦的经线排列较稀疏，纬线比较细，组织结构也比较疏松，整体感觉薄而松软，纹样多数较小而零碎，反面的图案也比较清晰。这些特点更适合用于装裱书画、制作锦盒等。应该是苏州地区生产的织锦，也就是宋锦。

在很多明清织绣品中，有的纯粹以织物纹样作为名称，如八达晕、灯笼锦等；有的以色彩、组织结构等命名，这种名称和工艺、产地都没有关系，只是分辨类别的一种方式，因为比较直观，其称呼在业内比较普遍和认同。

（a）正面

（b）反面

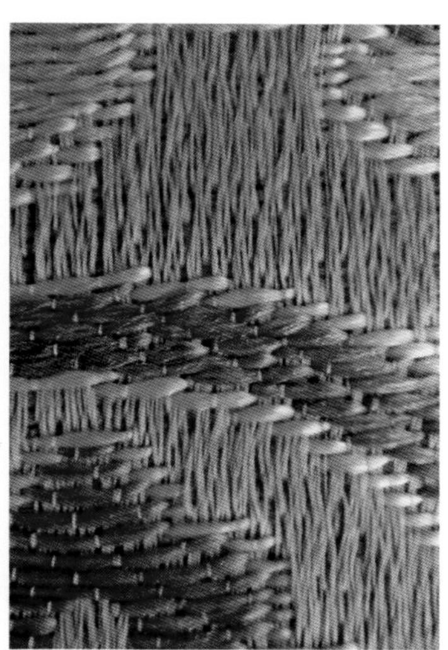

（c）局部放大图

图 Tm005 八达晕织锦面料

年代：清中期

（a）正面

（b）反面纬线通梭纹

（c）局部放大图

图 Tm006 八达晕织锦面料
年代：清早期

此织锦面料曾经制成上衣，是笔者于2000年买到的，同时买了两件龙袍和汉式衣服等其他的织绣品。那时，明清的锦缎面料几乎没有市场，处于基本上无人收购的状态，所以非常便宜。笔者那时也是无意识的，但隐隐约约感觉到有一点文化内涵，觉得这些明清时期的破衣烂衫将来也许会有用。正常情况下，往往好坏全部收下，很多卖主也愿意把货卖完，空包回家。实际上，这种操作方式深得人心。在当时，业内以这样的方式收货的人很少，也就是这种全部包圆的操作方式，在某种程度上成就了笔者。其实，主要是笔者能够感觉到其中的文化内涵，用了十几年的时间所买到的织绣品，好的、不好的，加起来堆积如山，品种和数量是常人难以想象的，但笔者从来没有丢弃过。

随着时间的推移，原来没有用的后来变得有用了，很多原来所谓的垃圾都变成了宝贝。其实，笔者在很多方面得益于这些破衣烂衫，不但获得了超高利润，同时从中学到了很多明清时期的纺织、服饰、民俗等方面的知识。

（a）正面

（b）反面纬线通梭纹

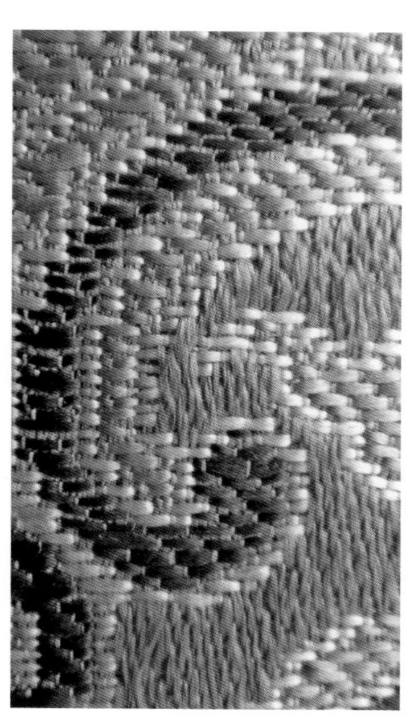

（c）局部放大图

图 Tm021 八达晕织锦面料
年代：清早期

此面料的纹样较密集细小，色彩也较淡雅。根据传世的带有机头的实物，可以认定这种风格的面料属于苏州地区的产品。

苏州生产的宋锦面料大多用于装裱字画的边饰、锦盒等，基本不能重复使用，所以宋式锦的残片很少。传世的宋锦多数保持面料状态，大部分尺寸较大。

（a）正面

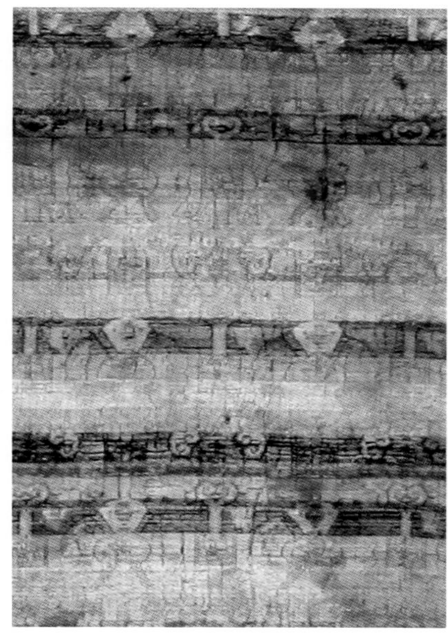

（b）反面纬线通梭纹

（c）局部放大图

图 Tm024 八达晕织锦面料
年代：清中期

（a）正面

（b）反面纬线通梭纹

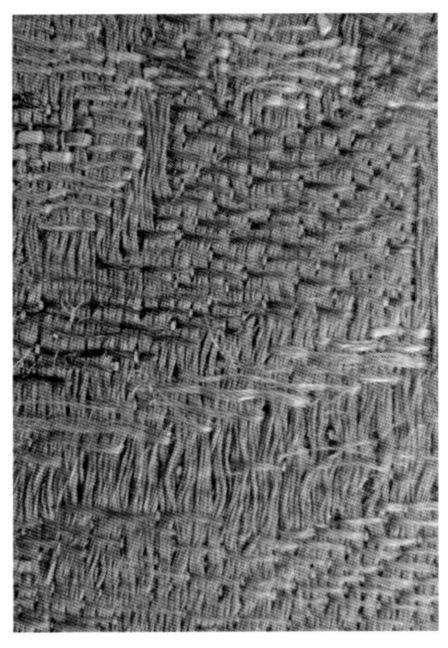

（c）局部放大图

图 Tm009 八达晕织锦面料
年代：清早期

（a）正面

（b）反面纬线通梭纹

（c）局部放大图

图 Tm025 八达晕织锦面料
年代：清中期

（a）正面

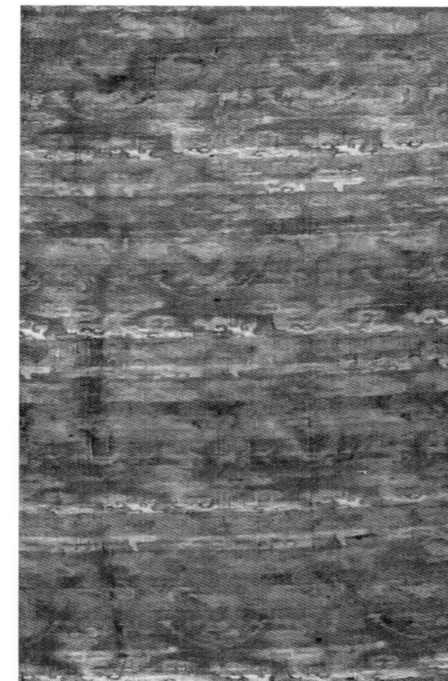

（b）反面纬线通梭纹

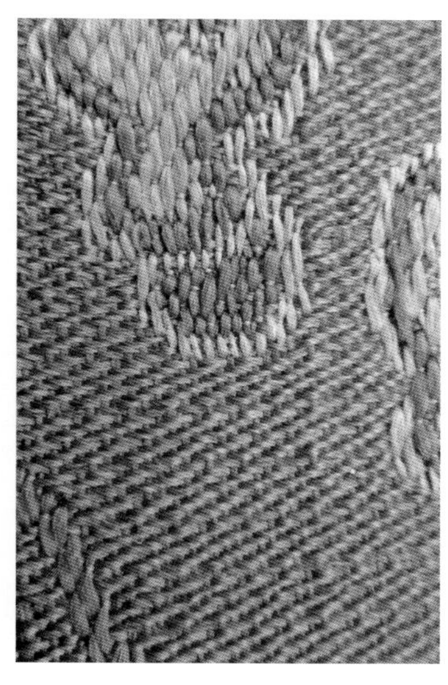

（c）局部放大图

图 Tm013　八达晕织锦面料
年代：清晚期

（a）正面

（b）反面纬线通梭纹

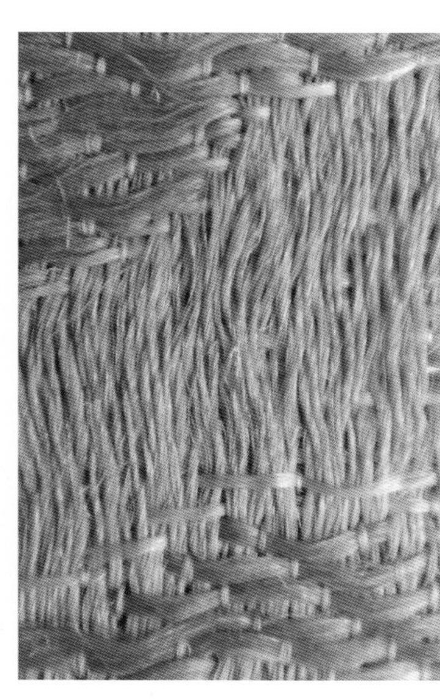

（c）局部放大图

图 Tm042　黄色云龙纹织锦面料
年代：明末清初

此面料（图Tm042）所用的丝线较细，质地薄而松软，纹样较小而密集。这些都是宋锦的特点。为了减少纹样的循环长度，多尾云纹为横向排列，尽量缩小云龙纹的距离。对面料的云龙纹、色彩和组织密度等进行分析，此面料的年代应为明末清初时期。

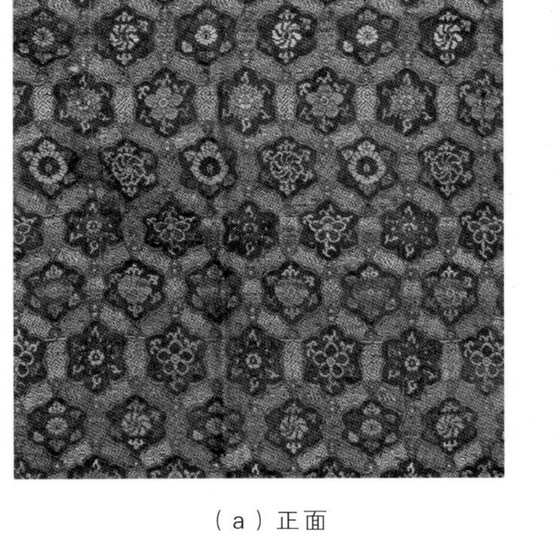

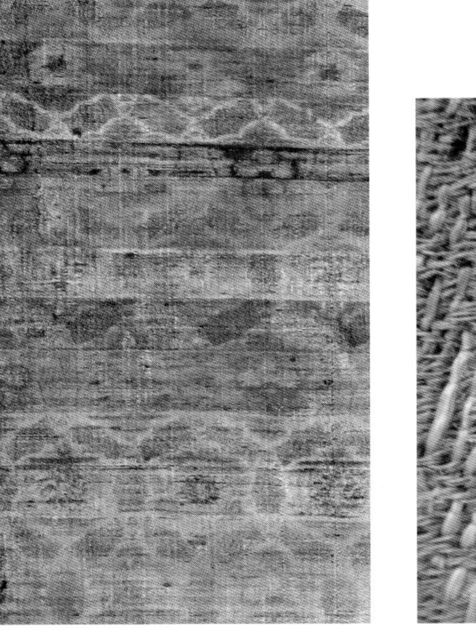

（a）正面　（b）反面纬线通梭纹　（c）局部放大图

图 Tm010　八达晕织锦面料
年代：清中晚期

（a）正面　（b）反面纬线通梭纹　（c）局部放大图

图 Tm040 八达晕织锦面料
年代：清中晚期

（a）正面

（b）反面纬线通梭纹

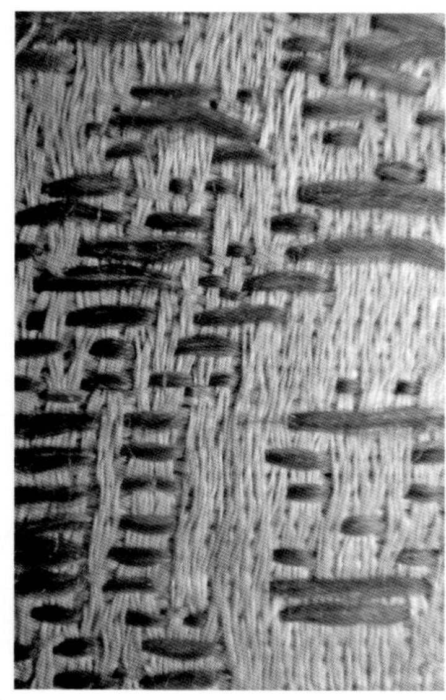

（c）局部放大图

图 Tm055 八达晕织锦面料
年代：清中晚期

（a）正面

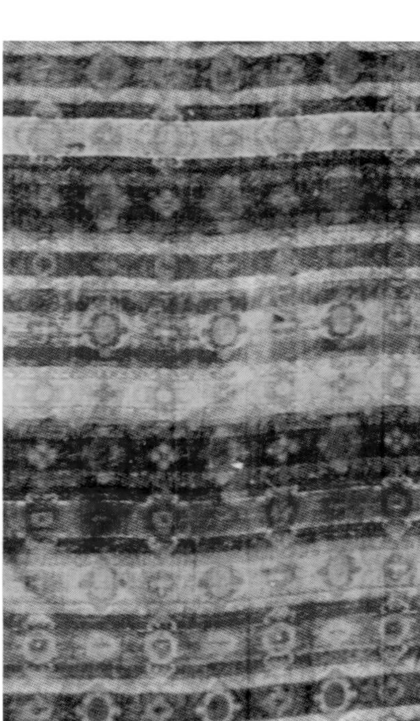

（b）反面纬线通梭纹

（c）局部放大图

图 Tm051 八达晕织锦面料
年代：清中期

图 Tm040、Tm055 和 Tm051 所示的面料质地松软，丝线较细，加捻较少，面料正面的经纬沉浮和其他织锦没有差别，反面的固结很少，没有织锦常用的固结经，有抛梭的感觉。这种反面不固结的织锦较少，是织锦中较粗糙的种类，应该产自较小的厂家。

2. 厚重类

厚重类织锦和轻薄类在工艺上没有明显差别，也通过彩纬多层沉浮而形成纹样，大部分经线为两根同时沉浮，工艺精细规范，但在厚薄和手感上有明显的差别，厚度约 1 毫米，每平方米重 400~500 克。

重锦的年代较早，经线密度高，纬线较粗，质地厚重、硬挺。此种织锦的纹样较大，颜色比较深沉，正反两面的颜色往往差距很大，如正面的主色调为黄色，而反面却以红色为主色调，反面的图案轮廓也较模糊。

这种织锦厚重、硬挺，不适合做装裱使用，更适用于悬挂的装饰物，所以除八达晕以外，还有灯笼纹锦等。传世实物中，较多见的是各种寺庙中的幡。无论是中原地区还是西藏，多数寺庙中的幡由绸缎长条组合而成，有的裁剪成长约55厘米、宽约20厘米的长形条状。根据来源于川藏地区和中原地区的实物比对，综合部分资料记载和口口相传的风格特点等，笔者认为重锦是蜀锦的风格。

（a）正面

（b）局部放大图

图 Tm054 石青色团鹤纹锦
年代：清中期
团花直径：34 厘米

图Tm054所示是很少见到的织锦面料。它的工艺精细，大团花的地采用满织金工艺，上端的圆形小红团直径约3厘米，在当时应该是皇帝龙袍独有的十二章中所用的“日”纹。所以，此块织锦面料应为宫廷用品。

（a）正面

（b）反面纬线通梭纹

（c）局部放大图

图 Tm053 八达晕织锦面料
年代：清中期

此织锦面料（图Tm053）的构图特点是纹样分布均匀，色彩变化有序，线条密集，视觉上没有方向感。每一次通梭都由三根以上的纬线，经多重、多次沉浮而形成，两根经线同时沉浮，组织比较复杂，面料也比较厚重、硬挺。

（a）正面

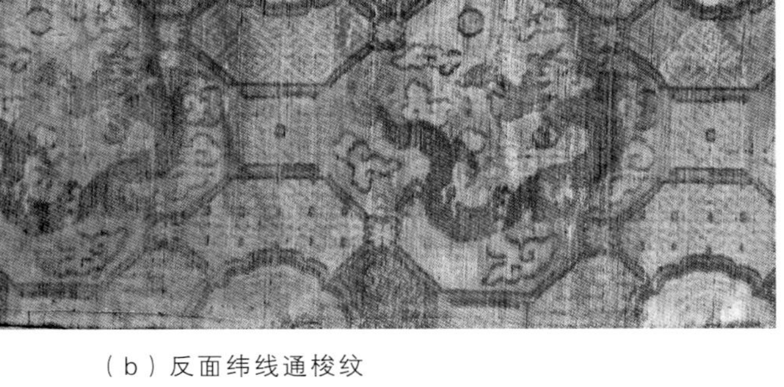

（b）反面纬线通梭纹

（c）局部放大图

图 Tm015 龙纹八达晕重锦面料
年代：清中晚期

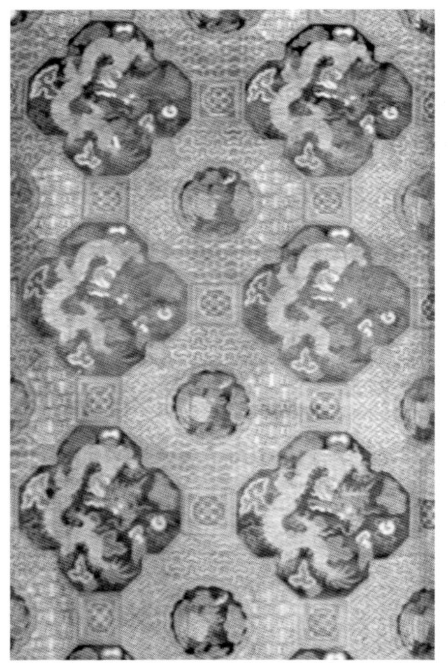

（a）正面

（b）反面纬线通梭纹

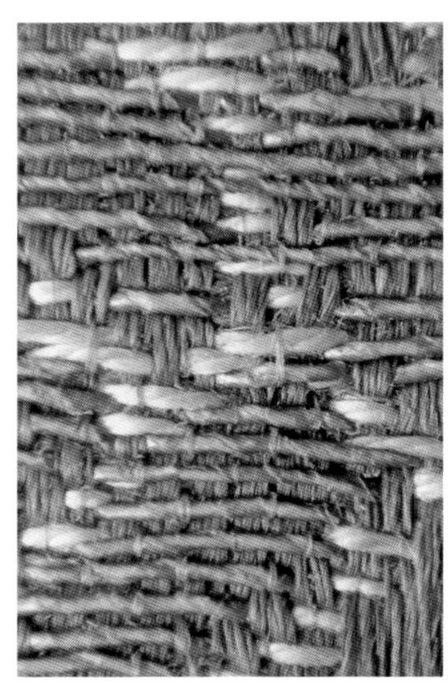

（c）局部放大图

图 Tm022 团龙纹八达晕织锦面料
年代：清晚期

龙纹重锦较少，图 Tm015 和 Tm022 所示面料的工艺、纹样、色彩等基本相同，应属于同一时期的产品。

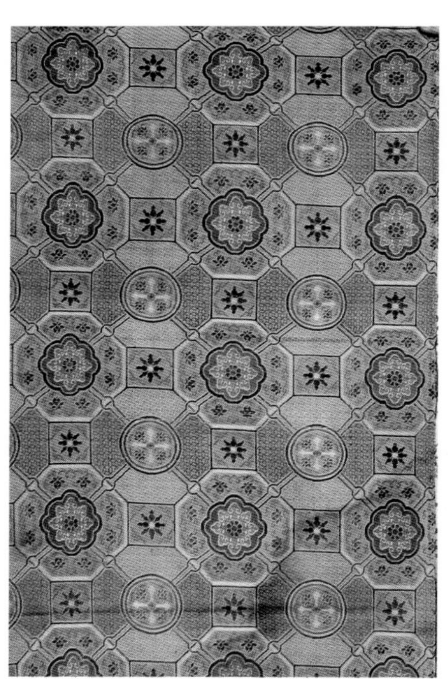

（a）正面

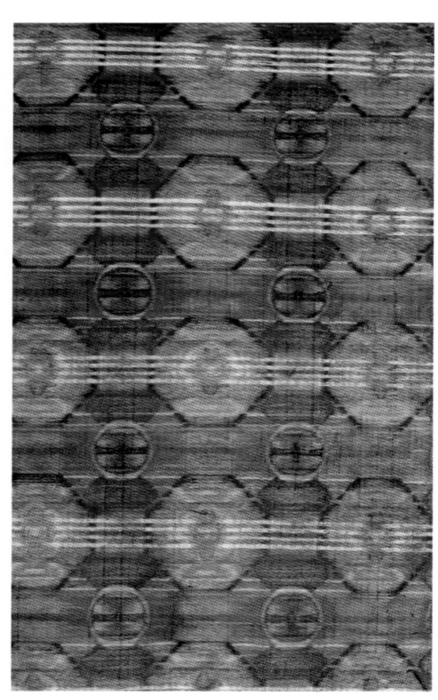

（b）反面纬线通梭纹

（c）局部放大图

图 Tm019 八达晕织锦面料
年代：清中期

（a）正面

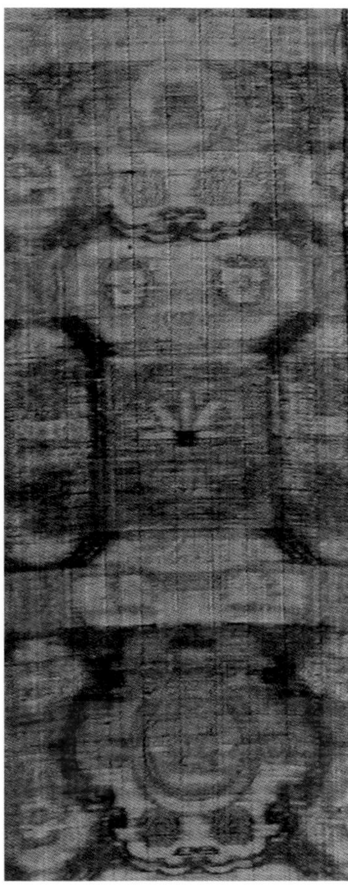

（b）反面纬线通梭纹

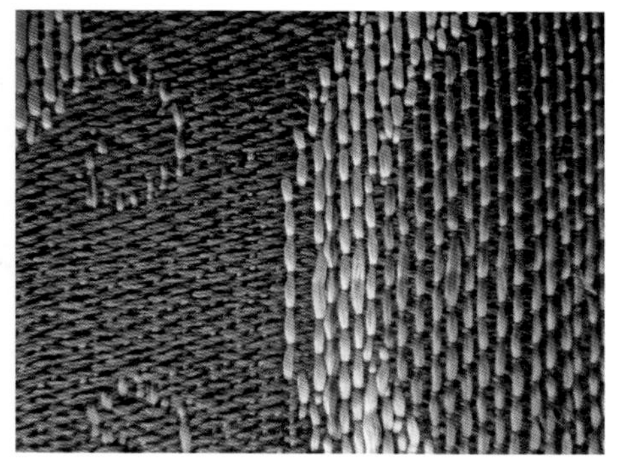

（c）局部放大图

图 Tm008 八达晕织锦面料
年代：清中晚期

在图Tm008所示的面料中，八达晕纹重锦的纹样轮廓较大，主体多边形尺寸多为12~14厘米，基本纹样大部分用具有神秘色彩的宝相花，多数裁剪成宽15~25厘米的窄条，应该是应用场合的原因，传世数量较少。

（a）正面

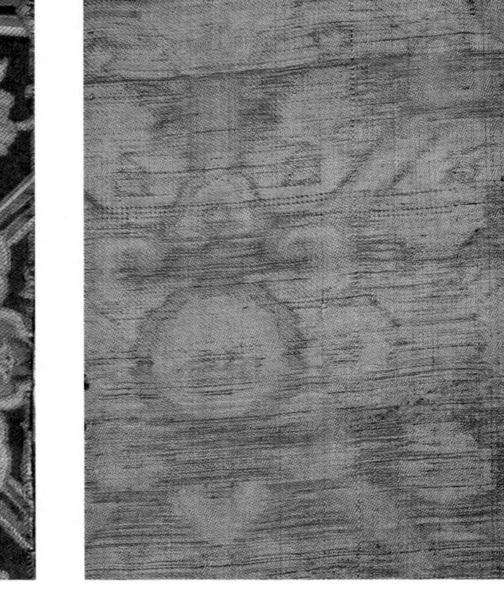

（b）反面纬线通梭纹

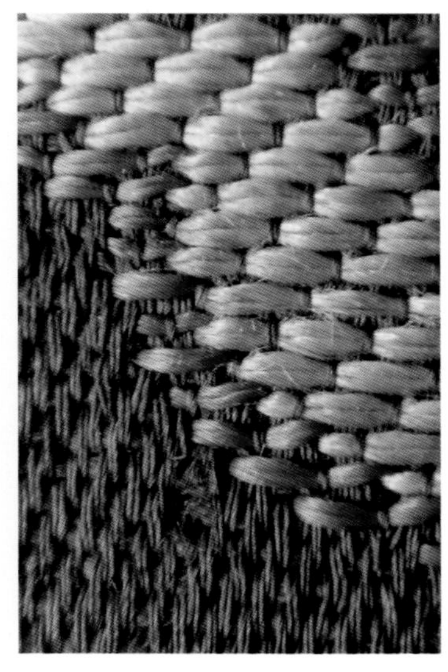

（c）局部放大图

图 Tm027 八达晕重锦面料
年代：清中期

（a）正面

（b）反面纬线通梭纹

（c）局部放大图

图 Tm 052 八达晕重锦面料
年代：清中期

（a）正面

（b）反面纬线通梭纹

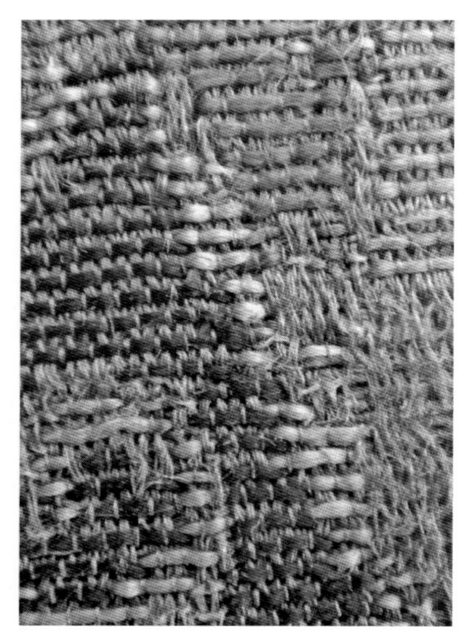

（c）局部放大图

图 Tm004 八达晕织锦面料
年代：清中期

（a）正面

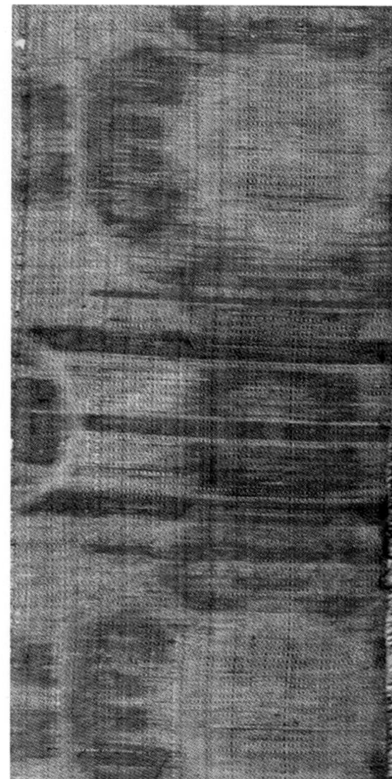

（b）反面纬线通梭纹

（c）局部放大图

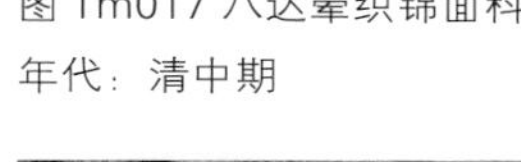

图 Tm017 八达晕织锦面料
年代：清中期

（a）正面

（b）反面纬线通梭纹

（c）局部放大图

图 Tm001 宝相花八达晕重锦面料
年代：清早期

八达晕纹样整体大同小异，基本由多边形重叠组合而成，因为多数轮廓为八角，人们习惯地称为八达晕。有时人们把四角组合叫做四达晕，但图案多于八角的也叫做八达晕。以上几块面料，有的是花卉形或多边形，但排列形式基本相同，在业内应属同一系列。

（a）正面

（b）反面纬线通梭纹

（c）局部放大图

图 Tm002 宝相花八达晕重锦面料
年代：清早期

（a）正面

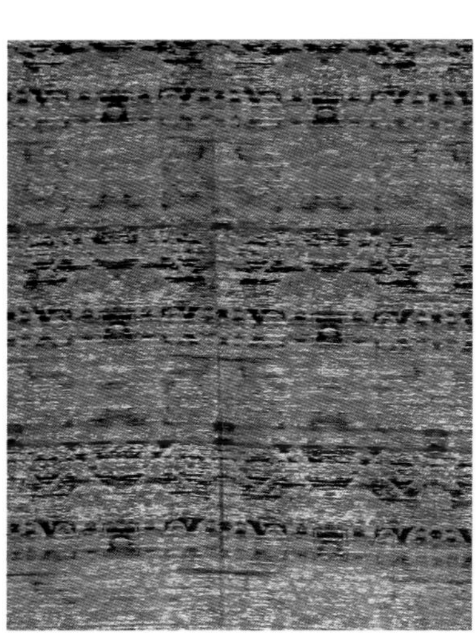

（b）反面纬线通梭纹

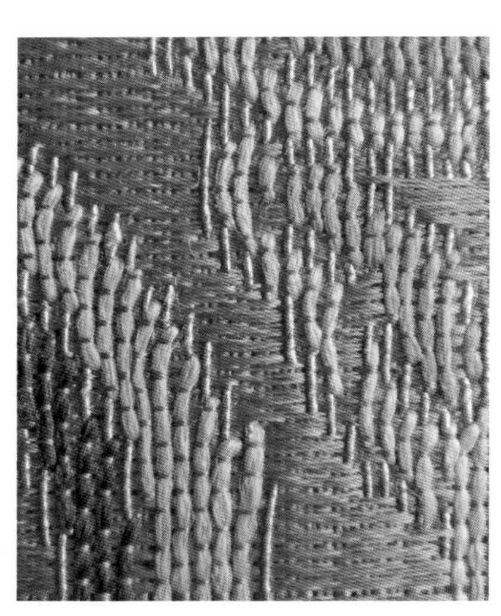

（c）局部放大图

图 Tm020 八达晕重锦面料
年代：清中晚期

这块面料是笔者在1996年第一次花钱买下的，长450厘米，幅宽72厘米，品相完好。因为面料的纬线较多地使用捻金线，整体特别硬挺、厚重，拿在手里显得很有重量。笔者购买的目的是想提炼其中的黄金，当时设想能提取几百克黄金。由于技术原因，这一愿望始终没能实现，但它却成为了笔者的重点藏品。

（a）正面

（b）反面纬线通梭纹

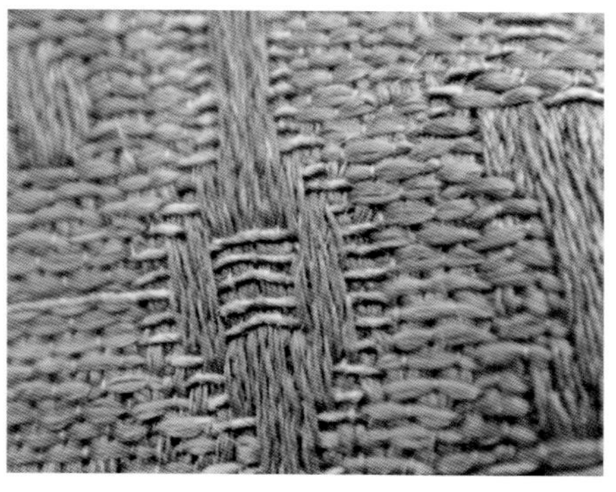

（c）局部放大图

图 Tm007 八达晕织锦面料
年代：清中期

（a）正面

（b）反面纬线通梭纹

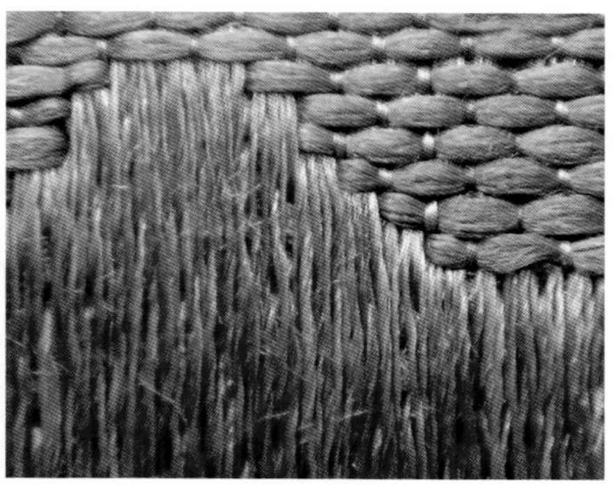

（c）局部放大图

图 Tm026 八达晕织锦面料
年代：清晚期

（a）正面

（b）局部放大图

图 Tm050 八达晕织锦面料
年代：清中期

二、灯笼纹

灯笼纹样的设计在整体视觉上喜庆而华丽，很容易使人产生张灯结彩的感觉。但是，作为面料，有太明确的方向感，则不适合制作服装和鞋帽等。所以，使用范围较小，多数用于厅堂的装饰，特别是用于各种寺庙等公共场合。由于纹样组合比较零碎，纺织工艺相对复杂。所以，灯笼纹样的流行时间较短，传世品也较少，年代多数是清乾隆时期，在清早期或晚期都很少见。

（a）正面

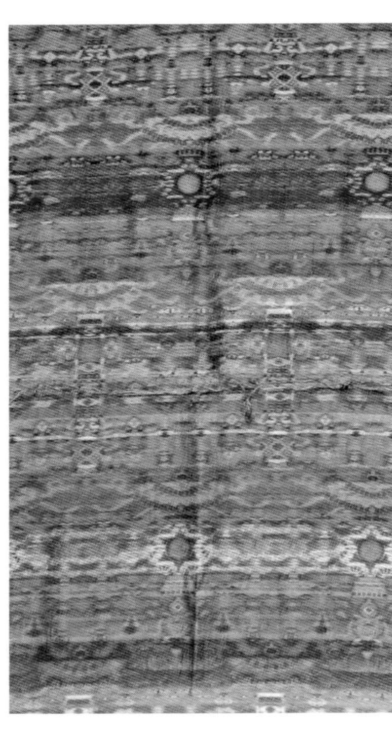

（b）反面纬线通梭纹

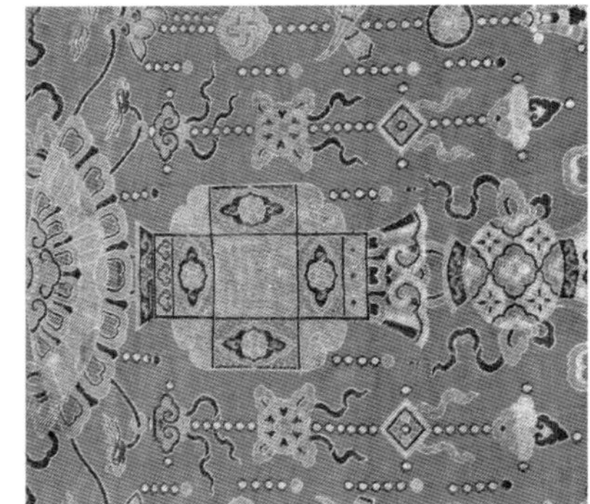

（c）局部放大图

图 Tm030 黄色灯笼纹织锦面料
年代：清早期

乾隆时期是清代织绣品的鼎盛时期，此时政治稳定，法制健全，社会环境处于国泰民安的状态。当时，黄色只有皇家和寺庙才能使用，绝对不能在一般场合使用。此面料为黄色，工艺精细，构图规范，应为宫廷用品。

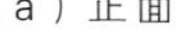

（a）正面

（b）反面纬线通梭纹

（c）局部放大图

图 Tm029 蓝色灯笼纹织锦面料
年代：清中期

此面料（图Tm029）的原物长约600厘米、幅宽81厘米，历经二三百年。这种尺寸的传世品较少，是比较珍贵的传世实物。灯笼纹样较大，构图形式和色彩搭配规范、合理，给人喜庆、吉祥的感觉。

（a）正面

（b）反面纬线通梭纹

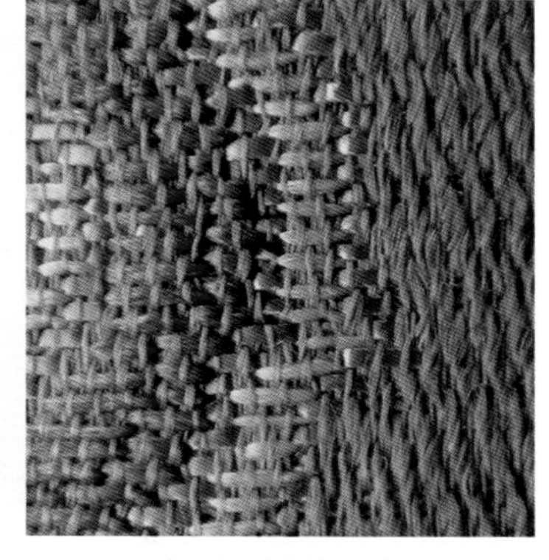

（c）局部放大图

图 Tm032 蓝色灯笼纹织锦面料
年代：清中期

图Tm030和图Tm032所示的面料来自西藏拉萨。实际上，现在传世的明清织物绝大部分来自西藏地区。这种现象的原因是多方面的，其主要原因如下：

(1) 西藏人酷爱锦缎，有收藏和赠送锦缎的风俗；

(2) 明清时期，朝廷对西藏有大量的赏赐；

(3) 清王朝被推翻以后，社会快速变革，内地大量的绸缎（包括宫廷和地方的丝绸服装）被淘汰，而将这些丝织品贩运到青藏地区则有利可图。所以，很快出现了一批古衣贩子，专门在内地购买各种丝织品，拿到西部销售。到20世纪六七十年代，很多地区都有人从事这个职业，所以每个时期都有大量的锦缎流入青藏地区。

三、其他

织锦工艺中经纬的沉浮点较多，设计复杂且很费工时，生产成本较高。一般坯料不适合使用这种工艺，面料也只适用于装饰性的物品，不适合制作服装和鞋帽等。所以，织锦的纹样比较复杂，除了几何纹样以外，其他种类和数量比较少，应用范围也小。

（a）正面

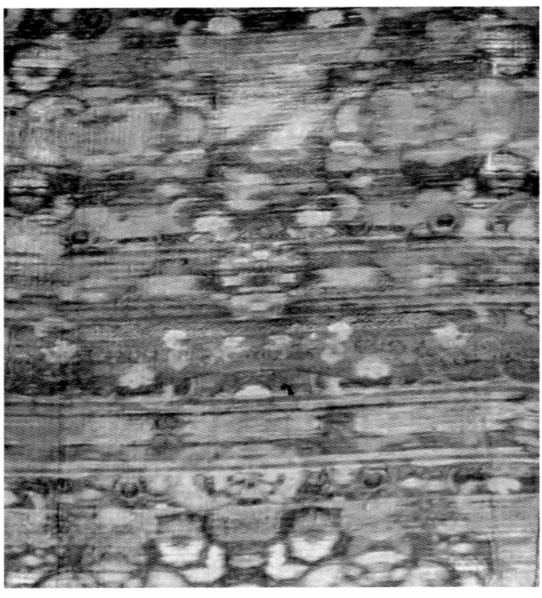

（b）反面纬线通梭纹

（c）局部放大图

图 Tm041 黄地团花纹织锦
年代：清早期

此块织锦面料的纹样和“故宫博物院藏文物珍品大系”《明清织绣》一书第56页中的“杏黄地曲水连环花卉纹宋式锦”相同。

加工纺织品时，纬线的粗细往往与工时有直接的关系，为了节省工时，多采用较粗的纬线。一般，纬线和经线的粗细差距越小，面料的纹理越精细，纹样的轮廓也越清晰，但同时增加了工时，成本较高。此块面料的图案设计、丝线使用等工艺都非常精美，色彩搭配协调高雅，是织锦面料的经典之作。

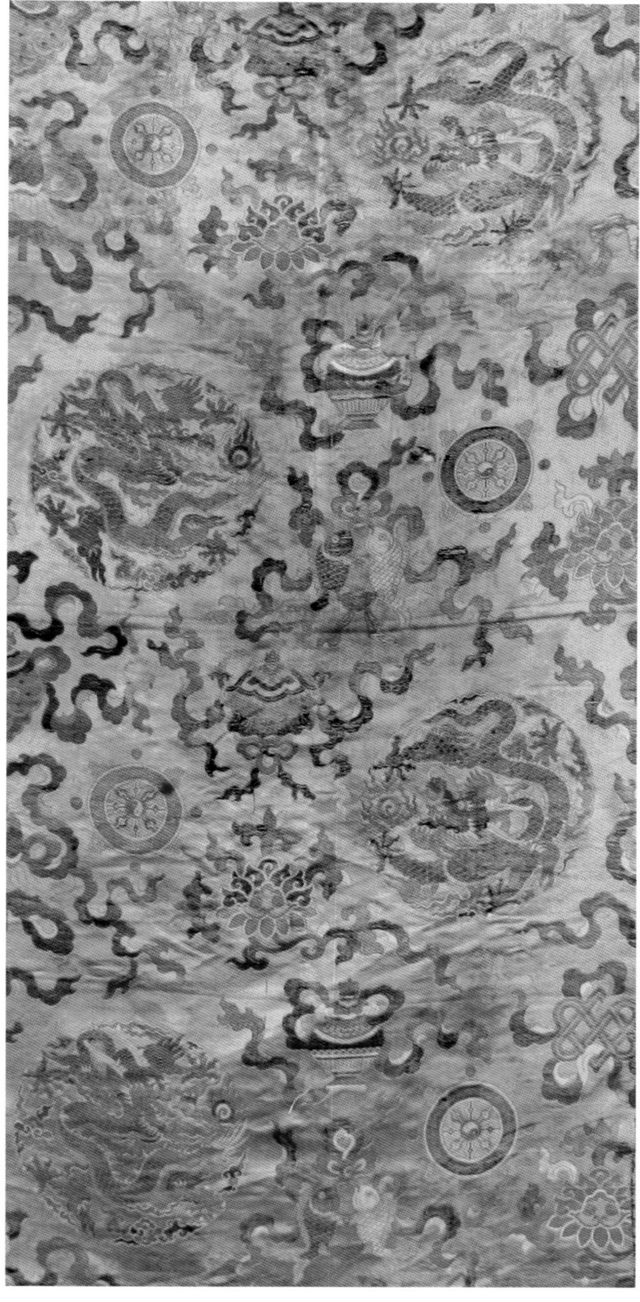

（a）正面

（b）反面纬线通梭纹

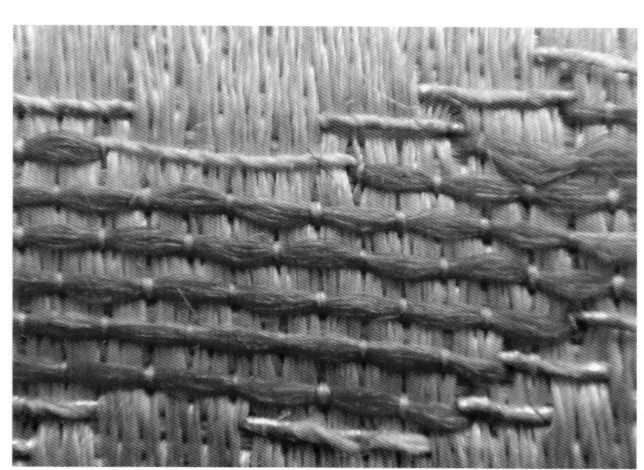

（c）局部放大图

图 Tm039 黄色团龙八宝纹面料
年代：明末清初

图Tm039所示面料中的团龙、八宝纹的图案应属明代风格，采用了比较硬挺的重锦工艺，正面地显黄色缎纹，反面显示纹样使用红、蓝颜色，正反面的颜色差异很大，这是重锦的重要特点。宋式锦的正反面颜色差异一般较小，基本属于同一色系。

（a）正面

（b）反面

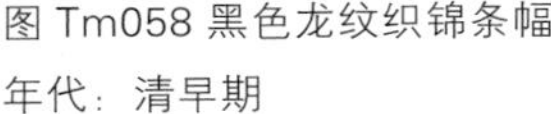

图 Tm058 黑色龙纹织锦条幅
年代：清早期

这种没有循环、整个幅面只有一个主体图案的产品一般使用妆花工艺，采用织锦工艺的很少，因为妆花工艺能比织锦节省大量的工时和成本。但是织锦为通梭工艺，与通过回纬、抛梭而形成纹样的妆花比较，面料整体更加硬挺紧密，所以有少量不惜工本的织物采用织锦工艺。

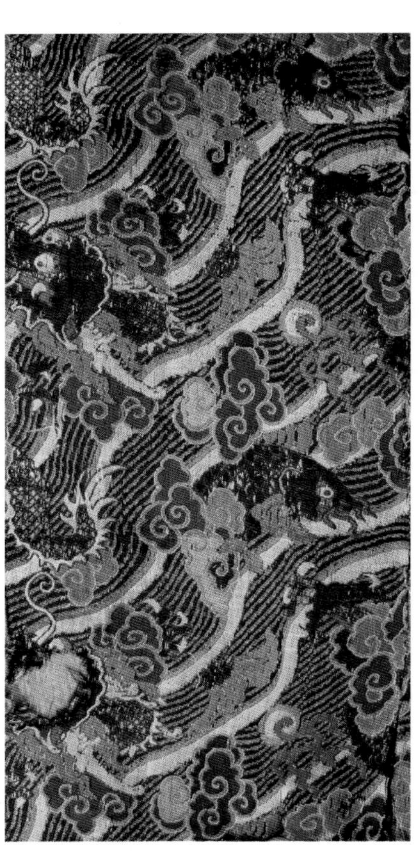

（a）正面

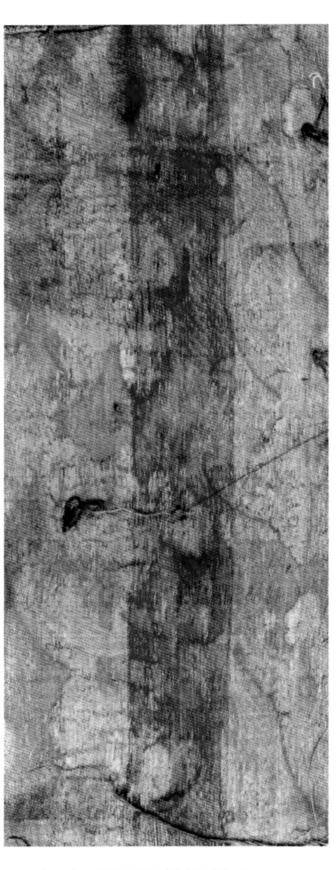

（b）反面纬线通梭纹

（c）局部放大图

图 Tm033 蓝地云龙纹织锦面料
年代：清早中期

这种纹样的面料比较少见。纹样整体由云、龙和水纹组成，业内一般叫出水龙。在纹样设计上，应该算不上成功之作。首先，纹样密集，排列角度杂乱，循环较大。这种纹样很费工时，所以制作成本较高。其次，尽管纹样吉祥博大，但缺乏层次，故显得杂乱无序。

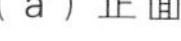

（a）正面

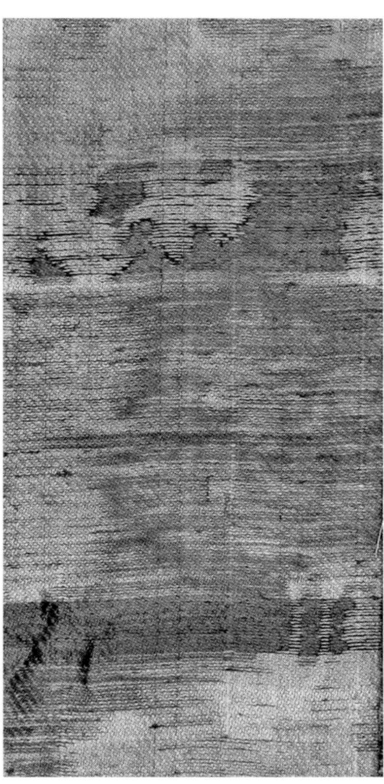

（b）反面纬线通梭纹

（c）局部放大图

图 Tm016 蓝地牡丹纹织锦面料
年代：清中晚期

（a）正面

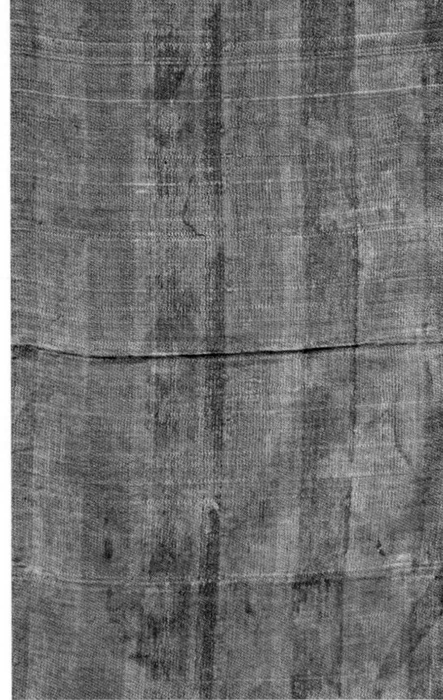

（b）反面纬线通梭纹

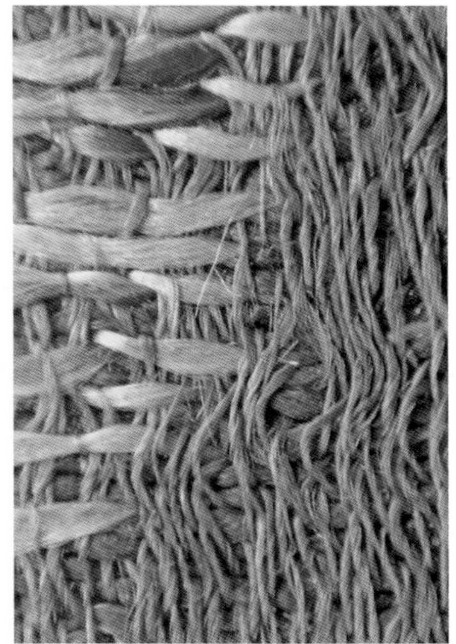

（c）局部放大图

图 Tm043 蓝色地莲花纹面料
年代：清晚期

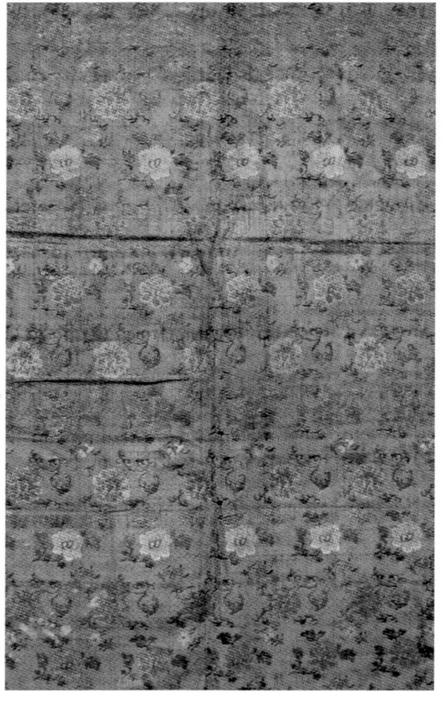

（a）正面

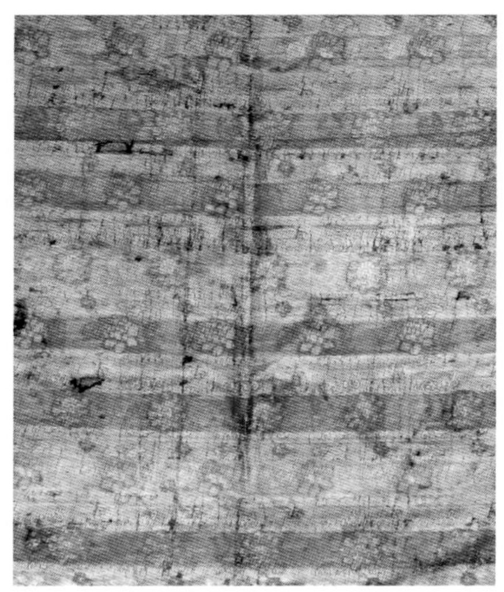

（b）反面纬线通梭纹

（c）局部放大图

图 Tm014 绿色牡丹纹织锦面料
年代：清中期

（a）正面

（b）反面纬线通梭纹

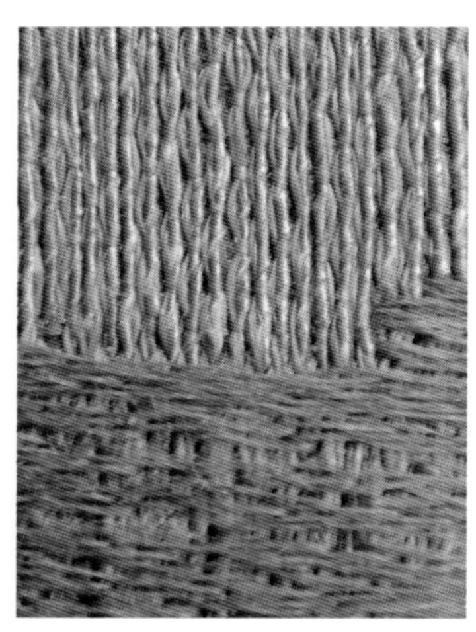

（c）局部放大图

图 Tm012 蓝色葡萄牡丹纹织锦缎面料
年代：清晚期

图Tm012中的葡萄纹样寓意五谷丰登，且葡萄枝叶蔓延，果实累累，也特别贴近人们祈盼子孙绵长、家庭兴旺的愿望；牡丹纹样则表示富贵。两种纹样都是人们喜闻乐见的题材。

由于织锦面料是多层通梭织物，与妆花或提花产品比较，纹样的形成相对复杂。织物手感比较硬挺，所以多数用作装饰性用品，用于服装的较少。

（a）正面

（b）反面纬线通梭纹

（c）局部放大图

图 Tm038 香黄色宝相花纹织锦面料
年代：清晚期

此面料的纹样设计杂乱无序，色彩运用浅淡，却没有雅的感觉，整体缺乏协调性。经纬丝线的粗细不均匀，反面的丝线基本没有固结，工艺复杂而粗糙。纺织品中，这种现象很少，应该是小规模工厂的产品，是一个不成功的设计。

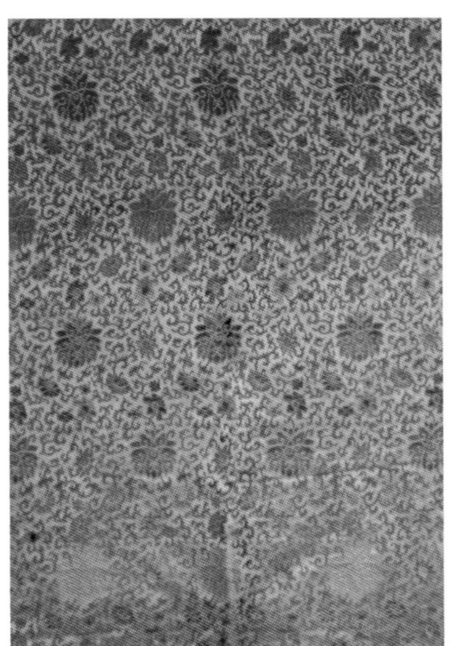

（a）正面

（b）反面纬线通梭纹

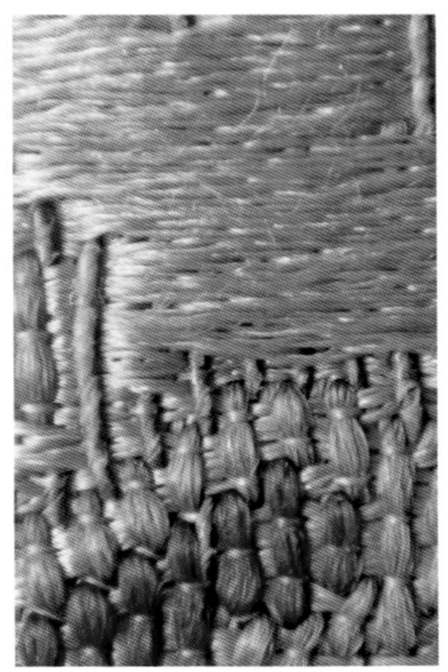

（c）局部放大图

图 Tm045 黄色地莲花纹织锦面料
年代：清晚期

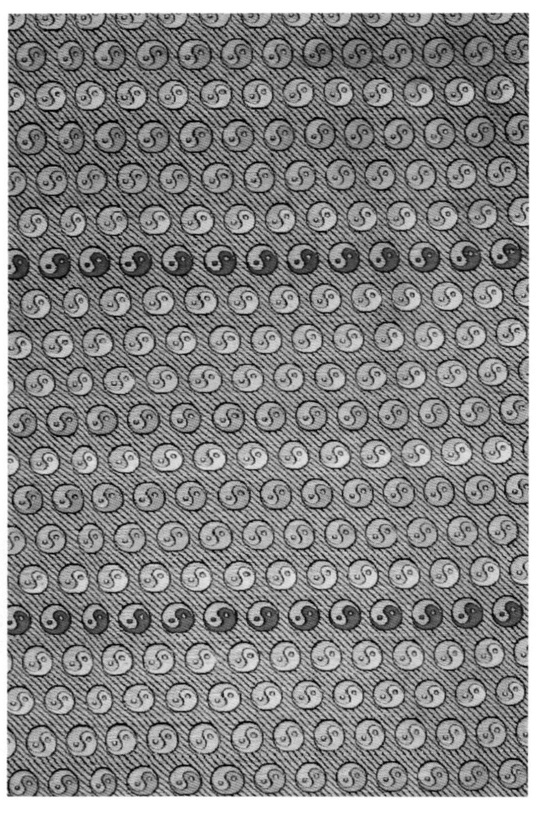

（a）正面

（b）反面纬线通梭纹

（c）局部放大图

图 Tm047 白色地阴阳鱼纹织锦面料
年代：清晚期

阴阳鱼一般叫太极图、无极图等，是道教、佛教中等常用的图案。黑白两色代表阴阳两方、天地两部，黑白两方的界限就是为了划分天地阴阳。太极纹在日常生活中的使用范围较小，在纺织品中也很少见。

（a）正面

（b）反面纬线通梭纹

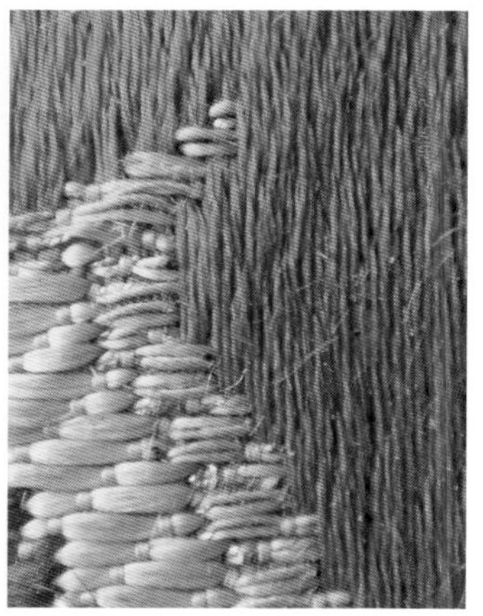

（c）局部放大图

图 Tm048 红色地莲花纹织锦面料
年代：清晚期

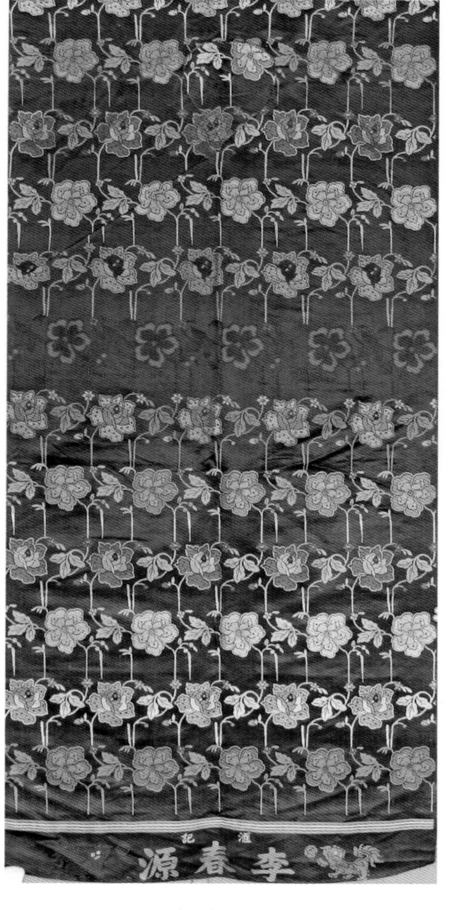

(a) 正面

(b) 反面纬线通梭纹

(c) 局部放大图

(d) 机头

图 Tm049 紫色地莲花纹织锦面料
年代：民国时期
尺寸：长 354 厘米，幅宽 71 厘米

此面料为紫色缎地，机头为“汇记　李春源”，在构图形式上和《明清织绣》第 58 页的“黄地折枝牡丹花纹锦”类似，说明这种纹样在当时的宫廷和地方都有应用。

（b）反面纬线通梭纹

（a）正面

（c）局部放大图

图 Tm018 黄色地仙鹤纹织锦面料
年代：清中期

织锦面料从染色、纹样绘制到织造，需要很多道工序，每一道工序都需要一定的专业知识。所以，对织物组织循环的熟练过程，需很多人综合在一起才能做到。因此前期的资金投入很高。上机织布后，无论哪个环节出现问题都会造成很大的损失。

（a）正面

（b）局部放大图

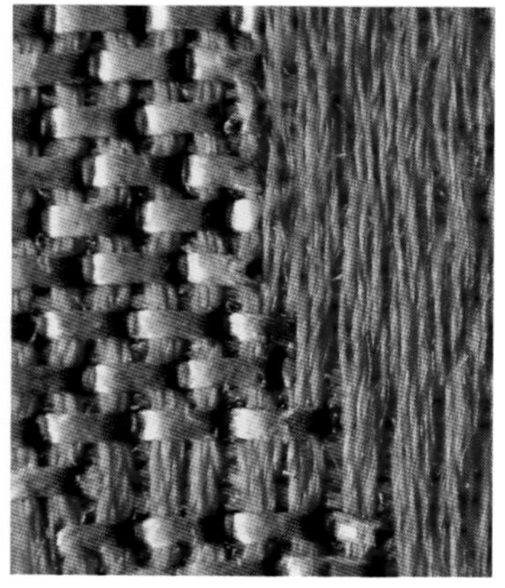

（c）局部放大图

图 Tm046 红色地龙纹织锦面料
年代：清晚期

（a）正面

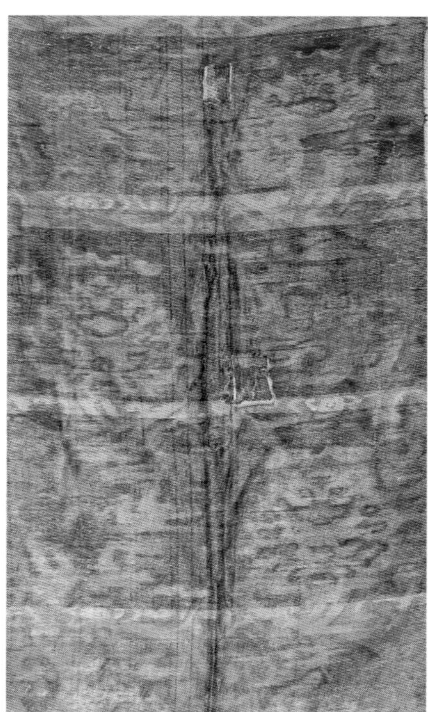

（b）反面纬线通梭纹

（c）局部放大图

图 Tm035 白色缠枝莲花纹织锦面料
年代：清晚期

（a）正面

（b）反面纬线通梭纹

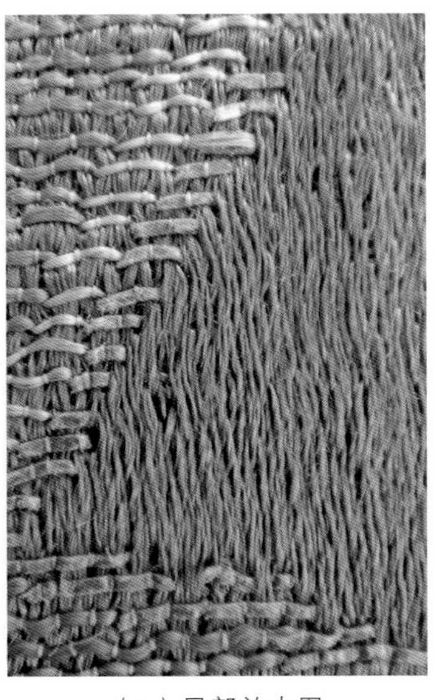

（c）局部放大图

图 Tm037 蓝色地莲花纹织锦面料
年代：清晚期

（a）正面

（b）反面纬线通梭纹

（c）局部放大图

图 Tm057 红色缠枝如意纹织锦圣旨包手面料
年代：清早期
尺寸：高 40 厘米，宽 35 厘米

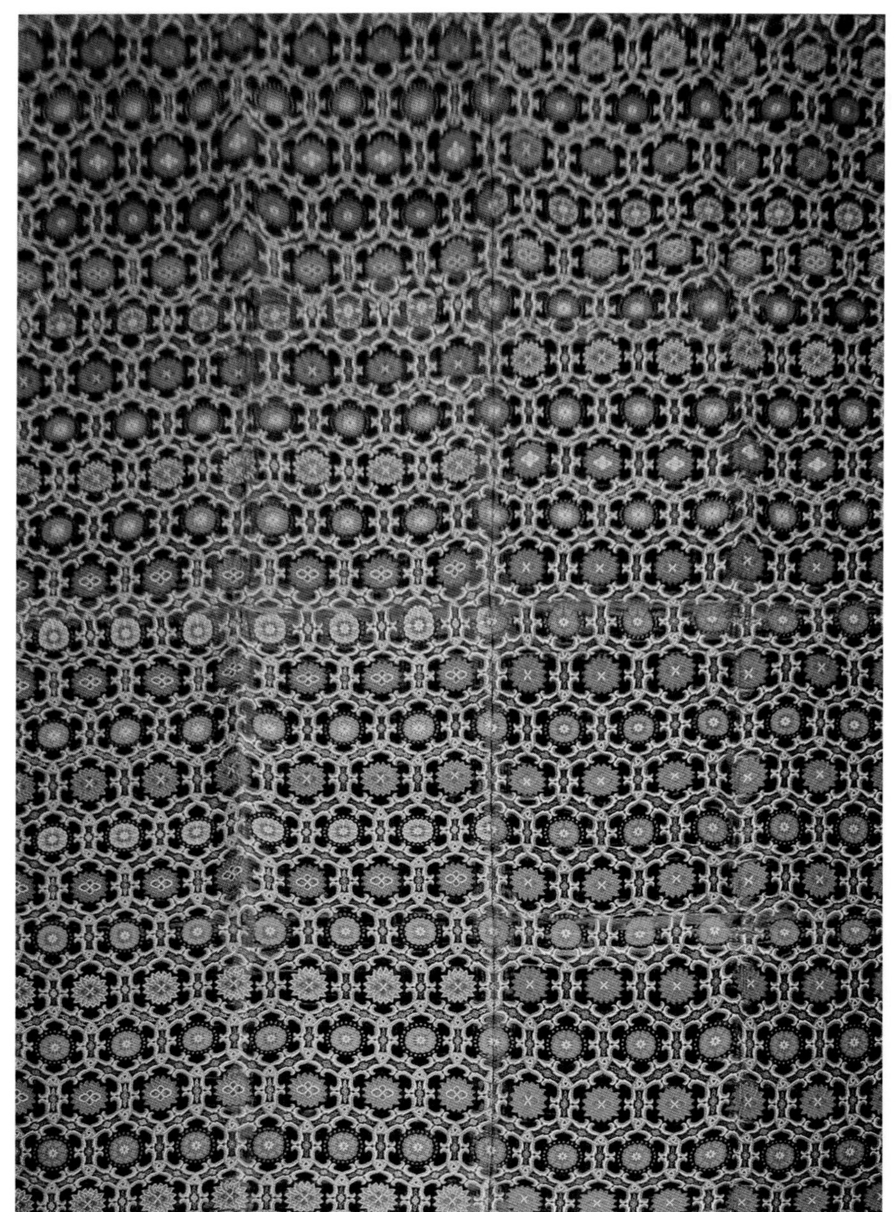

（a）正面

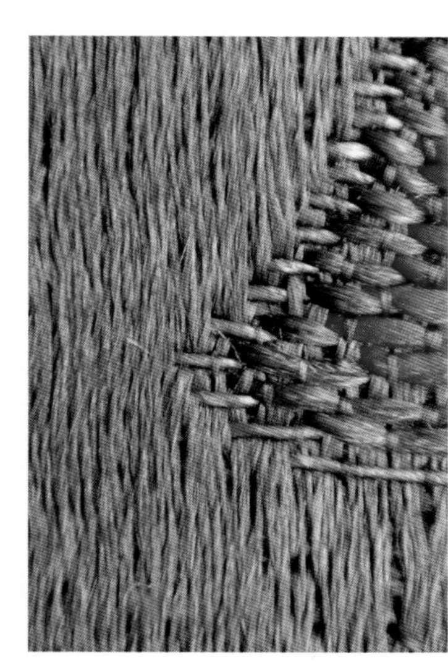

（b）局部放大图

图 Tm056 灰蓝色地织锦面料
年代：清中晚期
尺寸：高 210 厘米，宽 162 厘米

织锦面料在正面起花时，花纬与经线交织，利用花纬浮长的变化，在织物表面形成花纹。不起花时，花纬沉于织物反面。为了避免织物反面的花纬浮线过长，专设一个固结花纬的系统，可每隔 4~5 根与经线交织一次，形成的经组织点称为固结点。

第七章
金线织物

因为全金线织物的传世量较大,在工艺上、色彩上，也和其他织物有一定差别，故单列此章，在组织结构上，全织金织物为重纬组织类。实际上，明清时期的妆花、织锦等工艺，都使用金线和彩纬相结合的方法。这里所说的是全金线织物，不包括其他混合金线的织物。

从古至今，在几千年的历史长河中，金线织物是纺织品中最耀眼华丽的种类。在不失绸缎基本功能的前提下，使用光彩夺目的黄金显示纹样，绝对是很伟大的创意。无论是片金线还是捻金线织物，从金线的制作到织成布匹，都可以想见先人所付出的辛劳和聪明才智。

在纺织面料纹样中添加金线，据说在秦代时就有运用，但只是凤毛麟角。根据出土实物，以后近千年的发展比较缓慢，一直到元代，在酷爱黄金的蒙古民族统治下，各种织金工艺得到了快速的发展和普及，质量和数量都大幅度地提高。据记载，元代在弘州（今河北阳原）和大都（今北京）设有专局。朝廷的重视对织金织造技术的快速发展有极大影响，尤其是明清时流行的缎织物的产生，较长的经线跨度更便于使用较硬挺的金线。元代称织金锦为纳石矢或金搭子。

金线织物所使用的金线，分别为片金线和捻金线。根据传世的实物分析，17世纪中叶主要用片金线，17世纪下半叶开始采用片金和捻金结合的方法。由于捻金线较柔软牢固，一般捻金线用于织主体纹样，片金线用于镶边。清乾隆以后，片金线的使用减少，而捻金线的应用逐渐增多，到清代中晚期多数使用捻金线。

第一节 片金类

织金是一种用金线显示花纹的工艺。一般片金线比丝线粗，再加上黄金的光鲜亮丽，多数片金织物的纹样布局较满，也相对匀称和零碎，显得金光闪闪，十分艳丽。

织金工艺用金线（介入）显花，就是在原有基本组织的基础上，在相邻的两根纬线之间添加金线，以显示纹样。多数金线织物的经纬线粗细差距很大，因为当时的金线制作工艺有局限，纬线约为经线的3~4 倍。由于在缎组织的经纬沉浮比较方便，正面的纹纬浮点少，多数片金织物使用缎组织做地。传世实物中，织金缎最多的是5浮2沉7枚缎。

片金线的金箔黏附在纸或兽皮的表面，在一定程度上缺乏柔韧度，所以多数全金线织物为通梭产品。妆花工艺中使用金线时，同样采用中途介入、抛梭和回纬的方法。织布时将金线介入两根纬线中间，显花处，双经被夹在纹纬与地纬中间成为暗经。显花部分的片金浮于表面，每隔 5~7 根经线固结一次。

明清时期片金线的制法主要分三个步骤：

(1) 褙金：先将黄金打成极薄的金箔，用纸或动物表皮做背衬，准备好经过水湿的竹制纸（明代以前不用纸而用羊皮），刷上鱼胶，裱成双层，然后把金箔粘贴在表面。

(2) 研光：在野梨木板上，用玛瑙石对纸金箔进行研光。

(3) 切箔：根据不同的粗细要求，切割成一面贴有金箔的线。片金织物的经丝分单、双两种，单经粗 0.5 毫米左右，双经粗 0.7 毫米左右。

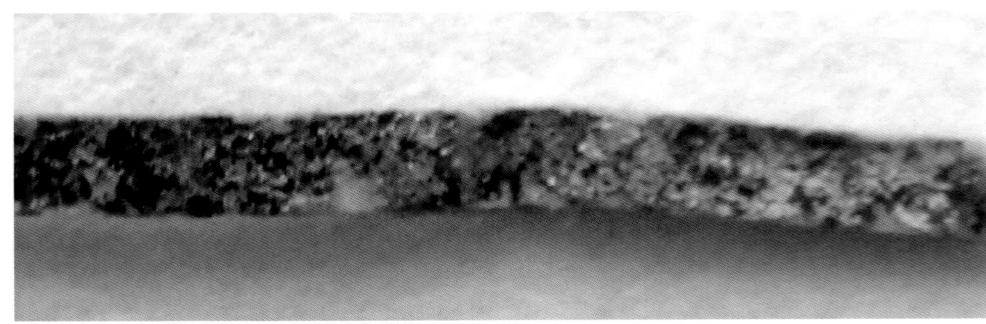

图 Ts185 明代片金线
年代：明中晚期
尺寸：宽约 0.6 毫米

图 Ts137 红缎地片金线织物
年代：清中期
尺寸：宽约 0.4 毫米

一、3 枚和 4 枚

“枚”是指每根经线跨越纬线的根数，也就是每根经线纵向沉浮的循环，其中有 3 浮 2 沉、4 浮 1 沉，都叫做 5 枚。由于纵向和横向都有排列方式的变化，枚数相同，飞数不完全相同，纵向的枚数加横向的飞数，就是面料地组织的一个完整循环。这种循环只限于地组织部分，不包括纹样部分。

由于织金织物的经纬线粗细差距大、年代普遍较早等因素，多数为 5 枚缎，其他组织较少。在笔者的藏品中，没有 7 枚以上的全织金面料。

（b）反面

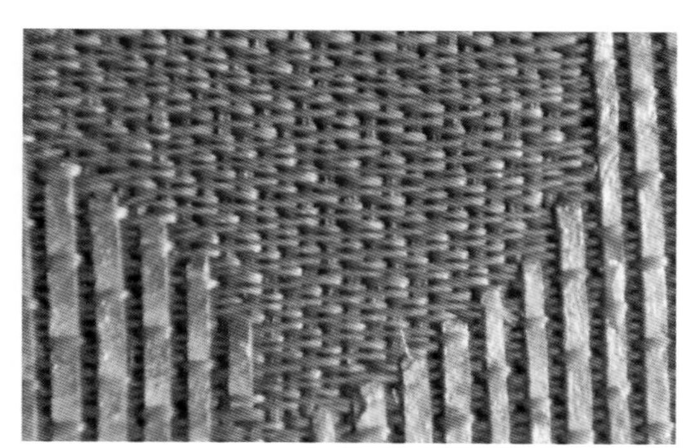

（a）正面

（c）局部放大图

图 Ts135 红绸地缠枝莲纹片金织锦
年代：明代
工艺：3 浮 1 沉 4 枚和 2 浮 1 沉 3 枚

此面料的枝杈围绕莲花一周，大小比例协调规范，是典型的17 世纪下半叶的风格。清康熙以后，枝杈围绕莲花的幅度逐步减小。道光以后，多数缠枝莲花呈现90° 弯曲的形态，莲花纹样也逐渐减少，大部分莲花换成牡丹花纹样。

纵向组织为3浮1沉4枚和2浮1沉3枚的组合，即一个4枚相邻一个3枚，横向一个组织循环为7飞，纹纬的片金角8根经线固结一次。这种组织结构一般出现在17世纪下半叶，实物的传世数量较少。

（a）正面

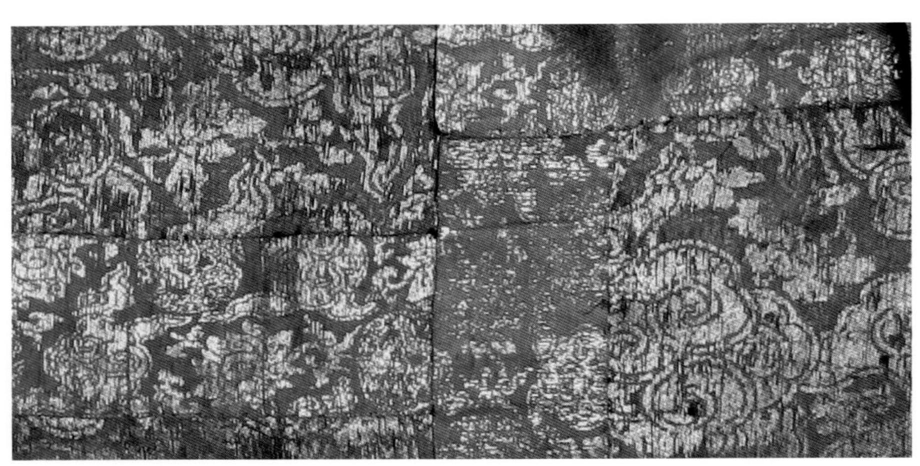

（b）反面

（c）局部放大图

图 Ts088 织金袈裟
年代：明早期
工艺：3浮2沉5枚缎
尺寸：宽185厘米，高75厘米

这是明代早期的一件袈裟，由于年代较为久远，片金的磨损比较严重，尺寸明显小于常见的袈裟。古代的袈裟在颜色上有明确的区别，年代不同，袈裟的色彩也不同。相传秦汉以前由红色改为黑色，唐朝以后流行在不同场合穿不同颜色。

袈裟披着法有通挂左右肩的“通肩”与裸露右肩、披挂左肩的“偏袒右肩”两种。对佛及师僧修供养时，偏袒右肩；外出游行或入俗舍时，通肩。

袈裟自古为佛教所尊重，具有善心、养法身、慧命之意。入道者身被此服，则烦恼折落，令贪心不起。袈裟也称离世服、功德衣、无垢衣、无相衣、无上衣、解脱服、道服、出世服、慈悲衣、忍辱衣、忍铠衣等。

二、5 枚

（a）正面

（b）反面

（c）局部放大图

图 Ts115 红绫地缠枝莲纹片金织锦

年代：明代

工艺：地经纵向为 3 浮 2 沉 5 枚，横向为 2 浮 2 沉 4 飞，片金每 6 根经线固结一次，（a）中的深色纹样部分是浮出的片金线，（b）是残片的反面，红色纹样部分是地纬（彩纬），黄白部分就是片金线的反面

因为片金线只有一个表面是金箔，而另一面是纸和兽皮等，所以金线反面呈宣纸状的黄白色。当片金线浮于表面时，反面显地纬（红色纬线）。也就是说，正面和反面的纹样颜色正好相反。

织金工艺在视觉上和两色提花近似，但在组织结构上，提花工艺是靠经纬的关系变化形成纹样的，而织金工艺需要重纬，具有基本组织，采用金线介入的方法。两种织物的纬线粗细也有明显的差别，一般提花织物的经纬线粗细差距不大，而织金工艺的纬线比经线粗很多。

（a）正面

（b）反面

（c）局部放大图

图 Ts137 红缎地缠枝莲纹片金织锦
年代：明代
工艺：地经纵向为 3 浮 2 沉 5 枚，横向为 2 浮 2 沉 4 飞，片金每 6 根经线固结一次

图Ts137中所示的织锦面料为藏族寺庙或家庭装饰顶棚使用的坯料残片，高220厘米左右，宽约180厘米。因为大部分出自明代早中期，业内常把这种大片定为永乐时期。全织金工艺精细，构图结构上，整体布局合理，轮廓宽大的缠枝莲纹明显有明代初期的风格。由于品质很高和不易损坏等因素，在西藏风格的织物中，传世物较多，但绝大部分为残片。

（a）正面

（b）反面

（c）局部放大图

图 Ts100 浅黄缎地缠枝莲纹片金织锦
年代：明代
工艺：纵向 3 浮 2 沉 5 枚缎，横向为 3 浮 2 沉 5 飞

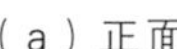

（a）正面

（b）反面

（c）局部放大图

图 Ts176 红色缎地缠枝莲纹全片金面料
年代：明代
工艺：纵向 4 浮 1 沉 5 枚缎，横向为 3 浮 2 沉 5 飞，片金每 6 根经线固结一次

此面料（图Ts176）中带有“江宁恒记汉广真金”字样的机头，说明产自南京。多数早期的缠枝莲纹采用枝杈围绕莲花的形式，除了基本没有方向性以外，组织循环也为最小，使工艺简化很多，减少了生产成本。而此面料的构图方式很少见，莲花和枝杈基本呈排列状，组织循环较大，组织结构也相对松散，使用的纬线较粗，工艺明显不够精细，视觉上也缺乏合理性，应该算不上精品。

（a）正面

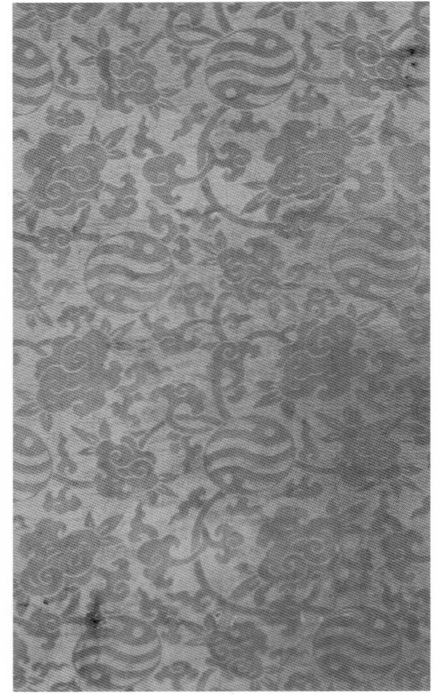

（b）反面

（c）局部放大图

图 Ts144　黄地灵芝纹片金织锦
年代：清早期
工艺：地组织为 3 浮 2 沉 5 枚缎，横向为 2 浮 2 沉 4 飞

此面料（图Ts144）为黄色地织金锦，纹样为“如意灵芝”加“太极”纹，有明显的宗教风格，应该是寺庙用品。

（a）正面

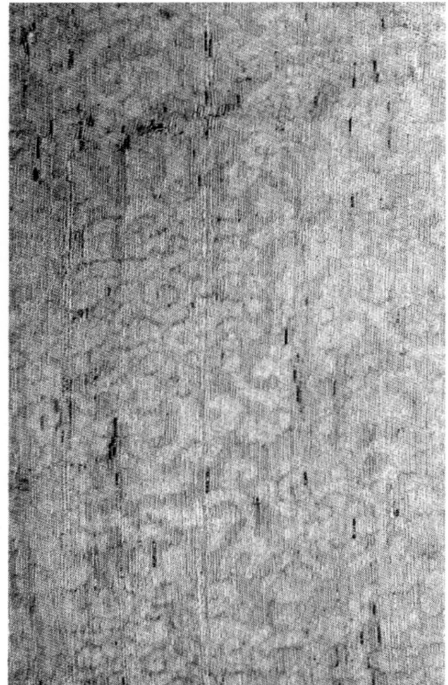

（b）反面

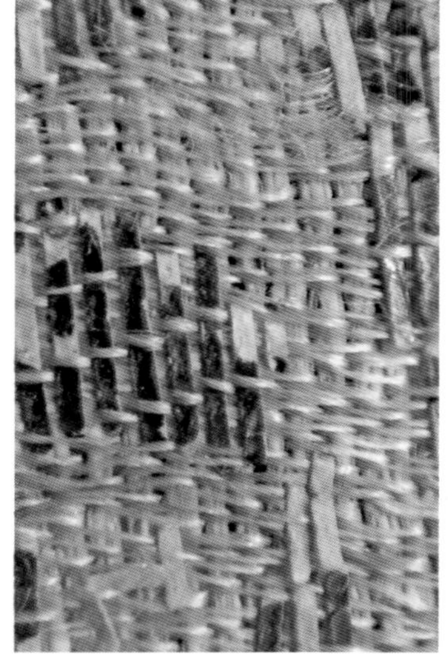

（c）局部放大图

图 Ts094　蓝地杂宝纹片金织锦
年代：清早期
工艺：3 浮 2 沉 5 枚缎

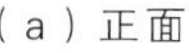

（a）正面

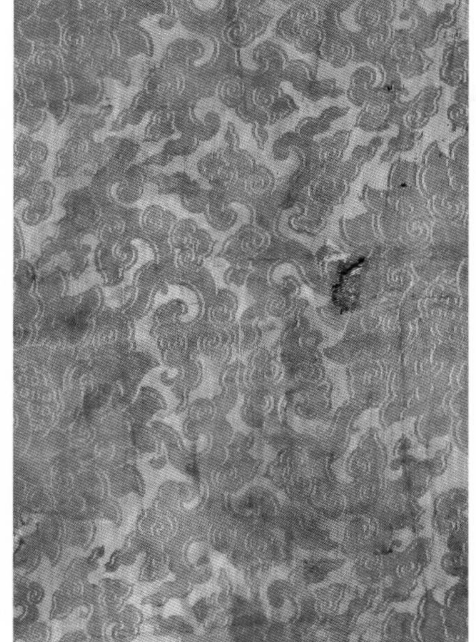

（b）反面

（c）局部放大图

图 Ts093 红地缠枝莲纹织金面料
年代：清早期
工艺：纵向 3 浮 2 沉 5 枚，横向 2 浮 2 沉 4 飞

（a）正面

（b）局部放大图

图 Ts155 香黄色凤纹全织金面料
年代：明代

这块面料最初来自北京的某知名寺庙，当时被当作破烂丢弃，被一个学者看到后收藏。后来，几经辗转成为笔者的藏品。此种凤凰纹面料，在很多书刊上见过。其中，有织金工艺的，也有妆花工艺的，年代多数为明代晚期，说明当时很流行。在当时，它的生产数量很多，使用范围也较大。

（a）正面

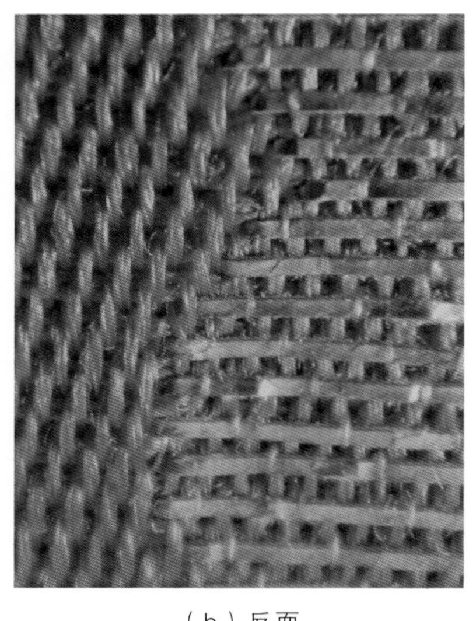

（b）反面

图 Ts164　红色缠枝莲织金面料
年代：清中晚期
工艺：2 浮 1 沉斜纹绸

由于经线的跨度较小，织金绸的技术要求一般比织金缎高，所用金线更细，也更费工时。所以，织金工艺中较少用绸做地料，但绸地的织金面料较精细、规范。

（a）正面

（b）反面

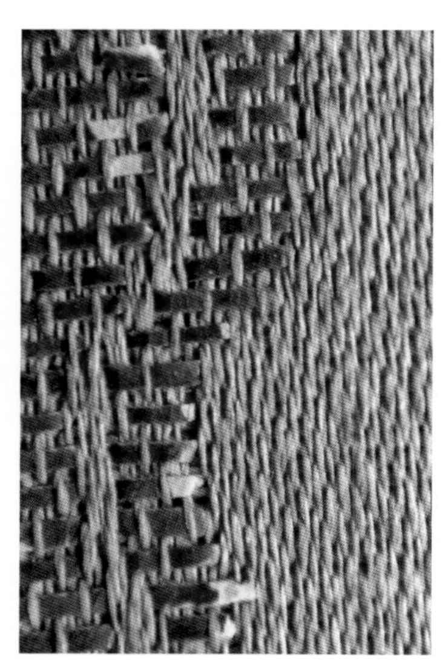

（c）局部放大图

图 Ts119 红地缠枝莲纹织金面料
年代：清早期
工艺：4 浮 1 沉 5 枚缎

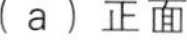

（a）正面

（b）局部放大图

（c）机头

图 Ts162 红缎地缠枝莲纹片金面料
年代：清晚期

江南三织造包括南京江宁、苏州、杭州三个地区，专门负责管理这三个地区的织绣品生产。因为三织造的产品主要供朝廷使用，在原材料、纺织机械、纺织技术上，都是当时最好的，产品质量也是最高的。

江南织造的名称相当于现在的国营纺织集团公司。管理形式上，南京、苏州、杭州各设分公司，每个分公司下设若干工厂，各地区，甚至工厂的产品种类也不尽相同，各级管理人员多数是朝廷命官，各种开销包括工人的工资也由朝廷负责供给。

（a）正面

（b）局部放大图

图 Ts168 黄色花卉纹织金面料
年代：清中期

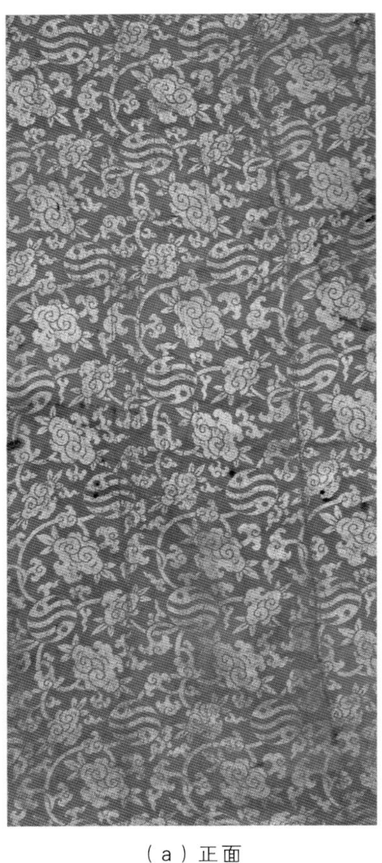

（a）正面

（b）反面

（c）局部放大图

图 Ts095　黄色凤纹全织金面料
年代：明代
工艺：纵向 3 浮 2 沉 5 枚缎，横向 2 浮 2 沉 4 飞

2004年9月，在朋友的热情邀请下，笔者去了一趟拉萨，最难忘的，除了清新的空气和火爆的阳光以外，还有明清时期的绸缎。它们的种类之多、数量之大、年代跨度之久远，使人惊叹。出于生计，也出于热爱，笔者能感觉到这些丝绸的历史价值和文化内涵。但当时因只热衷于龙袍等宫廷服装，故对明清丝绸不够重视，很少购买这些丝绸残片。其实，当时不用花很多钱就能买到很多，现在想起来，无疑是很大的遗憾。好在后来对这些丝织品越来越重视，因此，有目的地进行了一些收藏。

（a）正面

（b）反面

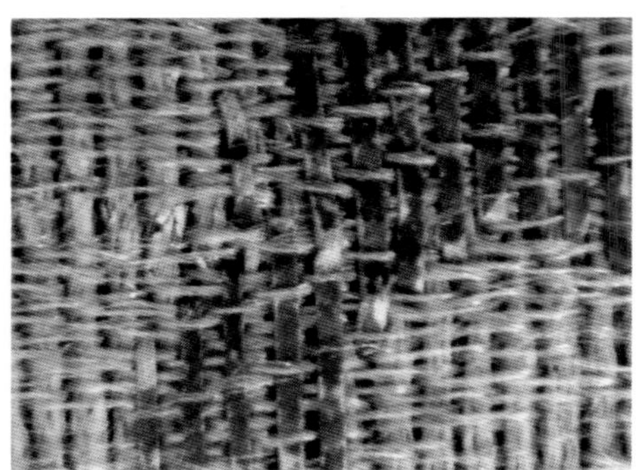

（c）局部放大图

图 Ts 134 浅红色杂宝纹织片金锦
年代：明代
工艺：3 浮 2 沉 5 枚缎，2 浮 2 沉 4 飞

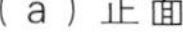
（a）正面

（b）局部放大图

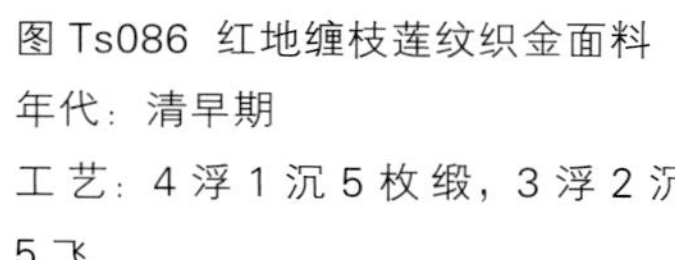
图 Ts086 红地缠枝莲纹织金面料
年代：清早期
工艺：4 浮 1 沉 5 枚缎，3 浮 2 沉 5 飞

（a）正面

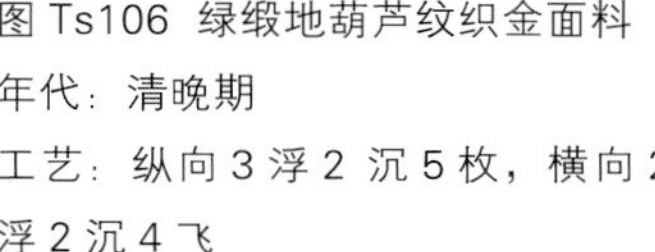
图 Ts106 绿缎地葫芦纹织金面料
年代：清晚期
工艺：纵向 3 浮 2 沉 5 枚，横向 2 浮 2 沉 4 飞

（b）局部放大图

此面料（图Ts106）中的团花有5个葫芦，通常叫作五湖四海纹，具有广大、深远的含义。它们的传世数量也较多，从宫廷到地方都有较多的传世实物，如《中国织绣服饰全集》“染织卷”第386页的“故宫藏五湖四海纹妆花缎”。五湖四海纹的沿用时间也比较长，但多数出自晚清民国时期。

（a）正面

（b）反面

（c）局部放大图

图 Ts096 红色地缠枝莲纹织金缎面料

年代：清中期

工艺：纵向 4 浮 1 沉 5 枚缎，横向 2 浮 2 沉 4 飞

（a）正面

（b）反面

（c）局部放大图

图 Ts097 石青色缠枝莲织金面料

年代：清早期

工艺：纵向 4 浮 1 沉 5 枚，横向 2 浮 2 沉 4 飞

图 Ts085 红地缠枝莲纹片金面料
年代：清中晚期
工艺：纵向 4 浮 1 沉 5 枚，横向 4 浮 1 沉 5 飞

（a）正面

（b）反面

（c）局部放大图

图 Ts102 蓝缎地四合云纹片金织锦
年代：清早期
工艺：横向 3 浮 2 沉 5 飞

此面料采用正反5枚的循环方式。这种方法的应用大约在17世纪下半叶，以后多数缎纹应用这种组织结构。简单地说，就是一个向上的5枚相邻一个反方向的4浮1沉5枚，使面料的结构和受力更加均匀，经纬关系也更加牢固合理。

（a）正面

（b）反面

（c）局部放大图

图 Ts101 蓝地八宝团龙纹片金面料
年代：清中期
工艺：纵向 4 浮 1 沉 5 枚缎，横向 2 浮 2 沉 4 飞

此面料每隔两根纬线介入一根片金线，工艺上较省工时，但金线的排列不够紧密，纹样轮廓较模糊，不够清晰。

三、6 枚

（a）正面

（b）局部放大图

图 Ts105 黑地八宝团龙纹面料
年代：清中期
工艺：5 浮 1 沉 6 枚缎

在织金面料中，采用6枚缎的传世品较少。此面料（图 Ts105）纵向为5浮1沉6枚缎纹组织，由于经线排列不太紧密，能较清楚地看到枚数和飞数。在实际分析过程中，才知道正反缎纹组织加捻较多，6枚以上，绝大部分没法分辨，因为正反组织很容易形成交错状态，从而遮盖经纬的沉浮点，这种现象可能和经线的加捻方向有关系。

四、7 枚

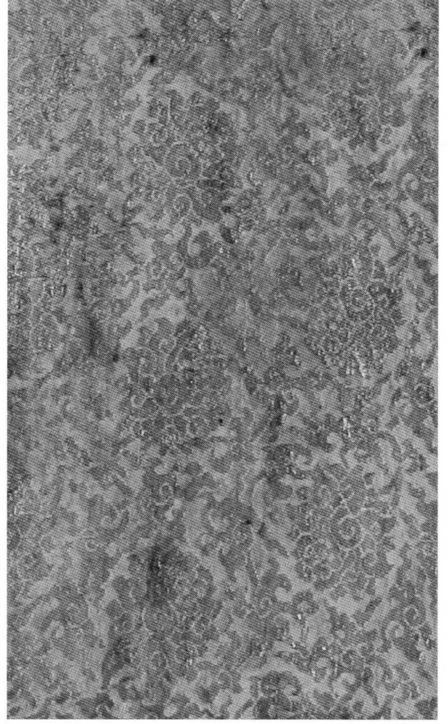

（a）正面

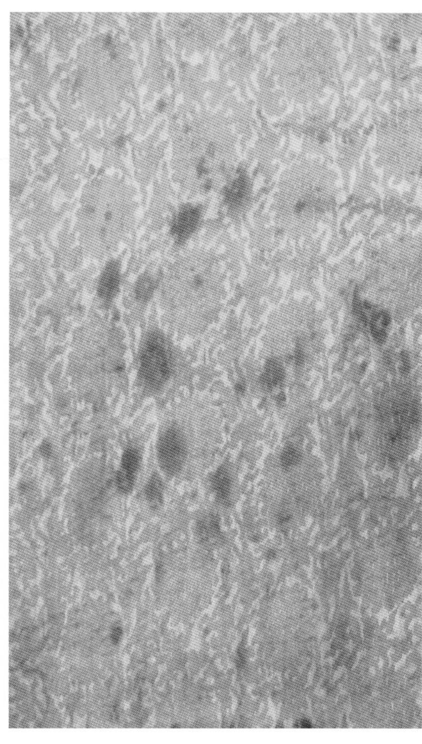

（b）反面

（c）局部放大图

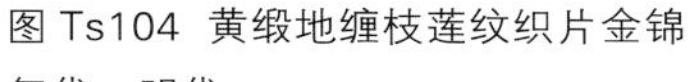

图 Ts104 黄缎地缠枝莲纹织片金锦
年代：明代
工艺：纵向 5 浮 2 沉 7 枚，横向为 5 飞

纹纬的片金线采用 8 根经线固结一次。可能是技术上的原因，此面料的经线粗细很不均匀。这种现象在丝织物中很少出现。

（a）正面

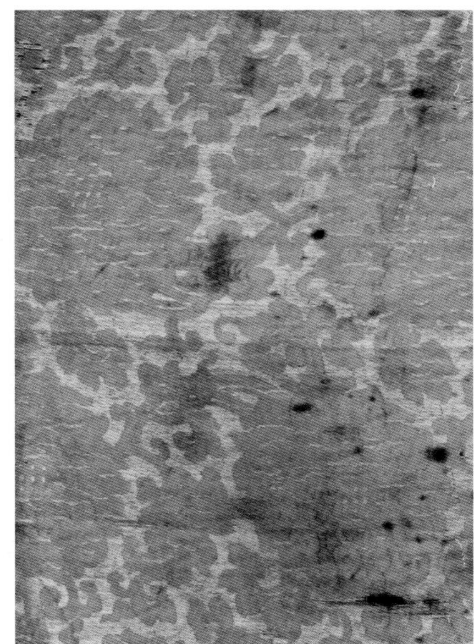

（b）反面

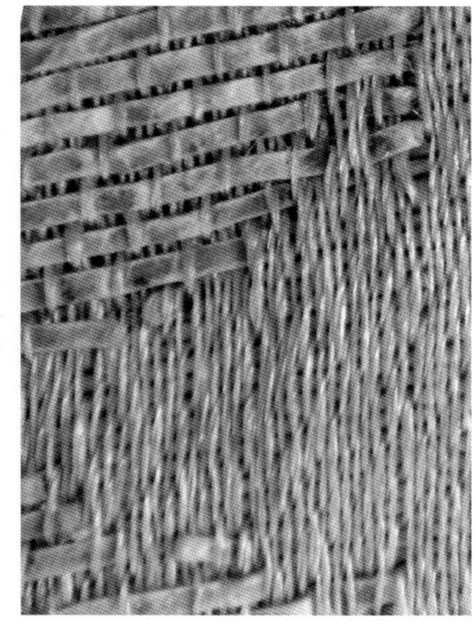

（c）局部放大图

图 Ts103 黄缎地花卉纹织片金锦
年代：清早期
工艺：5 浮 2 沉 7 枚缎，横向 5 飞，采用正反结合的组织循环

五、织金绸

我们都知道，纺织面料的经线是事先设计好的，一旦上织机，就不能更改，而纬线是后来一根根添加上去的，所以纬线越粗，织布效率就越高，速度越快。缎纹组织的经线一般跨越4~8根纬线才有一个沉浮点，大部分纬线藏在经线的背面。所以，尽管缎组织的经纬线粗细差距很大，面料仍然不显粗糙。这种特点非常适合介入重纬类织物，如妆花、织金等工艺。所以，实物中，妆花和织金面料绝大部分为缎地，较少以斜纹绸做地。

绸组织的经线一般为 2 浮 1 沉，经线跨越纬线的根数少，所以绸组织的经纬线粗细差距不大。在一定程度上，绸织物比缎纹紧密，对工人的技术要求高，织造速度缓慢。

由于绸组织的纬线细，用片金显花时一般采用隔行介入的方法。与缎纹比较，织金绸的金线排列更规范、整齐，因为固结密度高，金线牢固、耐磨。

（a）正面

（b）反面

（c）局部放大图

（d）组织分析图

图 Ts136 木红地满蒙文织金面料

年代：元代

工艺：经线每厘米约 93 根，纬线每厘米 15 根，地组织为 2 浮 1 沉 3 枚

这是很少见到的传世织金面料，以西藏文字作面料的纹样，说明当时是专门为藏族织造的。从色彩和组织结构来看，明显比较久远，年代约为元代。从局部放大图分析，开始总认为金线和纬线是重叠的，为同个梭口，经认真分析，认定金线在两根纬线之间介入，但片金线较宽。

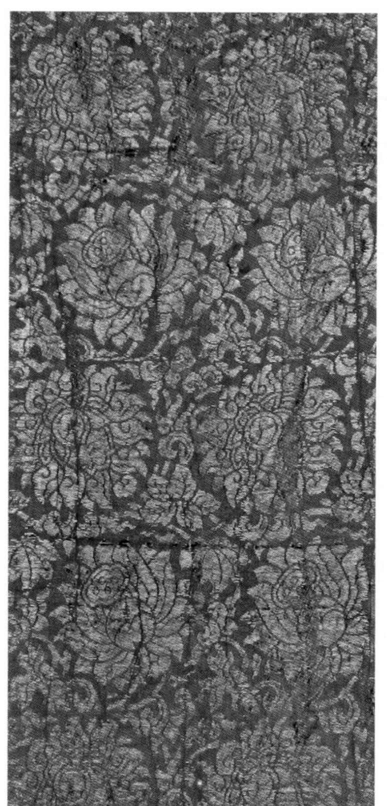

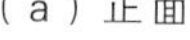

（a）正面

（b）反面

（c）局部放大图

图 Ts133 红色地缠枝莲纹织金面料
年代：清早期
工艺：2 浮 1 沉 3 枚绸组织，金线每 4 根固结一次

此面料属于绸类织物。如果经纬线的粗细相同，织物表面呈现45° 倾角的斜纹。经纬线粗细变化，斜纹的角度也随之变化。由于此面料的纬线很粗，较细经线的跨度很大，会使斜纹的角度变小，视觉上更像缎组织。

（a）正面

（b）反面

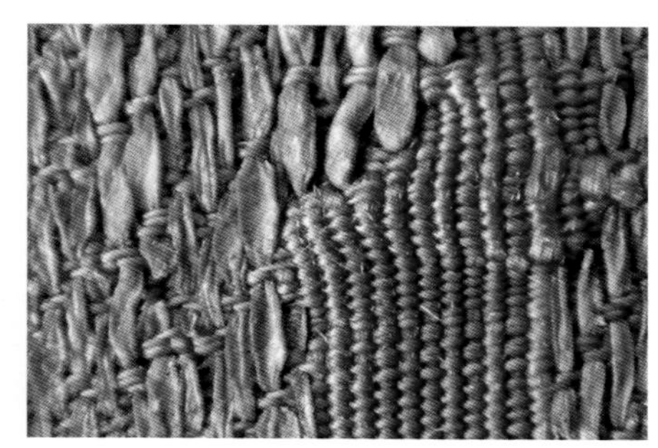

（c）局部放大图

图 Ts132 红绸地片金绸
年代：元代
工艺：2 浮 1 沉 3 枚绸组织，金线每 8 根固结一次

在纺织品中，三角椭圆形的构图形式一般出现在元代，其他朝代基本不用。2004年天津美术出版社出版的《中国织绣服饰全集》第289页的“绿地凤凰纹织金锦”，其构图和此面料近似，业内形象地称其为水滴构图形式。

（a）正面

（b）反面

（c）局部放大图

图 Ts098 绿绸地缠枝牡丹纹片金面料
年代：清中晚期
工艺：2 浮 1 沉斜纹绸

此织金面料长850厘米、幅宽72厘米，绿色绸地，全织金缠枝莲纹，品相完好，是笔者2009年5月在香港博览馆的古玩博览会上买到的。

卖主是一个英国人，名叫杰奎琳（Jacqueline）。她的生活非常简朴，待人真诚。由于相同的职业，笔者与她于1978年前便认识，并成为很好的朋友。因为不懂英语，笔者去英国买织绣品时主要靠这位朋友的帮助。这些年，笔者去国外更多的是买宫廷服装，明清时期的面料在国外市场流通的很少。

（a）正面

（b）局部放大图

图 Ts083 红绸地缠枝莲纹织片金锦
年代：明代
工艺：2 浮 1 沉斜纹绸

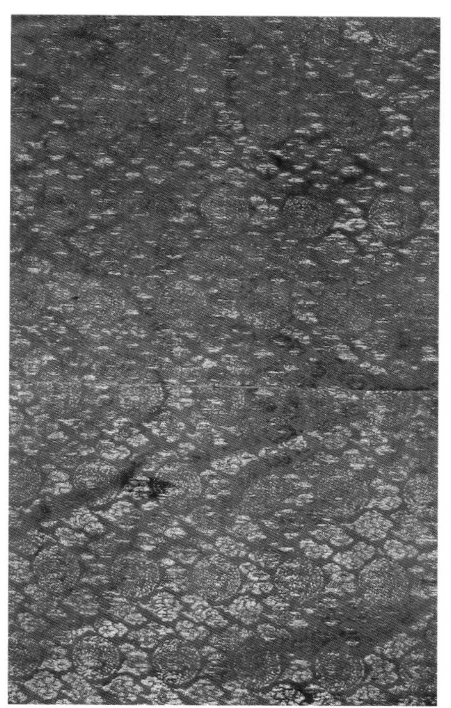

（a）正面

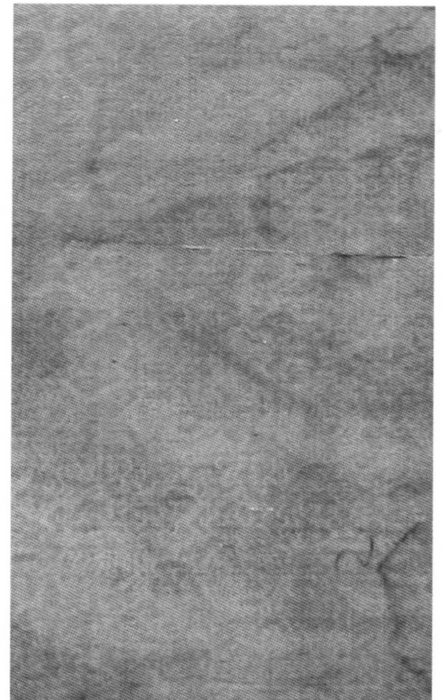

（b）反面

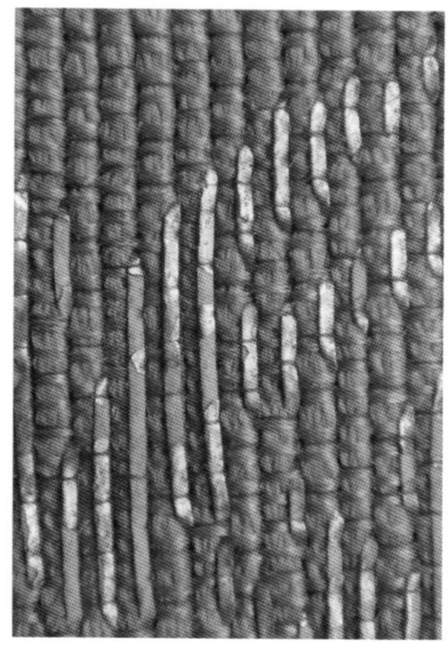

（c）局部放大图

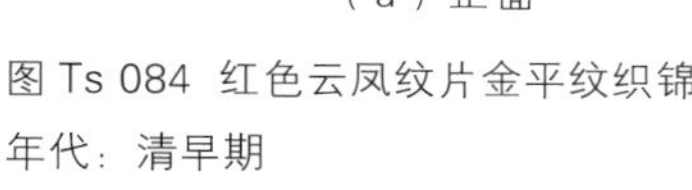

图 Ts 084 红色云凤纹片金平纹织锦
年代：清早期

第二节 捻金

捻金由金箔和丝线组合而成，简单地说，就是把金箔缠绕在线的表面，成为表面是金、里面是丝的金线，称为捻金线。这种金线相对于片金线，有较强的拉力，而且柔软有弹性，但光泽比片金线暗淡。

和片金线相比较，捻金线普遍使用的年代较晚，全捻金线织成的面料的传世品也较少。到清代中晚期，片金线的产品逐渐减少，而捻金线的生产和使用快速增加。这种现象应该和刺绣产业的快速发展有关。实际上，捻金线更适合于刺绣中的平金工艺。这一时期，无论是宫廷的龙袍、官服，还是百姓用的椅披、桌裙等装饰用品，都越来越多地采用平金工艺，大量使用捻金线。与此同时，金线织物也快速减少，一直到民国时期，由于织机的不断改进，金线织物才开始有所发展，在工艺和品质上也有很大变化。

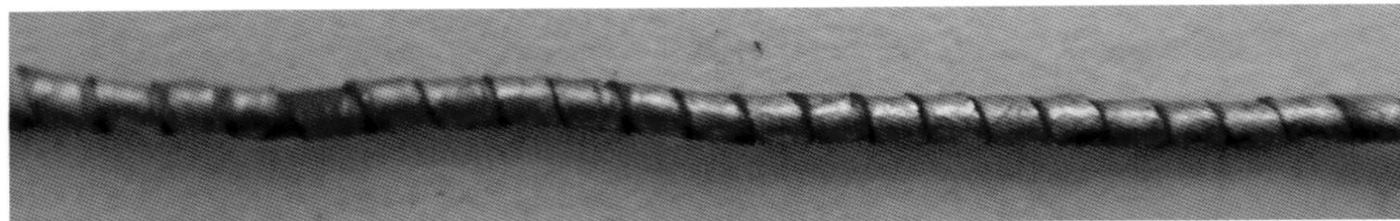

图 Ts182 捻金线

图 Ts183 捻金线

图 Ts184 捻金线

从图Ts182、图Ts183和图Ts184所示的三根金线中，可明显看出，因为年代、使用目的、生产厂家等不同，金线的含金量、粗细等差距很大。图Ts182所示不但缠绕均匀规范，含金量也很高。图Ts183所示为很劣质的捻金线，不但金箔缠绕松散含金量低，金线的粗细也不均匀。图Ts184 所示的金箔缠绕比较规范，但含金量明显较低。

（a）正面

（b）反面

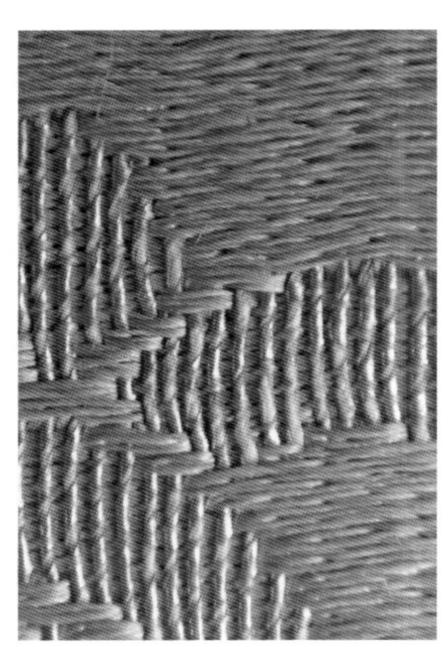

（c）局部放大图

图 Ts089　绿地八宝团龙纹捻金面料

年代：清中晚期

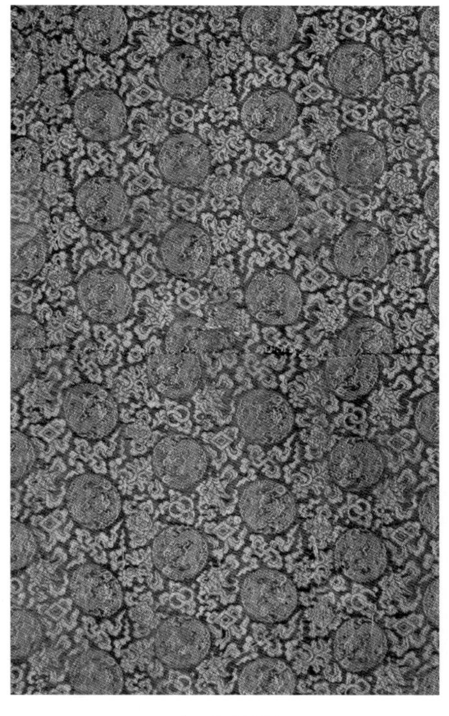

（a）正面

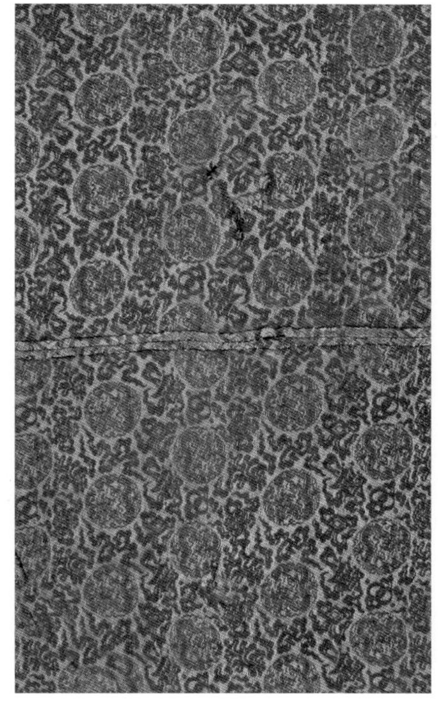

（b）反面通梭

（c）局部放大图

图 Ts143 蓝地八宝团龙纹捻金面料
年代：清中晚期

（a）正面

（b）反面金线抛梭

（c）局部放大图

图 Ts091 红地缠枝莲织金面料
年代：清晚期

（a）正面

（b）局部放大图

图 Ts 099 石青地缠枝莲织金面料
年代：清中期

图 Ts091 和 Ts099 所示两种面料的织金工艺比较少见。在纹样的形成上，前者采用 5 根捻金线，后者采用 3 根捻金线同时浮出表面的方法。从纹样的效果上看，由于多根金线同时沉浮，图案部分金线排列紧密，金色的反差较大，表现力强，轮廓清晰。在组织关系上，应该是一种成功的设计。

（a）正面

（b）反面金线抛梭

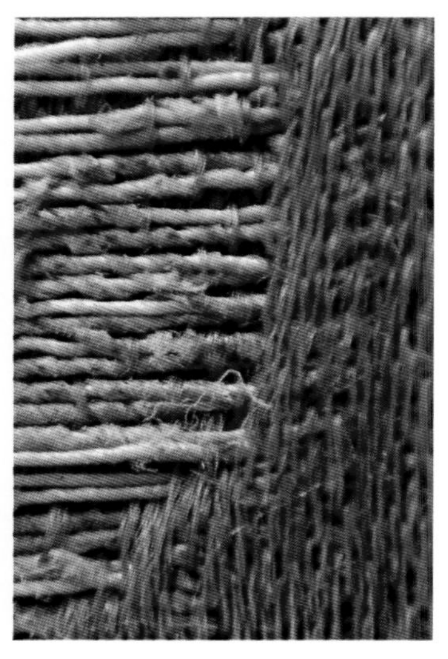

（c）局部放大图

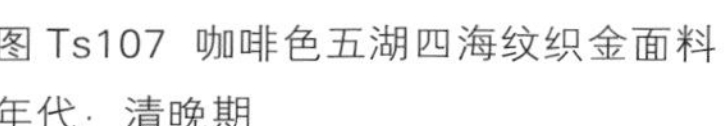

图 Ts107 咖啡色五湖四海纹织金面料
年代：清晚期

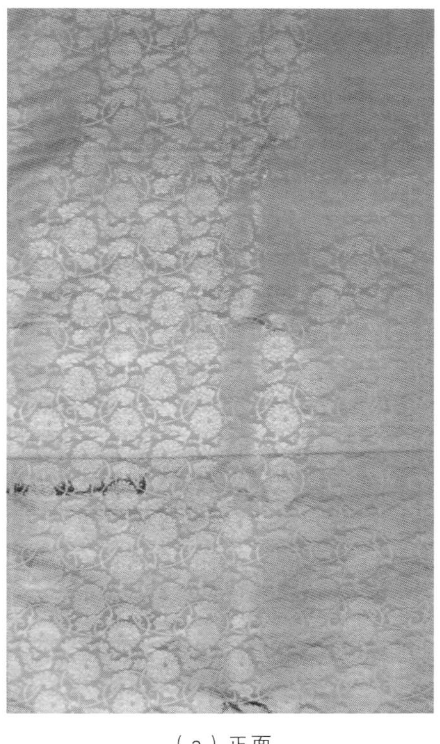

（a）正面

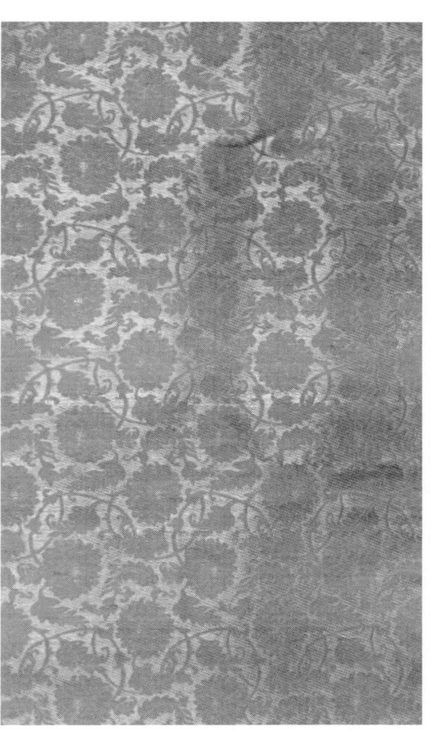

（b）反面金线短跑梭

（c）局部放大图

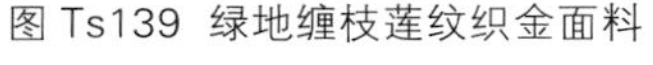

图 Ts139 绿地缠枝莲纹织金面料
年代：清晚期
尺寸：长 1150 厘米，幅宽 76 厘米

（a）正面

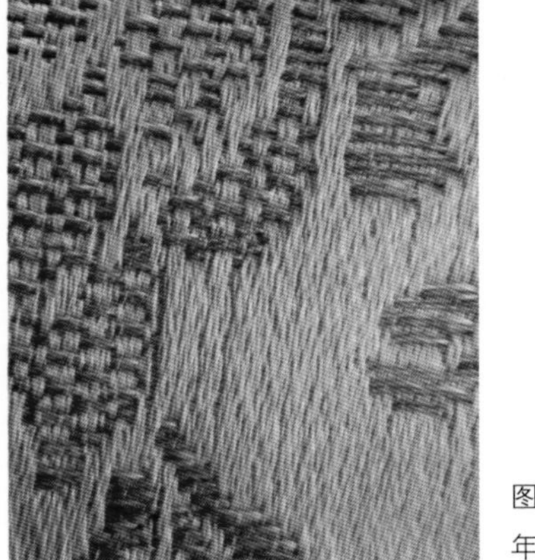

（b）局部放大图

图 Ts116 香黄色地八宝团龙纹织金面料
年代：清中晚期

（a）正面

（b）反面通梭

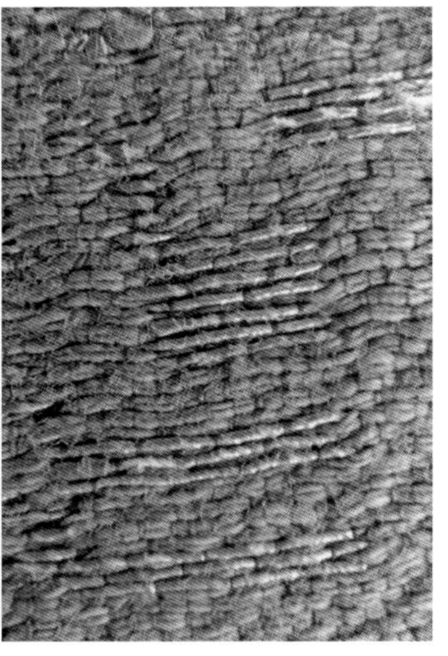

（c）局部放大图

图 Ts112 红地百寿纹织金面料
年代：清中晚期

（a）正面

（b）反面

图 Ts149 石青地山水楼阁纹织金面料（袍服下摆局部）
年代：清早中期

图 Ys017 石青地喜相逢纹织金面料（袍服局部团花）
年代：清早中期

图 Ys172 石青地博古纹织金面料（袍服局部团花）
年代：清早中期

图 Ys018 石青地山水楼阁纹织金面料（袍服下摆局部）
年代：清早中期

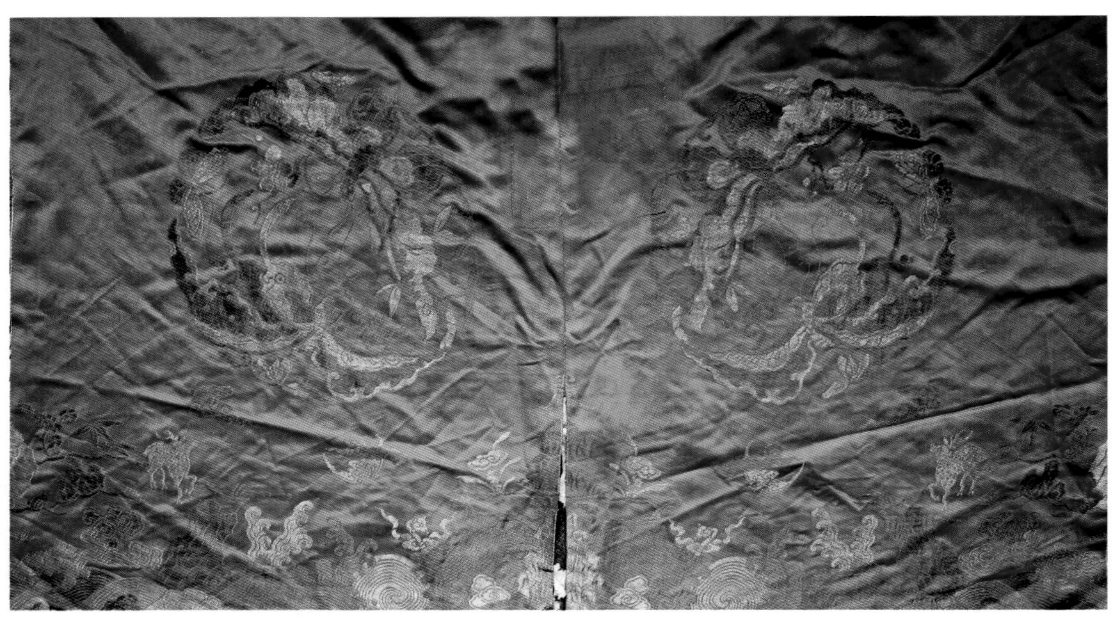

图 Ys053 红地山水楼阁纹织金面料（袍服下摆局部）
年代：清早中期

全织金坯料的工艺精细、构图规范，但由于金线比较脆弱，不耐磨损。清代全织金的服装传世较少，仅乾隆晚期、嘉庆时期有少量生产，而且大部分是汉人穿用的款式，宫廷服装较少。

图 Ys054 石青地山水楼阁纹织金面料（袍服下摆局部）
年代：清早中期

图 Ys005 石青地山水楼阁纹织金面料（袍服下摆局部）
年代：清早中期

图 Ys006 石青地山水楼阁纹织金面料（袍服下摆局部）
年代：清早中期

第三节 捻金加棉纬

捻金加棉纬工艺的形成年代较晚，大约在清光绪以后开始流行。这种工艺大大地增加了金线的拉力，降低了对金线质量的要求，也便于工人操作。所得产品比较牢固、耐磨，因为掺杂了颜色基本相同的棉线，使得经纬线的粗细比加大，纹样比较清晰，但缺乏织金产品的亮丽，并且捻金线的质量多数低劣。由于既经济又实用，该工艺很快得到普及，所以晚清民国时期的织金面料，大部分采用加棉纬的工艺。

捻金棉纬分为单经、双经两种，由两根平行的捻金线和一根棉线组成，捻金线作纹纬，棉线作地纬。单经与纹纬交织成一上三下斜纹，双经与地纬交织成平纹，每平方厘米内经线约65 根、纬线约 40 根，以捻金线显花。这种捻金棉采用单经固结纹纬的织法，双经在显花处被夹在纹纬与地纬中间成为暗经。此种方法与利用经线固结纹纬的宋式锦基本相同。

（a）正面

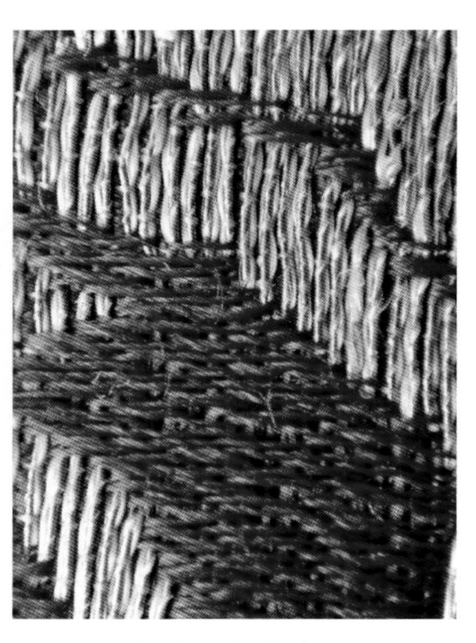

（b）局部放大图

图 Ts053 紫地莲花云纹捻金加棉纬织锦上衣

年代：清晚期或民国初期

（a）正面

（b）反面通梭

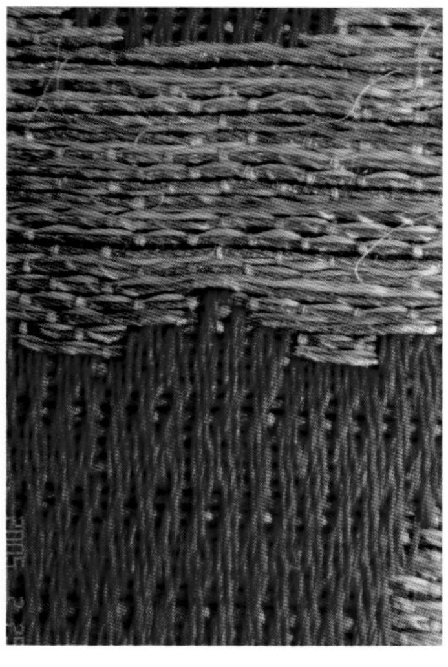

（c）局部放大图

图 Ts113 红地凤凰戏牡丹纹捻金加棉纬面料
年代：清晚期

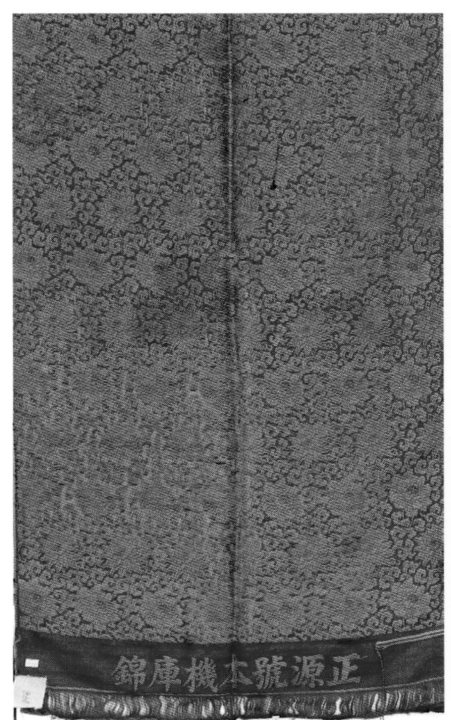

（a）正面

（b）反面通梭

（c）局部放大图

（d）机头

图 Ts117 红地缠枝莲纹捻金加棉纬面料
年代：清晚期

（a）正面

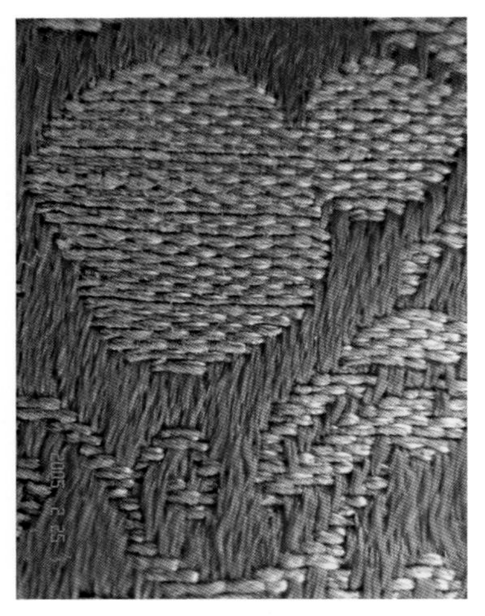

（b）局部放大图

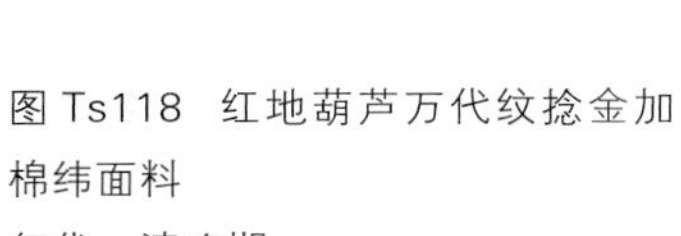

图 Ts118　红地葫芦万代纹捻金加棉纬面料
年代：清晚期

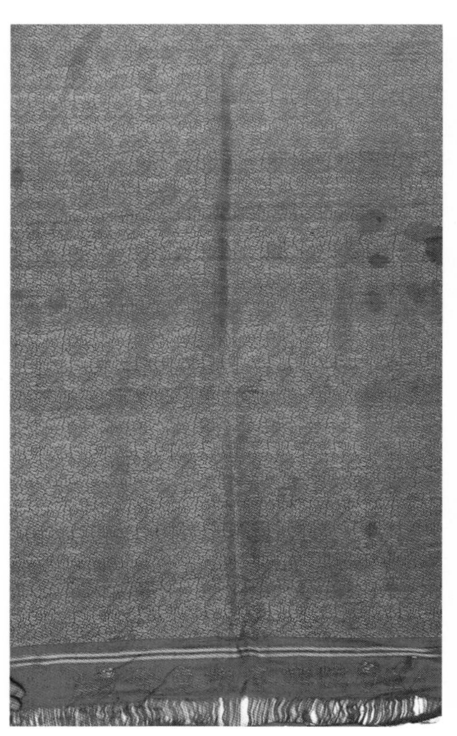

（a）正面

（b）反面通梭

（c）局部放大图

（d）机头

图 Ts109 红地缠枝莲纹捻金加棉线面料
年代：清晚期

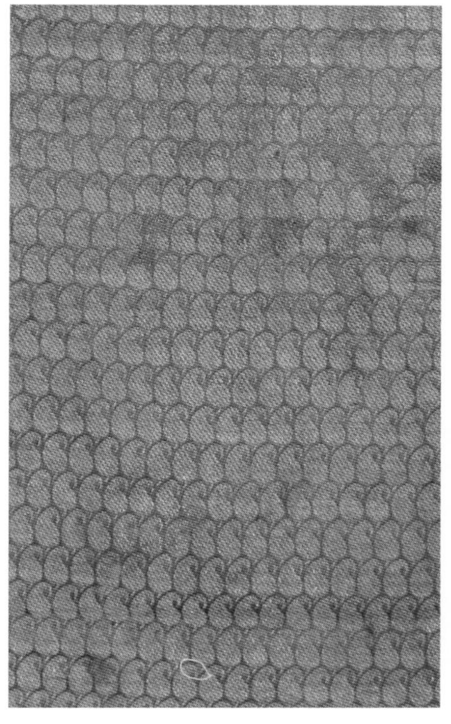

（a）正面

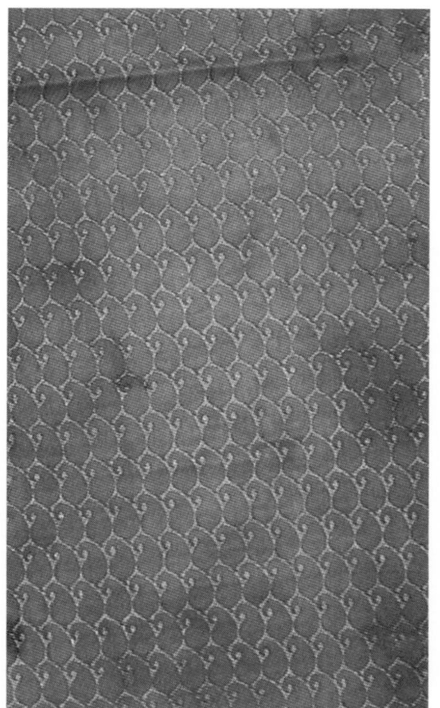

（b）反面通梭

（c）局部放大图

图 Ts129 红地捻金加棉线面料
年代：清晚期

（a）正面

（b）反面回纬抛梭

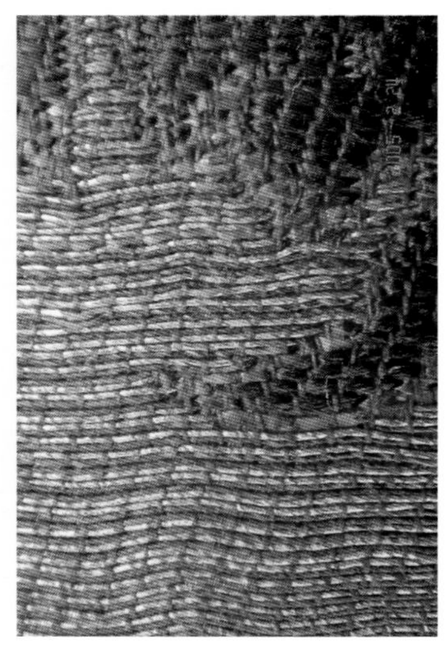

（c）局部放大图

图 Ts074 红地缠枝莲纹捻金加棉线面料
年代：清晚期

第四节 银线织物

银线织物的形成年代很晚，织物种类和数量都很少。由于年代为同一时期，大部分银线织物也采用捻金加棉线的工艺。

（a）正面

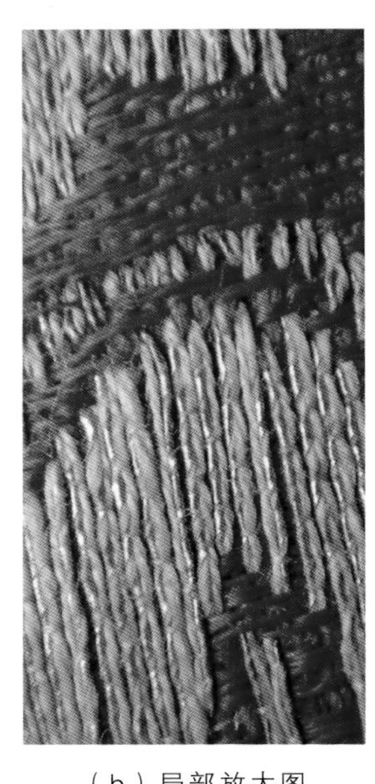

（b）局部放大图

图 Ts073 红地花卉纹捻金加棉线面料
年代：清晚期

（a）正面

（b）反面短跑梭

（c）局部放大图

图 Ys 131 红地缠枝莲纹织银线面料
年代：清晚期

此面料采用典型的清晚期缠枝莲纹样。早期的缠枝莲纹样，枝杈部分基本围绕莲花一周，一般年代越晚，缠绕的幅度就越少，到了清晚期，莲花整体视觉上更像排列，几乎没有缠绕。

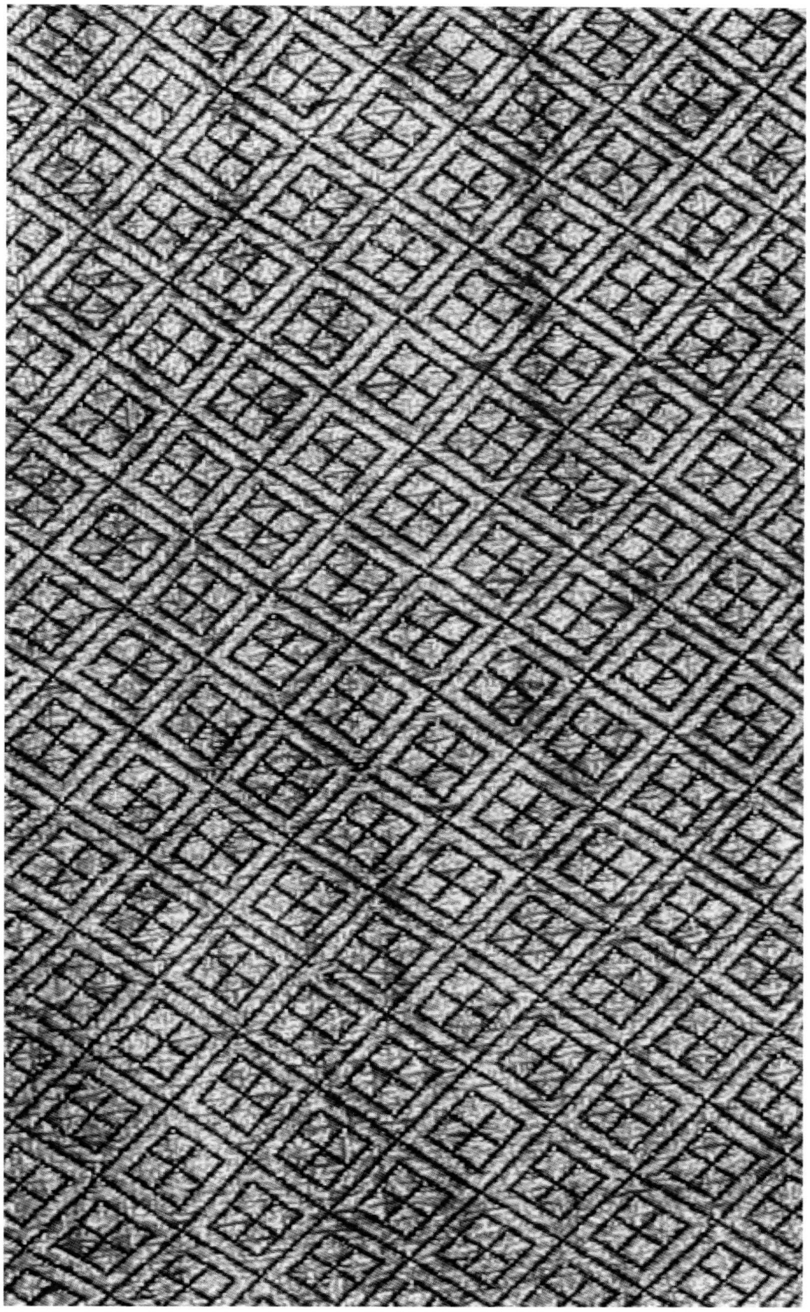

（b）反面红色地纬

（a）正面

（c）局部放大图

图 Ts068 满金地菱形纹捻金线面料
年代：清晚期

此面料的组织比较特殊，金线和地组织的关系类似刺绣中的平金工艺，完全为两层，只用红色经线有规律地固结捻金线，类似洒线绣，捻金线全部被固结在表面，所以反面不露金线，正反面的颜色完全不同。蒙语将这种满金地的织物称为纳失失，有的中原地区也称其为金宝地等。

（a）正面

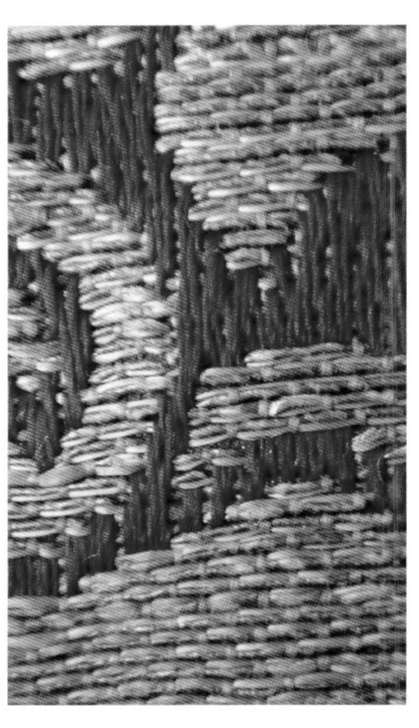

（b）局部放大图

图 Ts121　红地莲花纹捻金加棉线面料
年代：清晚期

因为银线织物的年代较晚，很多银线织物都采用捻金加棉的工艺，因为银线的质量差，和白色棉线的区别不大，部分面料视觉上更像织锦产品，但缺乏织金的亮丽感。银线的金属感很重，织成的面料很硬挺，如果折叠的次数多或时间久则容易断裂。

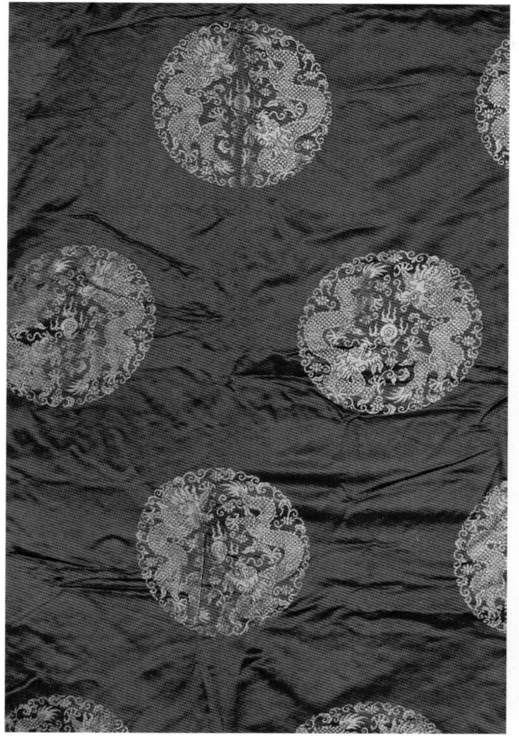

（a）正面

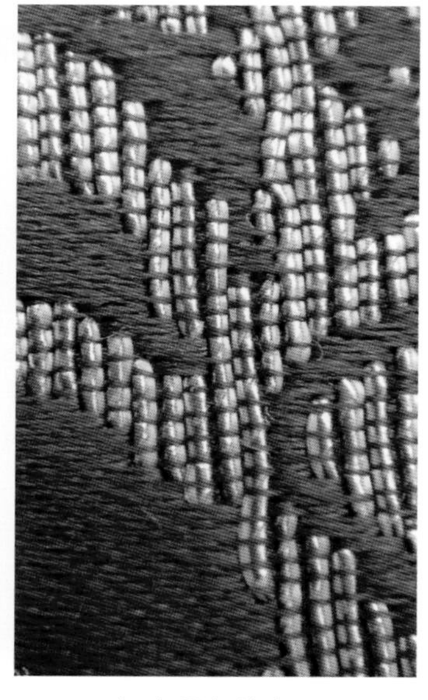

（b）局部放大图

图 Ts138 蓝地团龙纹捻金加棉线面料
年代：清晚期

（a）正面

（b）反面通梭金线

（c）局部放大图

图 Ts111 黄地莲花纹织金面料
年代：清晚期

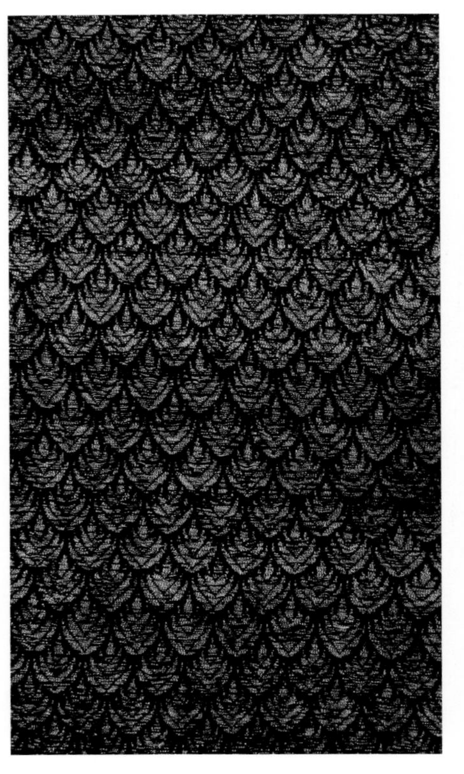

（a）正面

（b）反面短跑梭

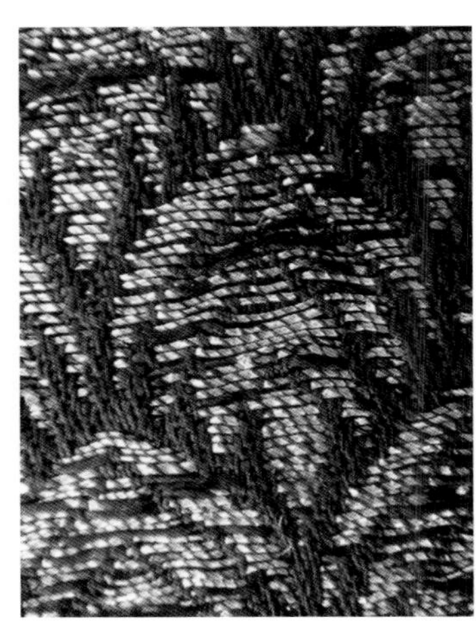

（c）局部放大图

图 Ts108　银线织物
年代：清晚期

（a）正面

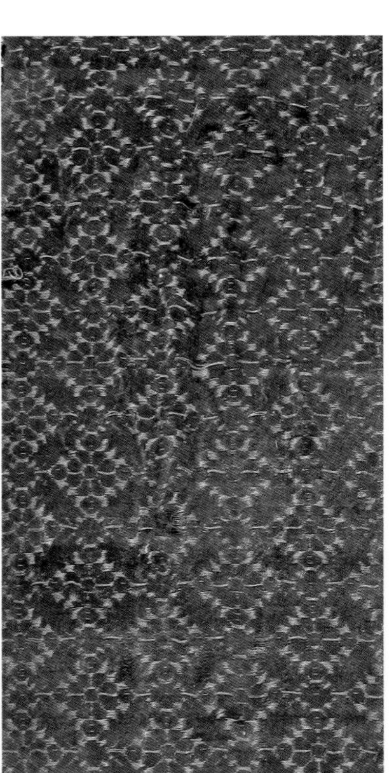

（b）反面通梭金线

（c）局部放大图

图 Ts092　银线织物
年代：清晚期

（a）正面

（b）反面短跑梭

（c）局部放大图

图 Ts090 银线织物

年代：清晚期

第八章
棉、毛、麻

一、棉布

据记载，我国从汉代起开始种植和利用棉花，海南、西南、西北等地区相对较早，由于棉纤维的纺织性能好，逐渐取代了葛麻纤维。宋末元初，纺织技术有了实质的进展，向长江流域和黄河流域迅速传播。

棉纤维是纺织工业的主要原料，在纺织纤维中占据很重要的地位。棉纤维制品的透气性好且柔软、保暖。正常成熟的棉纤维，截面粗，强度高，转曲多，弹性好，纤维间抱合力高，成纱强力也高。棉纤维是多孔性物质，纤维素大分子中存在许多亲水性基团，所以其吸湿性较好，标准大气条件下，棉纤维的回潮率可达8.5%左右等。

棉布根据棉线的粗细可以分为市布、粗布、细布，也可以按织物组织分为平纹布、斜纹布、缎纹布。它们的特点是布身厚实、布面平整、结实耐用、缩水率较大，可用作被单布、坯辅料或衬衫衣料等。

纯棉织物由纯棉线织成，品种繁多，可按染色方式分为原色棉布、染色棉布、印花棉布、色织棉布。没有经过漂白、印染加工处理，具有天然棉纤维色泽的棉布，称为原色棉布。明清时期的棉布基本是单综的平纹织物，根据不同色彩分为素色布、漂白布、印花布。

素色布：指单一颜色的棉织物，一般经丝光处理后匹染而成。

漂白布：指由原色坯布经过漂白处理而得到的外观洁白的棉织物，可分为丝光布和本光布两种。丝光布的表面平整光泽好、手感滑爽，本光布的表面光泽暗淡、手感粗糙，一般用来制作衬衣、床单等。

印花布：指由纱支较低的白坯布经印花加工而成，有丝光和本光两类。根据印花方式不同，其外观效果也不同，多为正面色泽鲜艳、反面较暗淡，适合制作妇女、儿童服装。

黄道婆为发展棉纺织技术做出了重大贡献，她是松江府乌泥泾人（今上海龙华镇），早年流落崖州（今海南岛崖县），从当地黎族人民那里学到了一整套棉纺织加工技术，总结出一套融合黎族棉纺织方法和内地原有纺织技术于一体的完整新技术，新技术可归纳为擀（轧棉去籽）、弹（开松除杂）、纺（纺纱）、织（织布）。

图 Tf010 棉布放大图

年代：清中期

图 Th062 传世棉布
年代：明代

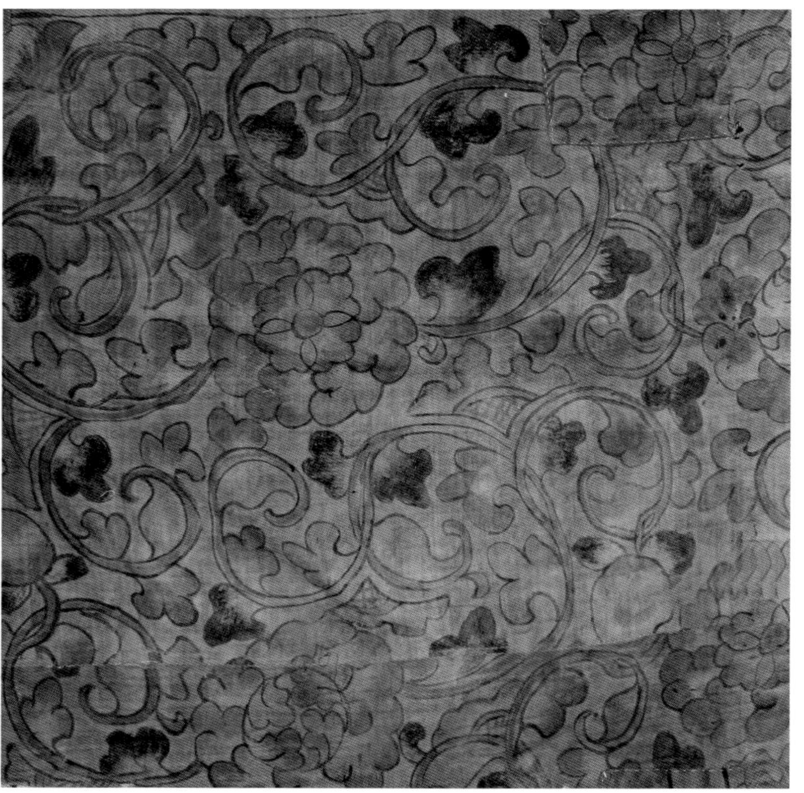

图 Tf 001 缠枝莲纹画花棉布
年代：清早中期

此实物为一件清早期服装的衬里。仔细分析，发现图案的线条、色彩的深浅，都没有规律，所以纹样应是手工绘制的。在棉布上绘纹样的实物较少，一般只有在专用场合才可能使用这种工艺。

图 Tf006 龙纹两色印花布面料
年代：清中期

在织物上印花在我国出现的年代较画花、缀花和绣花晚。目前见到的最早的印花织物是湖南长沙战国楚墓出土的印花绸被面。在中原地区，印花技术的再度兴起是从缬开始的，缬有绞缬、葛缬和夹缬。绞缬、葛缬实际上是防染印花织物。从组织结构上看，这些印花布是机织的棉布，棉纱粗细均匀，经纬线的粗细差距很大。这种现象在人工纺织的土布中是不存在的。

图 Tf 007 凤凰戏牡丹纹双色印花布
年代：清中晚期

清代的印花工艺已经相当成熟，印染工艺的种类繁多，但大体上主要采用凸印和凹印两种印花方式。

凸印就是把所需纹样印在布上，空白处即为棉布的地色。凹印则相反，着色的部分作为地色，纹样是棉布原有的颜色。无论是纹着色还是地着色，如果是一次成型，结果都是只有两种色彩。由于棉布的生产遍布各地，各地区、各民族，甚至每个家庭都能够生产，所以种类非常多。

（a）正面

（b）反面

（c）局部放大图

图 Tf002 紫色印八宝云龙纹棉布
年代：清晚期

（a）正面

图 Tf010 花卉纹蜡染布料
年代：清中期

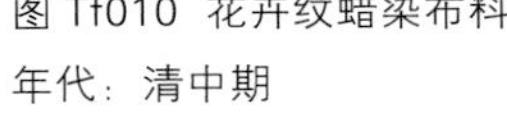

（b）反面

蜡染是明清时期较常用的印染工艺。所谓蜡染，实际上是防止着色的工艺，根据纹样、色彩的需要，将蜡质附着在不需要上色的部分，使有蜡质的部分不上色，而没有蜡质的部分充分上色。

蜡染是用熔化的蜡，在织物上画出纹样，然后入染，煮出蜡，即显色地白花。由于蜡凝结后发生收缩或加以揉搓，产生许多裂纹，入染后，色料渗入裂缝，成品的花纹中往往出现不规则的纹理，形成独特的装饰效果。蜡染的方法至今仍在使用。

图 Tf 013 印花棉布
年代：民国

（a）正面

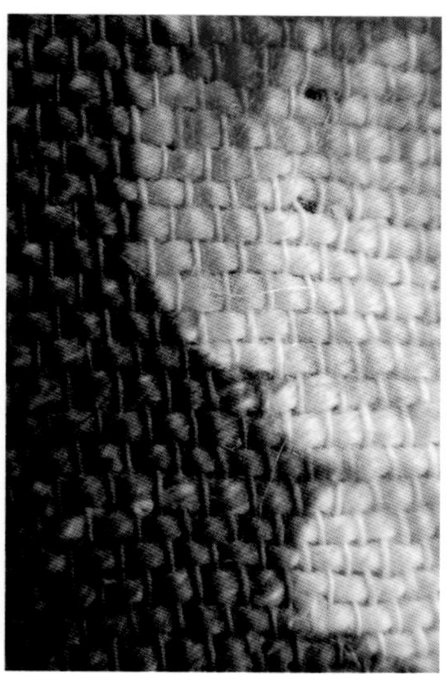

（b）局部放大图

图 Tf 003 黑色牡丹纹印花棉布
年代：民国

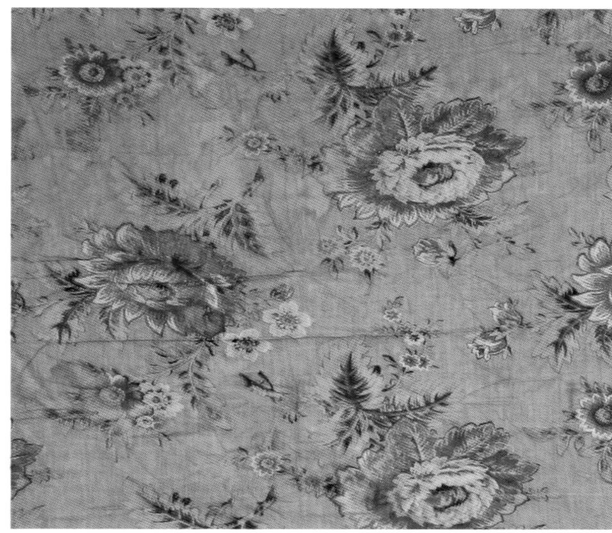

图 Tf005 牡丹纹印花棉布
年代：清晚期

对于所有工艺，不同的色彩搭配均能产生不同的视觉效果。此面料的绿地、红花、黄叶的色彩搭配在业内一般是忌讳的。色差较小，用现代人的审美观，无论是做被褥还是做服装，都不适合任何年龄段的人使用。

图 Tf004 黄地印花棉布
年代：民国

（a）正面

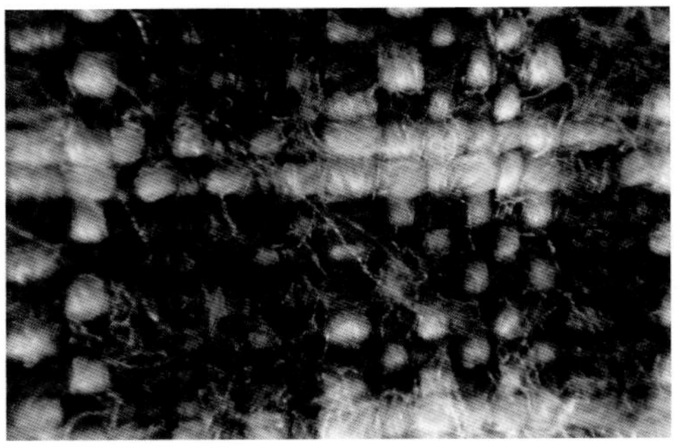

（b）局部放大图

图 Tf 011 色织花格棉布
年代：民国

明清时期，民间的色织棉布多数采用条格纹样。因为经纬的设计相对简单，大体是上机前将不同颜色的经线按需要进行排列，织布时再按需要更换装有不同色线的梭，便可以形成条格的花纹。

横竖格是棉布中设计比较简单的花型，根据条格间隔，固定经线循环根数，织布时用换梭的方法织入纬线，即可形成。

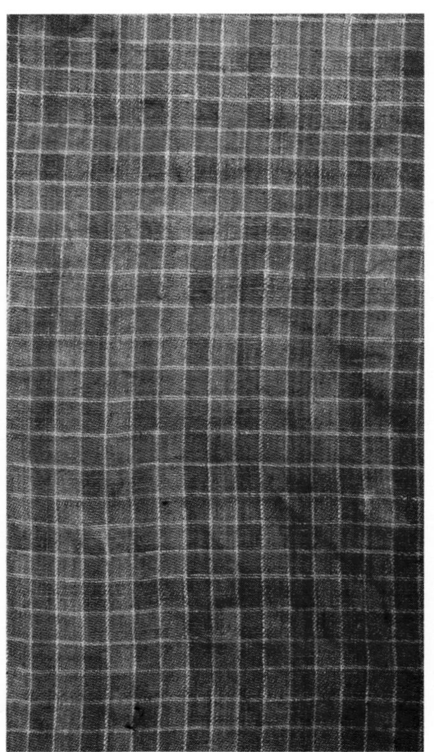

Tf016 花格棉布
年代：清中晚期

Tf015 花格棉布
年代：清晚期

图 Tf008 西亚风格印花棉布
年代：民国

图 Tf 009 双色印花棉布
年代：民国

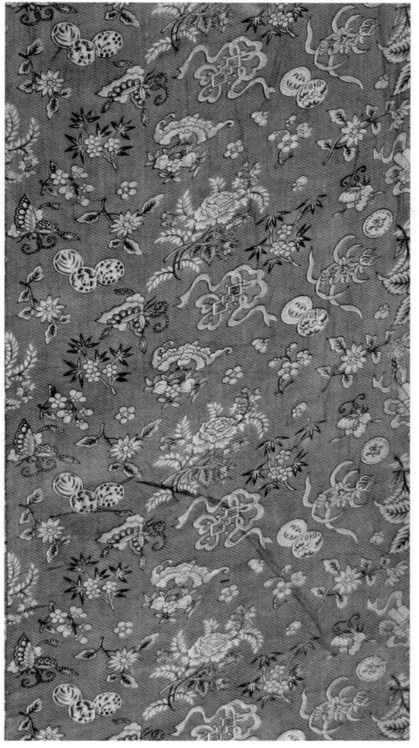

图 Tf 012 蝶恋花纹印花棉布
年代：民国

图 Tf 014 条纹色织棉布
年代：民国

棉布分色织和染织两种。色织是先将纱线染色，通过经纬线的交织变化显示纹样；染织是先织布，然后对布进行染色而形成纹样。所以，此面料的印花工艺应属于染织的范畴。

二、毛织物

使用动物毛纺织而成的面料的历史悠久。青海出土的原始社会晚期的毛织物残片的经密为 14 根/厘米，纬密为 7 根/厘米。新疆哈密商代遗址中发现的毛织物有平纹、斜纹、刺绣花纹，新疆楼兰汉代遗址中发现的毛织物采用多色纬纱制织奔马和卷草纹。元朝时，毛织物有了新的发展。明清时期，中原地区和边疆生产的毛织物大量销往国外。

明清时期的毛织物主要为羊毛制品。随着纺织技术的发展，毛织物的种类很多，除了羊毛绒（长度为 30~40毫米）以外，马海毛（长度为120~150毫米）、兔毛、骆驼绒、牦牛绒等也逐渐得到应用。由各种动物毛纺成粗细不等的毛线，能织成各种服装、绒衫、地毯等。

大约在清代晚期，随着纺织技术的进步，开始出现毛和其他纤维的混纺技术。这种技术大幅度地加大了毛织物的品种和使用范围，毛哔叽、毛华达呢成了高档时髦的服装面料。毛织物的外观光泽自然，颜色莹润，手感舒适，使用范围广，品种风格多。用毛织物制作的衣服挺括，有良好的弹性，不易折皱，耐磨，吸湿性、保暖性、拒水性较好，但易被虫蛀，需经防蛀整理或保藏时使用防蛀药剂。因为大多属于近现代织物，笔者对毛织物的认识甚少，这里仅进行简单介绍。

（a）正面

（b）局部放大图（经线每厘米约 14 根）

图 Th106 红色毛绒面料
年代：清中晚期

此类毛绒面料在清中晚期比较流行，纬线很粗，整理后在织物表面形成竖立的毛绒，因此面料很厚，多用于桌裙、椅披和挂帐等。

三、麻织物

麻属于长纤维植物，人类对麻织物的使用非常古老。我国历史上最早利用的纺织纤维是一种藤本植物。江苏吴县出土的葛布残片表明新石器时代已有葛织物。由《诗经》“东门之池，可以沤麻”可知，商周时期苎麻的纺织技术已广泛使用，沤麻就是一种自然脱胶的方法。

麻的种类较多，纤维各有特点，织物种类也不尽相同。由于纺织技术和麻纤维的特点，多数用于粗织物。苎麻、亚麻、罗布麻等纤维的粗细、长短与棉接近，可做纺织原料，织成凉爽的细麻布、夏布，也可与棉、毛、丝或化纤混纺。一般麻布比百姓自织的棉布粗硬很多，经纬线每厘米 8~10 根。明清时期，寺庙中的佛像帔、穿的神衣常用麻布做衬里。

黄麻、槿麻等纤维短，只适宜纺制绳索和包装用的麻袋等。叶纤维比韧皮纤维粗硬，只能制作麻绳等。

（a）正面

（b）局部放大图

图 Th105 原色麻线面料
年代：清中期

清代中期以前，大部分麻纤维纺织成麻绳、麻袋等，也有些织成粗纺面料。由于纤维比较硬挺，多数用作佛像穿的神衣衬里，或者用在耐潮湿的场合。随着社会的发展，人类对麻纤维的应用越来越广泛，到清晚期民国以后，技术上可以用麻纤维纺织成绸缎等细纱布匹，各种麻混纺织物也越来越多。

第九章 日本锦

笔者很早就听说日本有很多中国织绣品，但由于种种原因，拖了很长时间也没能成行。从2005年开始，笔者数次前往日本，一是旅游，其次是购买织绣品。为了对日本的纺织工艺有一个初步的了解，并且对中国的锦缎和日本锦缎有所区分，在购买中国锦缎的同时也买了一些日本织锦。

明清时期的日本锦缎工艺近似于中国，同样有捻金和片金两种织物。捻金线和片金线均精细规范，经纬丝线较粗，且粗细差距很小。多数丝线加轻捻，介于合股线和坯线之间。日本织金面料的地组织多数为绸纹，片金线的金箔稍宽，浮在织物表面的密度较高，有金光灿烂的视觉效果。

日本锦一般用2浮1沉斜纹绸为地组织，大部分使用抛梭的妆花工艺。但是，基本不回纬，使用通梭的织法。所以，正面比较平整，反面抛梭往往很长，有长绺的丝线或金线。由于经纬丝线都较粗，质地较厚。大部分产品的构图没有方向感，追求想象空间，整体构图比较拘谨、刻板，纹样的应用具有明显的日本风格。

一、捻金

用捻金线和合股丝线抛梭织成的面料，多数用于制作日本的盛装 -- 和服或和服的腰带。

日本和服的款式为大襟、宽袖，近似于中国明代的袍服，但下摆较窄，整体袍身显得平直。和服是日本民族的传统服装，种类繁多，无论花色、质地和式样，都随流行而变化。不仅男女之间有明显的差别，而且依据场合与时间的不同穿不同的和服。女式和服有婚礼和服、成人式和服、晚礼和服、宴礼和服及一般礼服。

（a）正面

（b）反面长抛梭

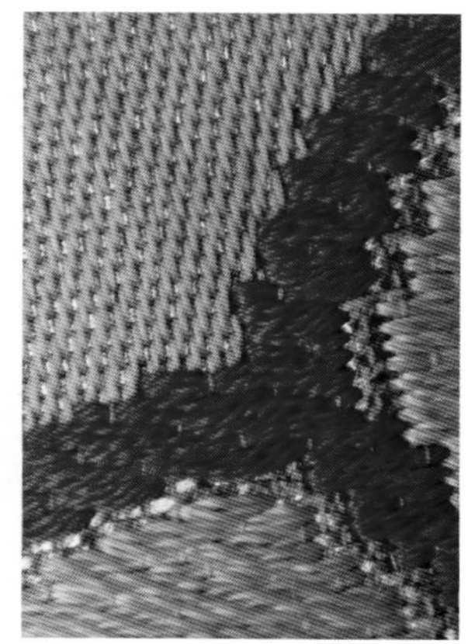
（c）局部放大图

图 Tj001 日本织锦
年代：清中晚期

（a）正面

（b）反面长抛梭

（c）局部放大图

图 Tj002 日本织锦
年代：清晚期

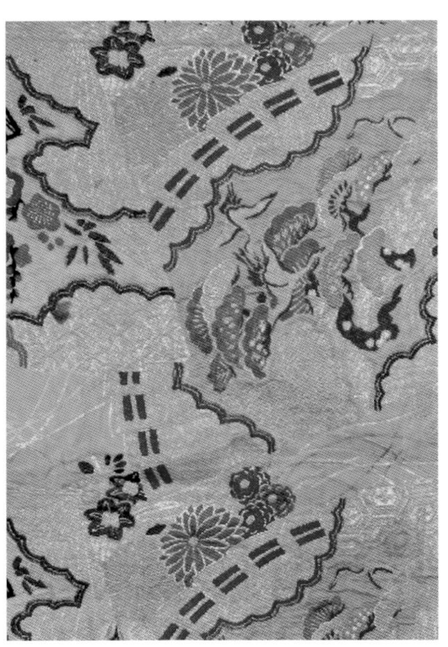

（a）正面

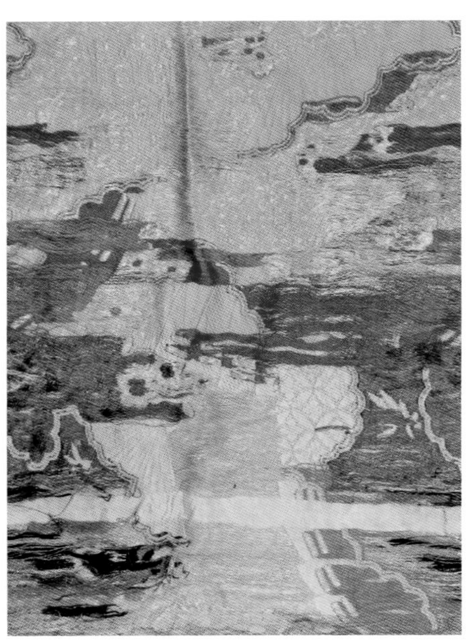

（b）反面长抛梭

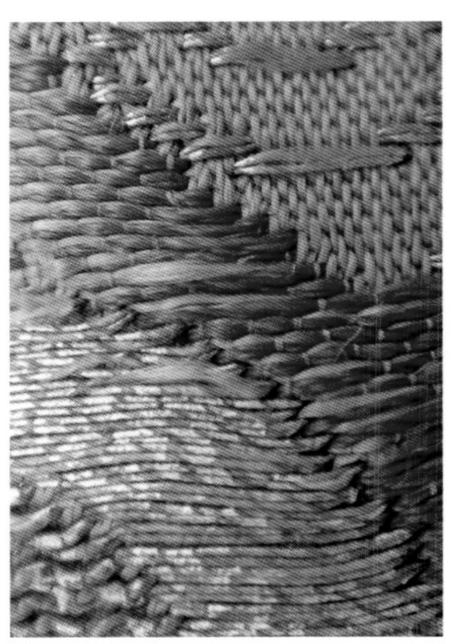

（c）局部放大图

图 Tj003 日本织锦
年代：清晚期

（a）正面

（b）反面长抛梭

（c）局部放大图

图 Tj004 日本织锦
年代：清中晚期

此类日本织锦主要用于做和服的腰带，所以幅面较窄，一般为50厘米左右。由于宗教信仰的原因，大部分纹样由多个扇形排列组成。因为经纬线都较粗，部分面料的纬线使用合股线，整体比较厚重。

（a）正面

（b）反面通梭

（c）局部放大图

图 Tj006 土黄地花卉纹日本织锦
年代：清中晚期

（a）正面

（b）反面通梭

（c）局部放大图

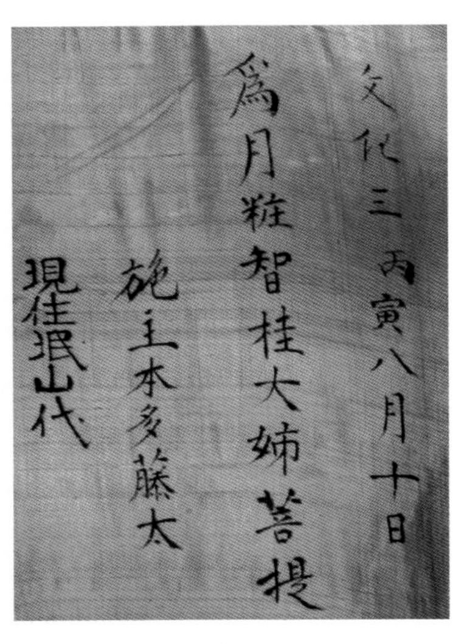

（d）日本的年号

图 Tj005 蓝色飞禽纹日本织锦
年代：清晚期

很多传世的日本锦的棉布衬里上都有年号记载。本书刊载的几件带记载的，经查证，最早的为清乾隆时期，晚的是同治时期。

二、片金

片金全织金面料在日本锦中有较大的份额，也是日本锦最成功的一种。就片金线而言，中国和日本没有明显区别，都是把金箔粘贴在纸状物的表面，再切割成金线而成。除了纹样具有各自的民族特点以外，最大的差别是中国的片金织物大部分为缎地，而日本基本上采用3枚斜纹绸。从实物看，大部分日本片金织物的排列明显比中国整齐均匀。

（a）正面

（b）局部放大图

（c）局部放大图

图 Tj007 日本袈裟
年代：清中期
尺寸：长 220 厘米，宽 115 厘米

图 T j020 日本袈裟
年代：清中期
尺寸：长 200 厘米，宽 112 厘米

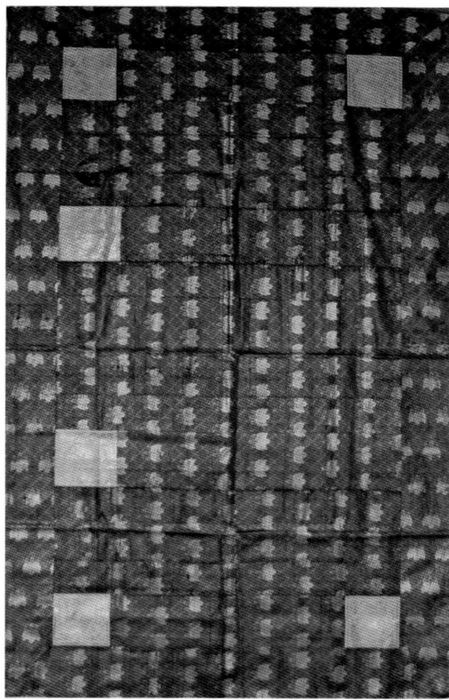

图 Tj021 日本袈裟
年代：清中晚期
尺寸：长 180 厘米，宽 110 厘米

图 Tj022 日本袈裟
年代：清晚期
尺寸：长 180 厘米，宽 110 厘米

明清时期，佛教使用的袈裟一般分五条、七条、九条，颜色以黄、红等素色为主，也有少量袈裟有佛像、神鸟等纹样。在中国、日本等地，一般将袈裟披在褊衫或僧服上，袈裟与衣合称袈裟衣。

袈裟在日本安陀则出现种种变形，衍生出五条、小五条、三绪五条、种子（或轮）、叠五条（或折五条）、络子、威仪细、铃悬等形式。此外，另有平袈裟、甲袈裟、衲袈裟、远山袈裟等类别。

（a）正面

（b）局部放大图

图 Tj008 红地花卉纹片金面料
年代：清中晚期

图 Tj023 石青地全织金日本锦
年代：清乾隆晚期

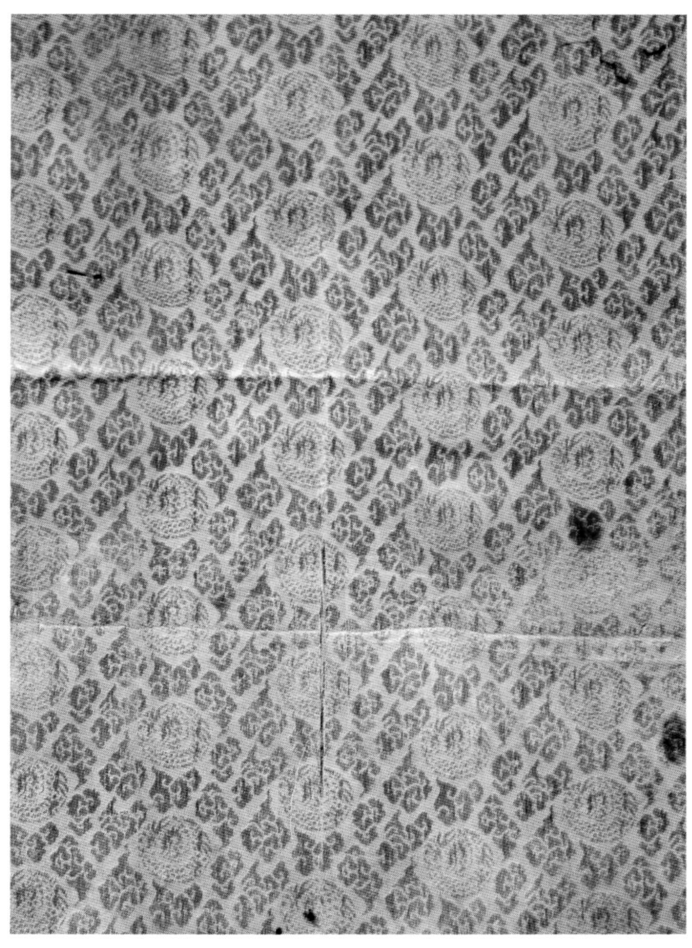

（a）正面

（b）局部放大图

图 Tj009 白地花卉纹片金面料
年代：清中晚期

（a）正面

（b）反面

（c）局部放大图

图 Tj013 红地八达晕纹面料
年代：清晚期

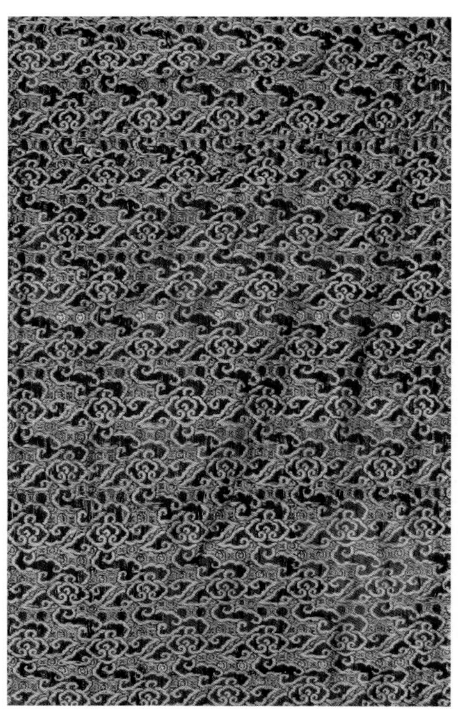
（a）正面

（b）反面

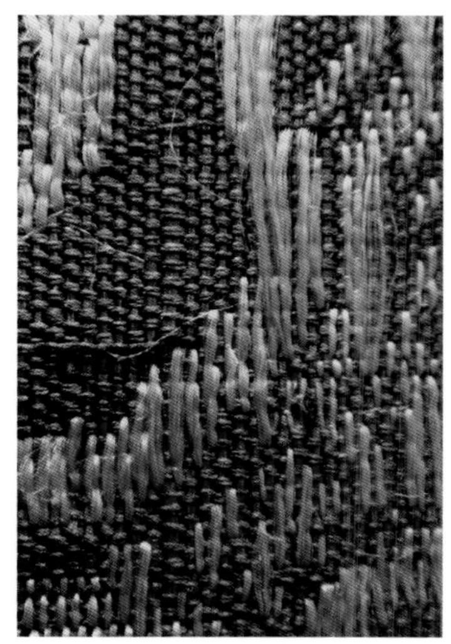
（c）局部放大图

图 Tj011 蓝地云纹面料
年代：清晚期

（a）正面

（b）局部放大图

图 Tj017 香黄色日本片金锦面料
年代：清早期

（a）正面

（b）反面

（c）局部放大图

图 Tj012 蓝地花卉纹片金面料
年代：清晚期

（a）正面

（b）反面

（c）局部放大图

图 Tj014 蓝地花卉纹片金面料
年代：清晚期

（a）正面

（b）局部放大图

图 Tj018 咖啡色四达晕日本锦
年代：清中期

此面料的纹样整体是多个方或圆的循环组合，中国业内多叫做四达晕、八达晕或天华锦。看局部放大图，工艺上采用交织的方法，经纬丝线分布均匀、排列整齐，是高质量的日本纺织品。日本锦中也有较大比例的八达晕纹样，大体轮廓和中国八达晕近似，但细节部分（如花卉等）和中国有一定差距，在色彩使用上，一般同时期的产品年代显得比中国早。

（a）正面

（b）局部放大图

图 Tj016 黑色团花日本锦
年代：清中期

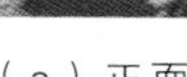

（a）正面

（b）反面金线抛梭

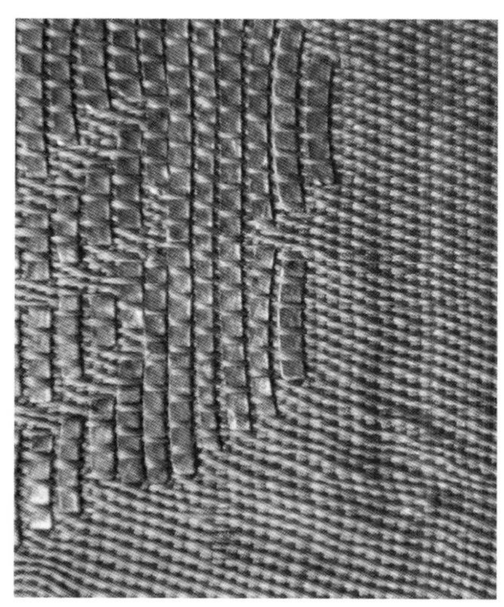

（c）局部放大图

图 Tj015 红色花卉纹日本片金面料
年代：清中期

日本锦主要有两种用途，一种是作为和服的面料，其余多用于袈裟或装饰品。日本人很喜欢使用金线织物制作袈裟，袈裟的面料既有日本的锦缎，也使用中国的锦缎。袈裟的形状和中国基本相同，把锦缎裁剪成长约 20 厘米、宽约 15 厘米的长方形，然后进行拼接，一般拼接成高 110 厘米、宽 180 厘米的长方形布片，使用时披在身上。

（a）正面

（b）局部放大图

图 Tj019 黑地龙狮花卉纹日本织锦
年代：清晚期

日本锦中的龙纹近似中国清早期的龙纹，大部分是三爪，须发浓密并卷向头顶上方等。在明清时期的日本纺织品中，仿中国古代的现象反映在各个方面，色彩、纹样上也有体现，同一时期的织物，总感觉早二三百年。

第十章

机头

为了搞清楚丝织品的地方特点，区别所谓的几大名锦，希望能够找到较多的依据，笔者有意收藏了一些机头。因为机头一般在面料的边角，不属于面料应用的范围，绝大多数在裁剪时被剪裁掉。特别是年代较早的机头，本来传世实物很少，文字很小，又和面料同一颜色，若不注意，很难发现，所以尤为珍贵。由于上述原因，现在能够见到的机头多数是晚清或民国时期的，年代过于集中。好在还有些机头能够说明问题，通过相互比对，能悟出一些时代和区域特点。

机头的作用从记载发展到广告功能，所以清代早中期的机头多数采用本色提花工艺，而且文字较小；到晚清民国时期，人们注意到了机头的广告作用，文字加大，色彩也越来越鲜艳，所记载的内容更加详细，特别是苏州机头，字号的两边用印章的形式注明地区和业主名。

笔者收藏的这些机头不是成批购买的，主要来自山西、河南和青藏地区，没有来源和区域倾向性，而实物中，杭州机头远多于其他地区，能够说明清晚期到民国时期浙杭的纺织业最为兴盛发达。

最遗憾的是没有找到一件四川蜀锦的机头，查阅史料也没有找到相关信息。关于此，笔者也数次询问过业内的多位友人，回答都是说没有见过，故而猜想也许蜀锦本来就没有织机头的习惯。经过长时间的努力，笔者寻到了南京、苏州、杭州等丝绸产地的较多的传世机头，有的机头注明了生产地区，归类时较清楚，有的则没有产地的字号，便按照其文字设计的习惯特点归类，相信多数是正确的，但难免有误。

一、官造类

所谓官造机头，大体而言，是指在宫廷指派的负责人的监督下生产的丝织物，其上都标有负责人的姓名（如杭州织造臣文蔚），是确定宫廷织物的证据。由于官方纺织品的应用场合、流通的社会环境相对稳定，加之人们对宫廷物品的珍贵有一定的了解，故官造织物的机头有较多的传世量。这为研究宫廷纺织品的运作方式及服装服饰的纹样、款式、色彩等演变过程，提供了较好的依据。

（a）坯料

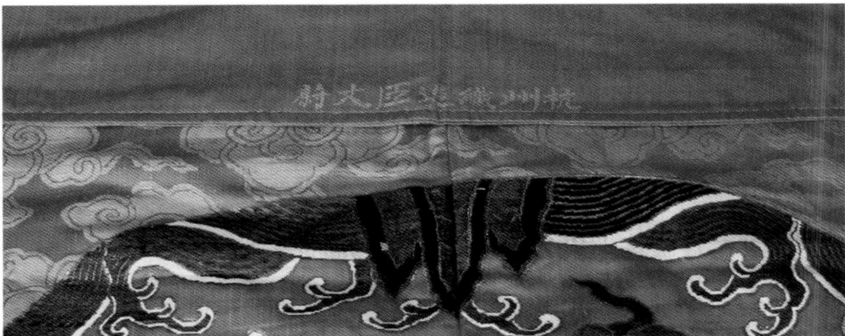

（b）局部

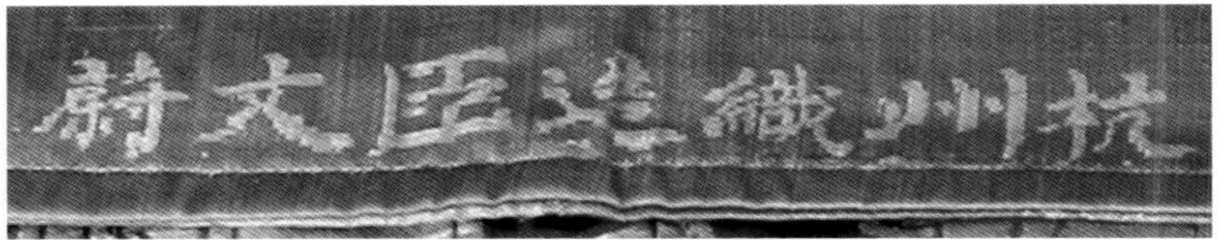

（c）机头

图 Ts178 红地妆花过肩龙朝服坯料
年代：清早期
尺寸：单幅共计长 1260 厘米，幅宽 72 厘米
机头文字 ：杭州织造臣文蔚

（a）正面

（b）反面金线短跑梭

（c）局部放大图

图 Ts179 蓝地妆花缎过肩龙朝袍坯料
年代：清中期
尺寸：单幅长共计 1360 厘米，幅宽 73 厘米

机头文字为“江南织造臣文琳”，边角附有“机匠马珮”字样。除了两条柿楴过肩龙以外，整件坯料共织有 24 条行龙。此龙袍坯料保存完好，是笔者于 2008 年在香港的古玩博览会上买到的，卖主是一对原籍尼泊尔的英国夫妇，夫妇两人非常淳朴、诚实。前些年，笔者每年去香港都从他们那儿买一些龙袍。时间长了，笔者每次去参加古玩博览会，双方都会见面。由于境外的东西越来越少，加之这对夫妇的年事较高，缺乏竞争力，近两年基本看不到他们的东西，他们也很少去香港了。

（a）龙袍残片

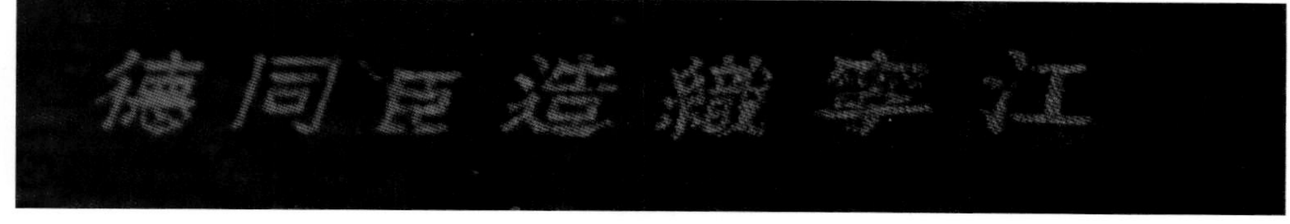

（b）机头

图 Ts180 蓝色地妆花龙袍坯料残片
年代：清中期（约乾隆时期）
机头文字：江宁织造臣同德

据记载，江宁织造的名称，其年代一般早于清道光时期（1821－1850），以后改为江南织造或南京织造。根据云龙纹、山水纹和色彩等风格特点，此龙袍残片的年代应该为乾隆时期。传世实物中有很多出自该年代、工艺相同的龙袍，因为机头部分被裁剪掉，在年代上很难定位。这件龙袍残片保留了机头，是很好的参考资料。

（a）龙袍

（b）局部

（c）机头

图 Ys197 黄地带机头妆花缎龙袍
年代：清中期（约乾隆时期）
尺寸：身长 142 厘米，通袖长 192 厘米，下摆宽 122 厘米
机头文字：江南织造臣明伦

通过图 Ys197 所示的龙袍可以看出，机头距离龙袍下摆的立水约 15 厘米。在正常情况下，只要制成龙袍，机头肯定被裁剪掉。这种保留机头的龙袍非常少见，机头是织造产地和用途的最直接的证据。此龙袍的颜色为皇帝、皇太子及其女眷才能穿用的明黄色，根据机头的文字，证明是清代为宫廷皇家织造的龙袍，非常珍贵。

（a）龙袍

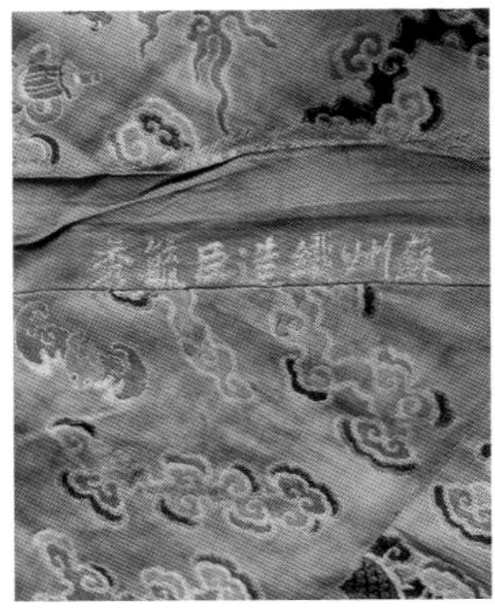

（b）局部

（c）机头

图 Ys160　香黄色妆花龙袍坯料
年代：清中晚期
尺寸：身长 133sm，下摆宽 120 厘米
机头文字：苏州织造臣毓秀

应该说明的是，只要某厂家的产品有供宫廷用的历史，哪怕只有一次，都有很大的影响，往往是整个地区的骄傲。这种骄傲是长期的、历史性的，有的甚至历经明清两个朝代、十几代人，到现在还引以为豪。但每个时代为宫廷织绣的厂家变化很快，不是一成不变的。实际上，当时每个有实力的厂家都会尽全力争取，在激烈竞争的状态下，有很多织绣厂家曾经为宫廷制作各种物品。

（a）朝服襕杆上的行龙

（b）机头反面

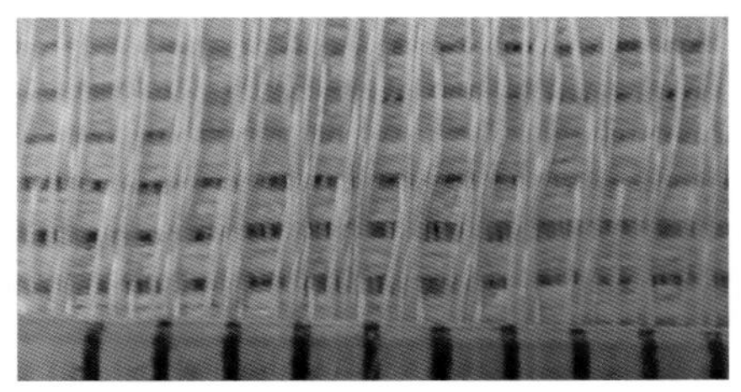

（c）放大分析图

（d）柿蒂龙纹反面

（e）柿蒂龙纹正面

图 Ys196 黄色带机头过肩龙袍坯料
年代：清中晚期
尺寸：总长 1350 厘米
密度：经线每厘米 40 根，纬线每厘米 12 根
机头文字：苏州织造臣椷兴

图 Ts174 白色云龙纹带机头面料
年代：清晚期
机头文字：浙江杭州 X 管盐政织造臣广 X
（“X”表示不确定的文字。——编者注）

(a)龙袍

(b)机头

(c)局部

图 Ys110 织纱龙袍坯料
年代：清晚期
机头文字：X 杭蒋盛昌号内局本机雷网丝锠纱服

这是一件织纱龙袍坯料，全长 736 厘米，品相很好。是笔者于 2006 年在香港博览会上买到的，卖主是英国籍的尼泊尔人，很喜欢中国的丝绸文化。

图 Ys158 紫色妆花龙袍残片
年代：清晚期
机头文字：张沄记

图Ys158所示残片是清晚期的一块机械妆花龙袍坯料，上有机头。多数龙袍的机头上都带有“臣”“官”等字样。此机头的格式和社会上常见的机头没有区别，说明不但朝廷指定的工厂可以生产，只要市场需要，有能力的工厂或个人都可以织绣龙袍。清代在龙袍的生产环节上没有具体规章。

二、南京

根据传世实物，南京机头的传世较少，这种现象和明清时期名气很大、产品数量占有相当份额的云锦并不相符，整体分析主要有两个原因。

第一是产品的类别。南京云锦之所以名气很大，其重要原因是南京的主打产品采用妆花工艺织成，而妆花产品更适合加工各种服装等，绝大部分坯料的机头无法得以保留。

第二是产品的年代。我们所见到的绝大部分机头是晚清民国时期的产品，而南京纺织品的兴盛应该在16~18世纪。查阅南京的纺织历史，实际上到19世纪，南京的纺织品有所衰落，中国纺织品的重点向南转移到苏州和杭州地区。

图 Ts176 红地织金面料残片
年代：清中期
机头文字：江宁恒记汉广真金

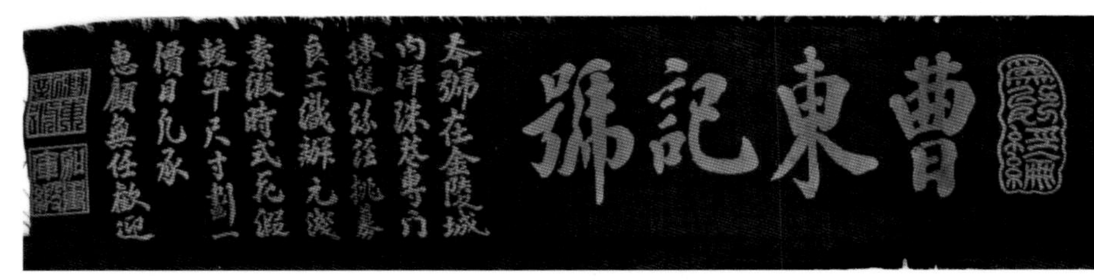

图 Th141 双色提花机头
机头文字：曹东记号

（a）正面

（b）反面

图 Th165 双色提花缎机头
机头文字：金陵李光廷记头摹库缎

图 Th154 双色提花缎机头

这两件机头（图 Th165，图 Th154）同是“金陵李光廷记头摹库缎”，其中一个加 “真正”两字，说明同一家工厂。由于时间、销售对象甚至纺织机匠的不同，其机头也有所变化。

三、苏州

苏州机头的设计是最为成功的。一般中间为厂号，两侧用图章的形式注明地名、厂名等。为了有较好的广告效应，字体较大，整体醒目、华丽。根据比对，笔者把设计风格近似、没有地区标志的机头也归类在苏州机头以内。

图 Th137 红色绸地机头
机头文字：江苏 莹素 仁记选置

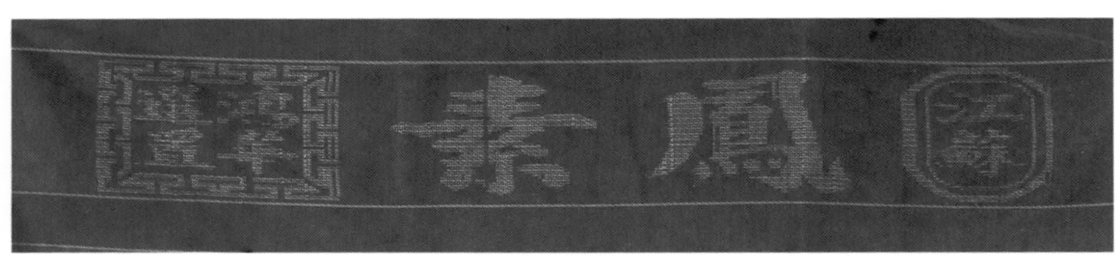

图 Th144 红色绸地机头
机头文字：江苏　凤素　鸿华选置

图 Th147 蓝色缎底机头
机头文字：内局 耕织图 介记选置

图 Th148 蓝色缎地机头
机头文字：苏省 晶素 赵锦记置

图 Th128 浅蓝色缎地机头
机头文字：宏康丝织公司

图 Th145 黑色缎地机头
机头文字：姚裕兴库缎

图 Th159 白色缎地机头
机头文字：增庆源

图 Th160 黑色缎地机头
机头文字：张祝记缎号 万年有家
经理督造 自制特别极品爱国库缎

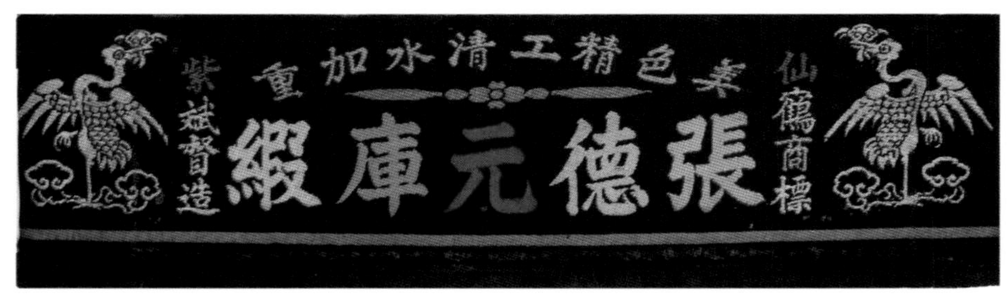

图 Th161 黑色缎地机头
机头文字：张德元库缎 仙鹤商标
紫斌督造 美色精工清水加重

图 Th162 黑色缎地机头
机头文字：王聚昌库缎 海马商标 祝三选制

图 Th163 黑色缎地机头
机头文字：沈昌泰本厂头号库缎

图 Th127 蓝缎地两色提花机头
机头文字：特制最新出品 天明丝织厂

四、杭州

杭州机头的传世较多，多数文字比较简单、清楚，这种特点应该和产品年代和种类有关。从现有传世的机头看，年代都在清晚期到民国时期，大部分是素绸缎面料的机头，而是杭州生产的素绸缎数量相对较多，这些都有益于机头的保留。

图 Th123 石青地吉云纹锦缎
机头文字：李宏兴绚缎祥记选置

图 Th124 黑色库缎
机头文字：浙杭 丰泰库缎

图 Th125 蓝色正缎
机头文字：浙杭 立兴昌正缎

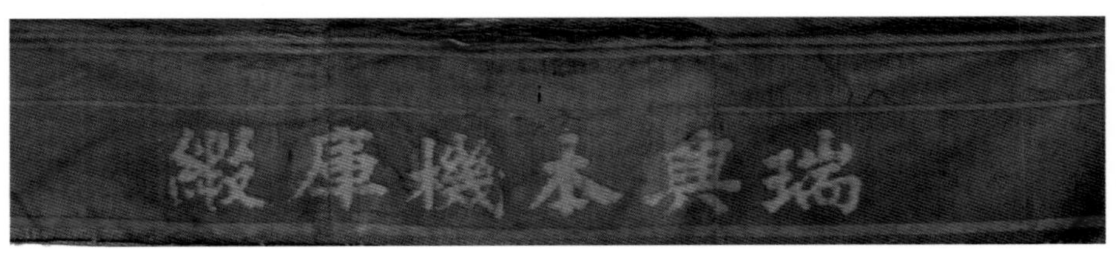

图 Th126 淡青色库缎
机头文字：瑞兴本机库缎

图 Th129 红地机头
机头文字：裕大号监制

图 Th131 黑色章缎
机头文字：仁章公司仁章缎

图 Th132 蓝色华缎
机头文字：浙杭锦华绸厂

图 Th133　素缎机头
机头文字：杭州锦云织绸公司 浙杭益大公司

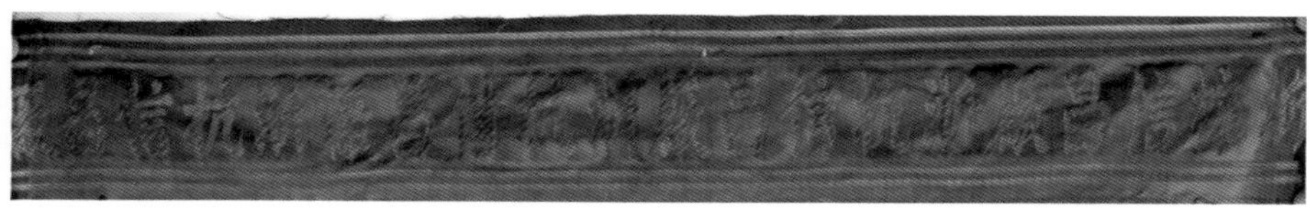

图 Th134 蓝素缎
机头文字：浙杭信昌厂

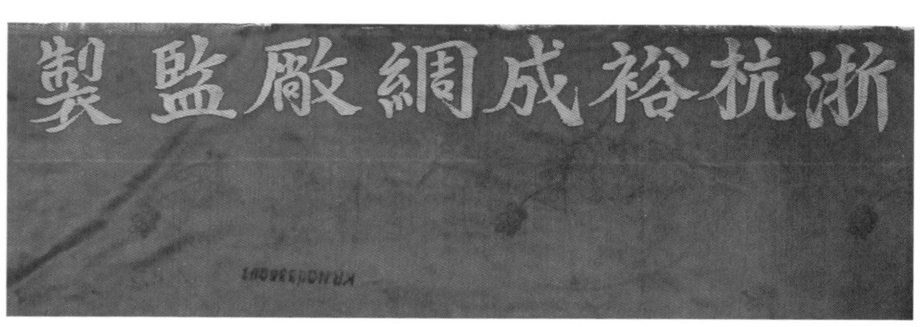

图 Th135 红绸地机头
机头文字：浙杭裕成绸厂监制

图 Th136 浙杭机头
机头文字：浙杭永源织绸厂

图 Th138 浙杭机头
机头文字：浙杭桂华织绸厂

图 Th140 浙杭机头
机头文字：浙杭正丰织绸厂

图 Th142 粉红色素缎
机头文字：瑞源丝织厂

图 Th143 浙杭机头
机头文字：浙杭裕泰丰造

图 Th146 浙杭机头
机头文字：浙杭培昌厂

图 Th149 石青绸机头
机头文字：杭州源隆文造

图 Th150 蓝色克利缎
机头文字：豫成厂克利缎

图 Th151 蓝色克利缎
机头文字：源隆泰克利缎

图 Th152 浙杭机头
机头文字：浙杭鸿霞绸厂

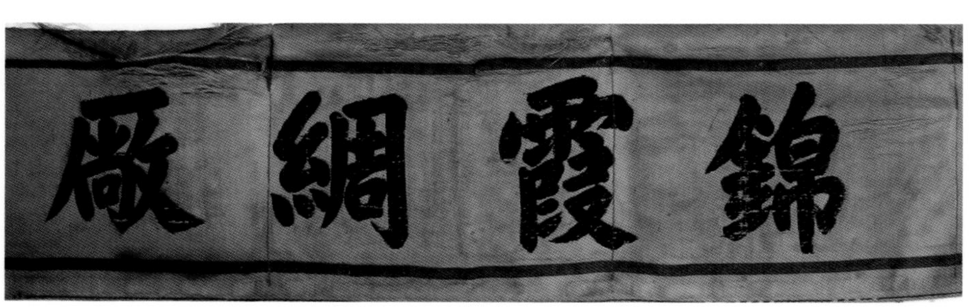

图 Th153 锦霞绸厂机头
机头文字：锦霞绸厂

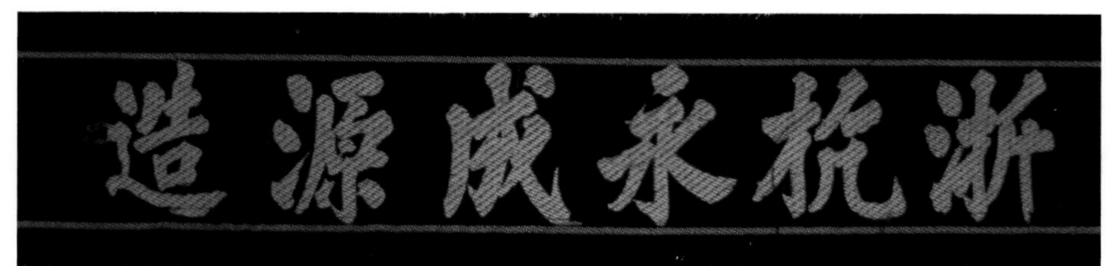

图 Th155 浙杭机头
机头文字：浙杭永成源造

图 Th156 黑色克利缎
机头文字：文兴恒克利缎

图 Th157 粉红色库缎
机头文字：天和永库缎

图 Th158 淡青素缎
机头文字：义华出品

图 Th164 灰色库缎
机头文字：杭州源隆泰造

图 Th130 紫色缎
机头文字：章福丝织公司 精美爱华缎

第三部分

坯料种类和实物分析

Piliao Zhonglei he Shiwu Fenxi

纺织工艺从丝线到布匹需要很多前期工作，其中包括图案的设计、色线的印染、组织关系的设计等。由于织机功能的局限，不同的工艺需要不同的织机。这种前期工作需要很高的科学技术，远比纺织工人的操作意义重大，直接关系到产品的质量、制作成本和市场销售等。这些对于每家工厂都是极为重要的。

根据织物的用途，事先设计好款式、尺寸和纹样，按照使用目的织成的布匹，在没有制成物品以前，业内叫做坯料。如果坯料经过裁剪、缝制成物品，往往具有相应的名称。

图 Ts001 黄色妆花龙袍坯料

年代：清中期（约乾隆时期）

尺寸：长 282 厘米，下摆宽 122 厘米

第十一章
饰品类

纺织品是由纱线交织而成的，具有柔韧性和牢固性，能够长期使用而不易破损，而且轻薄，便于携带。通过妆花、缂丝、织锦、印染等工艺所形成的纹样，既有丰富的色彩变化，也有很好的立体效果。所以，从古到今，由纺织工艺形成的饰品种类很多，包括挂帐、桌裙、椅披、门帘、坐垫、香包、扇套等。既有精美华丽、工艺精湛的皇宫用品，也有寺庙用品和普通百姓的喜庆用品；既有厅堂雅室用的挂帐、屏风，也有遗赠友人的精美荷包、扇套。大面积的饰品需要多个幅面拼接而成，小饰品的直径只有4~5厘米。随着时代的发展，饰品上的图案几乎涵盖所有的吉祥纹样。

实际上，明清时期锦缎的使用局限于达官显贵，对于一般百姓是奢侈品。无论是工艺、图案，还是款式、色彩，都能够代表当时的一种社会文化，反映当时社会的时尚和人们的向往，这种现象往往成为社会潮流时尚的导向。

一、顶棚

在西藏众多的寺庙、公共场所或家庭的厅堂，都有装饰屋顶的习俗，有正方形，但多数是长方形。具体而言，是在客厅的屋顶中央装一块织绣有华丽纹样的绸缎，一般宽约2米、长约3米，四周垂挂高约30厘米的绸缎边饰。西藏人叫做顶子或顶棚。这种风俗在现在的多数寺庙、家庭中还在延续。

顶棚的尺寸较大，明代早期保存完好的传世品较少，构图都很规范，带有明显的宗教色彩，工艺精细，能代表当时织物的最高水平。

图 Ys211 黄缎地缠枝花卉纹顶棚
工艺：片金锦
年代：明早期
尺寸：长 310 厘米，宽 280 厘米

图 Ys010 红缎地缠枝花卉纹顶棚
工艺：片金绸
年代：明早期
尺寸：边长 310 厘米

图 Ys212 红缎地缠枝花卉纹顶棚
工艺：织金绸
年代：明早期
尺寸：边长 285 厘米

以上三件顶棚的纹样和织金工艺大同小异，年代差距也不大，应属于同一时代和用途的物品。在只有藏族才使用的顶棚中，这种相同纹样、年代和尺寸的比较多见，说明在明代早中期很盛行。因为年代较早，更多的已经成为残片，因为顶棚的尺寸很大，而且工艺精细，织造成本昂贵。到了明代晚期，专为装饰顶棚而织造的实物逐渐消失，大部分改用其他带华丽纹样的坯料，其中最多的是过肩龙袍坯料。到清代中晚期，龙袍坯料越来越少，多数用其他面料制作顶棚。

图 Yf 002 缂金地众僧成世图
工艺：缂金，缂丝
年代：明中期
尺寸：长 215 厘米，宽 185 厘米

此顶棚的四周织有18个穿着和神态不同的僧人，中间坐一尊佛，佛的周围织有藏族人常用的五字真言。这种形式在业内叫作众僧成世图，也有的叫十八和尚东渡、十八和尚赶老生等，是一个著名的修成正果的故事。此缂丝产品长215厘米，幅宽185厘米，中间没有接缝。整件顶棚一次织成，说明当时用于缂丝的织机至少能够生产此幅宽的产品。织机设计上和工人操作上，都有一定难度，说明当时的缂丝工艺很发达。

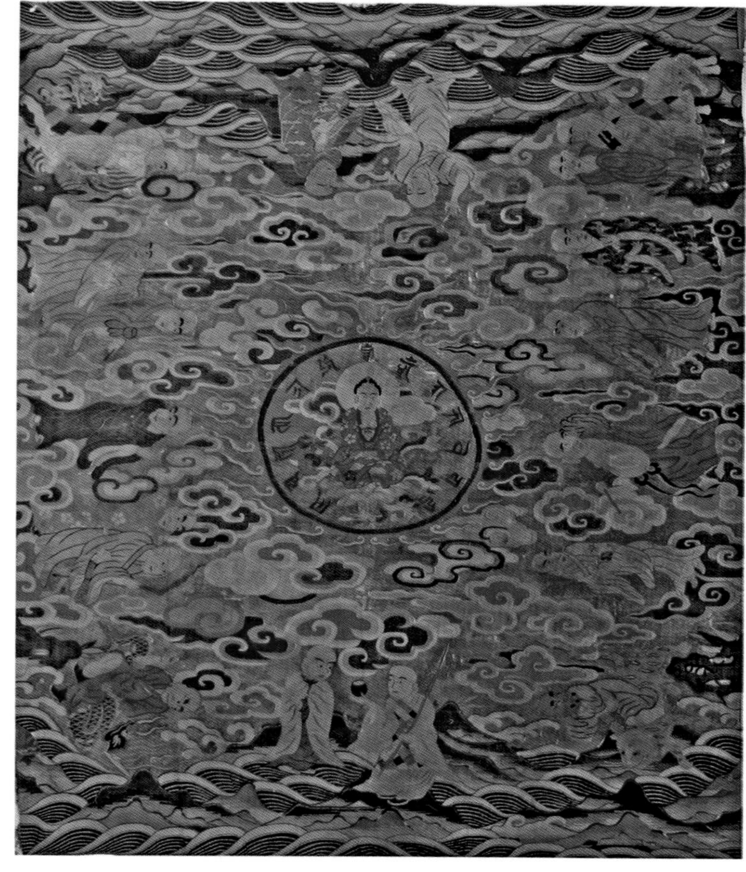

二、挂帐

挂帐的应用范围更广泛，各个民族都有装饰挂帐的习俗，但是每个民族采用不同的构图形式和纹样。

图 Yf001 红地五龙八宝云纹挂帐
工艺：缂丝
年代：17 世纪晚期
尺寸：长 215 厘米，宽 180 厘米

明代缂丝，所有颜色的变化采用更换丝线回纬的织法，基本不用笔画。为了节省工时，缂丝产品使用的纬线很粗，但由于组织结构很紧密，并不显粗糙，质地也很厚重。

清早期的龙纹传世较多，纺织工艺和尺寸、构图方式差别不大，工艺精细，色彩协调。云龙纹的布局生动合理，无论是纺织技艺上，还是构图的视觉效果上，都很规范，多数年代约为17世纪下半叶，即清代早期。根据西藏的朋友所言，此类织物在西藏基本用于寺庙。

图 Ys002 绿缎地龙凤纹挂帐
工艺：妆花缎
年代：清早期
尺寸：长 180 厘米，宽 140 厘米

“故宫博物院藏文物珍品大系”《明清织绣》第 81 页的“绿地龙凤花卉纹妆花缎”和此挂帐基本相同，属于同一种物品，说明除了藏区的寺庙以外，宫廷中也有应用。

图 Ys003 红缎地龙凤纹挂帐
工艺：妆花缎
年代：17 世纪晚期
尺寸：宽 178 厘米，高 198 厘米

图 Ys011 黄色缎地龙纹挂帐
工艺：妆花缎
年代：17 世纪晚期
尺寸：花芯宽 90 厘米，高 110 厘米

此类的龙纹挂帐出自清代早期，乾隆以后便很少见到。年代晚的挂帐，龙纹排列、尺寸都有很大变化，流行的时间不长，区域范围也不大，但使用量较大，有较多的传世品。明清朝廷严格限制龙纹的使用范围，按当时的典章，此类云龙纹只有宫廷和寺庙两种场合可以使用，一般百姓不能使用。这一时期，无论是纺织还是刺绣，工艺上都精益求精，不计工本，很多产品处在历史的巅峰时期。相比较而言，年代更早的，构图和纺织工艺等都不够成熟。清雍正以后，很多纺织品较多地追求降低成本，或多或少有偷工减料的现象，工时呈下降趋势。

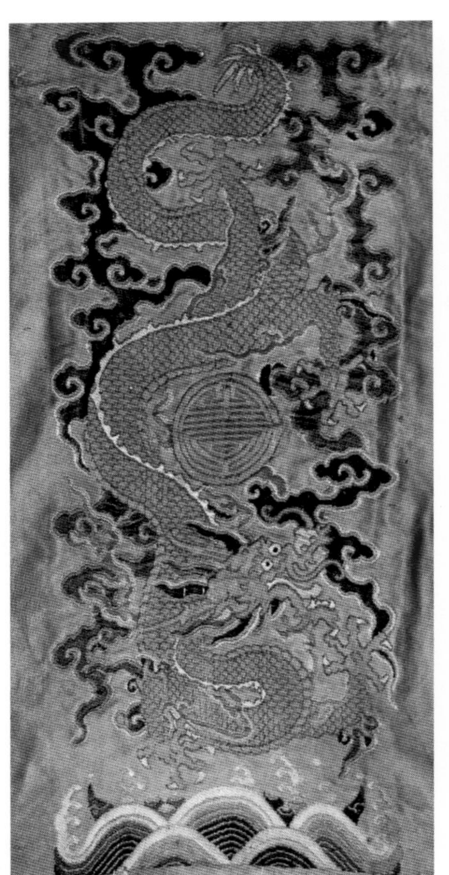
（a）正面

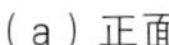

（b）反面全抛梭图

图 Ys192 黄缎地云龙纹妆花条屏
年代：清早期

纺织工艺有粗细之分，妆花工艺更是如此。粗细不同的织物所用的工时差距很大。纹样和面积大小均相同，同样使用妆花工艺，细工如果每天织1寸，工艺粗糙的能织1米。而越精细的纺织品，其主要成本往往在人工。此条屏为明黄色，工艺非常精细，是妆花工艺中的精品，应为皇家用品。

三、坐褥、靠背

坐褥和靠背的使用始于清代早期，是因为高档的硬木家具过于硬挺，缺乏舒适性而产生的。为了使得坐、靠舒适，原装的坐褥、靠背衬里和面料之间絮有很厚的丝绵。在传世品中，大部分采用刺绣工艺，其他工艺较少。

因为社会的快速发展，坐垫和靠背已失去原来的意义，人们将其作为文物或装饰品收藏。由于带丝绵的坐垫携带不方便，很多被拆除丝绵，现在看到的多数是面料部分。

（a）正面

（b）局部放大图

图 Ys154 缂丝坐垫
年代：清晚期（约嘉庆时期）
尺寸：长 55 厘米，宽 55 厘米

此坐垫的工艺、构图非常精细。小坐垫的传世实物很少，加之缂丝通经回纬工艺的特殊性，这种坐垫并不实用，坐在上面很容易破损。

（a）正面

（b）反面

图 Ys163 满地云龙纹靠背
工艺：满地妆花
年代：清早期
尺寸：高 60 厘米，宽 65 厘米

此靠背使用抛梭和回纬相结合的妆花工艺，下端为海水江崖，其余部分由云龙纹组成，整体上没有空白。2008 年出版的《天朝衣冠》第 59 页的“明黄色满地云金龙妆花绸女锦龙袍”的工艺和此靠背雷同。

靠背在构图和色彩上都很规范、合理，但工艺上缺乏合理性。妆花是指在基本组织的基础上介入彩纬而形成纹样的工艺，如妆花缎、妆花绸、妆花纱。而此件靠背几乎没有基本组织，所有纹样都通过彩纬的沉浮而形成。和织锦工艺的差别是有明显的回纬现象，反面也使用抛梭的方法。这种类似于织锦的妆花工艺，织造时很耗费工时，产品质量、组织密度、图案效果一般。

靠背、坐褥的构图一般很密集，工艺相对复杂。纬线色彩变换复杂的织物多数使用织锦或缂丝工艺。因为织锦是通纬工艺，完全利用经纬组织的变化、彩色丝线的沉浮形成纹样。与妆花工艺比较，虽然前期的设计和织机的结构相对复杂，但织造过程中会大幅度地节省人力和工时，产品的平整和牢固程度等也优于妆花。另外，缂丝是纯回纬的工艺，不需要很多综，每根纬线的通梭根据图案的需要更换彩线即可。织机结构和织造过程都比较简单，而且图案线条清晰、分明，所以也比较合理。

（a）正面

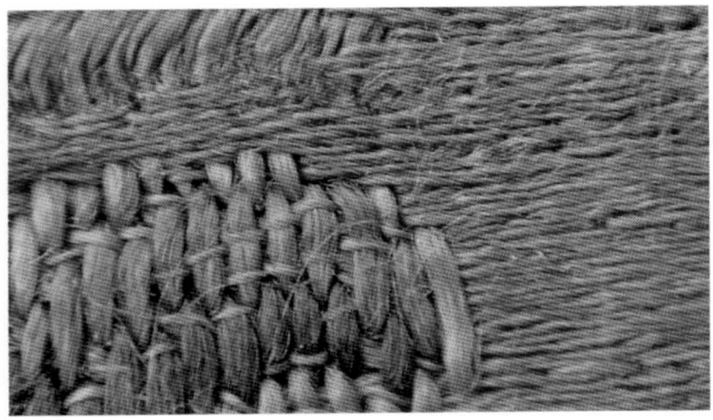

（b）局部放大图

图 Ys009 土黄缎地坐褥

工艺：妆花缎

年代：清中期

尺寸：长 115 厘米，宽 90 厘米

坐褥也叫坐垫，多数是宫廷用品，有方形、长方形和圆形等。尺寸大小不一，较大的一般是席地而坐时垫在地上用的，小的是垫在炕上或床上用的。由于织锦工艺缺乏灵活性，现在能看到的传世品，大部分采用刺绣的工艺。

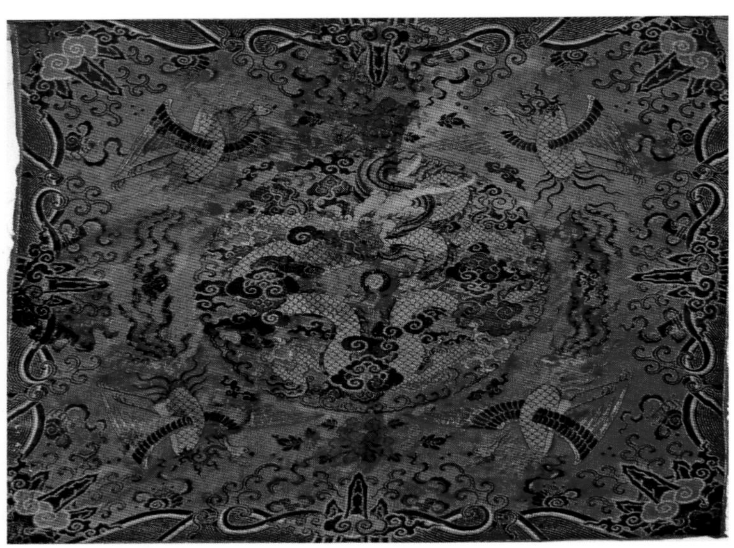

（a）正面

（b）反面

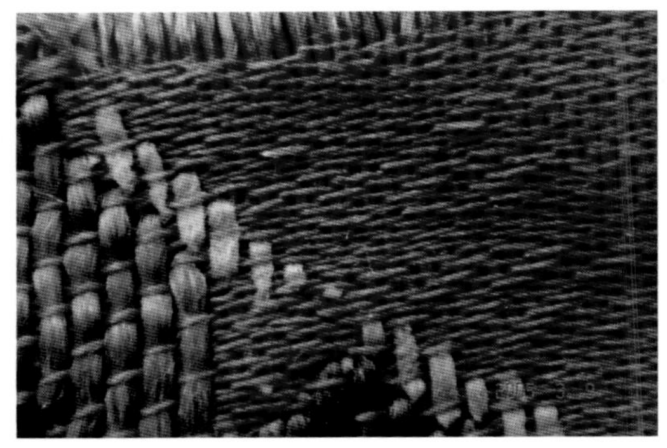

（c）局部放大图

图 Ys139 红缎地仙鹤团龙纹坐垫

工艺：妆花缎

年代：清早期

尺寸：长 95 厘米，宽 95 厘米

此坐垫的构图的对称性很强，中心为一团龙，周围配四凤纹，四边、四角为对称的山水纹。中心圆、四角方的构图，也可称为天圆地方。

（a）正面

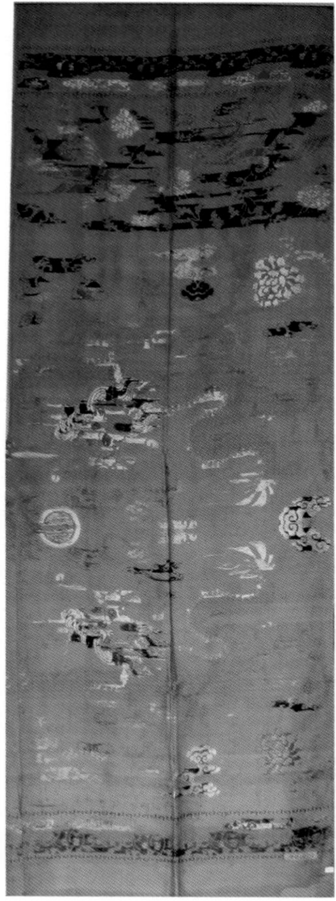
（b）反面

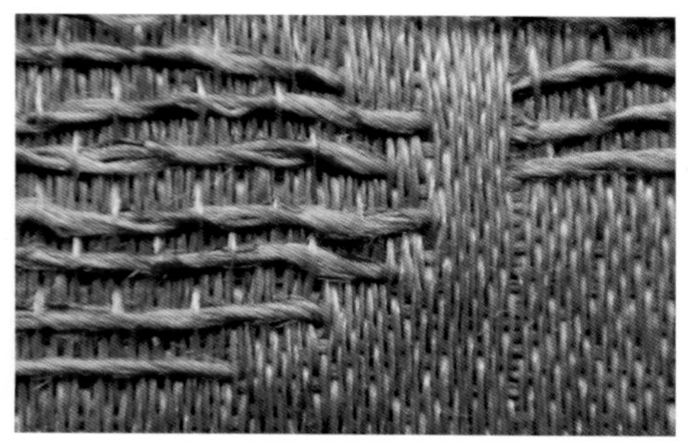
（c）局部放大图

图 Ys159 绿缎地二龙戏珠纹门帘
年代：清早期
尺寸：高 198 厘米，宽 72 厘米
工艺：7 沉 1 浮 8 枚缎，横向 8 飞妆花缎

根据龙纹的形状，此门帘由两片组成。清代的很多纹样设计非常讲究对称。

此件门帘中，两条龙纹尾相对，龙头朝同一个方向，无论是横向看还是竖向看，都应该是整个图案的对称线。

（a）正面

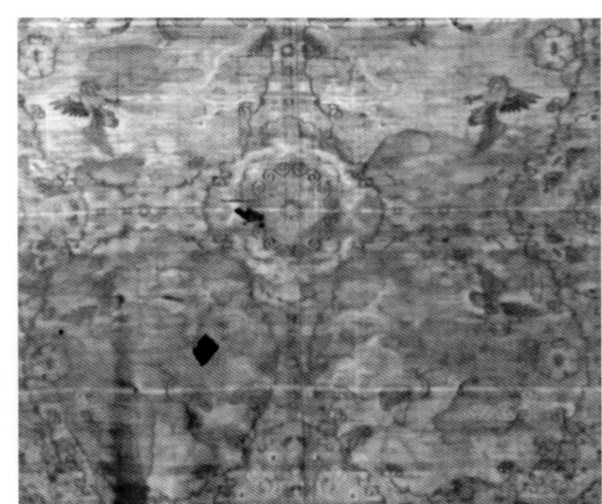
（b）反面

图 Ym003 黑色鹿鹤同春开光纹织锦片
工艺：织锦缎
年代：清晚期
尺寸：长 200 厘米，宽 85 厘米

四、门帘

20 世纪 70 年代以前，门帘是每个家庭必须使用的物品，是挡风保暖和屋与屋之间阻隔视线的必备之物。根据各地的风俗习惯，房门的大小、门帘的尺寸不同。北方冬季，外屋一般用絮有棉花的棉门帘。随着社会的快速发展，人们的住房环境有了很大的变化，除了部分公共场合使用门帘，家庭用门帘已经逐渐被淘汰。

根据传世实物分析，专门为制作门帘而设计织造的坯料，最早出现在清代中期，因为很耗费工时，造价昂贵。当时每个家庭都使用门帘，织绣门帘大部分为宫廷等权贵而织造和使用，普通百姓使用其他面料缝制。

由于清代的织绣品不能水洗，而且造价较高等因素，门帘的使用范围很小，国内的传世品也很少。但是，外国人往往把这些门帘当作艺术品。下述门帘都是笔者从国外买到的，主要来自各大拍卖公司和一些明清织绣品经营者。

（a）正面

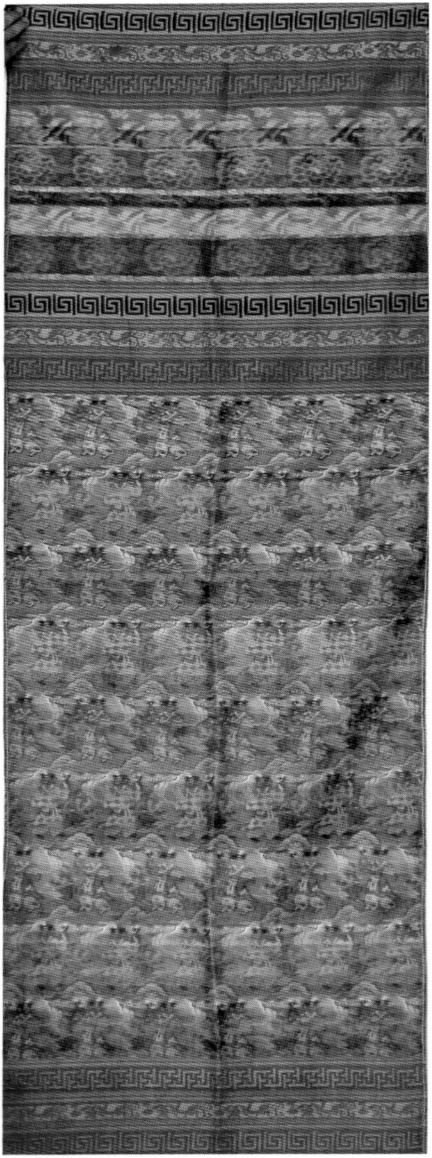

（b）反面

图 Ym001 红色百子图门帘
工艺：多层织锦缎
年代：清中晚期
尺寸：长 215 厘米，宽 75 厘米

2001 年出版的“北京文物精粹大系”《织绣卷》第 208 页刊登的“木红底白子纹夹被”和此门帘基本相同。清代中晚期各种形式的百子图门帘的传世较多，应该和使用场合有关，因为这种门帘多数是结婚时用的，寓意早生贵子、多子多福，预祝家庭人口兴旺、后继有人。

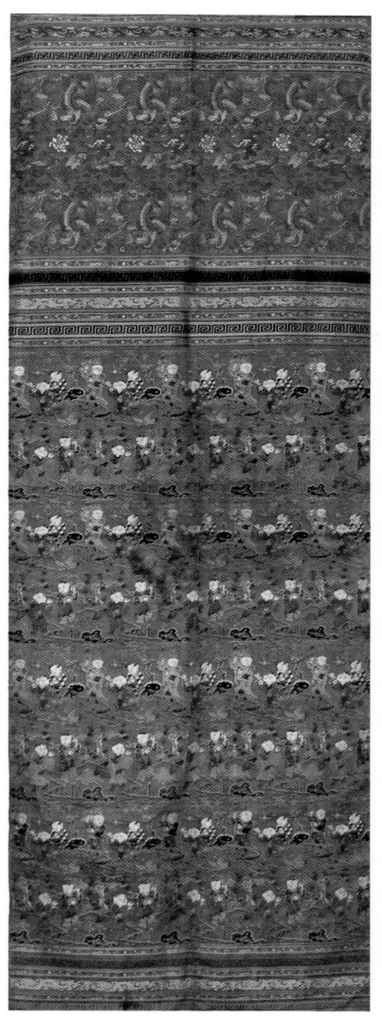

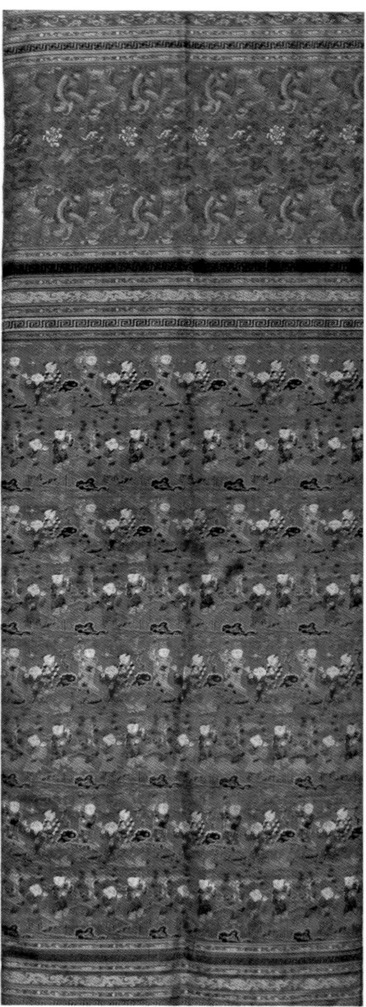

（a）正面

（b）反面通梭

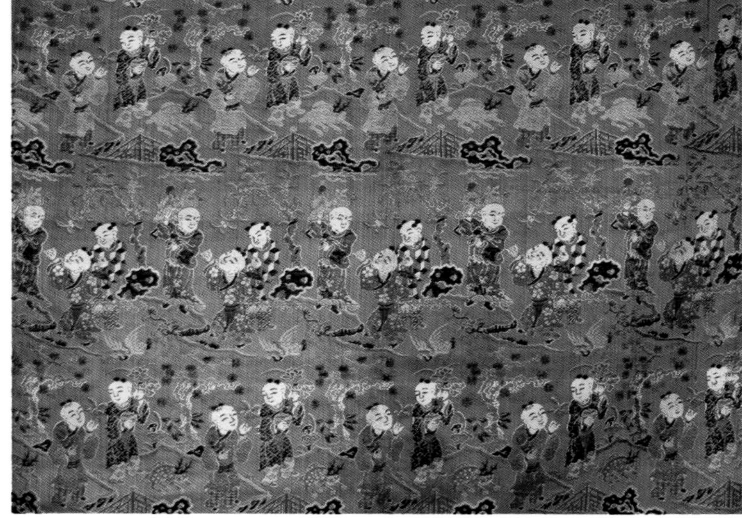

（c）局部放大图

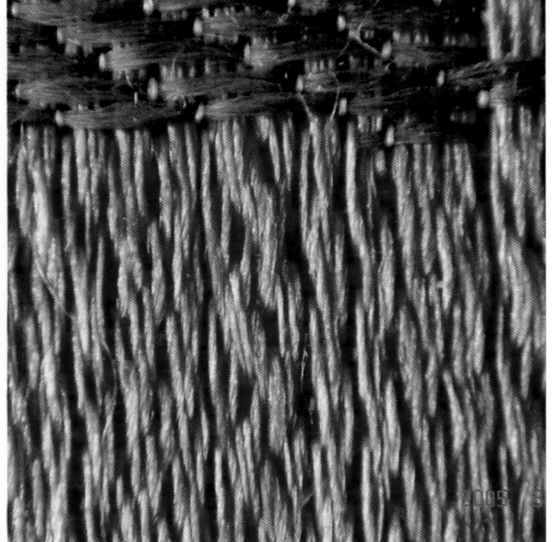

（d）局部放大图

图 Ym005 红色百子图织锦缎门帘（一对）

年代：清中期

尺寸：长 218 厘米，宽 150 厘米

图 Ym004 红色五彩牡丹花卉纹门帘
年代：清中晚期
工艺：多层织锦缎
尺寸：长 200 厘米，宽 156 厘米

织绣工艺的门帘固然美观，但清朝时期的这种带纹样的纺织品基本上不能水洗，否则会将整块门帘上的纹样染得一塌糊涂，所以这种门帘并不实用。

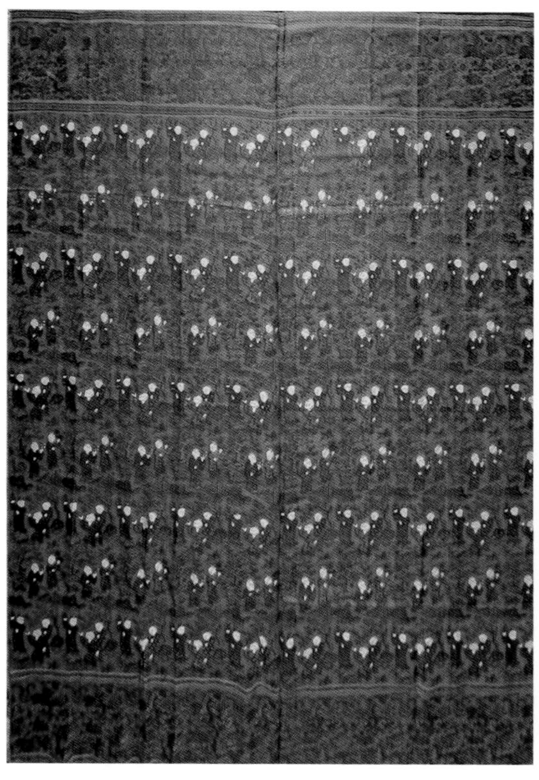

（a）正面

（b）局部放大图

图 Ym008 蓝色织锦缎百子纹门帘
年代：清代
尺寸：高 185 厘米，宽 148 厘米

图 Ym006 红色织锦婴戏图门帘
年代：清中晚期
尺寸：高 200 厘米，宽 152 厘米

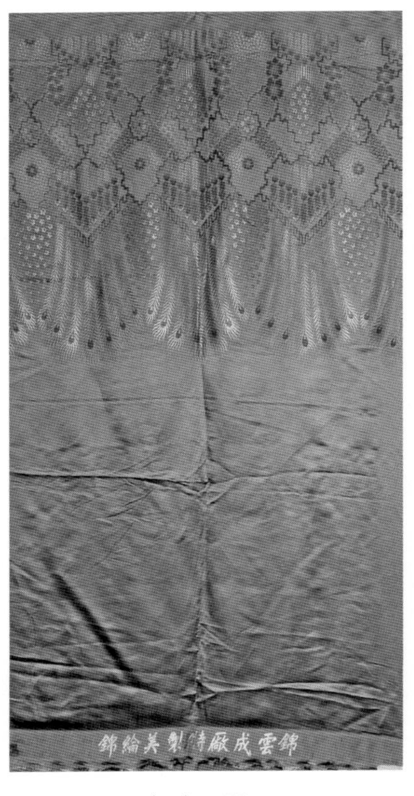

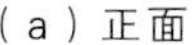

（a）正面

（b）反面

（c）机头

图 Ym009 雪青色提花门帘坯料
年代：民国

到民国时期，随着纺织机械的不断发展，各种纺织品无论在工艺上还是在纺织种类上，都呈现出多、快、好、省的趋势。在纺织过程中，组织循环和密度更加规范，速度上也有了很大提高，大幅度地节省了工时。

五、桌裙、椅披

明清时期，桌裙是悬挂在八仙桌前面的“帘”，用于遮挡桌子前方两条桌腿之间的空档部分；椅披是用来覆盖椅子表面的，根据椅子的形状，不同的部位织绣有不同的图案。使用桌裙、椅披的效果非常明显，使原来木制的桌椅增添色彩，甚至带动整个厅堂焕然一新。所以，明清时期桌裙、椅披的使用很普遍，特别是清代中晚期，传世品很多，但图案大部分采用刺绣工艺。

由于纺织工艺的局限性，配套使用的桌裙、椅披对纺织技术的要求很高。首先，椅披的幅面较窄，整个椅披要一次性完成，图案没有组织循环，而和椅披配套的桌裙的幅面较宽，而且纹样和色彩需要和椅披相同。这些都会导致其织造工艺复杂，成本提高，故不适合采用纺织工艺，更适合采用相对灵活的刺绣工艺。所以，织锦和缂丝工艺的桌裙椅披的传世较少，年代较早，流行时间也较短，在织造工艺、构图风格和色彩等方面，基本上属于同一种风格，没有太大的变化。

图 Yf005 缂金地仙鹤纹椅披（一对）
年代：明末清初
工艺：金地缂丝
尺寸：高 165 厘米，宽 58 厘米

上下全部为仙鹤纹的椅披，年代较早，一般为明代晚期。这一时期的缂丝和织锦桌裙、椅披多数采用仙鹤纹。年代稍晚的清代早期，椅披上半部分的主体纹样仍然是仙鹤，下端的纹样改为相对的两只麒麟。大约到乾隆时期，多数桌裙、椅披的主体纹样由仙鹤逐渐改变为龙纹。之后，织锦工艺的桌裙、椅披基本消失，逐渐被灵活多变的刺绣工艺取代，产量也日渐增加，但由于市场销售等因素，清嘉庆以后几乎全部改变为花卉纹样。

（a）椅披

（b）桌裙

图 Ym002 红缎地云鹤纹桌裙、椅披（一套）
工艺：织锦缎
年代：清早期
尺寸：椅披每条高 168 厘米，宽 58 厘米；桌裙高 95 厘米，宽 90 厘米

此件织锦椅披的上半部分是仙鹤纹，下端是两只相对的麒麟或狮子。这种构图方式的年代比上下全部是仙鹤纹样稍晚，应该是清代早期。

图 Ym010 石青色垫面

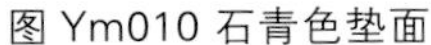

工艺：织锦

年代：清代

尺寸：长 125 厘米，宽 38 厘米

（a）正面

（b）局部放大图

图 Tm028 红缎地狮子天华锦纹椅披残片

年代：清早期

（a）正面

（b）局部放大图

图 Tm036 红缎地龙纹椅披残片
年代：清早期

（a）正面

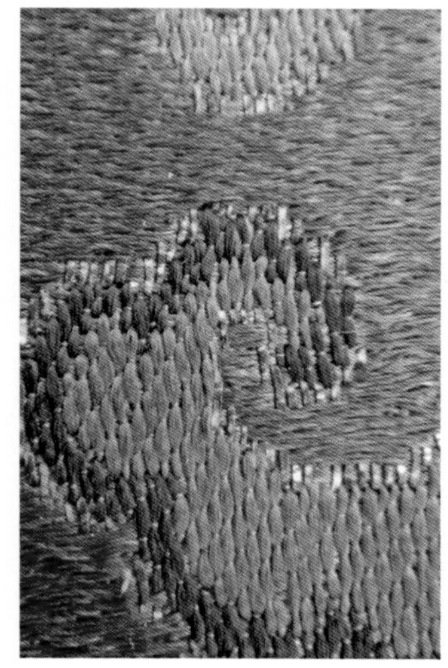

（b）局部放大图

图 Tm011 红缎地狮子纹织锦椅披残片
年代：清早期

（a）正面

（b）反面

（c）局部放大图

图 Tm031 红缎地龙纹织锦椅披残片
年代：清中期

这几件满地织锦的椅披残片，年代都是清早中期。几百年的时光，桌椅的样式从明代的官帽椅、圈椅，到清代的八仙桌、太师椅及民国以后的靠背椅等。随着时代和风俗时尚的变化，桌椅样式和尺寸的变化导致桌裙和椅披随之变化。民国以后基本不使用桌裙、椅披，使得很多做工精美的桌裙、椅披被裁剪成条幅、镜心等工艺品。

六、小件织物

因为机织工艺的特点，并不适合采用纺织工艺织造小件物品。所以，没有见过织锦、妆花或提花工艺的小件坯料，但有少量用面料裁制而成的小件物品，如图 Ys012 所示为用织锦面料缝制的香包。

缂丝工艺采用小梭局部完成，可以在幅宽范围内任何经线位置回纬，通过彩色纬线的更换而形成纹样，纹样的大小可以随意。所以，有少量缂丝的香包、扇套等件料，但使用纺织工艺远不如刺绣灵活多变，所以传世很少。

图 Ys012 蓝色织金银线香包（一对）
年代：清晚期
尺寸：长 11.5 厘米，宽 12 厘米

图 Yf004 缂丝山水纹镶盘金边扇套
年代：清中晚期

图 Yf003 石青地五福纹缂丝香包
年代：清中晚期
尺寸：高 12 厘米，宽 12.5 厘米

第十二章
明代与清初妆花袍褂

第一节 明代龙袍

按照业内习惯的称呼，除了刺绣龙袍以外，所有利用经纬组织和丝线色彩的变化，在织机上形成图案的龙袍，都属于织锦龙袍，其工艺主要包括妆花、提花和缂丝。

根据历史记载，龙袍有三种解释：

(1) 明代以前大概泛指皇帝穿的衣服。皇帝是真龙天子，无论衣服是什么款式和纹样，只要穿在皇帝身上，都称之为龙袍。

(2) 指为皇帝穿用，而且带有特定纹样、款式和色彩的服装。这种龙袍根据朝代不同，纹样、款式和色彩等也有变化。

(3) 还有一种概念，是泛指带有龙纹的袍服，包括清代皇帝的龙袍、所有命官穿的蟒袍、寺庙佛像用的神衣、演戏用的戏装等带有龙纹的所有袍服。

从明十三陵出土的众多龙袍和龙袍坯料，以及各种史料中刊载的明代龙袍图片，可以看出因身份、性别、穿用场合等的不同，明代龙袍在龙纹的应用上也有所不同。龙纹的姿态、纹样大小、行龙或团龙、龙纹的排列位置等变化较多。在款式和尺寸上，既有长袍，也有上衣下裳的裙式。但是在明代，龙袍一词基本是指皇帝和直系亲属穿着的带有龙纹的袍服。其他人穿着的不能称为龙袍。根据影像资料和传世实物及出土的明代龙袍，上衣下裳的过肩龙裙式龙袍应为固定的龙袍款式之一。

明代龙袍在款式上，无论是长袍还是裙式袍，袖子部分基本从腋下到袖口越来越宽，业内称为刀形袖，而且袖子明显比其他年代的服装长（一般通袖长215厘米左右）。所以，袖长、刀形是明代龙袍的特点之一。

另外，明代有较多的将龙纹进行局部改动的现象，比如无爪、牛蹄龙纹。龙纹的主体图案不变，把龙爪改为牛蹄形状，叫作斗牛；也有在龙的脊背上添加翅膀，叫作飞鱼。有的龙纹长三只眼睛，导致这种现象的原因是在明代，除皇帝以外，其他人是绝对不能穿龙袍的，即便是皇帝赏赐，也要把原有的龙纹去掉一个爪后才能穿用。所以，到明代晚期，出现了较多的斗牛、飞鱼等局部经过改变的龙纹。根据实物，这种纹样大多数用于某种特定官阶的龙袍、补服等，也有一部分在明末清初时期用于神衣或者进行佛事活动的服装和服饰等。

一、团龙

明代龙袍主要有两种形式。一种是各种排列形式的团龙袍服，另一种是采用过肩龙形式的龙袍。迄今为止，明代团龙纹样的实物数量极少，只有在少数资料中有图片刊载，社会上的传世和出土实物基本没有，这种现象和当时的典章规定相符。明代典章规定，带有龙纹的袍服只有皇帝、皇太子才能穿用，其他文武百官不能穿用，故生产数量少，见不到传世实物，这也应是合情合理的现象。

图 Ys236 明太祖画像（刊登于《中华服饰七千年》）

图 Ys124 蓝色龙纹圆形补
年代：明代
工艺：织金锦

此团龙和明太祖朱元璋出猎图的历史画像中的团龙基本相同，应该是同一时期的物品。

图 Ys048 提花纹大襟宽袖圆补官服
年代：元末明初
尺寸：身长 90 厘米，通袖长 202 厘米，下摆宽 90 厘米

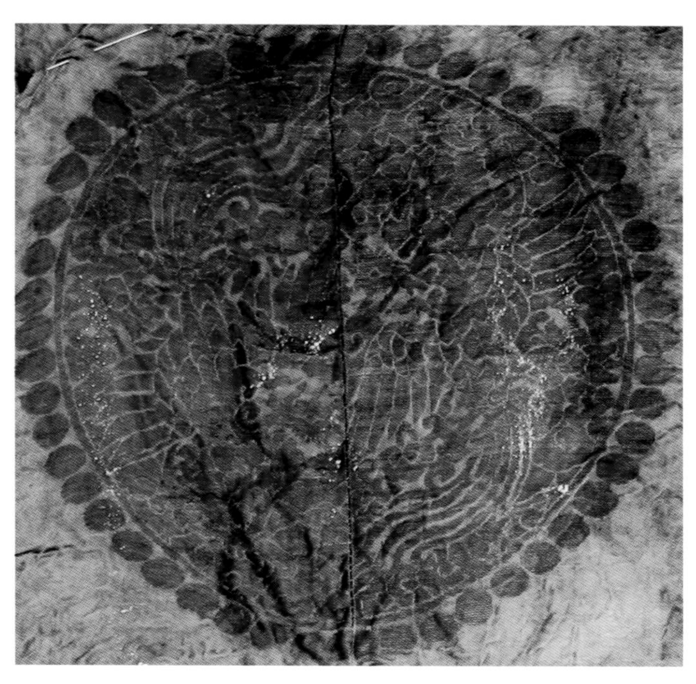

图 Ys125 对凤纹圆形补
工艺：织金锦

二、过肩龙

过肩龙形式的龙袍的流行时间较长，一直到清代早期，都在生产和使用，所以传世数量较多。

裙式龙袍的款式是上身为圆领、大襟，下身采用将两腿围绕起来的裙式。大多数裙式龙袍在缝制时上衣下裳连在一起，但清代的传世实物中有少量单独的朝裙。穿裙式袍服时内穿裤子，使行走坐立时两腿不外露。

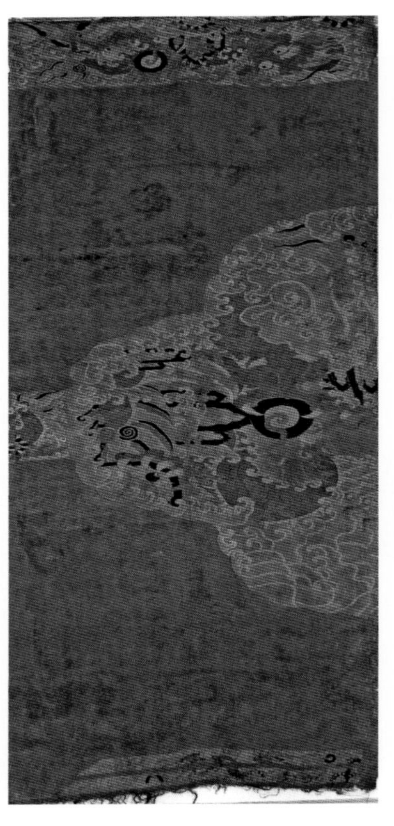

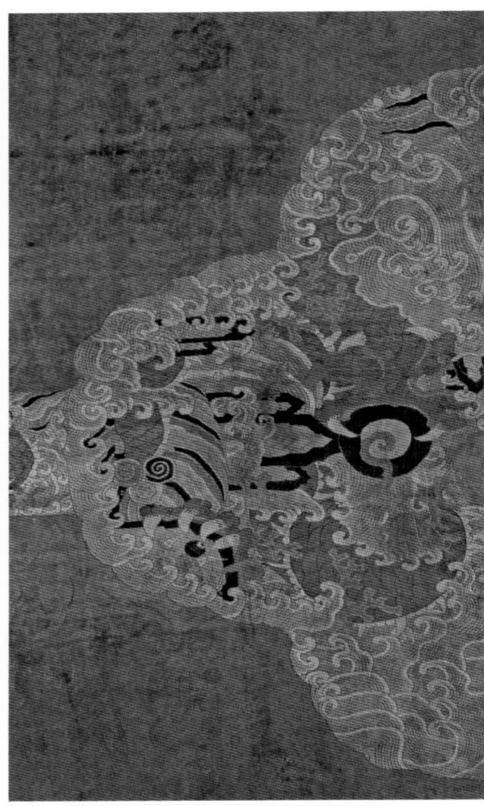

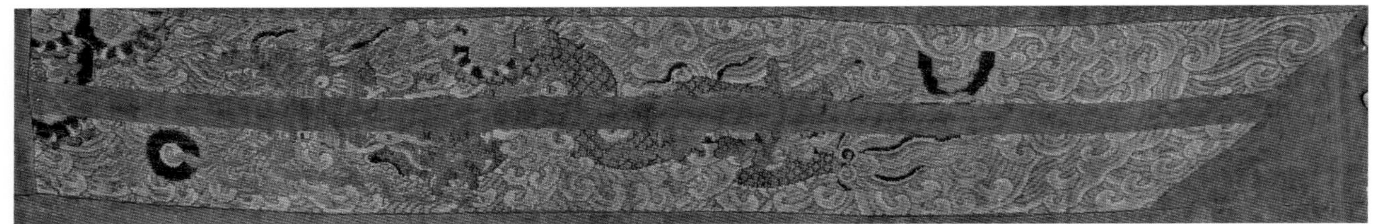

图 Ys150 土黄色龙袍坯料
年代：明早中期
工艺：妆花

图 Ys150 所示是一件非常少见的明代过肩龙袍坯料的半片，从前胸到后背，经过两肩，整个上身缠绕一条大龙。这种龙纹的龙袍极少，流行时间也不长，是明代过肩龙纹初始阶段的产品。在很短的时间内，就被前后两条相对的龙纹所替代。龙袍上身的柿蒂、下身的襕杆和围领等部分的纹样全部由龙纹、水纹等构成，没有常见的云纹。这种构图形式只在明代早期有少量发现。多数龙袍由龙纹和云纹组成，早期的云纹较稀少，一般年代越晚，云纹越密集。

（a）正面

（b）背面

（d）龙袍下摆襕杆上的龙纹

（c）前胸局部纹样

（e）龙袍下摆襕杆上的龙纹

图 Ys020 红色绸地柿蒂过肩龙裙式龙袍

年代：明代

工艺：提花加妆花绸

尺寸：身长 134 厘米，通袖长 200 厘米，下摆宽（展开）330 厘米

此龙袍是上衣下裳组成的裙式，刀形袖、过肩龙，是明代龙袍的基本款式。前胸、后背的龙头下面有两种兽纹，一是虎纹，另一是白泽纹。根据《明会典》记载，洪武二十四年（1391）规定补子图案，公、侯、驸马、伯用麒麟、白泽纹。此件龙袍很可能是驸马等皇亲穿用的。

图 Ys019 红色过肩龙裙式龙袍
工艺：提花加妆花绸
年代：明末清初
尺寸：身长 136 厘米，通袖长 206 厘米，下摆宽（展开）350 厘米

在明末清初一个很短的时期里，有的龙纹采用一黄一蓝或一红一绿两种颜色搭配的方法，意为雌雄。此龙袍即采用这样的龙纹，因为款式为刀形袖，年代应为明代晚期。北京某博物馆藏有一块龙袍坯料，纹样和色彩均和此件龙袍近似。

图 Ys146 红色柿蒂过肩龙裙式龙袍

工艺：提花加妆花

年代：明晚期

尺寸：身长 129 厘米，通袖长 195 厘米，下摆宽（展开）360 厘米

此龙袍的款式和2001年出版的“北京文物精粹大系”《织绣卷》第83页的明正德“四合云过肩蟒妆花缎龙袍”近似。从龙纹上比较，正德时期的龙纹，卷向头顶的须发为多根连在一起，而此件龙袍的龙头须发虽然飘向头顶上方，但明显分为几根，所以年代较晚。

龙袍的上半部分围绕两肩盘绕龙纹，人们称为过肩龙，大部分是前胸和后背分别头朝前尾在后两条行龙。早期少量的上衣只盘绕一条大龙，如图 Ys150，这种龙袍大部分是上衣下裳的裙式，下裳有带龙纹襕杆。明末清初时期少量品字形龙袍，清代七品以下的蟒袍，上半部分也用过肩龙形式。

图 Ys024 红绸地柿蒂过肩纹龙袍

年代：明末清初

工艺：提花加妆花

尺寸：身长 130 厘米，通袖长 203 厘米，下摆宽（展开）320 厘米

大约到元末明初时期，无论是工艺、色彩还是构图，纺织品明显得到了快速的发展。工艺上，除了原有的织锦、妆花和缂丝、提花外，开始采用妆花和提花相结合的工艺，就是主体图案用妆花工艺，空白处加提花工艺的吉祥图案，前期设计更加复杂，也增加了织造的操作难度。

图 Ys145 蓝青色柿蒂过肩龙裙式龙袍
工艺：提花加妆花
年代：明晚期
尺寸：身长 132 厘米，通袖长 203 厘米，下摆宽（展开）360 厘米

据记载，明代时，除了皇帝和其直系亲属以外，官员只有在两种情况下可以穿龙袍。一种是皇帝赏赐，挑去一爪可以穿用；另一种是宦官（太监）陪同皇帝时穿龙袍，一般叫做蟒袍。除此之外，明代的官员不穿龙袍，因此明代的龙袍较少。

因为红色是明代的国色，当时的龙袍大部分是红色，其他颜色较少。这种蓝色的龙袍应该是在特殊场合穿用的。

图 Ys025 石青缎地柿蒂过肩龙纹龙袍

年代：明末清初

工艺：提花加妆花

尺寸：身长 140 厘米，通袖长 210 厘米，下裳边长 360 厘米

图 Ys088 黄缎地过肩龙裙式袍料
工艺：提花加妆花
年代：清早期
尺寸：长 220 厘米，宽 136 厘米

“北京文物精粹大系”《织绣卷》第 108 页的明万历“红织金龙云肩通袖龙襕妆花罗袍料”和此件朝服坯料近似。

柿蒂过肩龙袍的纹样，年代多数为17世纪下半叶。上身柿蒂龙围绕的领口，两端连接袖子的部分，下身前后由行龙、云纹和山水纹组成的襕杆，是具有代表性的明末清初裙式龙袍的风格。但从传世的实物看，这种工艺精细、色彩规范的龙袍坯料，后来多改成其他款式的长袍，或者没有经过裁剪，维持原来的坯料。真正按原有图案轮廓所要求的款式制成的朝袍，很少见到。这种现象应该和所处的年代有关。应该说明，这个时期也是中国织绣品高速发展的时代，无论是妆花、缂丝还是刺绣，很多工艺处在历史的顶峰阶段。在纺织产业快速发展、社会不稳定的状态下，官用产品的产量多，而用量少，甚至有的产品虽然数量较多，却没有得到正式的使用，如大龙纹的龙袍。17世纪下半叶正处在明末清初时期，政治上改朝换代，很不稳定。在这种社会状态下，即便有法规典章，落实和执行也处于半瘫痪状态，而且变化很快。这一点在宫廷服装中有明显的体现。

上述龙袍都是柿蒂过肩龙袍，宽袖、盘领或交领、下裳的襕杆等，都是明代的款式。不排除一些晚期的明式龙袍采用明代的面料、清代的裁剪缝制而成，甚至面料也是清早期的。

三、下摆的龙纹

根据历史资料，龙袍真正的定式应该是从明代开始的。那时，不同的阶级在不同的场合穿用各种纹样的服装，在这个历史阶段，龙纹成为皇帝专用的纹样，是至高无上的。因此，在明代中期并不太长的时间里，龙纹由不太完善演变为几乎完美，龙纹的姿态也快速增多。

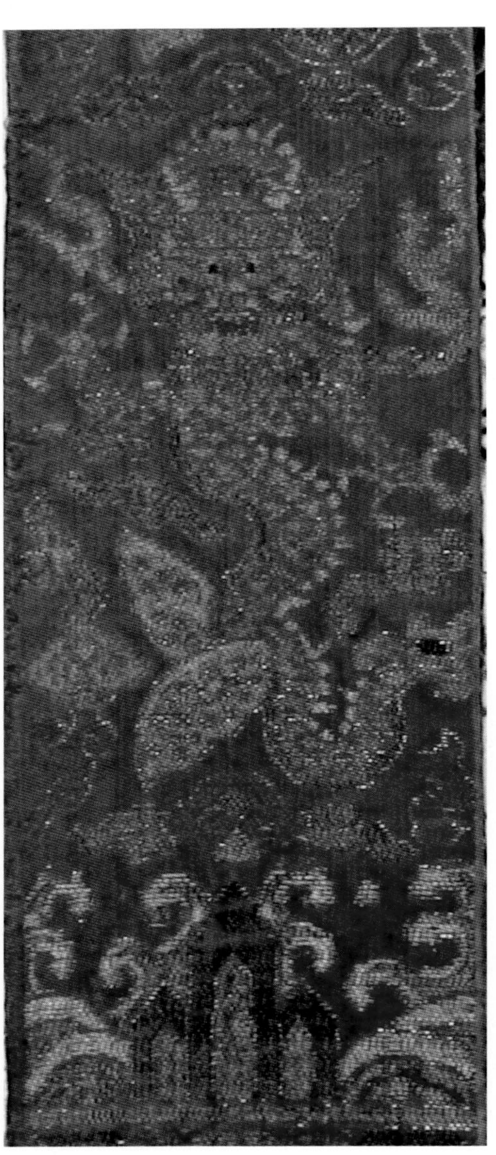

（a）正面

（b）局部放大图

图 Ys149 红缎地飞鱼纹袍领
年代：明晚期
工艺：织锦缎
尺寸：长 20 厘米，宽 9 厘米

此为一件袍服交领上的龙纹，头部是龙纹，前两爪为龙爪，后两爪为翅膀，尾是鱼尾，叫做飞鱼纹。

图 Ys189 红缎地飞鱼纹
年代：明晚期
工艺：织锦

图 Ys151 石青缎地回头龙纹袍服襕杆
年代：明末
工艺：妆花
尺寸：长 70 厘米，宽 23 厘米

图 Ys152 红色满地出水龙纹襕杆
年代：明代
工艺：妆花缎

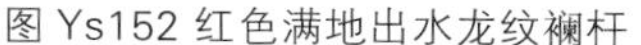

明代早中期的龙纹比较写意，不注意细节，虽有凶悍之感，但不够生动流畅。最生动流畅又具有动感的龙纹出自明晚期和清代早期。清代中晚期的龙纹逐渐肥胖，越来越程式化，表情茫然、呆板，缺乏活力。

图 Ys153 黄色满地龙纹襕杆
年代：明代
工艺：妆花

明代龙袍多数为过肩龙形式，具体是须发浓密，从颈后一直盘绕至头顶，眼睛较大，眼眉向上。明代朝袍襕杆上的龙纹数量不等，少的前后各有两条相对的龙，前后加底襟共有五条行龙。最常见的是前后各四条行龙，加底襟两条，共有十条行龙。也有的是很多条小行龙排列，加在一起有二十多条。

第二节 繁荣而多变的明末清初袍褂

近些年，业内有人把这一时期叫做断代期，笔者觉得非常恰当。所谓断代期，是明代和清代的过渡时期，也是政治上不稳定的一个时期，而且年代跨度较长。这一时期的龙袍，纹样和种类的变化都较快，龙袍的款式也逐步增多。对这一时期的龙袍进行介绍，对了解龙袍的演变过程及年代的衔接都有好处。

纺织品是通过很多个工种互相配合才能完成的行业，生产环节多，相互依赖性强，必须有较多工人和相应的场地及一定的规模。从前期的纹样、款式设计，到纺织、织造出服装坯料，需要很长时间。因此，样本一旦确定，不会轻易改变，同类产品的生产时间往往较长，生产数量也多。所以，织锦龙袍的纹样变化并不十分杂乱，不同时期的构图纹样和色彩特点变化明显，而这种变化对年代的判断提供了很好的依据。

不管哪个朝代，改朝换代也许在一夜之间发生，但服装、服饰的更换都需要较长时间的过渡。明和清两个朝代，对于官服的转换更是如此。大约从明末一直到清乾隆中期的这一百多年里，尽管清王朝在建立之初就对官用服装建立了典章制度，并在康熙、雍正时期屡次健全修改。但是史料和传世实物都反映出此时的服饰等始终处在一种不确定的状态。实际上，北京故宫博物院藏有多款这一时期的龙袍和很多种宫廷服饰，如“故宫博物院藏文物珍品大系”《明清织绣》的第4、8、181页所示，龙纹的位置、形状等都属于明末清初时期的风格。清代服饰典章到乾隆二十四年才真正完善，明确规定了什么阶级、什么场合穿什么色彩、款式和纹样的服装，明确了皇帝穿明黄十二章龙袍、朝袍等。在明、清两个朝代官服的转型期，出现这种现象应该也在情理之中。在服饰上，明、清的过渡几经周折，人口和土地面积均占绝对多数的汉族人，开始时从心理上抵制满族人的统治，更不愿意遵守满族人的风俗习惯，致使态度强硬的清朝政府不得不做出让步，实施“男从女不从”的服装法规。

图 Ys021 蓝色妆花缎大龙纹龙袍
年代：明晚期
尺寸：身长 138 厘米，通袖长 145 厘米，下摆宽 121 厘米

这是一款没有典章记载的龙袍，2001 年出版的“北京文物精粹大系”《织绣卷》第 178 页的“蓝织金子孙龙妆花缎蟒袍”、第 98 页的明万历“拓黄织金龙云肩通袖直身妆花缎袍料”和这款龙袍近似。

这款龙袍的龙纹基本是行龙，龙的须发飘逸，分多绺，卷向龙的头顶上方，白色眉毛清晰向上，鼻偏长，龙头偏大，整体龙身的翻转线条流畅，神态凶猛，是有史以来设计最为成功的龙纹。云头较大而云身很短，甚至没有云身，以多云尾的四合云为基本形状，这些都是明末清初时期的特点。

此龙袍的下摆左右各有一条龙头向下、龙尾翘向上方的行龙纹，这是 17 世纪常用的龙纹。乾隆以后，除了部分汉族命妇穿的霞帔、寺庙中的神衣等，清代宫廷服装很少使用这种龙纹。

图 Ys022 蓝色妆花缎龙袍
年代：明末清初
尺寸：身长 140 厘米，通袖长 142 厘米，下摆宽 118 厘米

看云纹的发展流行过程，云纹主要是为陪衬龙纹而存在的。明清时期，每个朝代都对龙纹有较具体的典章规定，而对数量多、占用面积大的云纹，一直没有任何法规。它们可以随意变化，所以云纹的变化更具有时代特征，可以作为断定年代很好的依据。

元代织物上的云纹，多数为一个云身，上面顶一个云头，整体像蘑菇状，尽量规则地陪衬主体图案。明代早中期，织绣品上的云纹大部分是横向，螺旋形的云头相对较小，云身肥大，云尾较短，呈不规则的块状。到明代中晚期，螺旋云头的形状逐渐清晰规范，根据空白处的形状大小，用组合的方法，把多个云头、云尾连在一起，整个云朵也有逐渐增多、肥大的迹象。

图 Ys031 蓝地全金线织金缎大龙纹龙袍
年代：清早期
尺寸：身长 145 厘米，通袖长 140 厘米，下摆宽 122 厘米

在断代期，全部采用金线工艺的龙袍较少，原因是金线不如丝线柔软，对于需要回纬和抛梭的妆花工艺，如果用较硬的金线，容易变形。相比较而言，捻金线比片金线柔软，所以此龙袍的大部分图案使用捻金线，只用少量的片金线作点缀。

图 Ys051 红地妆花缎正面大龙纹龙袍
年代：清早期
尺寸：身长 146 厘米，通袖长 140 厘米，下摆宽 120 厘米

这种四条大龙纹的袍服多数为行龙纹，正面的龙纹数量很少，龙的身躯和行龙基本相同，只是头部朝前，神态也不如侧面龙有动感。这一时期的龙袍明显呈现多样化的趋势，有各种款式、正龙纹和行龙纹等，龙纹的数量和位置也都比较杂乱。

图 Ys030 蓝地妆花缎大龙纹龙袍
年代：清早期
尺寸：身长 140 厘米，通袖长 145 厘米，下摆宽 115 厘米

此龙袍的图案变化较多，但云龙纹等整体结构比较近似，工艺精细规范，年代差距也不大，传世数量比较多，说明当时有比较多的生产数量，有必要进行介绍。

图 Ys087 石青地妆花缎龙纹龙袍（正面）
年代：清早期
尺寸：身长 143 厘米，通袖长 150 厘米，下摆宽 125 厘米

图 Ys 028　黄色妆花缎云龙八宝纹对襟褂
年代：明末清初
尺寸：身长 140 厘米，通袖长 150 厘米，下摆宽 122 厘米

这件黄色对襟褂的前襟左右和上下共饰四条龙，背面的三条龙呈品字形。2004 年出版的《清代宫廷服饰》第 74 页的“蓝纱织彩云金龙纹夹褂”，纹样和款式与此件对襟褂基本类似，仅龙纹有些差别。从云龙纹看，此件龙褂的年代较早，云纹基本为四合云形式。

图 Yf006 蓝色缂丝云龙纹对襟褂
年代：明末清初
尺寸：身长 136 厘米，通袖长 158 厘米，下摆宽 112 厘米

大块有尾云纹，平水的比例较低，龙、云和山水纹样的构图规范、有动感，背面的品字形龙纹和款式逐渐接近于清代龙袍。

在明末清初的过渡时期，出现了很多种款式和纹样的袍褂，除了传统的裙式和大襟的袍服以外，还有对襟的褂。纹样有正面两条、背面一条龙的，也有正面四条、背面品字形三条龙的。龙褂在当时的龙纹袍褂中占有一定数量。

图 Ys029 蓝色妆花缎龙褂
年代：明末清初
尺寸：身长 130 厘米，通袖长 129 厘米，下摆宽 109 厘米

整件袍褂最大限度地突出龙纹，平水很少，无立水，少量肥大的多尾云纹，龙纹的眉毛、脊背和四肢关节等处有较尖长的利翅。这些都是 17 世纪下半叶的特点。

图 Yf007 红色缂丝云龙仙鹤八宝纹龙褂
年代：清早期
尺寸：身长 127 厘米，通袖长 145 厘米，下摆宽 96 厘米

此件龙褂与 2005 年出版的《明清织绣》第 55 页的 “蓝地缂丝加孔雀羽云蟒纹吉服料” 的纹样和款式类似，仅细微之处有所不同。此件龙褂加了仙鹤纹和八宝纹，前身上面是两条相对的行龙，后背则是一条正龙，下摆左右是两只白鹤，云纹稀少，佛八宝占用较多的空间，袖子的下端有平水纹。龙纹和仙鹤纹同时在龙袍上使用的传世很少，年代较早，一般是17世纪下半叶。清中期的龙袍基本不用仙鹤纹样，到清晚期，部分龙袍开始使用小的仙鹤纹。

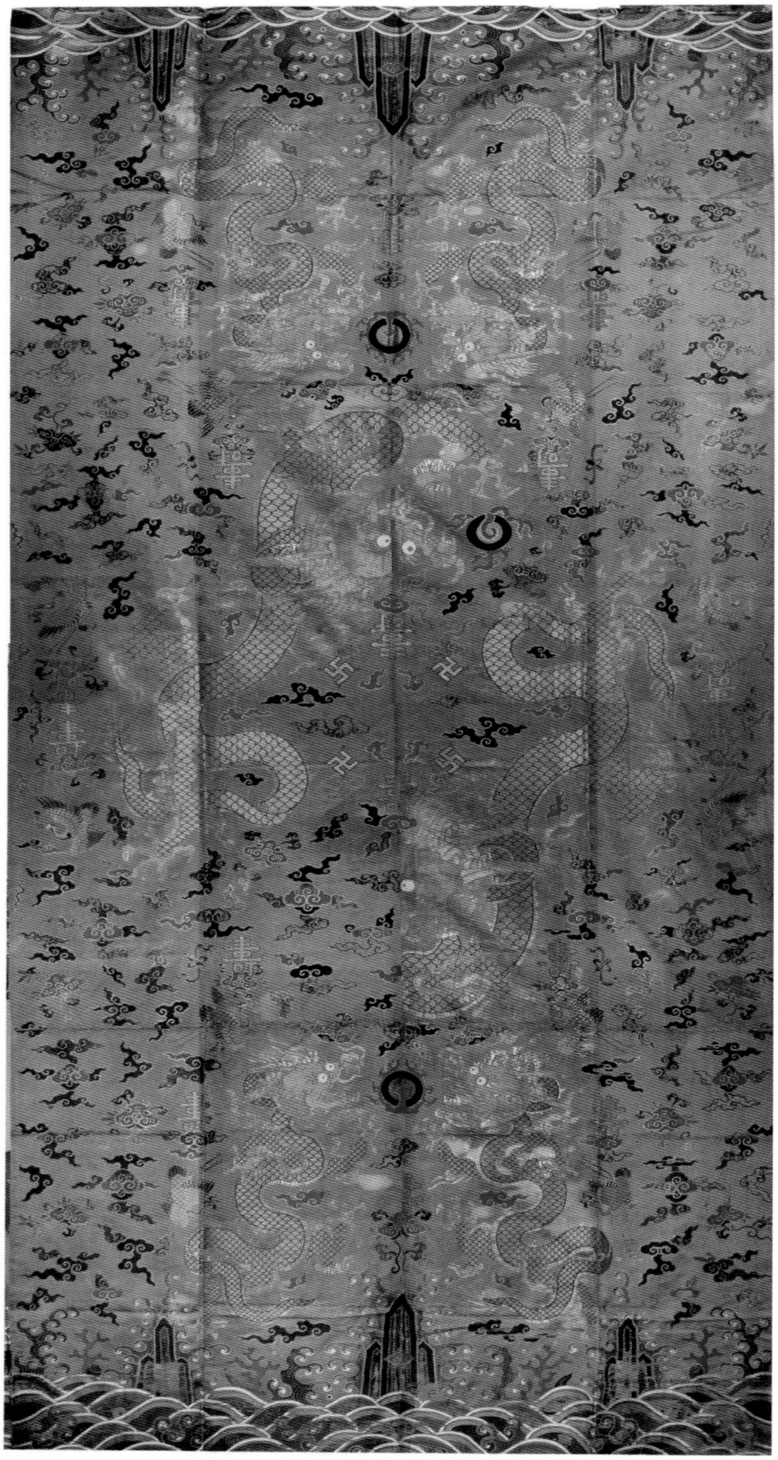

图 Ys089 香黄色妆花缎龙袍坯料
年代：明末清初
尺寸：长 280 厘米，宽 123 厘米

袍料的上身采用过肩龙的形式，下身的龙纹比晚期的明显偏大，最大限度地突出龙纹的威猛，这是早期龙袍的特点。清康熙以后，多数龙袍的上身用四条正龙，前胸、后背和两肩各一条正龙，下身的行龙纹改为坐姿，龙纹逐渐规整，同时越来越呆板，缺乏活力，比例也明显缩小。

第三节 解析藏龙袍和宫廷龙袍的区别

由于特殊的年代和社会环境，笔者接触的西藏地区流传的龙袍很多，曾多次详细地询问过西藏地区的同行和百姓。据笔者了解，真正为西藏喇嘛织造的龙袍很少，西藏地区流传的龙袍绝大部分是宫廷龙袍。由于民族信仰、社会风俗等原因，西藏地区流传的宫廷服装在社会传世的宫廷服装总量中占有很大部分，年代上涵盖明清的各个时期，种类上包括龙袍、龙褂、朝袍、氅衣、衬衣等，各种纹样和款式无所不有，分布于藏族人居住的整个地区，绝大部分用于众多的佛事活动。但是，出于西藏地方风俗的需要，原来的款式多数有所改动。

根据史料记载，清代宫廷龙袍的织造过程是，首先由造办处的相关人员设计，并画出所需物品的图像，经过上级审批后送到织绣工厂，按照图像的颜色、要求的尺寸织绣成坯料。所以，宫廷织绣品的设定，包括色彩、纹样、尺寸等，都有一定的标准，但是，这种标准并非一成不变，往往仅局限于某个时段或者指定场合。很多物品的使用领域和意义不可避免地随着时代的变化而改变。多数妆花龙袍有几百年的历史，经历了改朝换代、人世沧桑，而且从坯料到件料还有一个缝制环节，后人改动的现象在所难免。

图 Ys026 黄缎地西藏喇嘛穿用的龙袍
工艺：妆花缎
年代：明末清初
尺寸：身长 122 厘米，下摆宽 118 厘米

这是笔者见过的唯一一件真正的西藏喇嘛穿的龙袍。此龙袍无领和袖，适合披在身上穿着。黄色缎地，妆花工艺，前后各有一条龙呈三角形，前面一条蓝色正龙，后面一条红色行龙。这种双色龙纹是典型的17世纪下半叶(断代期)的特点，款式也完全符合西藏龙袍的风格。除了此件藏袍以外，带有龙纹的藏龙袍，没有见过其他年代的任何实物，大多数由宫廷龙袍或其他面料改制而成，说明历代真正为西藏喇嘛生产的龙袍很少。

图 Ys200 宫廷龙袍改成用于做法的藏龙袍
年代：清中期
尺寸：身长 141 厘米，通袖长 175 厘米，下摆宽 121 厘米

因为使用的场合和目的不同，绝大多数西藏地区流通的龙袍，其袖子部分有很大的改动，将原来瘦形的接袖和马蹄袖改成宽大的宋代样式。一般是将龙袍的底襟剪下，拼接在袖子上，使袖笼到袖口形成一个三角形，袖口宽约 1 米。如果底襟的面料不够用，需添加其他布料。

图 Ys191 宫廷龙袍改成用于做法的藏龙袍
年代：清中期
尺寸：身长 138 厘米，通袖长 167 厘米，下摆宽 116 厘米

西藏地区的龙袍，多数年代较早，无托领、无接袖的龙袍较多，而且大部分龙袍的领、袖经过改动等，导致有人把来自西藏的宫廷龙袍叫作藏龙袍。这种叫法不妥，会使人把宫廷龙袍当作藏袍，将本来为宫廷织作的龙袍误认为是为西藏人织作的，使原来的织造目的、应用场合的认识产生了根本性的错误。

实际上，只要对来自西藏地区的龙袍稍作分析，就不会误认为是宫廷龙袍。无论是过肩龙裙式朝袍还是品字形龙袍，当时的织造目的应和藏袍无关。如果按照织造时设计的图案轮廓进行缝制，工艺、纹样、款式、色彩和同时期的故宫龙袍没有任何区别。

实际上，西藏发现的大部分龙袍的款式和图案不相符，没有按照织造时设计的龙袍轮廓和图案缝制，完全按藏族风俗的需要而裁剪和缝制，造成大面积的图案被剪裁掉，该裁剪的部位却保留着，如图 Ts191、Ts178、Ts179。经过改动的西藏龙袍，几乎都有这种现象。

除此之外，也有人认为，虽然原始织造的目的是宫廷龙袍，但西藏人经过改动，就应该叫作藏龙袍。笔者认为这个观点也不准确。有很多宫廷服装在世界各地经过各种改动，如果主体不变，每次局部改动都更换名称，龙袍的名称就会无限度地增加，按这种逻辑，概念上会越来越模糊。

还有一种说法，在哪里发现的就应该叫哪里的龙袍。这种定位更不靠谱。龙袍在西藏叫藏龙袍，而全世界有太多的地方藏有中国龙袍，在这些地区，该怎样称呼呢?

图 Ys178 藏族人改制后的法袍
年代：清早期
尺寸：身长 132 厘米，通袖长 177 厘米，下摆宽 120 厘米

有很多人问，为什么工业并不发达、经济相对落后的西藏有很多珍贵的龙袍？这个问题也困扰笔者多年，经过长时间和西藏人的相处，又询问了很多当地人。总结起来，这种现象应该是藏族的风俗习惯所致。藏族人将所有的丝绸都叫作缎子。缎子、珊瑚、蜜蜡等是这个民族非常青睐的物品。穿用缎子的质量和数量，戴珊瑚的大小和多少，在公共场合能显示此人的身份地位。这导致西藏人几乎是竞争性地购买和收藏丝绸和珊瑚。这个民族，千百年来始终有嫁女时长辈送给晚辈古老丝绸的风俗，而且至今未变。晚辈出嫁，长辈送一匹老缎子，是一件非常骄傲的事情。另外，据史料记载，由于藏族人对丝绸的热爱，为了安抚在西藏很有号召力的各大寺庙，几乎每个朝代都有大量的织绣品赏赐给这些寺庙，其中包括明清的龙袍。

上述风俗使得西藏的丝绸价格在某个时段比内地高很多，使得内地买卖古衣的商人有利可图。20 世纪 80 年代初，笔者曾经较长时间地前往山西南部的临汾、侯马地区购买刺绣品。在襄汾县汾城镇和北高邑村，有几伙人做古衣生意，把内地收到的丝绸品运到甘肃、青海等地出售。因为经常有买卖上的交往，时间长了，笔者和这些人很熟悉。据他们所说，买卖古衣从古代起就是很成熟的生意，特别是民国以后，清代的宫廷和民用服装快速淘汰，很多宫廷服装非常廉价，和西藏的价差巨大。在山西、陕西、河南等地，有很多人从内地购买各种古旧丝织品，然后拿到甘肃、青海出售，使绝大多数清代服装被贩运到了西藏地区。

我们知道，西藏的寺庙非常多，通过宫廷赏赐、信徒捐赠等途径，有很多绸缎，都用于装饰或收藏在寺庙中。圣洁的寺庙是保存织绣品的极佳场所，有的几十年，甚至更长的时间，都不会有人动用，近些年发现的古代织绣品大部分来自西藏的寺庙。

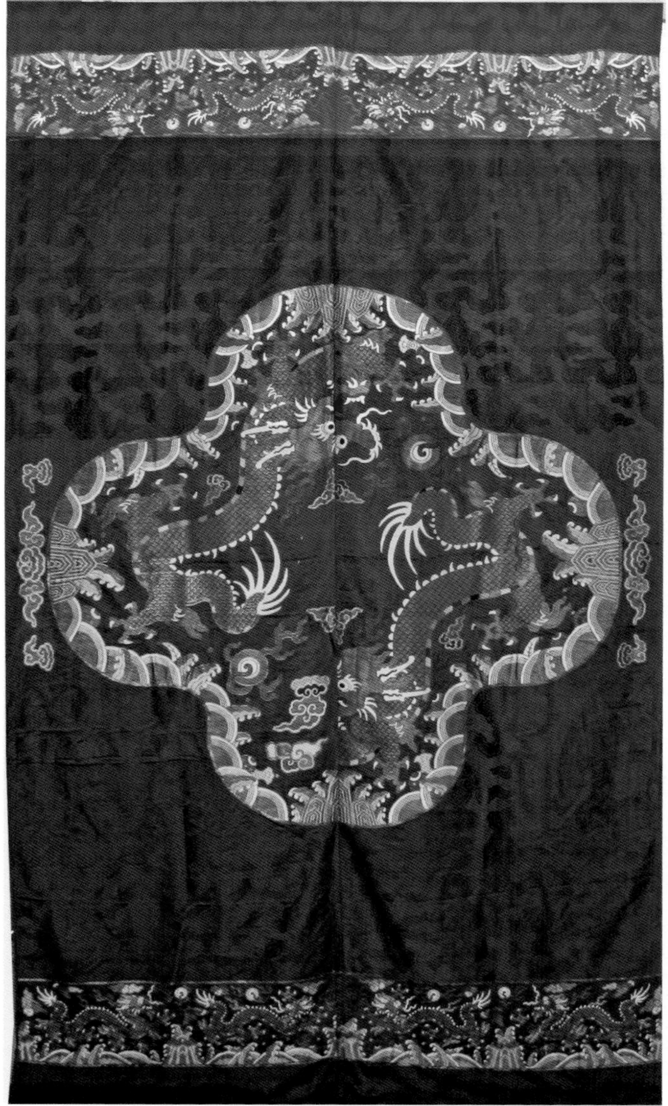

（a）正面

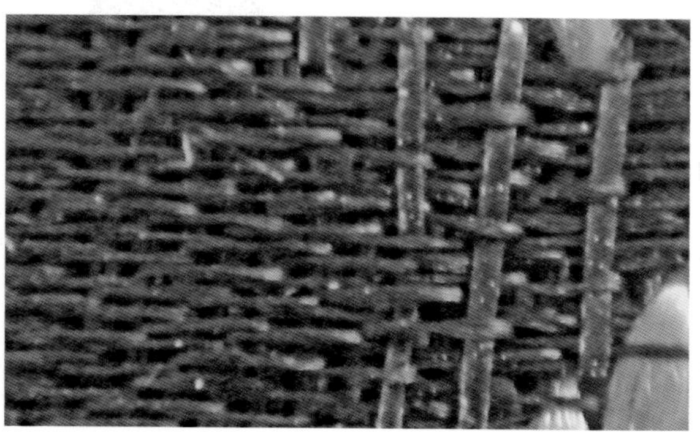

（b）局部放大图

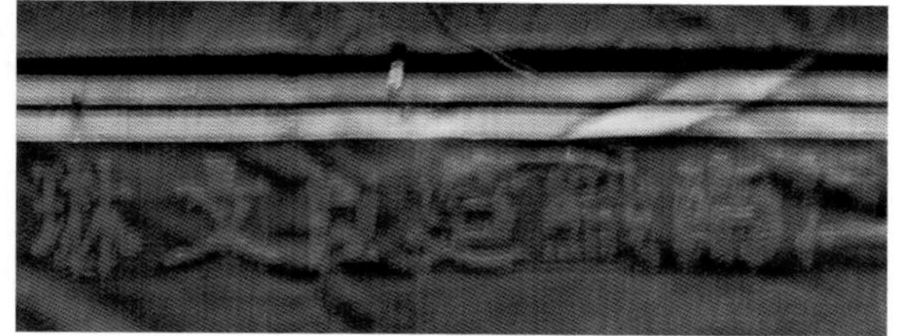

（c）机头

（c）机头

图 Ts179 蓝色过肩龙袍坯料

工艺：提花加妆花

年代：清初期

尺寸：单幅共计长 1360 厘米，幅宽 73 厘米

此件龙袍坯料来自西藏，机头文字为“江南织造臣文琳”，边角附有“机匠马珮”字样。除了两条柿蒂过肩龙以外，整件坯料共织有24条行龙。机匠是这件袍料的操作工人，名叫马玥。这种龙袍坯料多数来自西藏地区，年代为明末清初时期，机头能够证明这种坯料是宫廷造办处监制的龙袍，并非藏龙袍。

到康熙时期，政治上趋于稳定，民族矛盾基本化解，纺织工业处于巅峰时期。但是，因为工艺复杂，生产成本不可避免地提高了，一般百姓无购买能力，致使当时织造的龙袍数量高于市场需求，加上清王朝覆灭后长期动荡的社会结构、西藏特殊的民族风俗等社会因素的影响，1979年以前西藏地区保存了很多龙袍和龙袍坯料。

第十三章
清代宫廷男装与官阶

第一节 清代的社会结构

一、宫廷服装的名称和穿用场合

因为清代官员的级别要从服装的色彩、纹样、款式上体现出来。所以，要搞清楚什么纹样、款式的服装是什么级别的人穿用的，是一件很复杂的事情。

清代服装按规制，男装的名称有朝服、龙袍、龙褂和官服、常服等，女装的名称有朝服、朝褂、龙袍、龙褂、氅衣和衬衣等。

根据笔者的认识和理解，清代服装的种类和穿用场合，大体分为三个部分。

第一部分是带有“朝”字的，包括男性穿的朝服、女性穿的朝褂等。这一类应属于礼服，穿用场合是国庆大典、大婚、生日寿辰、祭祀天地、宗祖等节庆的日子。

第二部分是带有“龙”“蟒”“官”字的服装，包括男性穿在外面的衮服、龙褂，官服和套在里面的龙袍以及女性穿的龙褂、龙袍等。这一类应属于工作服装，应该在工作场合穿用，如上朝、升堂等场合。

第三部分是日常穿的便服，如男性的常服以及女性的氅衣、衬衣和褂襕等。这些服装除了皇家专用的黄色和禁用的五爪龙以外，不受法律和场合约束，可以任意穿用。

二、清代官场的名称及其相互关系

要搞清楚清代的服装制度，了解各种官员之间的关系很重要。通过对相关资料的分析，包括对满族人的调查访问，得出结论：如果单从名称上看，清代的上层社会大体有三种体系，每个体系之间没有必然联系。

第一种体系是皇室宗族，包括皇帝、皇太子。这两类人直接参与、制定和管理朝廷的法律、法规，特别是皇帝，有绝对制定和否决的权力。其次是皇帝的亲属，如贝勒、贝子、公主等及皇后、贵妃等所有的夫人及其子女等。不言而喻，这些人也有极大的势力。但是，单就名称来讲，并没有任何权力范围。这些人没有其他职位，不参加政治活动，但是有数量很可观的俸禄。同时，对于八旗的成员和他们的后代，也会不同程度地给予相应的俸禄。

第二种体系是王、公、侯、伯、男等，一般由皇室宗族和对朝廷有特殊贡献的人组成，是皇帝或朝廷给予的封赏，名誉上往往是国家的功臣。这种封赏不单单是名誉和地位上的，往往同时还给予相当丰厚的产业，如土地、房屋等，并且给予明确的势力范围和很高的俸禄。根据史料记载，多数王位是皇族成员，其他有特殊贡献的人也能够称王。

第三种体系是一至九品的官员。这些人主要通过国家的科考来选取，一旦取得功名，再通过努力逐步升迁。他们是国家政策的执行者和维护者，具体负责某个工作领域，在自己的范围以内有决定权和否决权。

在当时的实际社会中，以上三种权力体系往往是互相交叉的，多数第一、二种和第三种兼任，就是既有荣誉称号，也负责某项具体工作。

三、清代官员的服饰

清代时，对官员的服饰有严格的规定，以品质、数量、颜色的不同来区分官职的大小。服饰大致有五种：顶戴，蟒袍，补服，腰带，坐褥。这里把各品级穿用的顶戴、蟒袍、补服列举如下（括号里面的是武官纹样）：

一品：顶戴、珊瑚、蟒袍、九蟒五爪、补服（麒麟）、仙鹤。

二品：顶戴、起花珊瑚、蟒袍、九蟒五爪、补服（狮子）、锦鸡；

三品：顶戴、蓝宝石及蓝色明玻璃、蟒袍、九蟒五爪、补服（豹子）、孔雀；

四品：顶戴、青金石及蓝色涅玻璃、蟒袍、八蟒五爪、补服（虎）、云雁；

五品：顶戴、水晶及白色明玻璃、蟒袍、八蟒五爪、补服（熊）、白鹇；

六品：顶戴、砗磲及白色涅玻璃、蟒袍、八蟒五、补服（彪）、鸬鹚；

七品：顶戴、素金顶、蟒袍、五蟒四爪、补服（犀牛）、紫鸳鸯；

八品：顶戴、起花金顶、蟒袍、五蟒四爪、补服（犀牛）、鹌鹑；

九品：顶戴、镂花金顶、蟒袍、五蟒四爪、补服（海马）、练雀；

未入流：顶戴、镂花金顶、蟒袍、五蟒四爪、补服（獬豸）、黄鹂（御史、按察史、提法史等图案为獬豸）。

清代以督抚为地方最高长官，总督管辖一省或二三省，巡抚是省级地方长官。在传世实物中，蟒袍的使用和官方规定的差距很大，乾隆以后四爪蟒袍非常少见，八蟒、五蟒袍服更是凤毛麟角，这种现象肯定和当时的社会结构不同。补子的图案也有很大差别，说明清代中晚期对官服的应用管理不善。

第二节 龙袍款式和纹样的演变过程

作为国家工作人员的制服，不但有复杂而豪华的工艺，同时也有一定的文化内涵。既能直接地反映宫廷的等级制度，也能看出当时纺织业的发展轨迹。在现实社会中，任何事物都在变化。清代龙袍作为当时的顶级时尚服装，更不例外，但毕竟是国家典章所规定的制服，所以大的变化发生在社会不够稳定、法规不够健全的清代早期，乾隆以后宫廷服装的款式相对稳定。而不受典章约束的纹样，如云纹、山水纹、八宝、蝙蝠等，日新月异，变化很快。下面介绍清代龙袍的款式、龙纹和工艺的几次大变化。

清代龙袍在级别上主要以色彩和款式区分。雍正、乾隆时期，社会处于国泰民安的状态，在管理上，大清律逐步完善，国家的服饰典章趋于成熟，龙袍几经变化，形成了最后的款式。

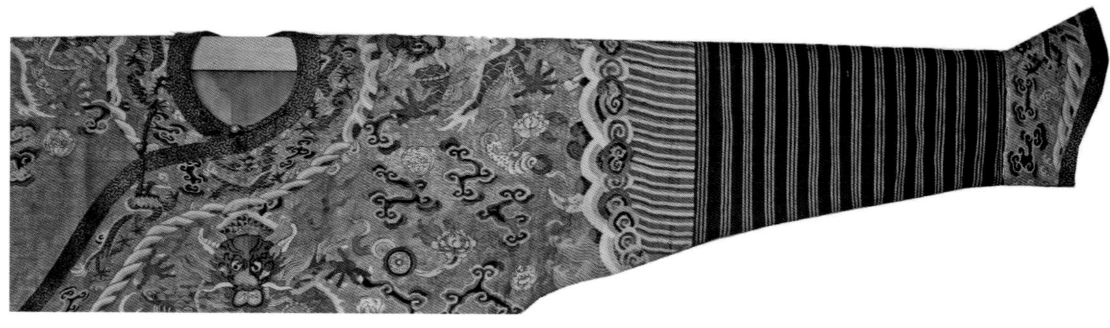

图 Yf053 金地缂丝龙袍的托领、接袖、马蹄袖部分
年代：清中晚期

按照历史记载和业内的习惯，介绍主要组成部分的名称。

(1) 领口和大襟镶边的部分，叫做托领。清代朝廷源于以游猎为生的满族，托领应是从满蒙民族喜欢的花边演变而来的，从龙袍的领口到大襟，围绕一周云龙纹的边饰。早期的托领没有龙纹，只是作为花边，缝一条绸缎，围绕在领子的周围，随后发展成为专用的带云龙纹的托领。

托领

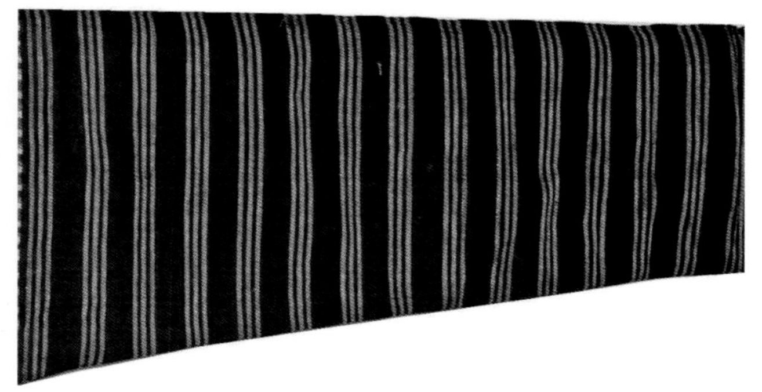

接袖

(2) 袖子中间的山水末端到马蹄袖之间，连接使用的带有横纹的绸缎，叫做接袖（也叫剑袖）。起源于满族射猎时防止剑弦打伤小臂而缠裹在袖子上的布，清代演变成龙袍的接袖，一般织绣或压成横格状，用织绣工艺的很少，多数由挤压而形成。

(3) 袖子末端的马蹄形袖口，叫马蹄袖。袖子的最末端，也就是马蹄形状的袖口，是清代特有的马蹄袖。清早期，大多数马蹄袖和龙袍用同一种颜色，除少数缂金产品以外。乾隆以后，托领和马蹄袖基本都用石青色或黑色。

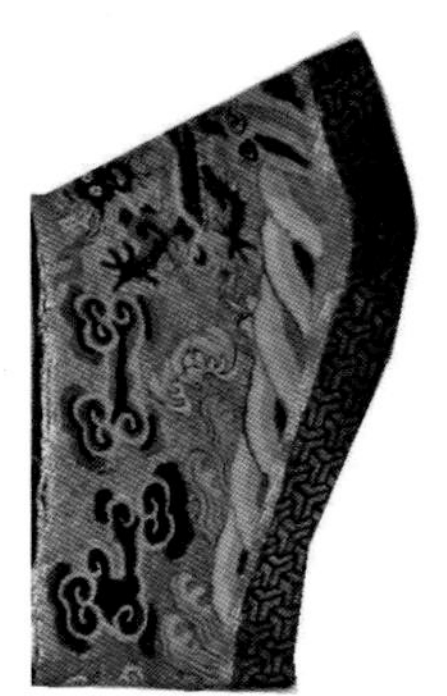

马蹄袖

清代龙袍的基本款式为右衽、大襟的长袍，身长约 140 厘米，下摆宽约 120 厘米。根据实物比对，款式上的变化主要体现在领袖上，主要有四种。

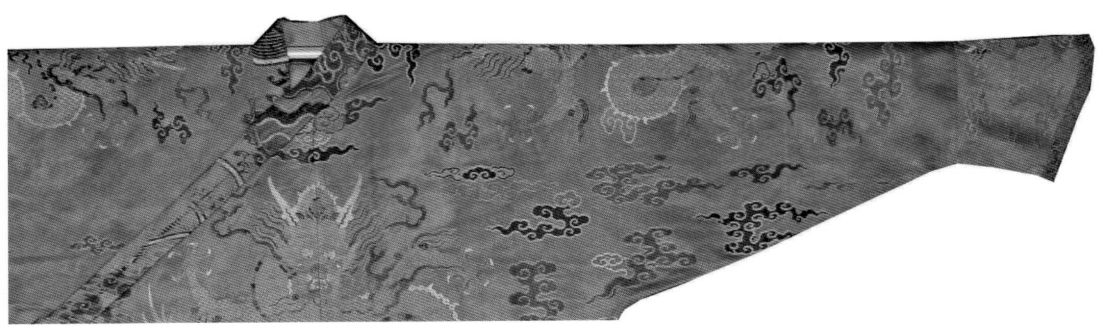

图 Ys064

第一种：无龙纹托领，无接袖，马蹄袖的颜色和龙袍相同，如图 Ys064。

这种款式的年代较早，大约在康熙、雍正时期，多尾或单尾的云纹，龙纹也比较流畅，身长比晚期的稍短，约 135 厘米。

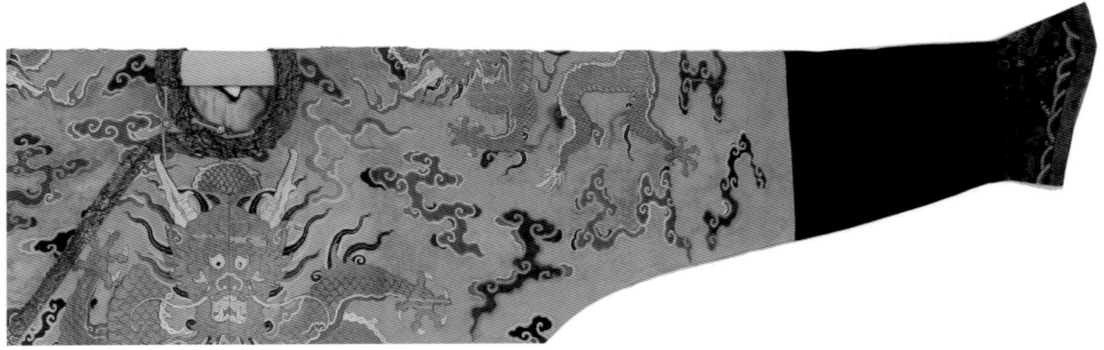

图 Ys148

第二种：无托领，只有接袖、马蹄袖。

根据云龙、立水等特点，以上这两种龙袍的年代稍早，如图Ys148。

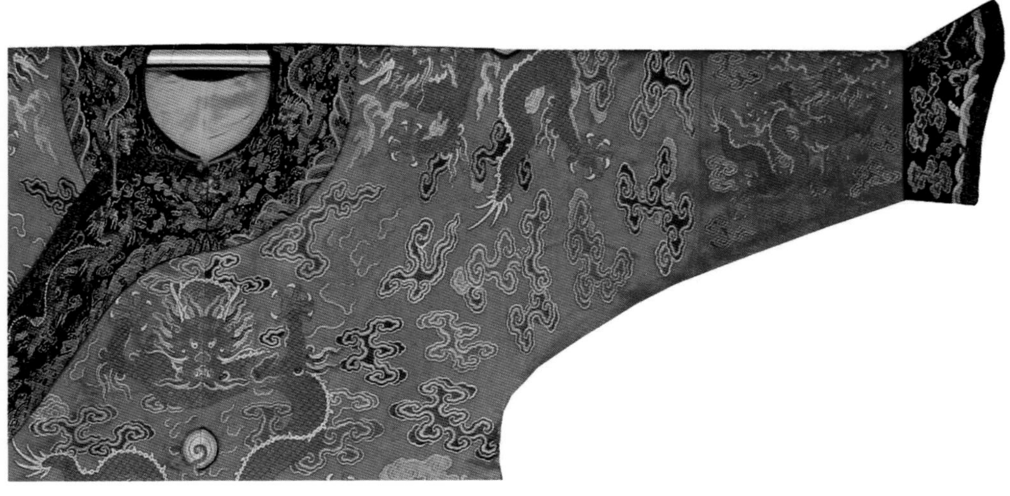

图 Ys067

第三种：有龙纹的托领和马蹄袖，无接袖，如图 Ys067。

这种龙袍的传世数量较少，但应用时间较长，一直到清代晚期，有部分小龙袍无接袖。

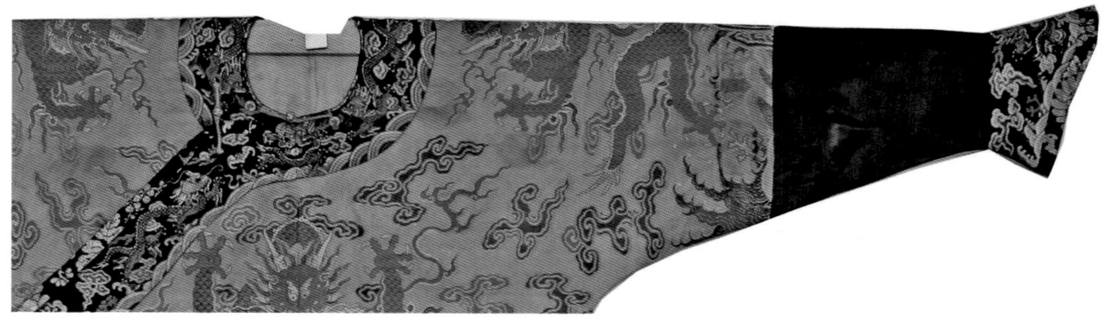

图 Ys143

第四种：有托领、接袖和马蹄袖，如图 Ys143。

这是清代龙袍定型后的样式，开始于乾隆中期。之后各代基本使用这种款式。因此，这种款式的龙袍是社会上流行最多的，也是人们常见的。

一、龙纹

受明代传统的影响，清代龙纹有四爪和五爪之分，四爪龙也叫蟒。根据众多的传世和出土实物，这个规定到乾隆以后形同虚设，基本上没有认真执行。乾隆以后的龙袍绝大多数是五爪，四爪龙袍非常少见。这种现象肯定不符合当时朝廷命官的阶层比例。实际上，如果按照典章规定，当时有资格穿用五爪龙的，男子只有皇帝、皇太子和其他皇子，女子只有皇太后、皇后和皇贵妃、皇太子妃等少数人。以此比例推断，清代龙袍不能以龙爪区别官阶大小。

清代把朝服和龙袍明确地分为两种场合穿用的服装。朝服确定为上衣下裳的裙式，龙纹的姿态大体上经历了两次大的变化。清代初期，朝袍上衣的龙纹基本上延续明代的龙纹，胸前和背后各有一条过肩龙，如图Ys138。这种纹样跨越明末清初两个朝代，正处在不稳定时期，生产时间长，传世数量较多。大约在康熙时期，在整体轮廓不变的情况下，两条过肩龙改为前后、两肩分别饰有四条正龙纹，龙头全部朝向领口，有人把这种排列形式叫作柿蒂龙，如图Ys192。之后的朝袍、龙袍基本都是四条相对的正龙，典章规定七品官员龙袍仍然使用过肩龙，朝裙下摆的龙纹为襕杆形式，变化不大。

龙袍为直身、不束腰、上下身一体的样式，龙纹为品字形排列。早期龙袍的上身有少部分是两个相对的过肩龙，如“故宫博物院藏文物珍品大系”《明清织绣》第4页的“缂丝明黄地八宝云龙纹吉服袍料”，但仅限于清代初期，传世很少，只持续了很短的时间。龙袍下摆的龙纹也有一次明显的变化，主要是由飞龙纹改变为坐龙纹。清早期，龙袍下半部分的龙纹是头向上、尾向下、呈45°角的行龙，有人把这种姿势叫作飞龙。在龙纹的整体设计上，飞龙纹是很有动感的纹样。这一时期的龙袍线条流畅，云纹和龙纹纤细，云纹延伸，立水短。根据云、龙纹的风格，整体飞龙纹的年代较早，大约在康熙到雍正时期，传世数量较多，如图Ys081。龙袍上还有一种龙纹，叫坐龙，是尾部弯曲到头的一侧的行龙纹。这种龙袍的云龙纹比较肥厚，延伸较短，色彩饱满，如图Ys143。和飞龙纹相比，坐龙纹的形成年代较晚。

综合地看，所有龙纹的演变都是循序渐进的，不是一夜之间发生的。它们的流行和生产年代都有一定的重叠。另外，龙纹的设计不同和生产地区、工艺有关系。清中晚期的刺绣龙袍、杭州的妆花龙袍，少数下摆有类似飞龙纹，翻转方式也较多，但和早期的妆花龙袍飞龙纹有很大差别，显得缺乏活力。

图 Ys138 早期过肩龙朝袍上衣纹样

图 Ys192 清代朝袍上衣纹样

图 Ys081 飞龙纹

品字形龙袍之初，下摆的行龙为横向排列，如《明清织绣》第 4、11 页的“缂丝明黄地八宝云龙纹吉服袍料”。这种头向上、尾向下、约成 45° 角排列的飞龙纹是由横向行龙演变而来的，后来龙头逐渐向上抬起，发展为飞翔的形态。龙袍下摆的龙纹呈飞翔姿态大约维持到雍正早期，之后逐渐改变为坐姿。清晚期虽然有少量龙袍上有尾向下的龙纹，但和这种龙纹的差距甚远，明显呆而无力。

图 Ys143 坐龙纹

龙袍下摆相对的行龙，身躯整体呈“C”形，感觉为坐姿，这是龙袍定型后的龙纹，在龙袍上应用的时间最长。不管是什么工艺，乾隆以后的龙袍大多数是这种坐姿的行龙。

二、年代、产地和龙袍的变化

清代织锦龙袍几乎全部采用回纬抛梭类工艺，主要有妆花和缂丝两种。由于缂丝龙袍的数量多，工艺差别也较大，后面单独论述。

妆花工艺主要有三次较大的变化。这三次变化都具有明显的时代和地域特征，如果把三种龙袍放在一起比对，虽然云龙纹的排列基本相同，却完全没有过渡的痕迹，工艺的差距很大。这种现象和年代、织造产地等的不同有关。根据传世的带有机头的坯料，从纹样、色彩等特点进行分析，图 Ys061 所示是产自南京的妆花龙袍，而图 Ys097 所示为苏州龙袍，图 Ys107 所示是典型的杭州产品。

图 Ys061 石青色缎地妆花龙袍
年代：清早期
产地：南京

从龙纹、云纹和色彩上看，此件龙袍都具有清代早期的特点，根据同时期的龙袍中有文献记载或保留机头的实物资料比对，应该属于南京地区的产品。

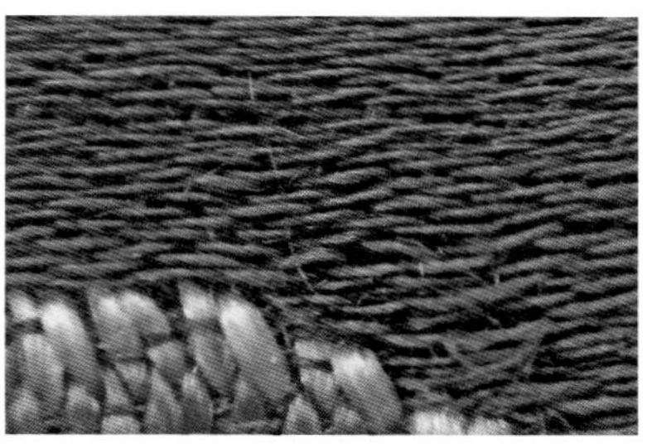

图 Ys097 蓝缎地妆花龙袍
年代：清中晚期
产地：苏州

清早期的龙纹偏大，立水短或没有立水；到中期，龙纹、云纹、立水均匀分布，比较程式化。此件妆花龙袍的质地松软，色彩的过渡层次减少，明显节省工时。笔者有一件香黄色妆花缎龙袍，因为制成藏袍形式，机头保留在斜领上，质地、纹样和色彩与此件龙袍为一类。

图 Ys107 紫色纱地妆花龙袍
年代：清晚期
产地：杭州

妆花龙袍的款式、龙纹、工艺的变化，是在不违反规章的情况下进行的，所以在漫长的 200 多年里变化不算大。而形式上不受典章约束的云纹、山水纹、八宝纹等，变化节奏快很多。所以，一件龙袍的年代，既要看款式和龙纹，也要综合云纹等纹样，才能更准确地确定。

三、不同时期云纹的形状和相关名称

云纹作为龙袍中的主要纹样之一，所费的工时一般多于其他任何纹样。除龙纹外，其他纹样都可有可无，如寿字、八宝、蝙蝠、暗八仙，以及各种吉祥花卉等。除少数特例外，云纹始终陪衬着龙袍而同时存在。云纹是陪衬，这种说法是很恰如其分的。其他纹样虽然有变化，但有自己的定式，有完整的图样。而云纹纯粹是为了补充其他纹样留下的空白，在大小、多少、长短、颜色上进行变化。

龙袍云纹的变化大体是：从 17 世纪中叶的多尾四合云到壬字云，18 世纪初期到 19 世纪的单尾云到无尾云，云朵的线条由肥短到细长再到肥短，种类和数量由少到多，到清晚期，蝙蝠、八宝、八仙等吉祥图案尽情添加，整体图案越来越密集，甚至龙纹缩小，龙袍的身长和宽度增加。

为了便于研究云纹的变化过程，把云纹分成三个部分，并分别命名，即中心为螺旋状的部分叫做云头，云头与云头的连接部分叫做云身，云身结束时形成尖状的部分叫做云尾。

1. 云头 、云身、云尾

无论形状怎样变化，不管外部是怎样的轮廓配饰，中心呈螺旋状的部分都视为一个云头。早期云头的使用比较随意，有少部分单云头，但多数为两个云头相对的形式，横、竖、正、斜任意排列，年代越晚，云头的排列越工整，两个云头相对排列的比例也越多。

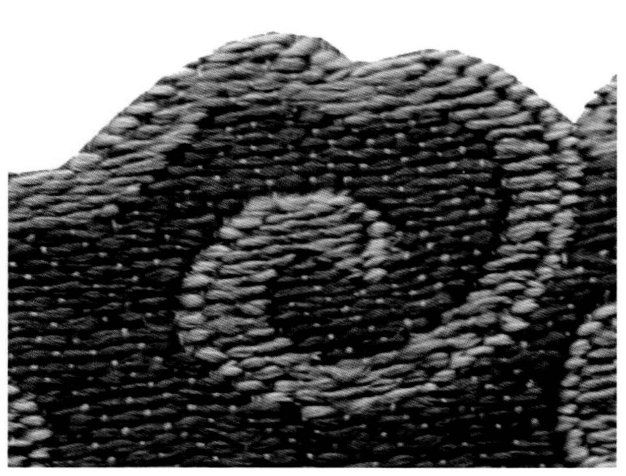

图 Ys233 单云头

云头与云头的连接部分称为云身。一个云身可以有若干个云头或云尾，只要没有断开，就是一个云身。

图 Ys234 云身

云纹结束时呈尖状的部分叫做云尾。一组云朵可以有多个云尾，也可以有一个云尾。多数带有云尾的云纹年代较早，大约乾隆以后的云朵基本没有云尾。

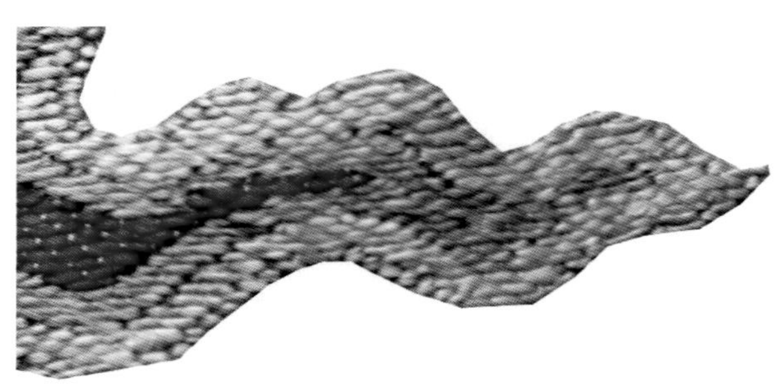

图 Ys235 云尾

2. 多尾云纹、单尾云纹、无尾云纹

分析、判断某一历史时期的最好办法，是找出某一时期具备另外一个时期没有的特点。为了更好地区别龙袍上的云纹的变化过程，笔者首先将其分为两个阶段，即多尾时期和单尾时期。当然，作为主要用于填补空白的云纹，不管哪个时期，云朵的大小、形状等都具有很大的灵活性，会根据空白的需要而有各种变化。

清代早期的云纹（17 世纪初到 18 世纪初，约顺治、康熙时期），云头较大，云头组合多样不拘一格，可以是一个，也可以是多个云头以不同方位组合，一般不要求对称性，云身短，云尾较多，多数为一个云朵有几个云尾。

图 Ys230 由三个云尾组成的云纹
年代：明中晚期

图 Ys231 多尾四合云
年代：明末清初

图 Ys228 彩云头云纹
年代：清晚期（约嘉庆、道光时期）

从 18 世纪末到 19 世纪中叶（指嘉庆、道光时期），云纹有一个较大的变化。首先是云头趋于程式化，云尾极为少见，绝大多数的云头对称。彩色云头也是这一时期的重要特点，一朵云纹中有几种云头，有的一个云头是一种颜色，有的一个云头有几种颜色。这一时期还有既无云身也无云尾，全部由云头组成的云朵，即骨朵云。

单尾云是由多尾云演变而来的，持续的时间不长，大约贯穿整个乾隆时期。在龙袍的云纹中，单尾云具有很明显的时代特征，并且在有尾云纹和无尾云纹的过渡中有很重要的作用。

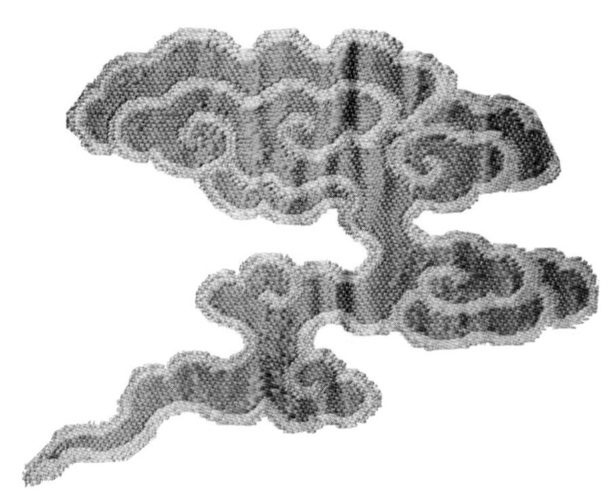

图 Ys232 单尾云纹
年代：清中期（约乾隆时期）

图 Ys227 清晚期的云纹
年代：约道光以后

19 世纪中叶到 20 世纪初，也就是清代晚期的五六十年里（咸丰、同治、光绪、宣统），彩色云头已经很少见到，全部成为蓝色和绿色的云朵，云纹的布局越来越密集，同时显得机械、呆板。

综上所述，云纹的变化是从象形化到艺术化再到程式化的过程。

象形化是指早期多尾的块状云纹，像蓝天上飘着的白云；

艺术化是指中期色彩多变、弯曲流畅、充满艺术感的单尾云纹；

程式化是指晚期整齐、规矩、有平面感的无尾云纹。

云纹的演变是从少到多的，由早期的整件龙袍上有几十朵云到晚期的200多朵云，由一朵云纹有几个云尾到一个云尾再到无尾。应该说明的是，云纹的变化是一个逐步演变的过程。其中，必然有短时间内同时存在的现象，所以年代上不能绝对。再者，因为做工不同、产地的变化，难免有局限性和风格上的差异，如多层大块云仅见于 18 世纪的妆花龙袍，缂丝、刺绣等其他工艺的龙袍中就没有这种云纹。晚期的织锦云纹虽然密集但不失流畅，但是很多刺绣和盘金工艺的云纹显得很呆板。

第三节 朝服

朝服的历史悠久，是宫廷朝会时穿用的礼服。历史上的每个朝代都有这种礼服，但因为各朝代的信仰、风俗不同，衣服款式、色彩、穿用场合等有很大差别。同样的款式，在明代叫做龙袍，到了清代则称为朝服。朝服是当时最高层次的礼服，在国家盛典、皇帝婚庆、祭拜天地或宗祖等重要场合穿用。

清代的朝服为上衣下裳的裙式，上衣的身长约 70 厘米，窄袖，袖口有马蹄袖。清代朝服的上衣纹样，早期曾有一段时间延续明代的过肩龙形式。有典章记载的纹样，以领口为中心，上下、左右饰龙头相对的 4 条正龙，制成上衣后形成前后两肩分别有一条正龙，再用山水纹把龙纹围绕，其余的空白处填上云纹、八宝、暗八仙等纹样。

下裳就是和上衣相连接的裙子，裙长 66 厘米左右，分别织绣有 6 条、8 条、4 条不同形状的正龙或行龙纹，中间有云纹和江水海牙。这种款式的朝袍的年代比过肩龙款式晚，也是清代朝服的基本款式。

除了使用不同的颜色外，根据地位的不同、季节的变化，分为冬一式和冬二式、夏朝服三个款式。冬一式腰间没有小行龙，冬二式、夏朝服的连接处前后分别有 2 条小行龙，皇帝的冬二式有 9 条小团龙，皇太子有 7 条小团龙，冬一式和以下级别没有小团龙。根据冬、夏等不同款式，用不同的毛皮和片金边。

一、过肩龙

和其他事物一样，清代的宫廷服装也经历了一个逐渐成熟的过程。这一点在清代早期的龙袍中有所体现。尽管清王朝在顺治九年（1652）、康熙九年（1670）等，几次对各等级服装的款式、纹样等做出相关法规，制定了民公以下官员禁穿五爪龙纹等的要求，但是清代宫廷服装的款式和纹样在乾隆二十四年（1759）才完善、定型（如皇帝列十二章纹等）。也就是说，在清代执政的265年里，其中早期100余年的宫廷服装并不稳定和完善。由于传世数量和史料记载较多等因素，现在大多数人印象中的清代宫廷服装往往是乾隆以后的款式和纹样。而很多宫廷服装，因为时代的差别，或多或少会有变化，特别是乾隆以前的妆花龙袍，款式和纹样的品种都很多。

清代早期的朝服基本延续明代的款式和纹样，上衣采用过肩龙的构图方式，裙子部分同样有行龙纹襕杆。从较多的传世和出土实物看，部分采用明代的坯料在清代缝制成朝服，根据云纹、龙纹、色彩等变化，大约到康熙中期，多数朝服的上衣改变为前后、两肩 4 条相对的正龙纹。

图 Ys085 棕色柿蒂过肩龙朝袍

年代：清早期

工艺：提花加妆花

尺寸：身长 140 厘米，通袖长 200 厘米，下裳边长 320 厘米

这件朝服的款式为圆领、大襟，和清代朝服很近似，但没有马蹄袖和腰间的小行龙，很可能是断代期的袍料在清代制成的朝服。

图 Ys027 石青地柿蒂过肩龙夹袍
年代：明末清初
工艺：妆花缎
尺寸：身长 145 厘米，通袖长 210 厘米，下摆宽 120 厘米

1997年出版的《锦绣罗衣巧天工》第58页的“17世纪的织锦龙袍”与此件朝袍基本相同。根据下摆处行龙的残缺状，应该是明末清初时期的过肩龙裙式龙袍坯料，后人根据需要改成现在的款式。

图 Ys090 黄地柿蒂过肩龙纹袍
年代：明末清初
工艺：提花加妆花
尺寸：身长 133 厘米，通袖长 190 厘米，下裳边长 320 厘米

图Ys085、图Ys027、图Ys090所示的三件袍服的龙纹是柿蒂过肩龙。可以看出，龙袍上襕杆等纹样还在延续，但缝制的款式已经明显改变了原来的风格，由宽大的刀形袖改变为瘦袖，明显具有清代早期的朝袍韵味。

图Ys090所示的黄地柿蒂过肩龙纹袍现收藏于苏州，是通过知名专家鉴定后又在北京大学经过C14加速器测定的龙袍。2010年7月某日，是笔者记忆中很难忘的一天。某博物馆希望笔者转让一些宫廷服装。按照程序，博物馆请了两位知名专家负责物品鉴定。其中一位先生客观地分析了物品的长短之处。另外一位女士却说每件物品都有“不对”之处。笔者并不知道“不对”的准确含义，总之会让客人理解为全盘否定。如缂丝工艺形成的立水，由于年代、产地等因素，织法不尽相同。这本来是业内的基本知识，却被评价为“不对”。当时真搞得笔者像个骗子，无脸面对博物馆的朋友。好在后来进行了C14加速器检测，证明全部为清代的物品。

这位女士作为专家，在业内颇为有名，曾数次给笔者的藏品进行鉴定，其结果全部用“不对”两字否定。笔者相信她并非违心之举，也理解她是从严谨出发。但这种不科学的严谨出现在知名专家身上，难免造成大的负面影响，往往会影响或误导一片人，甚至整个织绣品、宫廷服装等领域。

笔者觉得，给他人藏品做鉴定，首先要清楚自己有没有辨别年代、工艺的能力，如果没有把握，不为也罢，否则不伤己，则伤人。严谨、认真固然重要，实事求是更应该是第一要素。由于职业的原因，这种事情笔者经历过多次。有人为了严谨，除了故宫现有藏品以外，对其他地方的宫廷服饰都盲目地给予否定。也没有必要为了严谨，一定要把一件器物上所有的纹样都表现出来，比如“红色缎地缠枝莲福寿仙鹤暗八仙纹绣片”。

二、柿蒂龙

清代朝服上的龙纹由前后 2 条过肩行龙改为前后和两肩分别为 4 条相对的正龙纹，上衣和下裳（裙子）的连接处前后均添加 2 条相对的小行龙。

清乾隆时期，朝廷对宫廷服装做了更详细的规定，对襕杆上的龙纹也做了修改。皇帝、皇太子、冬一式朝服的下摆部分加皮毛，和夏朝服相比，裙子部分的龙纹明显偏上，腰间没有行龙，下摆也没有小团龙。

冬二式和夏朝服相同，裙子下摆的龙纹是中间一条正龙，正龙两边分别有 2 条行龙，前后共计 2 条正龙、4 条行龙，加底襟 1 条行龙，共 7 条。和冬一式朝服的差别在于上衣和裙子连接处，前后各加约 10 厘米宽、30 厘米长的相对的小行龙共 4 条，并且和襕杆的龙纹之间加 9 条小团龙。

皇帝、皇太子、其他皇子的朝服色彩和龙纹的差别为：

皇帝用明黄色，朝裙襕杆上9条小团龙，列十二章。

皇太子用杏黄色，朝裙上7条小团龙，没有十二章，其他款式、纹样和皇帝同（重点：杏黄色，7条小团龙，比皇帝少2条）。

其他皇子一式冬朝服用金黄色，款式和皇太子相同，但下摆用六条行龙，没有正龙（重点：金黄色，下摆是6条行龙，没有正龙）。

以下各级别官员均采用黄以外的颜色，没有小团龙，从亲王到辅国公以上，下摆前后为8条行龙；民公、文三品、武二品开始，下摆前后各2条行龙。

图 Ys052 朝服上衣的柿蒂龙纹
年代：清早期
工艺：妆花缎

图 Ys049 明黄缎柿蒂正龙纹朝服
年代：清晚期
工艺：刺绣
尺寸：身长 142 厘米，通袖长 200 厘米，下裳边长 360 厘米

由于笔者没有带十二章纹的妆花朝服，所以展示一件刺绣工艺的朝服，以便读者了解清代朝服的十二章所处的位置、形状和比例大小。上衣的十二章位置和龙袍相同，下摆前后的四个章纹在朝服裙子的行龙纹上面。

图 Ys094 明黄缎柿蒂正龙纹朝服
年代：清早中期
工艺：妆花缎
尺寸：身长 142 厘米，通袖长 202 厘米，下裳边长 350 厘米

图 Ys091 黄缎地柿蒂正龙纹小朝服
年代：清早中期
工艺：妆花缎
尺寸：身长 112 厘米，通袖长 152 厘米，
下裳边长 185 厘米

图 Ys092 黄缎地柿蒂正龙纹朝服
年代：清中期
工艺：妆花缎
尺寸：身长 144 厘米，通袖长 204 厘米，
下裳边长 350 厘米

图 Ys093 石青缎地柿蒂正龙纹朝服
年代：清中期
工艺：妆花缎
尺寸：身长 143 厘米，通袖长 198 厘米，下裳边长 350 厘米

图 Ys095 黄缎地柿蒂正龙纹朝服
年代：清中期
工艺：妆花缎
尺寸：身长 140 厘米，通袖长 198 厘米，下裳边长 346 厘米

三、妆花朝服下摆的龙纹、披领

1. 朝服下摆的龙纹

图 Ts189 黄缎地妆花朝服下摆的龙纹
年代：清早期

（a）正面

（b）反面全抛梭图

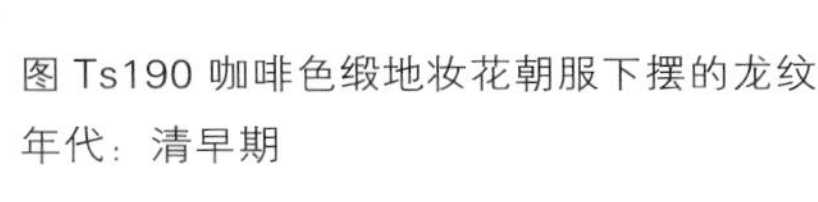

图 Ts190 咖啡色缎地妆花朝服下摆的龙纹
年代：清早期

（a）正面

（b）反面全抛梭图

图 Ts191 石青缎地妆花朝服下摆的云龙纹
年代：清早期

图 Ys004 妆花朝服裙子残片
年代：清晚期

笔者尚未见过妆花十二章朝服和龙袍。到清晚期，有少量妆花朝服，但工艺明显粗糙，构图也不够规范。

2. 妆花披领

图 Ys193 石青色妆花缎披领
年代：清中期
尺寸：横向最宽处 80 厘米，高 27 厘米

披领是清代宫廷朝服的配饰，穿用时披在两肩，纹样用各种形状和姿态的云龙纹，多为刺绣和妆花工艺。

图 Ys198 石青色妆花披领
年代：清早中期
尺寸：横向最宽处 82 厘米，高 31 厘米

图 Ys199 石青色妆花披领
年代：清中期
尺寸：横向最宽处 86 厘米，高 28 厘米

第四节 妆花龙袍的时代变化

清朝政权建立后，曾多次制定或修改服饰制度，但是早期龙袍的款式和纹样并不完善。从相关资料和传世实物看，乾隆以前的妆花龙袍，变化节奏快，龙袍款式、纹样种类都很复杂。同时，纺织产业处在历史上最繁荣发达的时期。在这一时期，妆花龙袍的龙纹和色彩最完美，工艺精细规范，因为这一时期的龙袍供大于求，传世数量比较多。

从历史资料和传世实物来看，妆花龙袍的生产主要在清代早期。乾隆以后，由于灵活多变的刺绣产业的快速兴起，快速占领了市场，妆花龙袍几乎绝迹，道光以后又有少量的生产。由于纺织机械的发展，大约同治时期新型工艺的妆花龙袍产量有所增加，但工艺和构图方式和早期的妆花龙袍有较大的差别。

为了在年代上有较明确的区分，必须找出某个时段特有的纹样或者款式。清代早期，龙袍的领、袖变化很多，在具体使用上或有或无，没有明确的时代特征，基本处于一种随意的状态。所以，从清初到乾隆中期，很难在领、袖、接袖、马蹄袖的变化上找出规律，从而排列出年代的顺序。

龙纹整体的变化是由大到小的一个过程，早期的龙纹在龙袍上所占比例较大，以后呈逐渐减小的趋势。龙袍下摆的行龙有两个明显大的变化，主要有飞行姿态的飞龙和坐姿的坐龙，飞龙纹样的年代较早，坐龙纹较晚，但这两种纹样同时应用的时间很长，时段上有较多的重叠。

云纹的变化是整体由肥胖、生硬到纤细、流畅，再到整齐、呆板。早期的云纹为大云头、短云身、多云尾，整体肥大稀疏，云纹的形状、大小和排列比较随意，除了少数夹杂寿字、八宝纹外，基本没有其他纹样。大约乾隆时期，云纹的云头变小，云身和云尾加长，整体生动流畅。以后，云尾逐渐消失，云头排列越来越整齐密集，显得呆板而没有活力，并且多数云纹中加各种花卉、暗八仙等吉祥纹样。

早期龙袍下摆的立水很短或者没有立水，只有平水。雍正以前的立水高度为10~15厘米，多数平水高于立水。之后立水逐渐增高，到清光绪时期，有的高于50厘米。年代越晚，立水越长，而平水则随之缩短。

根据上述特点的变化顺序、各种纹样、款式和传世实物等，总结起来大概以100年为一个时间段比较适当。当然，这里所说的只是一个时段顺序的概念，每个时段都会有相对的误差。因为所有纹样、款式的变化，在生产和使用，时间上都是渐进的过程，都不是一朝一夕能完成的，每一次过渡都会有重叠的现象。但是，对每个时期的纹样、款式的变化，在顺序上做一个明确的排列，对于清代宫廷服装的发展过程会更加清晰。下面分三个阶段来解释清代妆花龙袍的变化过程。

（a）正面

（b）反面

图 Ys140 棕色缎地龙袍坯料
年代：清早中期
工艺：妆花缎

一、17 世纪下半叶

这一时期，龙袍的龙纹基本延续明代的风格，整体轮廓较大。在款式上，也包括部分大龙纹袍褂。前文已分析，这里不再重复，只分析清代具有代表性的、品字形龙纹的龙袍。

在领、接袖、马蹄袖的使用上，17 世纪下半叶的龙袍一般没有托领，但是后人添加的现象较多。根据袖子中间的江水海崖，可以看出大部分有接袖、马蹄袖，但是马蹄袖的颜色比较随意。

通过很多件妆花龙袍实物的对比，并查阅相关资料，清初龙袍下摆的行龙像朝服的襕杆，为横向排列，如“故宫藏珍品文物大系”《明清织绣》第 11 页的 “缂丝明黄地云龙万寿纹吉服袍料”。但这种龙纹的流行时间很短，存世量很少，很快变成头尾 45° 角的飞翔姿态。

雍正以前的龙纹较大，云纹肥大而稀少，行龙的眼眉直立向上，两根以上须发卷向头顶上方，正龙脸颊比较肥胖，形似方脸。

图 Ys177 杏黄色妆花缎龙袍

年代：清早期

尺寸：身长 141 厘米，通袖长 198 厘米，下摆宽 116 厘米

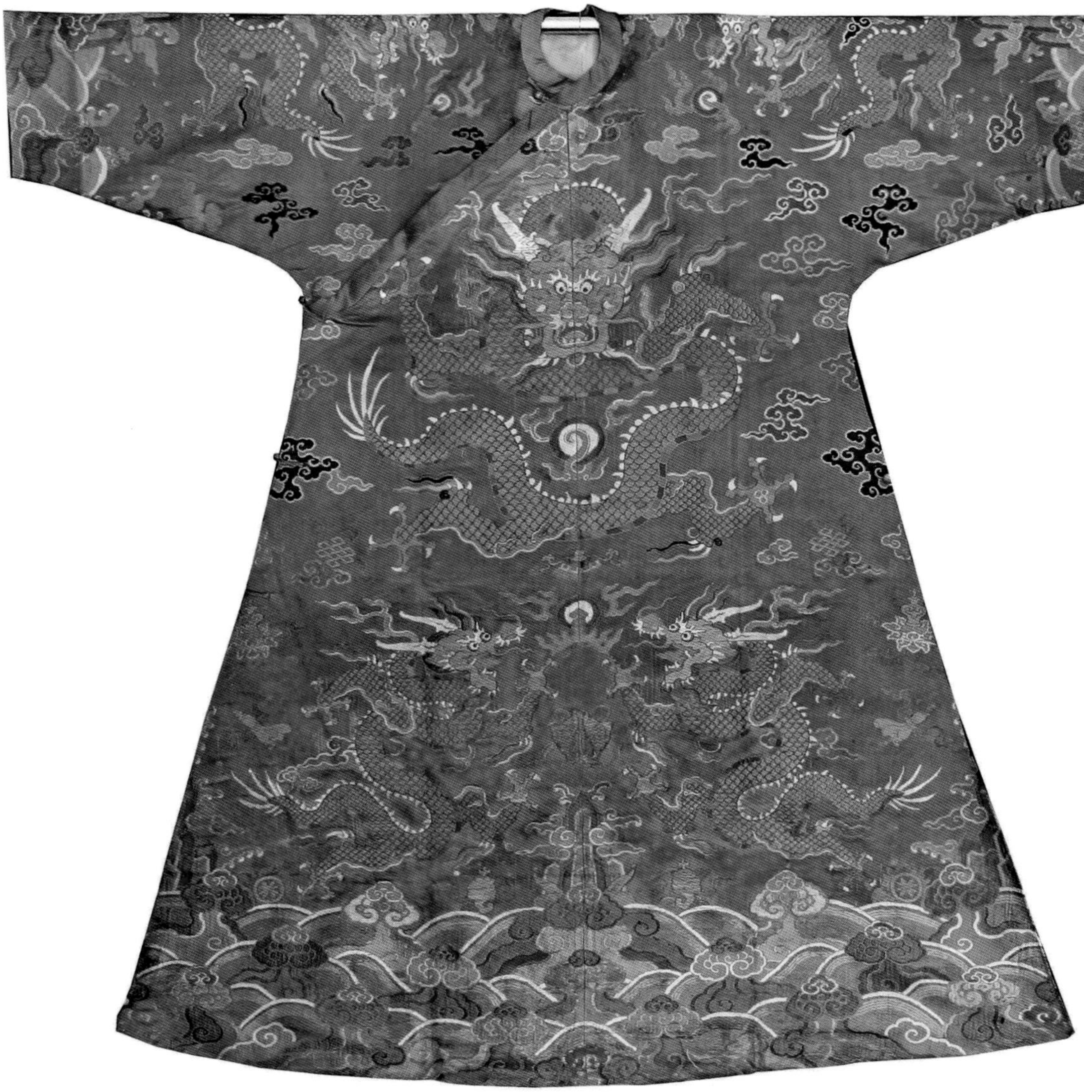

图 Ys082 香黄色缎地云龙纹龙袍

年代：清早期

工艺：妆花缎

尺寸：身长 143 厘米，通袖长 178 厘米，下摆宽 118 厘米

《清代宫廷服饰》第 177 页的“石青缎织锦龙纹锦蟒袍”的款式和龙纹排列与此件龙袍近似。龙袍的特点是龙纹偏大，袍身的主要面积被龙纹占用，彩色大头多尾云纹比较稀少肥大，龙纹的眼眉向上，部分须发卷向头顶，下摆的行龙呈飞行姿态；江水海崖的特点是层数少，平水较低，基本没有立水。这些都是清代早期的特点。由于年代较为久远，这个时期大部分龙袍的马蹄袖和衬里被后人更换。这款龙袍在社会上历经三百余年，保存基本完好，实属不易，即便有些残缺，对于古代服装的款式和纹样、纺织工艺等的研究，仍然具有极高的参考价值。

图 Ys081 棕色缎地云龙纹龙袍

年代：清早期

工艺：妆花缎

尺寸：身长 142 厘米，通袖长 186 厘米，下摆宽 110 厘米

此龙袍的龙纹较大，脊背上的白色翅大而尖直，正龙头脸较肥胖，只有很少的平水纹，没有立水纹，云纹基本横向排列。以上都是清早期的特点。清早期一般没有接袖和托领。认真观看，托领、接袖、马蹄袖在工艺、色彩上明显不是同一时代。这种现象在早期龙袍中较为常见，一般是使用早期的龙袍坯料，后人按当时的风格缝制而成的。

图 Ys161 石青缎地云龙纹龙袍
年代：清早期
工艺：妆花缎
尺寸：身长 140 厘米，通袖长 175 厘米，下摆宽 118 厘米

根据史料记载，清代宫廷龙袍的织造过程是：首先由造办处的相关人员设计，并画出所需物品的图样，再经过上级审批，通过后送到织绣的工厂，按照图样的颜色、要求的尺寸织绣成坯料。所以，坯料图案的设定，包括色彩、纹样的轮廓，应该是该物品的形状、尺寸的唯一标准。但是多数妆花龙袍有几百年的历史，经历了改朝换代、人世沧桑，而从坯料到件料，还有一个缝制的环节，而缝制是完全按照使用的需要而为的。所以，不管是坯料还是件料，有后人改动的现象在所难免。

二、18 世纪

在款式的变化上，主要体现在领、袖、马蹄袖上。

大约到18世纪初（约雍正时期），较普遍地不使用接袖，纺织时直接把袖子织完。江水海崖也不设置在袖子中间，而是延伸到袖端和马蹄袖的连接处，马蹄袖和龙袍使用相同颜色。根据较多的传世实物，这种龙袍在当时织造的数量应该很多，但流行时间较短，以后又恢复接袖的使用。

在龙纹上，18 世纪初，前胸、后背、两肩全部改为正龙，下摆的龙纹基本延续 17 世纪末的飞龙姿态。雍正以后，坐姿龙逐渐增多，清晚期基本改为坐姿龙纹。

18 世纪的云纹大体上是由肥到瘦再到肥，弯曲由少到多再到少，数量由少到多的发展趋势。早期的云纹比较肥大，云头大，云身、云尾短。

约乾隆时期，妆花龙袍同时流行两种云纹。一种是云头小，云身、云尾明显延长，纤细灵活。另一种是肥短的云纹，云身明显肥短，云尾少而肥短，大体呈块状。

1. 上半叶

图 Ys195 黄色妆花缎龙袍
年代：清早期

此龙袍属明清过渡时期的龙袍，弥足珍贵，估价为人民币 250 万~300 万元。

这种无托领、接袖有马蹄袖的款式是否为清代宫廷百官穿用的龙袍？这在笔者心中始终是个难题，也曾通过各种途径寻找答案，查阅了一些历史资料。《锦绣罗衣巧天工》第59页刊登的一件白色织锦龙袍与这种龙袍相同，同样没有托领和接袖，马蹄袖和龙袍为同一颜色。书中介绍领口部分是典型的18世纪初的特色。

在《中国龙袍》一书中，也认为这种款式应该是早期的宫廷龙袍。

近些年出版的书刊也反映了这种现象，有的接袖和龙袍为同一种颜色，有的接袖用石青色，如《天朝衣冠》第 52 和 53 页。多数托领和马蹄袖的色彩和龙袍相同，有的则不管龙袍用什么色彩，托领、接袖、马蹄袖都用石青色。有的领和袖用其他面料裁制而成，如《清代宫廷服饰》第 58、148 和 149 页。

笔者曾经通过各种关系，委托友人询问故宫的藏品中是否有无托领、无接袖的龙袍，回答是肯定的，但曾经发现过和戏曲有关的文字，所以有人认为是戏袍。笔者认为，既然有记载，不能否认曾经作为戏装使用。但是，根据传世数量和当时的社会环境，不能否定当时的织造目的是作为宫廷龙袍应用，具体分析如下：

(1) 无托领、无接袖、有马蹄袖的龙袍，在织造年代上，基本能够确定为清雍正、乾隆左右，因为雍正以前的戏曲还很不发达；

(2) 现在能够见到的清代戏装多数为明代款式，宽袖，没有马蹄袖；

(3) 戏曲通常演绎历史故事，穿当朝的宫廷服装演绎当朝题材的戏曲很少；

(4) 清代早期，戏子的地位很低，收入也不高，使用工艺精细、造价昂贵的龙袍作为戏装，基本没有可能。

另外，现在发表的早期实物较少，有的实物的领、袖部分也不够规范，如托领遮盖其他图案太多等。所以，衣服的坯料部分无可非议，但缝制的年代有待商榷，这一观点在《清代宫廷服饰》一书中有类似论述。

其实，清代制服不是一成不变的，历经几百年，有所变化是正常的历史现象。根据传世实物，早期龙袍的领、袖部分，使用的款式、色彩和纹样，都是通过多次变化而最终确定的。

还有一种说法。除了故宫以外，社会上的无托领、无接袖的龙袍大部分来自西藏，所以近些年有人把这种龙袍叫做藏龙袍。实际上，西藏人不穿这样的款式。图 Ys060、图 Ys075、图 Ys067、图 Ys072 所示几件龙袍是笔者于 2006 到 2008 年在北京的嘉德、保利、东正三家拍卖公司买到的，图 Ys071 则来自河北。也就是说，由于民族风俗等原因，西藏保留下来的龙袍确实较多，但其他地区也有，只是数量较少而已。

总之，藏袍的具体款式前面已经介绍，而当时的汉人穿宽袖。这种龙袍在身长、下摆宽和云龙纹等方面，和宫廷龙袍没有区别，而且具有清代官用特有的马蹄袖，无论是款式还是纹样，都符合清代早期龙袍的标准，应该是清代早期的某一时段作为宫廷龙袍设计和织造的。

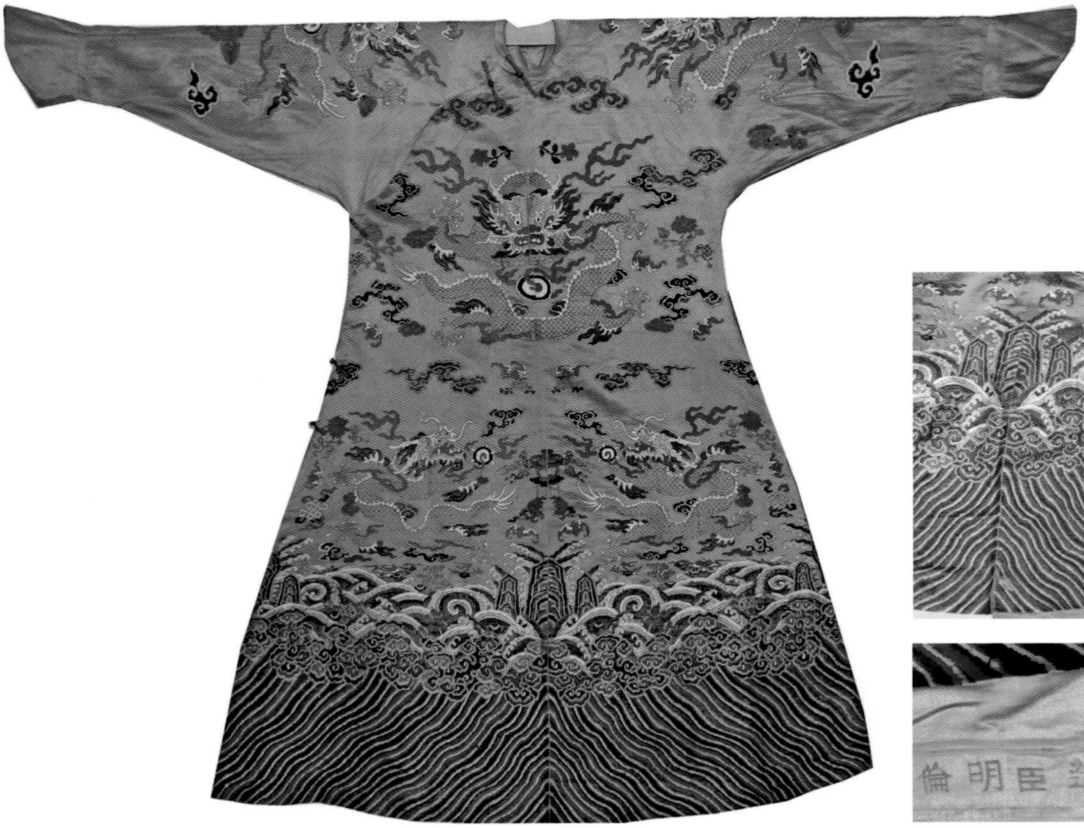

图 Ys197 黄色带机头妆花缎龙袍
年代：清早中期
尺寸：身长 140 厘米，通袖长 185 厘米，下摆宽 122 厘米
机头文字：江南织造臣明伦

图 Ts180 带机头的蓝色妆花缎龙袍残片

图 Ys075 红色缎地云龙纹龙袍
年代：清早期
工艺：妆花缎
尺寸：身长 143 厘米，通袖长 200 厘米，下摆宽 121 厘米

早期的四合云、壬字云，虽然视觉上很工整，但相对肥胖，缺乏动感。以后的云身开始延长，弯曲的弧度加大，方向也不拘一格，根据空白处的需要，可以向任何方向、任何长度延伸，云纹纤细，云身长且弯曲明显，云头的大小、多少不等，并随意地长在云身的任何位置。这种云纹流畅有动感，因为对称的云头加上较细的云身很像灵芝，有人把这种云叫做灵芝云。

图 Ys072 粉红色缎地云龙纹龙袍
年代：清早期
工艺：妆花缎
尺寸：身长 142 厘米，通袖长 198 厘米，下摆宽 120 厘米

此龙袍是笔者于2006年在北京东正拍卖公司买到的。笔者曾多次为买到一件龙袍而彻夜不眠，购买此件龙袍是最严重的一次。笔者很偶然地看到了拍卖书，觉得龙袍的年代和品相都很好，价格也比较便宜，决定去竞拍。提前三天预展，笔者和夫人很早就去了，当两人看到这件龙袍时，不约而同地看了对方一眼，龙袍的品相远远超出想象。由于特殊的时代、特殊的职业和当时的环境，两人见过的各种年代、工艺的龙袍非常多，但年代、品相都这么完美的并不多。于是，势在必得，回到家里还在热血沸腾。

一直到拍卖那天，三天里笔者最多白天打个盹，夜里没睡过，越是安静下来越不能入睡，想如何把那件龙袍买到手，笔者最怕的竞拍价格太高，怎么办？开始想超过 20 万元就放弃，后来决定可以超过 30 万元，最后又到 50 万元，翻来覆去，就是睡不着觉。另外，还有个问题，让笔者压力很大，当时家里的钱不足 2000 元。在正常情况下，借钱是笔者的拿手好戏，在整个单位都有名，但当时连续的几个拍卖会已经负债累累，想不出还能从谁那里借到钱。好在业内不能借，最后到圈子以外，从做服装买卖的朋友那里借到了钱。

其实，笔者几天的煎熬只是一场虚惊，最后只用起拍价就买到了。这种虚惊好似笔者的人生道路，始终贯穿在 40 余年的织绣收藏生涯里。太多的渴望给了笔者人生的动力，太多的追求和贪婪也把笔者搞得疲惫不堪。

图 Ys079 黄缎地云龙纹妆花龙袍
年代：清早期
工艺：妆花缎
尺寸：身长 140 厘米，通袖长 178 厘米，下摆宽 120 厘米

根据云龙纹、山水和马蹄袖等元素，应该确定此件龙袍为清代早期的宫廷龙袍。

图 Ys064 黄缎地云龙纹龙袍
年代：清早期
工艺：妆花缎
尺寸：身长 140 厘米，通袖长 190 厘米，下摆宽 122 厘米

图 Ys065 黄缎地云龙纹龙袍
年代：清早期
工艺：妆花缎
尺寸：身长 141 厘米，通袖长 180 厘米，下摆宽 121 厘米

图 Ys066 黄缎地云龙纹龙袍
年代：清早期
工艺：妆花缎
尺寸：身长 141 厘米，通袖长 185 厘米，下摆宽 118 厘米

织龙袍的坯料时，在纹样以外的空白处织一对马蹄袖，所以马蹄袖的颜色和龙袍相同。很多传世坯料都有这种现象。

图 Ys068 棕色缎地云龙纹龙袍
年代：清早期
工艺：妆花缎
尺寸：身长 140 厘米，通袖长 186 厘米，下摆宽 121 厘米

此件龙袍的领子部分被改成交领的形式，但是可以明显看到领子压到了两肩的云纹，前面的斜式领也压到了云纹和火，说明袍料本身是圆领。这种龙袍除了没有托领、接袖以外，就龙纹的排列位置和整体形状而言，基本已经定位。以后，整个清代的龙袍大多数沿用这种形式，只是云纹、海水、八仙等在每个时段都有较明显的变化。

图 Ys078 粉红色缎地云龙纹龙袍
年代：清早期
工艺：妆花缎
尺寸：身长 140 厘米，通袖长 192 厘米，下摆宽 120 厘米

妆花龙袍和其他事物一样，也经历了一个盛衰的过程。乾隆以前，妆花龙袍明显多于刺绣龙袍。乾隆以后，灵活多变、色彩丰富的刺绣和缂丝工艺盛行，导致刺绣、缂丝龙袍快速增多，而很费工时的妆花龙袍几乎绝迹。到清代晚期，有一些妆花工艺的龙袍，质地明显松软，构图也相对呆板。

由于刺绣龙袍的年代较晚，传世数量较多，人们感觉刺绣龙袍的数量也较多。这种现象不仅体现在龙袍上，几乎所有刺绣和织锦的物品，在不同年代的数量对比上都有这种现象。

图 Ys060 红色缎地云龙纹龙袍
年代：清早期
工艺：妆花缎
尺寸：身长 144 厘米，通袖长 202 厘米，下摆宽 120 厘米

此件龙袍是笔者于 2006 年在保利拍卖公司买到的。在当时的几个月前，嘉德拍卖公司有一件和这件的年代、款式相同，因为竞拍的是熟人，不好意思当面竞拍，笔者没有买到，所以这次精心安排。为万无一失，笔者让儿子到拍卖现场，同时办一个电话委托，如果有人买，笔者在家里用电话竞拍。由于当时笔者接电话时并不知道和谁竞争，结果竟然和儿子争了两手，弄巧成拙，拍到这件龙袍多花了好几千元。

图 Ys148 黄色缎地云龙纹龙袍
年代：清早期
工艺：妆花缎
尺寸：身长 138 厘米，通袖长 186 厘米，下摆宽 118 厘米

此种龙袍前后的正龙明显大，大约占整件袍服的一半，两肩的正龙也较大，从领口部分的云龙纹，可以看出这种款式应是清早期的无托领、无接袖的龙袍。

图 Ys071 白色缎地云龙纹龙袍
年代：清早期
工艺：妆花缎
尺寸：身长 140 厘米，通袖长 170 厘米，下摆宽 116 厘米

《锦绣罗衣巧天工》第 59 页的白色织锦龙袍和此件龙袍基本相同。这款龙袍的正龙很大，行龙纹却很小，与图Ys072相比，色彩和云、山水等纹样也很近似，应该是同一时期的产品，整体看流行时间不长，但传世数量较多，说明当时有一定的产量。

2. 中叶

清雍正、乾隆时期是妆花工艺的鼎盛时期，也是龙袍的云龙纹最完美的时期。这时的龙袍在款式、工艺、构图上都趋于成熟，整体看传世数量较多，工艺差距不大，纹样整齐规范且不失动感，色彩华丽饱满，龙纹脊背的翅短小而弯曲，须发均匀地围绕在龙头的背后，行龙头顶上的须发只剩下一两根，龙身略显肥胖而规范，但缺乏早期行龙的凶悍。

从妆花龙袍坯料纹样的轮廓，可明显看出早期大部分妆花龙袍没有托领，随着石青色托领的普遍使用，马蹄袖也改为石青色，到乾隆中期，形成清代龙袍固定的款式。

图 Ys067 红色缎地云龙纹龙袍

年代：清早中期

工艺：妆花缎

尺寸：身长 140 厘米，通袖长 203 厘米，下摆宽 121 厘米

图 Ys074 红色缎地云龙纹龙袍

年代：清中期

工艺：妆花缎

尺寸：身长 141 厘米，通袖长 204 厘米，下摆宽 119 厘米

图 Ys144 黄色缎地云龙纹龙袍
年代：清早中期
工艺：妆花缎
尺寸：身长 139 厘米，通袖长 202 厘米，下摆宽 115 厘米

上述三件龙袍都有后期改动的嫌疑，领子部分的云纹明显被后来添加的托领遮挡。这种现象应该和织造坯料和缝制龙袍的时间差有关，因为坯料的纺织和缝制是完全不同的工种，两者没有必然的联系。由于宫廷造办处对坯料的预定数量一般会远多于使用数量，往往会造成大量的积压。在操作程序上，先把坯料织成并妥善存放，等使用时再给专业的裁缝，包括裁剪、添加衬里等缝制成件料。所以，从织造坯料到缝制龙袍会有一定的时间，这种差异有时会有几十年，甚至更长的时间，使坯料的缝制和使用的时间不同步，导致上述现象。《清代宫廷服饰》一书中第 177 页的“清嘉庆石青缎织金龙纹锦蟒袍”也有类似说法。另外，清王朝被推翻以后，宫廷服装在一夜间失去了原有的意义，多数流失在社会上的宫廷织绣品，通过各种渠道被拥有人按照自己的需要进行不同程度的改动。

图 Ys061 石青缎地云龙纹龙袍
年代：清早期
工艺：妆花缎
尺寸：身长 144 厘米，通袖长 200 厘米，下摆宽 121 厘米

从纹样上看，此件龙袍的设计堪称完美，龙纹纤细流畅，大朵云纹清晰飘逸，加上高高卷起的海浪，整体纹样和色彩和谐优美，前后正龙中间有一个圆形吉祥图案。这种构图形式的传世物较少。

图 Ys179 明黄色妆花缎龙袍
年代：清早期
工艺：妆花缎
尺寸：身长 140 厘米，通袖长 190 厘米，下摆宽 118 厘米

图 Ys016 红色妆花缎龙袍
年代：清中期
工艺：妆花缎
尺寸：身长 140 厘米，通袖长 190 厘米，下摆宽 121 厘米

图 Ys083 棕色提花加妆花绸地云龙纹龙袍
年代：清中期
工艺：妆花绸
尺寸：身长 142 厘米，通袖长 200 厘米，下摆宽 121 厘米

龙袍下摆的龙纹一般呈坐姿，形成年代比飞龙姿态稍晚。龙纹和云纹稍显粗短，正龙纹的比例有所加大，年代大约在雍正到乾隆早期。在妆花龙袍中，这是工艺和构图最完美的时期，整体看，无论产自哪个地区，工艺都很精细。

图 Ys059 石青缎地云龙纹龙袍
年代：清早期
工艺：妆花缎
尺寸：身长 142 厘米，通袖长 195 厘米，下摆宽 118 厘米

图 Ys076 黄色缎地云龙纹龙袍
年代：清早中期
工艺：妆花缎
尺寸：身长 141 厘米，通袖长 201 厘米，下摆宽 116 厘米

图 Ys080 黄色缎地云龙纹龙袍
年代：清早中期
工艺：妆花缎
尺寸：身长 139 厘米，通袖长 202 厘米，下摆宽 118 厘米

3. 下半叶

到乾隆二十四年（1759），清代服制有了准确的定位，详细规定了每个阶级、某种场合穿某种款式以及某种色彩的服装，并规定皇帝的朝袍、龙袍列十二章纹样，以及每个章纹在袍服上的大体位置。对朝袍、龙袍等服装的龙纹，也做了详细的规定，某个部位用什么形状的龙纹。之后各代的龙袍款式和纹样都比较稳定，没有大的变化。

其他不受典章限制的纹样则不停地变化。特别是云纹，在龙袍中占有大部分面积，在视觉效果上起着重要作用，花费的工时也最多，因为没有具体要求，导致了形状的多样化。多样化的云纹有时能反映时代的变迁，对于分析年代有很大帮助。

在这一时期，除了少量的特例外，如图 Ys077 和图 Ys142 所示属于特殊定制品，还流行一种块状云纹的龙袍，色彩和龙纹的构成协调合理，流行时间较长，传世数量在妆花龙袍中为最多。

图 Ys077 黄色绸地万字云龙纹龙袍
年代：清早中期
工艺：妆花绸
尺寸：身长 140 厘米，通袖长 204 厘米，下摆宽 120 厘米

《清代宫廷服饰》第 149 页刊载的“明黄纱织彩云金龙纹夹龙袍”的工艺和构图与此件龙袍应为同一版本。纤细的云纹延续不断，云纹的交汇处都形成“卍”字状，可称为“万字不到头”，有延续不断的寓意。此龙袍中的龙纹非常小，充分体现云纹的流畅。

图 Ys142 满织地云龙海水纹龙袍
年代：清中期
工艺：妆花锦
尺寸：身长 145 厘米，通袖长 204 厘米，下摆宽 118 厘米

笔者曾经问过纺织工艺的行家，这样一件织满地龙袍所用的工时至少为一般妆花龙袍的三倍以上，可谓不惜工本之物。

在妆花工艺上，图 Ys142 所示是笔者见过的最为复杂的龙袍，没有地色，整件袍服的所有面料都植入彩色丝线，很少回纬，主要用抛梭的方法，所有图案用显斜纹的绸组织形成。2008 年紫禁城出版社出版的《天朝衣冠》第 59 页的"明黄色满地云金龙妆花绸女锦龙袍"在工艺和年代上与之近似。

曾经有很多人问织锦和刺绣哪种工艺更费工时，实际上两者没有可比性。同样的图案和刺绣面积，使用粗细不同的丝线，所用的工时可以相差很多倍。妆花工艺也是如此，妆花龙袍有的需要两个月，有的则需要两年。

图 Ys015 黄色绸地寿字云龙纹龙袍
年代：清中期
工艺：妆花缎
尺寸：身长 140 厘米，通袖长 201 厘米，下摆宽 113 厘米

此件龙袍，除龙纹和云纹外，添加了很多小团寿，意为百寿。密集的小团寿内部的横竖笔画，会给织造增添很多困难，所以这种纹样的妆花龙袍很少。

图 Ys143 黄色缎地云龙纹龙袍

年代：清中期

工艺：妆花缎

尺寸：身长 142 厘米，通袖长 183 厘米，下摆宽 122 厘米

图 Ys143、Ys069、Ys057、Ys062、Ys063、Ys073 等所示的龙袍在妆花龙袍中的传世数量为最多，最突出的特点是云纹、云头很大，云身粗短，多数云团没有云尾，偶尔有少量粗短的单尾。根据云龙纹的风格，大约是乾隆时期设计最成功、产量最多的龙袍。

图 Ys069 棕色缎地云龙纹龙袍
年代：清中期
工艺：妆花缎
尺寸：身长 144 厘米，通袖长 190 厘米，下摆宽 122 厘米

图 Ys062 黄色缎地云龙纹龙袍
年代：清中期
工艺：妆花缎
尺寸：身长 142 厘米，通袖长 204 厘米，下摆宽 118 厘米

图 Ys057 黄色缎地云龙纹龙袍
年代：清中期
工艺：妆花缎
尺寸：身长 137 厘米，通袖长 190 厘米，
下摆宽 113 厘米

图 Ys056 黄色缎地云龙纹龙袍
年代：清中期
工艺：妆花缎
尺寸：身长 143 厘米，通袖长 204 厘米，
下摆宽 120 厘米

图 Ys073 石青色缎地云龙纹龙袍
年代：清中期
工艺：妆花缎
尺寸：身长 143 厘米，通袖长 196 厘米，下摆宽 121 厘米

图 Ys073 所示龙袍是笔者于 2006 年在美国的一个小型拍卖会上买到的。听说美国龙袍很多，在台湾好友的带领下，笔者战战兢兢地到了美国，主要是在纽约参加两个中国古玩交易会，另外有幸去了一趟美国的南部城市迈阿密。一接触美国市场，笔者才知道美国的龙袍价格比国内低很多。当时笔者把见到的龙袍差不多全部买下，共 20 多件。从此，笔者每年去一两次美国，买了很多物美价廉的龙袍等明清织绣品。笔者觉得，明清时期的织绣品，对于宫廷服饰、纺织、刺绣、印染的发展史，甚至社会风俗等，都具有很深的研究价值。但如此广泛的文化内涵，却是被人们忽略或遗忘的古玩类别。从改革开放到现在的40多年时间里，从宫廷到民间，其他的古玩艺术品几乎都轰动过，唯独宫廷或官用的服装始终冷冷清清。造成这种现象的原因可能是物品总量较少，难以形成一个能够认知的群体，同时缺乏有影响人士的关注。这种环境反而给笔者提供了很好的捡漏机会。

图 Ys063 黄色缎地云龙纹龙袍
年代：清中期
工艺：妆花缎
尺寸：身长 139 厘米，通袖长 202 厘米，下摆宽 114 厘米

图 Ys084 黄色缎地云龙纹龙袍
年代：清中期
工艺：妆花缎
尺寸：身长 143 厘米，通袖长 200 厘米，下摆宽 121 厘米

图 Ys141 香黄色缎地云龙纹龙袍
年代：清早中期
工艺：妆花缎
尺寸：身长 143 厘米，通袖长 201 厘米，下摆宽 122 厘米

正龙纹较大、行龙纹较小的年代较早，以后的龙纹呈现逐渐减小的趋势，到乾隆晚期，三个品字形龙纹所占用的面积基本相等，越晚则龙纹比例越小，而其他纹样的种类越来越多，如八仙、八宝、江水海崖等，晚期的立水占三分之一的比例。

图 Ys058 红色缎地云龙纹龙袍
年代：清中期
工艺：妆花缎
尺寸：身长 139 厘米，通袖长 204 厘米，下摆宽 120 厘米

在现实生活中，有较多的带有各种毛皮的龙袍，如《天朝衣冠》第 54 页的“明黄色缎绣云龙银鼠皮龙袍”、55 页的“缂金彩云蓝龙青白狐皮龙袍”，社会上也有少量加有各种毛皮的龙袍和八团袍服，清代服制典章中也记载了冬用皮毛、夏用纱等。

图 Ys023 黄色缎地云龙纹龙袍
年代：清中期
工艺：妆花缎
尺寸：身长 142 厘米，通袖长 200 厘米，下摆宽 118 厘米

1994 年台湾艺术图书公司出版的《龙袍》和 2004 年紫禁城出版社出版的《清代宫廷服饰》第 114 页的龙袍，在构图方式和色彩上均和此龙袍基本相同，可见当时有一定的流行数量。龙纹分布均匀，立水明显增高，说明和前面的龙袍相比年代较晚。

图 Ys055 黄色缎地云龙纹龙袍
年代：清中期
工艺：妆花缎
尺寸：身长 143 厘米，通袖长 200 厘米，下摆宽 120 厘米

图 Ys070 白色缎地云龙纹龙袍
年代：清中期
工艺：妆花缎
尺寸：身长 140 厘米，通袖长 202 厘米，下摆宽 118 厘米

大约到18世纪末，如图Ys070、Ys055 所示的两件龙袍，已经具有晚期龙袍的韵味。云尾基本消失，云纹体积减小，中间开始出现蝙蝠、八宝等纹样，排列逐渐整齐，分布越来越密集，立水加长，龙纹较小。从构图风格和色彩上看，这种妆花龙袍流行的时间较短，传世实物也很少，年代较晚。

图 Ys103 紫色缎地龙纹龙袍
年代：清晚期
工艺；妆花缎
尺寸：身长 135 厘米，通袖长 200 厘米，下摆宽 105 厘米

此件龙袍的妆花工艺非常粗糙，经线稀疏，纬线较粗，龙纹和云纹相对简单。到清代晚期，多数织绣品明显有偷工减料的迹象。

三、19 世纪

1. 上半叶

由于刺绣工艺的灵活多变、色彩丰富，有很立体的视觉效果，并且对生产规模、场地没有什么要求，刺绣产业在清代中晚期得到了快速的发展，刺绣工艺的龙袍在种类和数量上很快占领了市场的主导地位。

根据传世实物，尽管清乾隆以后的妆花龙袍已经很少，仍有少量的生产。这种龙袍的构图和同时代的刺绣龙袍类似。和一般龙袍比较，整体尺寸肥短，身长约 130 厘米，无尾云纹越来越整齐密集，龙纹短小肥胖，而且夹杂暗八仙等许多吉祥图案，平水减短，而立水越来越长。

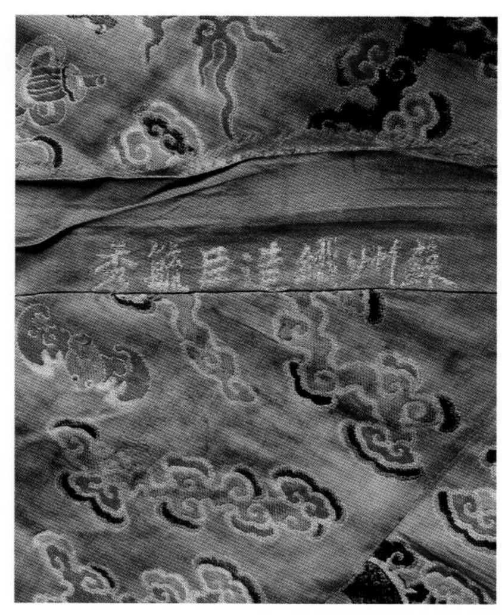

图 Ys160 杏黄缎地龙纹龙袍坯料
年代：清中晚期
工艺：妆花缎
机头文字：苏州织造臣毓秀

这种龙袍的工艺、构图、色彩，包括面料的组织密度等，都属于同一种类型，没有明显差别，生产的年代也差距不大，应产自同一地区。根据相同的工艺特点和保留的机头，可以证实此件龙袍产自苏州。

连机头的龙袍坯料，也许是证明产地的唯一证据。由于织机宽度的约束，龙袍的宽度大约是半件龙袍的幅面，就是把两幅拼合在一起才能形成龙袍。所以，完整的龙袍坯料约等于龙袍身长的 5 倍。如龙袍身长为 140 厘米，龙袍坯料就应该是 4 个身长加 1 个大襟的长度，加机头等，约为 740 厘米。机头是用来证明产地或厂家的（有的也有织工的名字），既有责任人或单位的含义，也有广告的效果。为了缝制机头时不影响主体纹样的效果，多数机头和龙袍纹样有一定距离，所以几乎所有的龙袍在缝制时就把机头剪掉了，能把机头保留下来的极少。

图 Ys171 黄色缎地龙纹龙袍
年代：清中晚期
工艺：妆花缎
尺寸：身长 127 厘米，通袖长 196 厘米，下摆宽 113 厘米

图 Ys 097 蓝色缎地龙纹龙袍
年代：清中晚期
工艺：妆花缎
尺寸：身长 145 厘米，袖长 190 厘米，下摆宽 120 厘米

图 Ys099 紫色缎地龙纹龙袍
年代：清中晚期
工艺：妆花缎
尺寸：身长 135 厘米，通袖长 180 厘米，下摆宽 110 厘米

虽然同为妆花工艺，但是和早期的妆花龙袍相比，这种龙袍的坯料不单单是纹样、色彩等有变化，纺织工艺上也有一定差别，纬线较粗，经纬线组织结构也比较稀疏，质地厚且松软，而且有一定的传世量，应该是纺织机械上的一次明显的革新。

图 Ys100 杏黄色缎地龙纹龙袍
年代：清中晚期
工艺：妆花缎
尺寸：身长 125 厘米，通袖长 195 厘米，下摆宽 108 厘米

此件龙袍为前开襟，没有托领和马蹄袖，而是汉式氅衣常用的挽袖，并在领口等部分配花边。19 世纪的龙袍款式和纹样已经定型，这种前开襟的龙袍不符合清代典章。

20世纪五六十年代，北京开设了唯一的专业面对外国人的零售商店——北京友谊商店，笔者有幸多次光顾，知道里面的很多氅衣和龙袍都改成了这种款式。从改动的风格上看，这件龙袍应该是那时改制的。

图 Ys105 黄色缎地龙纹龙袍

年代：清中晚期

工艺：妆花缎

尺寸：身长 122 厘米，通袖长 191 厘米，下摆宽 112 厘米

图 Ys101 蓝色缎地龙纹龙袍

年代：清中晚期

工艺：妆花缎

尺寸：身长 131 厘米，通袖长 180 厘米，下摆宽 110 厘米

图 Ys102 蓝色缎地龙纹龙袍
年代：清中晚期
工艺：妆花缎
尺寸：身长 138 厘米，通袖长 180 厘米，下摆宽 110 厘米

图 Ys098 紫红色缎地龙袍
年代：清中晚期
工艺：妆花缎
尺寸：身长 139 厘米，通袖长 188 厘米，下摆宽 116 厘米

2. 下半叶

人类文明的关键在于所使用的工具，从手工到半机械，再到机械化、自动化，用具的变化是导致人类文明的根本所在。纺织品也一样，从手捻线到现在的气流喷纱，从手工抽丝到现代的筒子缫丝机，目的都是为了高效率和高品质。旧式织布机的每一次经纬关系的变动，都需要人工操作，妆花工艺所使用的织机更不例外。每一台庞大的织机都需要几个人配合操作，所以速度慢，产量低，产品成本高，是所有纺织工艺的难题。

革命性的杭州妆花龙袍：

大约在19世纪下半叶，一种全新工艺的妆花龙袍诞生了。笔者不知道这种织机的形状和工作原理，但根据织物的纹样平整、工艺整齐划一的特点，明显是机械化程度很高或者是半自动化的产品。和以前的妆花工艺相比，虽然同为植入类的回纬或抛梭，但制作过程有根本性的变化，大部分用回纬的方法，只有在跨度很小的情况下才用抛梭的方法。由于年代较近，传世的机头较多，见过的机头全部是杭州的字号，所以基本能够确定为杭州生产的清晚期龙袍。半自动化工艺使得产品的加工速度加快，成本大幅度地降低。

这种龙袍的地组织全部为3枚绸或纱组织，经纬丝线的粗细差距较小，组织紧密而匀称，云龙、八宝等纹样密集而规整，地色主要是蓝色、紫色，下摆的行龙几乎全部是飞龙姿态。

图 Ys 109 蓝色绸地龙纹龙袍

年代：清晚期

工艺：妆花绸

尺寸：身长135厘米，通袖长200厘米，下摆宽110厘米

图 Ys104 蓝色绸地龙纹龙袍
年代：清晚期
工艺：妆花绸
尺寸：身长 139 厘米，通袖长 196 厘米，下摆宽 110 厘米

图 Ys106 蓝色绸地龙纹龙袍
年代：清晚期
工艺：妆花绸
尺寸：身长 142 厘米，通袖长 210 厘米，下摆宽 110 厘米

图 Ys108 紫色绸地龙纹龙袍
年代：清晚期
工艺：妆花绸
尺寸：身长 140 厘米，通袖长 140 厘米，下摆宽 110 厘米

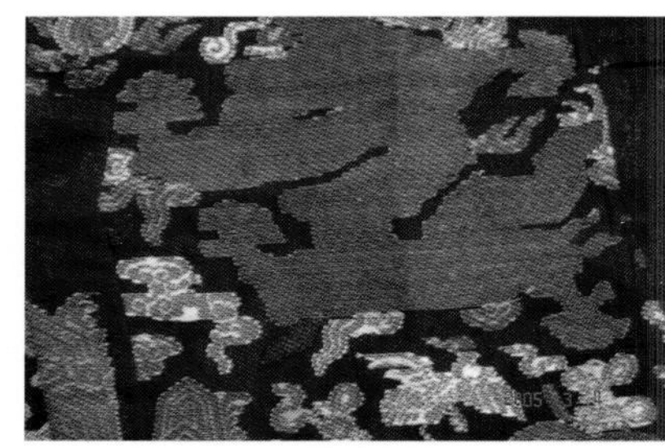

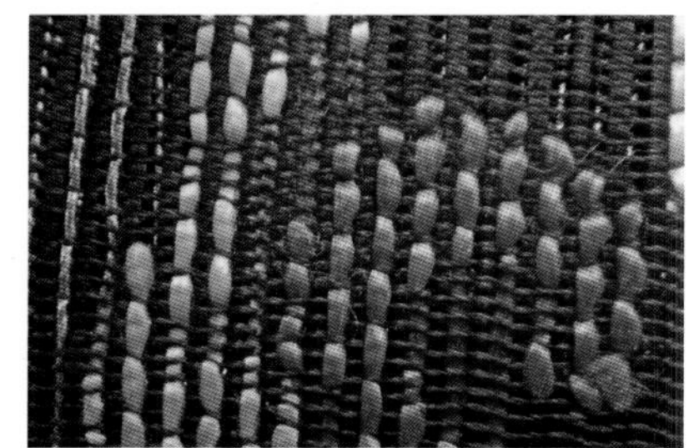

图 Ys107 紫色纱地龙纹龙袍
年代：清晚期
工艺：妆花纱
尺寸：身长 140 厘米，通袖长 180 厘米，下摆宽 95 厘米

从清代晚期的老图片中看见部分太监穿着这种龙袍，近些年有人把这种龙袍叫做太监龙袍。实际上，各个级别穿的龙袍，颜色必须区分，部分款式上也有差别，但工艺和面料质地等没有规章，可以任意选择妆花、刺绣、缂丝等产品。

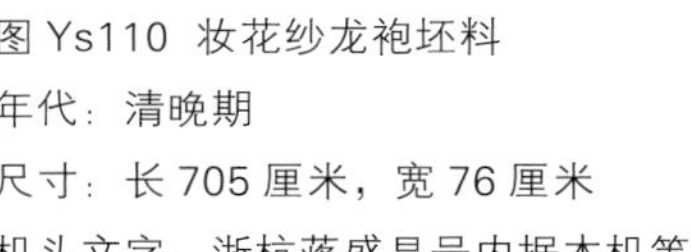

图 Ys110 妆花纱龙袍坯料
年代：清晚期
尺寸：长 705 厘米，宽 76 厘米
机头文字：浙杭蒋盛昌号内据本机等

清代晚期这一类龙袍的地组织均为绸或纱，没有缎等其他组织，介入的彩线有单色、彩色，也有金线。根据传世实物，只有晚期的龙袍采用此种工艺，其他时段均没有发现。

第五节 缂丝龙袍

缂丝工艺是按照纹样的要求，通过变换彩色纬线，以回纬的方法，用小梭织成。由于每次改变色彩都要更换梭子，有的通纬穿越一根纬线会更换几十次，所以极费工时。为了节省工时，大约在17世纪下半叶，开始出现缂丝和绘画相结合的方法，之后缂画结合工艺的使用逐步增多。

就整体而言，妆花龙袍经历了 17 到 18 世纪的兴盛，到 19 世纪初快速衰落的过程。和刺绣、缂丝工艺的龙袍相比，妆花龙袍的年代明显早，乾隆以后快速减少，似乎只用了很短的时间就被刺绣工艺所取代，尽管还有很少量的生产，但比例已经很小。而缂丝龙袍整体是相对稳定的发展，年代越晚，传世品越多。

缂丝龙袍的特点是图案清晰，纹样的变化灵活，特别是捻金线和丝线的应用灵活多变，有的用金线织地，用彩色丝线织纹样，也有纹样用金线织成，其他颜色织地，视觉上高雅华丽。所用纹样大部分是彩云、金龙。由于缂丝的图案是通过回纬形成的，每一个色彩的变化都要更换梭子，所以较费工时。在同一根经线上回纬次数多，就会有断裂的现象，也使得整体不够牢固，容易损坏。

单从工艺上区分现在的存世量，刺绣龙袍的存世量最多，缂丝龙袍的存世量应属第二。但是由于清代以后特殊的社会环境等因素，本来有一定存世量的缂丝龙袍，在20世纪70年代改革开放初期的国内市场上很少见，感觉很神秘。这一点不单单体现在织绣品上，整个中国古玩界都经历了一个由神秘到平常的过程。除了故宫以外，笔者收藏的缂丝工艺的龙袍绝大部分来自国外，是近几年通过拍卖、交易会等途径从国外买回来的。下述的缂丝龙袍，除了图 Ys009 所示来自西藏，其余全部来自国外。

图 Yf009 明黄地十二章纹皇帝龙袍
年代：清中期
工艺：缂丝
尺寸：身长 141 厘米，通袖长 190 厘米，下摆宽 118 厘米

这是唯一一件来自西藏的缂丝龙袍，缂丝工艺精细，构图密集，色彩规范，是很标准的皇帝明黄十二章龙袍。在现实社会流通的古玩中，在总量上，龙袍应该是数量最少的类别之一，皇帝龙袍更少，但因为经营者高频率的倒卖，业内没有这种感觉，根本原因是收藏和认知的群体小。实际上，全世界藏有中国龙袍的博物馆屈指可数，扩大龙袍收藏数量的更是凤毛麟角，而个人收藏多为有心无力。

图 Yf008 明黄绸十二章纹皇帝龙袍
工艺：缂丝
年代：清中期
尺寸：身长 142 厘米，通袖长 186 厘米，下摆宽 122 厘米

此件龙袍的立水较短，平水较长，云纹排列整齐而密集，彩色云头较大，有少量细小的云身，没有云尾，是典型的嘉庆、道光时期的风格。

缂丝龙袍中，蓝色的较多，黄色很少，黄色十二章更少。图 Yf008 所示的明黄十二章龙袍来自蒙古，是 2001 年在北京的一个古玩店买的。那时笔者在老家保定，为了赶早上的古玩地摊，每个星期六的凌晨三四点乘车去北京，一般到了下午就去转古玩店，晚上在北京住一夜，第二天继续赶早市，下午回家。至少在六七年的时间里，笔者过着这种生活。这家店的主人常年去蒙古买古玩，当时懂得龙袍的人很少，知道十二章的人更少，但大部分人知道黄颜色的龙袍值钱。一问价格，店主开价 5 万元，经过激烈的讨价还价，最后降到 4 万元。因为当时笔者只有一万多元，心想着先去借钱，也许放一放还能少花点钱，所以称价格太高，客气了一下就急着借钱去了。结果，找遍所有的关系也没有借够 4 万元，笔者知道多去店里一次反而增加购买的难度，没准卖主会变卦，所以只好先回家，下周再来。回家等待一周的时间，笔者像热锅上的蚂蚁，坐立不安，终于盼到星期六，和夫人很早启程，根本没心思做其他的事情，早早到了那家店里，原来挂的龙袍不见了，头“嗡”地一下差点晕倒。笔者一下子坐在凳子上，霎时出了一身冷汗，稍微冷静了一两分钟，出于买卖技巧，没敢直接问龙袍的事情，先说别的话题再转到这件龙袍上，才知道店主把龙袍收起来了，那天没挂出来。笔者再也不敢怠慢，匆匆买下，还是放在自己家里踏实。

图 Yf010 杏黄地缂丝龙袍
年代：清晚期
尺寸：身长 140 厘米，通袖长 193 厘米，下摆宽 112 厘米

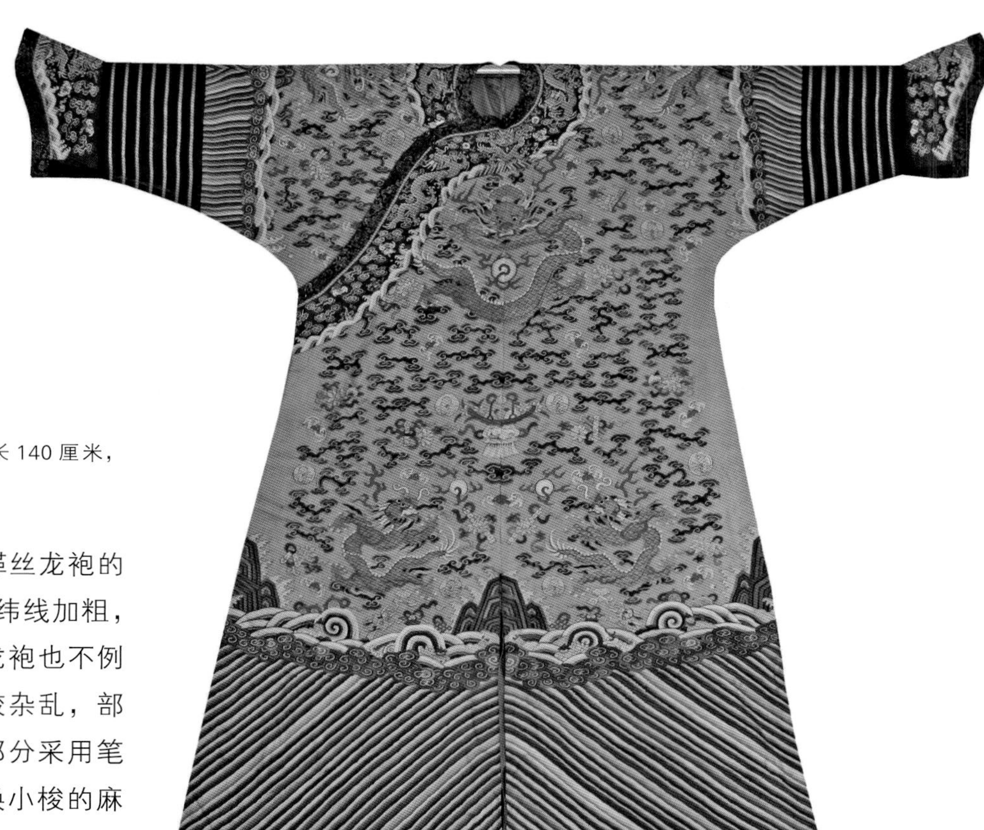

图 Yf011 黄地缂丝龙袍
年代：清晚期
尺寸：身长 138 厘米，通袖长 140 厘米，下摆宽 120 厘米

清代晚期，多数缂丝龙袍的经线排列不够密集，而纬线加粗，即使宫廷专用的黄色龙袍也不例外，构图和色彩也比较杂乱，部分龙袍在纹样的细节部分采用笔画的工艺，以减少更换小梭的麻烦，色彩过渡上也能够柔和，明显有偷工减料的现象。

图 Yf012 缂金地龙袍
工艺：金地缂丝
年代：清早中期
尺寸：身长 143 厘米，通袖长 196 厘米，下摆宽 120 厘米

2008 年，北京故宫有一个展览，其中有一件棉龙袍和这一件龙袍近似，如《天朝衣冠》第 55 页的“缂金彩云蓝龙青白狐皮龙袍”。

清代中晚期，有一种全部使用金线织地的缂丝工艺，这种织物又称“金包地” “金宝地”，业内也叫“遍地金”。地纬以金线代替丝线，在金光闪闪的金线地上，以各色丝线缂织五彩花纹。由这种金线织物制成的服装 “金光闪闪”，是名符其实的“金衣”。

缂丝织物的地纬全部用金线，而纹样用彩色丝线织成，整体效果富丽堂皇，非常华贵。这种形式只有缂丝能够做到，因为缂丝加工中每一次色彩变化是单独织成的，实际上就等于用金线把每一块不同颜色的布连接在一起。有时刺绣也用金线，将空白处盘满金线，叫做满绣，同样为了达到这种效果。

和金宝地相反，另一种则是地纬用丝线，纹样部分全部用金线。为了显示纹样的层次，金线一般以两种以上的颜色搭配使用。但是，由于金线的柔韧性没有丝线好，很容易折断和磨损，难以长时间保存，缺乏实用性。

图 Yf053 金地缂丝龙袍
年代：清晚期
尺寸：身长 138 厘米，通袖长 192 厘米，下摆宽 128 厘米

图 Yf013 蓝色地金线龙袍
工艺：缂金、缂丝
年代：清中晚期
尺寸：身长 140 厘米，通袖长 200 厘米，下摆宽 110 厘米

此件龙袍的所有纹样用黑、黄两种金线织成，地部用蓝色丝线织成绸组织，给人既高贵又典雅的感觉。

图 Yf052 咖啡色缂丝龙袍
年代：清中期
尺寸：身长 142 厘米，通袖长 201 厘米，下摆宽 122 厘米

前些年，业内较普遍地认为缂丝工艺开始于宋代。由于近些年出土锦缎不断增加，据说至少唐代时就有了缂丝工艺。

大约清雍正以后，龙袍下摆的行龙纹逐渐改为坐姿，以后整个清代以坐姿为主流。也有少数龙袍下摆的龙纹为站立姿势，从乾隆晚期到清末，均能偶尔见到。尽管同为站立状态，但年代不同，纹样也有较大变化，年代越早，龙纹身体翻转越多且流畅，年代越晚则龙纹翻转越简单、神态越呆板。

图 Yf016 蓝色万字地缂丝龙袍
年代：清晚期
尺寸：身长 138 厘米，通袖长 190 厘米，下摆宽 110 厘米

除云龙纹以外，在龙袍的空白处添加“卍”字纹样。由于“卍”字连在一起，人们叫做万字不到头，大体解释为永无止境的意思。万字的寓意很多，如福、禄、寿等，都代表吉祥。

图 Yf014 蓝色万字纹缂丝龙袍
年代：清晚期
尺寸：身长 140 厘米，通袖长 190 厘米，下摆宽 118 厘米

图 Yf018 蓝色万字地龙袍
工艺：缂丝
年代：清中晚期
尺寸：身长 142 厘米，通袖长 195 厘米，下摆宽 116 厘米

图 Yf027 蓝色万字地龙袍
工艺：缂丝
年代：清晚期
尺寸：身长 139 厘米，通袖长 116 厘米，下摆宽 120 厘米

清代晚期，大约道光以后，有部分缂丝龙袍，全身不用红色，如图 Yf027、Yf018、Yf019 所示，甚至火的颜色也是绿色。除此之外，这种龙袍的工艺、构图形式等和其他龙袍没有区别，而且在晚期的缂丝龙袍中较常见，少数刺绣龙袍中也有这种现象，说明不是个例。通过多方查询也没能找出答案，根据中国的很多民族风俗，笔者认为也许和穿用的场合有关，如国孝、家孝的孝期等，当然这仅仅是推测。

图 Yf022 蓝色万字地缂丝龙袍
年代：清晚期
尺寸：身长 139 厘米，通袖长 195 厘米，下摆宽 110 厘米

还有一种构图形式，是在空白处添加网状的几何图案，近几年人们叫做网格地，比“卍”字地更复杂。清代龙袍的纹样发展到中晚期，“卍”字地、网格地在密度上已经达到极致，最大空白也不足 1 厘米。

笔者曾经数过，按坯料的幅宽，每一根纬线的通梭需更换30~50把小梭才能完成，织完一件约7.5米的龙袍坯料，再加上领和袖，织一件缂丝龙袍所需要的工时，可想而知。

如此奢华、不计工本的龙袍，除了让人叹为观止的工艺以外，却缺乏应有的艺术感染力。

这种风格的形成应该是清中晚期，这一时期的织绣品已经比较普及，是从业人员、生产数量最为兴盛的时期。不畏辛苦的中国人、廉价的劳动力、激烈的市场竞争，是导致技术和工艺越来越复杂，而艺术性有所减小的原因。

图 Yf 017 蓝色缂丝龙袍
年代：清晚期
尺寸：身长 141 厘米，通袖长 182 厘米，下摆宽 116 厘米

图 Yf019 蓝色缂丝龙袍
年代；清晚期
尺寸：身长 139 厘米，通袖长 195 厘米，下摆宽 110 厘米

图 Yf020 蓝色缂丝龙袍
年代：清中晚期
尺寸：身长 140 厘米，通袖长 185 厘米，
下摆宽 116 厘米

图 Yf021 蓝色缂丝龙袍
年代：清中晚期
尺寸：身长 141 厘米，通袖长 196 厘米，下摆宽 118 厘米

笔者曾查阅相关的史料，清代的宫廷用品主要是国家供给制，其基本模式为：由造办处绘制小样，包括纹样、色彩、尺寸等，经有关人或部门审批后，再指令某厂家织成面料。应该说明的是，只有宫廷皇家采用这种供求模式，地方官员则需自己购置。因此，市场供求关系是，除了宫廷和地方官员分别在工厂定做以外，还有一个更大规模的市场。地方官员既可以定做，也能到店铺购买。

图 Yf 023 蓝色缂丝龙袍
年代：清晚期
尺寸：身长 140 厘米，通袖长 185 厘米，下摆宽 118 厘米

图 Yf 024 蓝色缂丝龙袍
年代：清中晚期
尺寸：身长 140 厘米，通袖长 195 厘米，下摆宽 112 厘米

图 Yf025 蓝色缂丝龙袍
年代：清中晚期
尺寸：身长 138 厘米，通袖长 180 厘米，下摆宽 112 厘米

在构图风格上，缂丝和刺绣龙袍大相径庭，都随着时间的变化而变化。龙身越来越短胖，云纹越来越程式化，平水减少，立水加长。但是清代晚期的工艺却不尽相同，缂丝工艺的龙袍粗细差距很大。

图 Yf026 蓝色缂丝龙袍
年代：清晚期
尺寸：身长 139 厘米，通袖长 190 厘米，下摆宽 118 厘米

笔者第一次买缂丝龙袍是在 20 世纪 90 年代初期，那时接触刺绣已经有十多年的时间，到北京买刺绣时，经常有人找缂丝产品，但只是听说名称，根本不知道缂丝为何物，那时认为缂丝是极为神秘而高贵的。

一天下午，笔者在村里的大街上看别人下象棋，听说有人买回来一件织锦龙袍，但织法和以前的龙袍有差别。出于好奇，笔者去看了一下，感觉工艺很特别，但能够肯定不是织锦，像是画的。之前笔者听说过缂丝是通经断纬，就基本认为是缂丝工艺。其实，笔者当时并没有把握，经过讨价还价，忐忑地买下了，价格是 8000 元，后来到北京，经人确定是缂丝龙袍。

笔者如获至宝，在家里放了两年多，后来卖给了一位姓叶的台湾人，价格是 32000 元。因为工艺粗糙，到现在，那件龙袍还在这位台湾朋友的家里，没有卖出去。所以，不管哪种工艺，单从工艺上，不能笼统地说好或者不好，精细和粗糙的技术含量、所用工时等方面的区别很大，市场价格当然也不同。在好与不好、价格高低的概念上，缂丝、刺绣、妆花等工艺的差距极大，每个种类的价格也没有可比性。

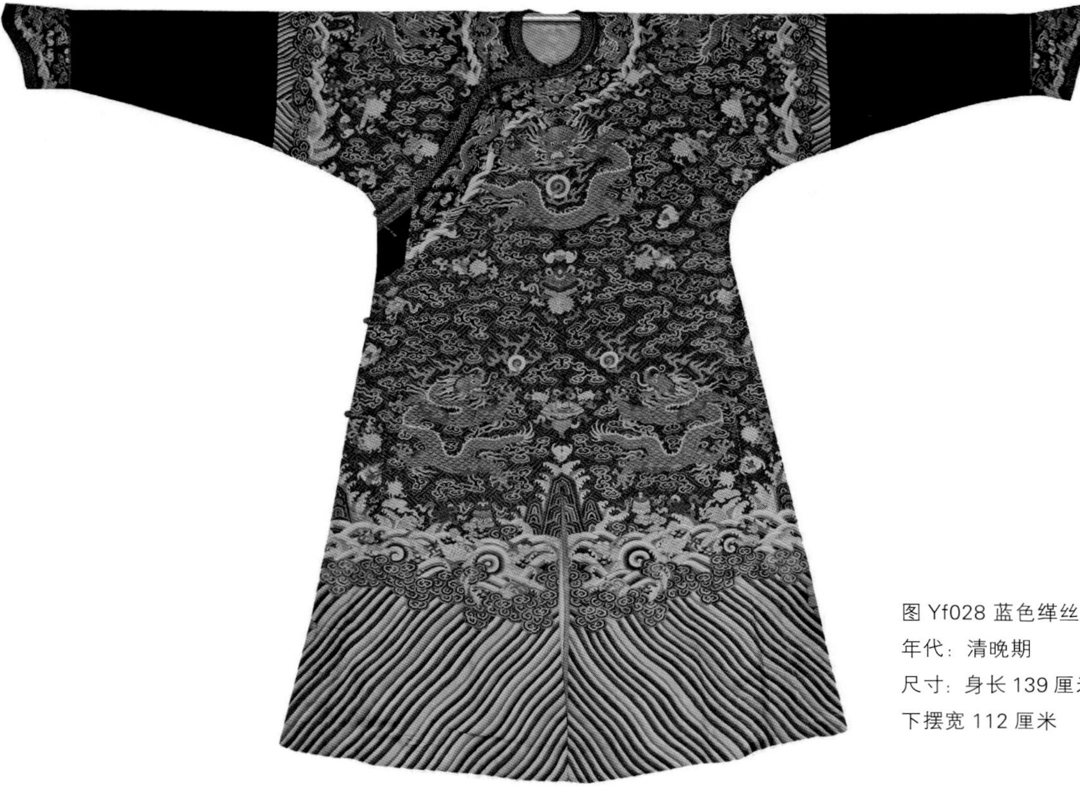

图 Yf028 蓝色缂丝龙袍
年代：清晚期
尺寸：身长 139 厘米，通袖长 190 厘米，下摆宽 112 厘米

图 Yf043 蓝色缂丝龙袍
年代：清晚期
尺寸：身长 140 厘米，通袖长 188 厘米，下摆宽 120 厘米

图 Yf029 蓝色缂丝小龙袍
年代：清晚期
尺寸：身长 112 厘米，通袖长 160 厘米，下摆宽 108 厘米

将上述缂丝龙袍进行比对，发现年代和工艺等差别不大。总结起来，整体工艺比较精细规范，款式比较宽大，龙纹较小，无尾云纹程式化，红色蝙蝠的使用比较普遍，传世数量最多。这些特点和同时期的刺绣龙袍相同。

第六节 提花龙袍

清代宫廷服装除了正式场合穿用的朝服、龙袍和穿在龙袍外面的龙褂、官服等，还有日常穿的长袍，叫做常服。提花龙纹袍即属于常服之列，作为非正式场合穿用的日常服装，款式和纹样都没有具体的规章，所以比较随意。纹样既有和龙袍相同的，也有提花团龙纹的，甚至没有纹样（素绸缎）；款式有马蹄袖，也有宽袖。

清代龙袍的款式和纹样的差别不大，但是在色彩上，皇家和官员有明确的区别。常服的纹样和一般龙袍没有区别，只是由妆花、缂丝和刺绣等工艺改为通过经纬组织变化形成纹样的提花工艺。黄色提花龙袍的传世很少，因为黄色是皇族穿用的颜色。

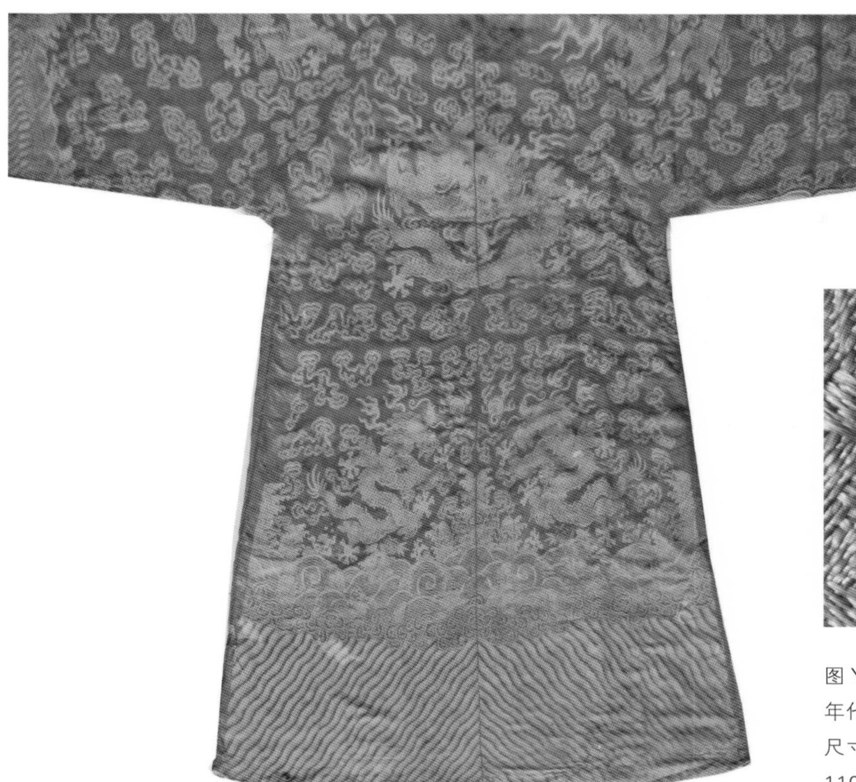

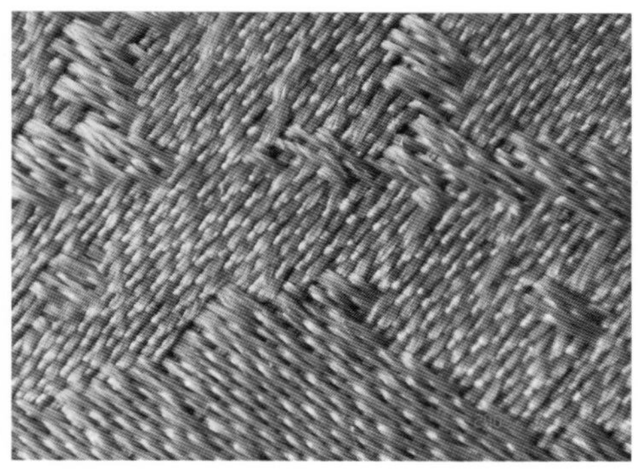

图 Yf030 土黄色提花缎龙纹常服
年代：清中期
尺寸：身长 137 厘米，通袖长 170 厘米，下摆宽 110 厘米

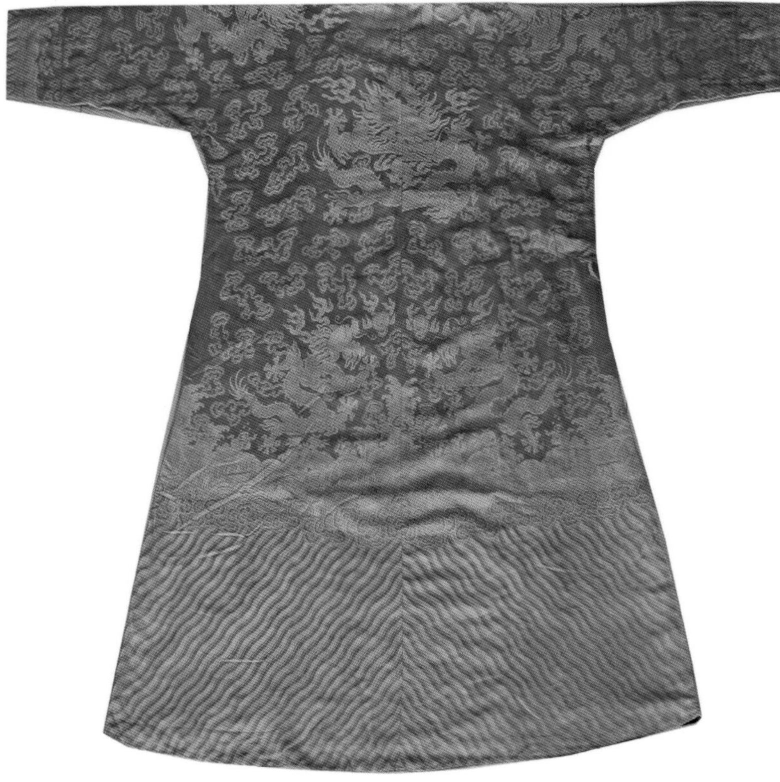

图 Yf031 土黄色提花缎龙纹常服
年代：清中期
尺寸：身长 140 厘米，通袖长 178 厘米，下摆宽 110 厘米

图 Yf032 土黄色提花缎龙纹常服

年代：清中期

尺寸：身长 135 厘米，袖长 168 厘米，下摆宽 105 厘米

笔者曾经花 500 元买过一块明黄色提花龙袍坯料，其纹样和龙袍没有区别，托领、马蹄袖，甚至缝迹（缝制时的缝合线路），每个细节都有清楚的标记。遗憾的是，由于缺乏宫廷服装的知识，没有存放多长时间就以 760 元的价格出手了。为此事，笔者一直后悔莫及，之后遇到的提花龙袍全部买下，共 3 件，都来自蒙古，均为黄色，而且都被改为蒙古袍服的款式。

图 Ys137 黄色绸地织锦龙纹袍
年代：清晚期
工艺：织锦绸
尺寸：身长 143 厘米，袖长 200 厘米，下摆宽 110 厘米

黄地双色提花龙袍的传世非常少。图 Ys137 所示龙袍是笔者于 2007 年在嘉德拍卖会上买到的，为香黄色绸地，腰间有束腰系带，没有马蹄袖，圆领加戳领，形似长袍，做工非常精细。根据清代典章，香黄色应是皇族穿用的常服。

第十四章 官服和补子

第一节 明代

官服是文武百官的制服，历史上，每个朝代对国家的制服都有规定，如颜色、花型等。但官服的概念应该是从明代开始的，用鸟和兽的纹样来区分文武官，一品到九品则用不同的鸟或兽区分，级别越高，所使用的动物越凶猛或稀有。这种喜闻乐见又很形象的方法，从明代到清代的几百年里，都在使用，而且差别不大。

明代还有三师（太师、太傅、太保）和三孤（少师，少傅、少保）等中央最高级官职，三师为正一品，三孤为从一品，太子三师为从一品，太子三孤为正二品。这些官员的地位很高，也有很大的权力。但这些官职是虚职，是皇帝对大臣的加官和赠官。

一、官服

明朝官职设置按品级，自一品至九品，每个阶级的职位和权限范围明确。明代的官服在颜色上的区分是，一至五品穿紫色，六到七品穿红色，八九品穿绿色。一般身长 135 厘米，通袖长 240 厘米，下摆宽 160 厘米。款式都是盘领、大襟、右衽，腋下两侧多出 10~15 厘米。袖子特别长而且宽，长度一般在200厘米以上，下侧呈弧形，俗称大刀袖。面料很少用缎面，多数用绸或纱，而且大部分没有衬里。官服的传世品非常少，很多是出土实物。

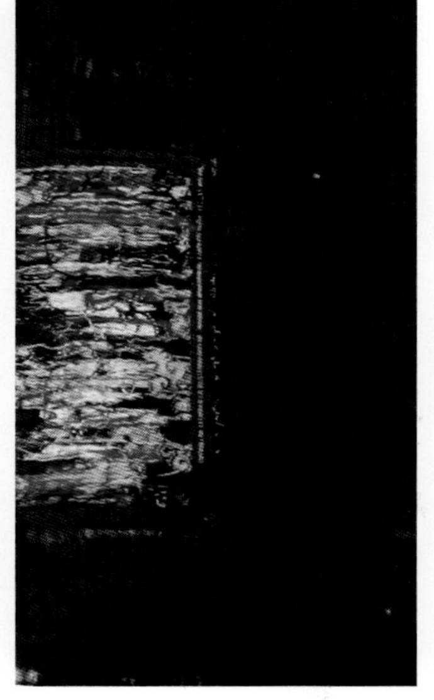

图 Ys147 官服坯料
年代：明末清初

图 Ys039 石青地小云纹盘领大襟武官补服
年代：明代
尺寸：身长 135 厘米，通袖长 242 厘米，下摆宽 160 厘米

图 Ys035 缎地盘领大襟宽袖袍
年代：明代
尺寸：身长 122 厘米，通袖长 224 厘米，下摆宽 145 厘米

图 Ys037 盘领大襟文官补服
年代：明代
尺寸：身长 129 厘米，通袖长 242 厘米，下摆宽 144 厘米

图 Ys042 土红色小云纹盘领大襟武官补服
年代：明代
尺寸：身长 133 厘米，通袖长 236 厘米，下摆宽 172 厘米

图 Ys044 黄色小花纹交领大襟短袖袍
年代：明代
尺寸：身长 130 厘米，两肩宽 70 厘米，下摆宽 170 厘米

图 Ys045 黄色小云纹盘领大襟文官补服
年代：明代
尺寸：身长 134 厘米，通袖长 246 厘米，下摆宽 182 厘米

图 Ys046 大刀袖短上衣
年代：明代
尺寸：身长 71 厘米，通袖长 212 厘米

图 Ys047 土红色提花云纹大襟小袖口官服
年代：明代
尺寸：身长 141 厘米，通袖长 136 厘米，下摆宽 140 厘米

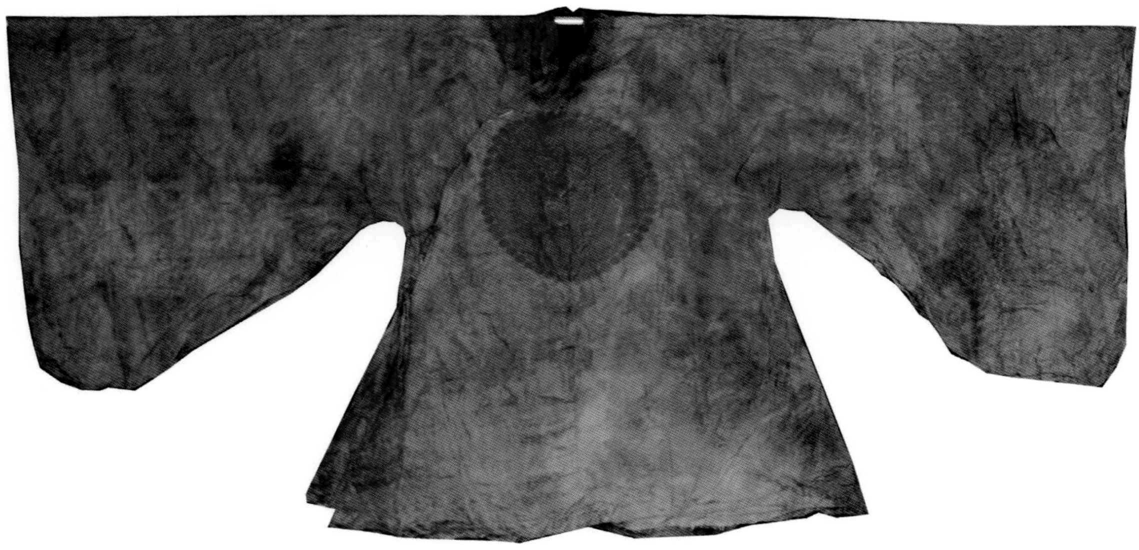

图 Ys048 提花纹大襟宽袖圆补官服
年代：元代或明代
尺寸：身长 90 厘米，通袖长 202 厘米，下摆宽 90 厘米

图 Ys041 提花纹裙式袍服
年代：明代

图 Ys036 灰色素缎裙式袍服
年代：明代

这些交领袍服的身长都在120厘米左右，分上衣下裳式，没有补子，应该是穿在官服里面的衣服。笔者曾经见过出土的一套，仍套在一起，已经很糟烂，可以证明当时的穿戴方式。

二、补子

补子的作用是识别官职级别的高低，前胸、后背各有一个圆形或方形的图案。这种形式的服装在唐宋时期已经出现，元代叫做胸背，但仅仅是一种装饰，称为胸背或花样。到明代，图案和尺寸更加细化，明确了不同的图案代表某种官职。

从实物看，绝大多数明代官服的补子是织绣在衣服上的。但是，由于职位变动，会导致如此耗费工时的服装瞬间报废。所以，到明代晚期，有人把用于代表官职（织绣图案）的部分和衣服分开，使衣服和代表官职的图案成为两种物品，不但可以根据官职的变化随时更换，也使得不便水洗的图案部分可以随时拆下来，衣服可以随时洗涤。这种合理性的方法得到了快速的发展，补子的名称也由此诞生。清代基本延续这种方式，具体的图案也没有太大的改变，只是尺寸稍小，因为清代的官服为对襟，前面的补子从中间分开。

据《明会典》记载，洪武二十四年(1391)规定补子图案：公、侯、驸马、伯、麒麟、白泽。

文官绣禽以示文明：一品仙鹤，二品锦鸡，三品孔雀，四品云雁，五品白鹇，六品鹭鸶，七品鸂鶒，八品黄鹂，九品鹌鹑，杂职练鹊。

武官绣兽以示威猛：一品、二品狮子，三品、四品虎豹，五品熊罴，六品、七品彪，八品犀牛，九品海马，法官獬豸。

图 Ys173 红色绸地对鹿纹胸背
年代：元代
工艺：织金绸

图 Ys169 石青缎地兔纹胸背
年代：元代
工艺：织锦缎

此为元代的一个胸背，看上去像一个方形，仔细看，可发现上面和下面均有弧度。尽管图案及其在衣服上的位置都是补子的形式，但是并不具备补子的功能，不是代表某个职位的象征。

图 Ys124 蓝色龙纹圆形补子
年代：明代
工艺：织金锦

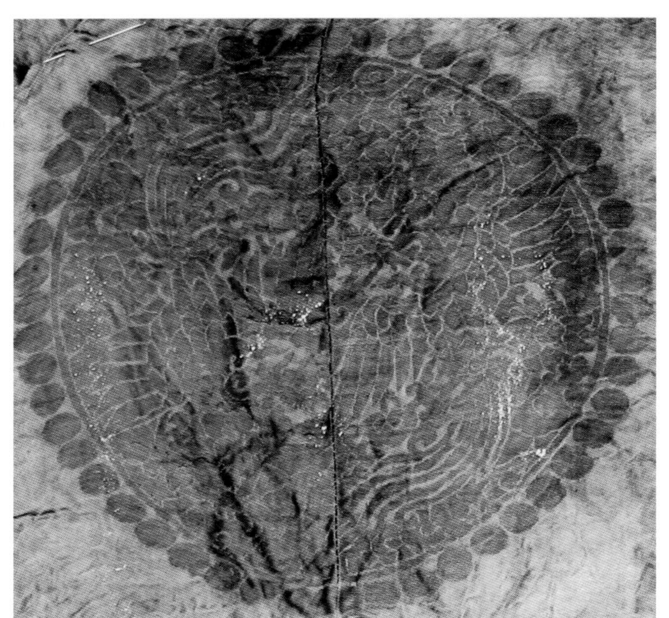

图 Ys125 对凤纹圆形补子
年代：明代
工艺；织金锦

图 Ys167 龙纹补子
年代：明代
工艺：洒线绣

明代的补子种类较多。此龙纹补子应该不具备补子的功能，即不能具体代表哪种职位，但是能代表穿着者的地位。纹样为蟒、斗牛等题材的，应属于明代的“赏赐服装”类。

图 Ys126 双凤纹三品文官补子
年代：明晚期
工艺：织金缎
尺寸：长 32 厘米，宽 31.5 厘米

图 Ys127 獬豸纹法官补子
年代：明代
工艺：妆花绸
尺寸：长 36 厘米，宽 34 厘米

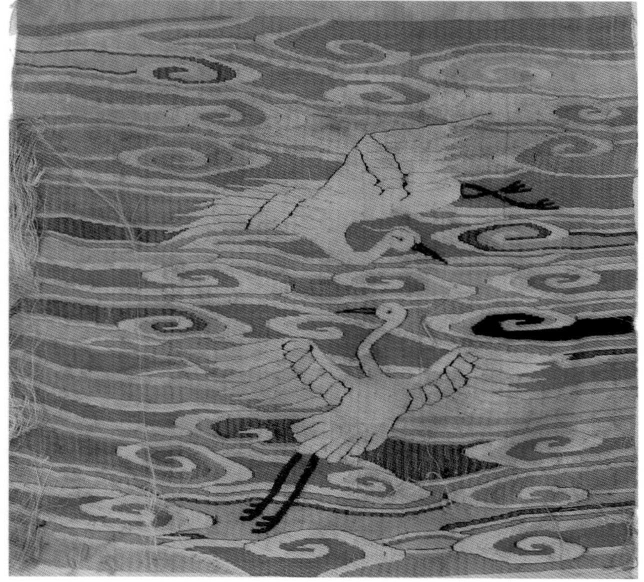

图 Ys128 鸂鶒纹七品文官补子
年代：明晚期
工艺：缂丝
尺寸：长 36 厘米，宽 35 厘米

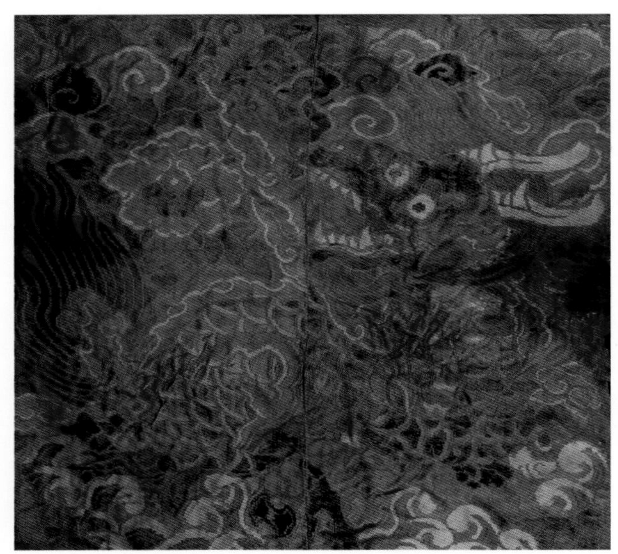

图 Ys129 麒麟纹一品武官补子
年代：明代
工艺：妆花绸
尺寸：长 34 厘米，宽 34 厘米

图 Ys168 麒麟纹一品武官补子
年代：明代
工艺：洒线绣
尺寸：长 32 厘米，宽 33 厘米

这些补子是显示官职的证章，文官是飞禽类，武官用走兽类。另有一种法官、都御使用的方补，为獬豸纹，应该介于文武品之间，如图 Ys127 所示，这种补子的传世较多。

第二节 清代

一、清代官服

清代官衔基本沿袭了明代的制度，除了皇族和封赏的阶层以外（如皇族，贝勒、贝子、封赏的亲王、郡王等），官员分文、武两种，其次还有正、从的分别。

二、衮服、龙褂和官服

1. 衮服和龙褂

从服装上看，皇族和王公的区分方法是从皇子的四团龙褂到民公的方龙补。此类服装的传世很少，大部分是刺绣工艺，皇宫贵族相应的龙褂、补服在《明清绣品》一书中有详细介绍。因为比较重要，这里再简单重复一下。

衮服的名称历史久远，有天子之服的说法。各个朝代的衮服的纹样和款式均不同，是皇帝参与祭祀活动和祈谷、祈雨等祈求上天保佑时穿的服装。

从皇帝衮服到所有官员的补服，均为石青色，圆领、对襟、平直袖，早期的袖口比袖笼稍窄。皇帝衮服采用四团正龙，两肩左日右月两个章纹。皇子、皇太子也用四团正龙，但没有章纹，叫做龙褂。亲王、郡王等也用团龙纹，叫补服。相同场合穿同样的款式，具体龙纹上有差别：亲王为前后正龙，两肩行龙；郡王的四团都为行龙；贝勒的补服是前后两团正龙；贝子是前后两团行龙；民公是前后两个方龙补。

因为皇帝的衮服、太子的龙褂和其他官员的补服在款式上基本相同，笔者曾认为衮服、龙褂、官服等的穿用场合相同。通过认真分析，发现皇帝参与正式场合时，都有相应的服装。在群臣穿补服、官服时，皇帝穿龙袍。平时，皇帝龙袍的外面不套其他衣服。参与各种庆典活动时，皇帝穿朝服。根据衮服的款式和色彩，应该是皇帝参加祭祀活动时套在龙袍外面穿着的，《中华历代服饰艺术》一书也认为在祈谷、祈雨时穿用。此观点仅仅是一种推理，并没有根据。因此，皇帝穿着衮服的机会很少，和其他人穿龙褂、官服的作用不完全相同。

图 Ys209 皇帝、皇太子龙褂
年代：清早期
尺寸：身长 110 厘米，通袖长 138 厘米

图 Ys207 贝子补服（贝勒用两团正龙，贝子用两团行龙）
年代：清中期
尺寸：身长 110 厘米，通袖长 135 厘米

2. 官服

官服的款式是圆领、对襟、平直宽袖，身长大约115厘米，前后左右四开裾。早期的官服身长较短且肥，晚期的官服袖子稍瘦、身长较长，各品级的款式没有区别，重要的是前胸和后背补子中间的动物纹样。因为清代官服上的补子多数是可以拆换的，现在能看到的传世品，大部分补子和衣服是分开的。相对于衣服，补子的传世量较多。

按照清代的典章，各品级使用不同的动物或禽鸟纹样，文官的补子为鸟纹，武官的补子为兽纹，从耕农官穿用既无鸟纹也无兽纹的彩云傍日补子。

补子还有男左女右的说法，补子中心的动物的头的朝向，可区分男人用还是女人用。但是，根据传世补子的动物朝向，这种说法形同虚设。根据清代典章，只有汉人的命妇可在霞帔上用补子，男女补子在数量上的差距应该较大，而实物中头向左和向右的补子数量差不多。另外，霞帔上不用武官补子，但传世的武官补子中，动物的头朝向哪面的都有。

图 Ys210 五品文官补服

年代：清中晚期

尺寸：身长104厘米，通袖长140厘米 下摆宽103厘米

官服是清代各个品级的官员在正式场合穿的外褂，是识别官员品级的重要标志。清代官员在正式场合都穿官服，通常穿在龙袍的外面。

三、补子

清代继续沿用明代的补子，纹样内容大体一致，各品级略有区别。清代文官：一品鹤，二品锦鸡，三品孔雀，四品云雁，五品白鹇，六品鹭鸶，七品鸂鶒，八品鹌鹑，九品练雀；武官：一品麒麟，二品狮，三品豹，四品虎，五品熊，六品彪，七品、八品犀牛，九品海马。

明清官员所用补子都是以方补的形式出现的，与明代相比，清代的补子较小，前后成对，前片从中间分开，后片则为一整片，主要原因是清代补服为对襟褂。

在明清两代，受过诰封的命妇（一般为官吏的母亲和妻子）也备有补服，她们所用的补子纹样以其丈夫或儿子的官品为准，女补的尺寸比男补小。凡武职官员的妻、母则不用兽纹补，和文官家属一样，也用禽纹补，意思是女子以娴雅为美，不必尚武。

官员区分级别是从一品到九品的补子，清朝官服补子的纹样见下表：

官 阶	文官补子纹样	武官补子纹样
一品	仙鹤	麒麟
二品	锦鸡	狮子
三品	孔雀	豹子
四品	云雁	虎
五品	白鹇	熊
六品	鸬鹚	彪
七品	鸂鶒	
八品	鹌鹑	犀牛
九品	练雀	海马

图 Ys130 石青缎地双龙纹圆形补子

年代：清早期

工艺：妆花缎

图 Ys131 石青缎地龙纹圆形补子

年代：清早期

工艺：妆花缎

图 Ys132 黄缎地龙纹圆形补子
年代：清早期
工艺：妆花缎

图 Ys136 万字地麒麟纹一品武官补子
年代：清晚期
工艺：缂丝
尺寸：长 31 厘米，宽 31.5 厘米

图 Ys121 武二品虎文官补
年代；清中期
工艺；缂丝
尺寸：长 30 厘米，宽 29 厘米

图 Ys135 黑色地武三品豹纹官补子
年代：清晚期
工艺：缂丝
尺寸：长 31 厘米，宽 30 厘米

图 Ys133 石青缎地彪纹六品武官补
年代：清晚期
工艺：两色提花
尺寸：长 30 厘米，宽 30 厘米

图 Ys201 两色提花八品文官补
年代；清晚期
尺寸：长 29 厘米，宽 30 厘米

图 Ys134 黑色绸地练鹊纹九品文官补
年代：清晚期
工艺：两色织锦
尺寸：长 29 厘米，宽 30 厘米

第十五章 清代女装

清代命妇的概念相当于现在有级别的国家干部，是指国家供给俸禄（工资）的女人。这一部分人大体上是皇家或官员的亲属或者夫人。清代女装相对复杂，法定女装的名称主要有朝服、朝褂、龙袍、龙褂、氅衣和衬衣等。女性穿的朝褂、朝服属于礼服，在国庆大典、大婚、生日寿辰、祭祀天地、宗祖等节庆的日子穿用。女人穿的龙褂、龙袍等属于工作服装，应该在工作场合穿用，如上朝、升堂等处理日常事务、召开工作会议等。

还有日常穿的便服、氅衣、衬衣和褂襕等。这种服装除了皇家专用的黄色和禁用的五爪龙以外，不受法律和场合的约束，可以任意穿用。

第一节 朝褂

根据图片和历史资料，女朝褂是在正式场合穿在朝服外面的。所谓正式场合，是指国庆大典、生日、婚礼、祭祀天地宗祖等。无论是看图片还是清代穿戴档案的记载，穿戴一套宫廷服装是极为繁琐、复杂的。

一、皇太后、皇后、皇贵妃和皇太子妃穿用的朝褂

这一类朝褂的款式为圆领、对襟、无袖，长至脚面的大坎肩，石青色，共分三式。

一式朝褂的前后各有两条行龙，下有襞积，共分四层，每一层的前后共有四条行龙，龙的周围绣云纹、福寿纹等，下面绣山水纹（图Ys181）。

二式朝褂的上半部分前后两条正龙，腰帷前后有四条行龙，中有襞积，下幅前后有八条行龙。在相关的书上见过二式朝褂，说明故宫以外有实物流通，但数量很少（图 Ys182）。

三式朝褂的前后各有两条头朝上、尾向下的行龙（也叫立龙），中无襞积。在实际应用中，三式朝褂较多，故宫出版的相关书籍，以及书画、肖像资料中，基本是三式朝褂，如《清代帝后像》中的画像基本穿三式朝褂（图 Ys183)。

图 Ys181 一式朝褂（故宫藏）
尺寸：身长 135 厘米，下摆 120 厘米，肩宽 35 厘米

除了故宫以外，一式朝褂的实物非常少见，相关的拍卖会上也没有流通，也没有见过哪个皇后像穿一式朝褂的图像资料，而且没有记载什么场合穿一式、什么场合穿二式朝褂的相关规定。

图 Ys182 石青地妆花缎二式朝褂
年代：清早期
尺寸：身长 136 厘米，下摆 118 厘米，肩宽 50 厘米

图 Ys183 石青地云龙纹三式朝褂
年代：清早期
尺寸：身长 138 厘米，下摆 120 厘米，肩宽 40 厘米

二、皇子福晋、亲王和郡王福晋穿用的朝褂

此级别的朝褂前襟上下各两条行龙，共四条，后面品字形三条龙。此级别以下及县主的朝褂款式相同，不同的是贝勒夫人、贝子夫人及以下品级，用四爪蟒纹。

图 Ys184 石青色朝褂
年代：清早期
尺寸：身长 135 厘米，下摆 124 厘米，肩宽 52 厘米

此朝褂龙纹的眉毛呈锥形向上，须发卷向头顶上方，龙身由彩色花格组成，不规则的如意云纹，四爪龙纹的比例很大，神态凶猛，说明此朝褂的年代应在雍正以前。

三、镇国公夫人、辅国公夫人和乡君夫人等穿用的朝褂

此级别的朝褂前面两条行龙，后面一条行龙。

图 Ys180 石青地妆花缎朝褂
年代：清早期
尺寸：身长 136 厘米，下摆 124 厘米，肩宽 45 厘米

此件朝褂采用妆花工艺，龙纹神态凶猛，龙身翻转流畅有动感，五彩多尾四合云，色彩华丽饱满，具有明显的清代早期的特征。除了前面两条、后面一条大龙以外，全身还有各种姿态的小龙纹，有人把这种形式叫做子孙龙。按照典章，朝褂上的龙纹有明确的规定。所以，可能是年代较早的原因，这件朝褂和典章有差别。

美国大都会博物馆藏有一件缂丝龙袍，龙袍下摆部分的小龙纹的构图方式与此朝褂相似，应该和这件朝褂为同一时期的产品。

第二节 褂襕

褂襕应该是满族或宫廷语言。汉族人把这种无袖的服装叫做坎肩。在清代宫廷里，这种款式是满蒙族女装特有的款式，尺寸一般为 135 厘米左右。蒙古地区也流行相同款式的长坎肩，由于不知道当地的称呼，也列入褂襕之列。

褂襕的款式和朝褂相同，不同的是，朝褂是典章明确规定的在正式场合穿用的女外套，朝褂用龙纹，不同的阶级用不同的龙纹；而褂襕为花卉纹，穿用时一般配挂黄、石青色的垂绦，使用的权限和龙袍相同，不同颜色代表不同的阶层。

图 Ys188 淡蓝色白蝶褂襕
年代：清晚期
尺寸：身长 118 厘米，下摆宽 107 厘米

图 Ym007 织金锦地寿字花卉纹蒙古族褂襕
年代：清晚期
尺寸：身长 136 厘米，下摆宽 122 厘米

此坎肩来自蒙古乌兰巴托，款式和宫廷朝褂大同小异，采用名贵的全织金面料，显得庄重富丽。这种织金锦在蒙古族语中被叫作“纳石失”（口语），款式和工艺上都具有代表性。

第三节 坎肩

无袖的服装大体分长、短两种，两种款式的使用目的和场合完全不同，长短差别很明显，短款的尺寸一般约60~80厘米。短坎肩的应用范围很广，宫廷和地方、男女都有穿用，清代宫廷叫作紧身，汉族人叫作坎肩；局部变化也较多，前后、左右均有短开襟的叫四开襟，前面系扣的叫前开襟，从一侧系扣的叫侧开襟，下摆少一块的叫琵琶襟，前胸有一排扣、两侧分别有扣的叫一字襟（因为共有十三对扣，也有人叫作十三太保）。

图 Ys185 紫地四开襟坎肩（紧身）
年代：清晚期
尺寸：身长 62 厘米，下摆宽 68 厘米

图 Ys205 蓝色对襟坎肩（紧身）
年代：清晚期
尺寸：身长 72 厘米，下摆宽 65 厘米

图 Ys186 蓝色平金绣侧开襟坎肩（紧身）
年代：清晚期
尺寸：身长 66 厘米，下摆宽 71 厘米

图 Ys187 蓝色琵琶襟坎肩（紧身）
年代：清晚期
尺寸：身长 70 厘米，下摆宽 62 厘米

图 Ys206 百纳一字襟坎肩（紧身）
年代：清晚期
尺寸：身长 65 厘米，下摆宽 60 厘米

第四节 女朝袍

女朝袍是最高等级的礼服，不同的级别穿不同的色彩、纹样和款式。后、妃、福晋等女眷的朝服分三种款式，并有冬、夏之分。

一式女朝袍的款式和龙袍近似，前后各有品字形三条龙纹，两肩各一条，加底襟一条，共九条龙纹，空白处加云纹、八宝、福寿等吉祥纹样，但分别多加一个有龙纹的接袖，两肩月牙形、石青色的飞肩，飞肩上除云纹以外还有一条正龙，直身，中间无襞积，下摆处有海水江崖（图 Ys096）。

二式女朝袍为上衣下裳的裙式，款式和纹样均和男式朝袍近似。上衣的主体纹样为柿蒂形四条正龙纹；腰间前后各两条相对的小龙纹，加底襟一条，共五条行龙纹；下摆前后各有四条行龙，加底襟一条，共计九条（图 Ys175）。

三式女朝袍的纹样和款式与一式相同，不同的是后边有开裾。

清典章规定，冬朝袍加毛皮镶边，一式用貂皮，二式用海龙皮加片金镶边，夏朝袍镶片金边。

皇后、皇太后、皇贵妃、妃等分别穿用明黄、杏黄、金黄、香黄等不同的黄色。贝勒夫人、贝子夫人、 民公夫人、奉国将军夫人到三品命妇，用蓝色或石青色。朝袍的款式和纹样、接袖、马蹄袖、飞肩等与后、妃相同。

1. 一式

图 Ys096 明黄色妆花缎一式女朝袍
年代：清早期
尺寸：身长 142 厘米，通袖长 185 厘米，下摆宽 119 厘米

2. 二式

图 Ys175 黄色妆花缎二式女朝袍（冬）
年代：清早期
尺寸：身长 140 厘米，通袖长 194 厘米，下摆宽 122 厘米

3. 四品及以下

四品及以下的女朝袍均为蓝色或石青色，但龙纹有较大变化，改为前后分别有两条相对的行龙。

图 Ys176 淡青色四品及以下女朝袍
年代：清中期
尺寸：身长 136 厘米，通袖长 185 厘米，下摆宽 118 厘米

四品及以下命妇穿的朝袍，除了接袖和马蹄袖外，全身只有四条龙纹。这种朝服的传世很少，国内外拍卖会、传世实物和历史资料中都未出现。根据其纹样和色彩，此朝袍的年代应在嘉庆时期，工艺精细，除龙纹以外还有大朵的牡丹花，具有明显的女袍服特征。

第五节 女龙袍

清代女龙袍也分为三式，一式的款式和纹样和男龙袍基本相同，但接袖和龙袍连接处添加一对约 12 厘米宽的小行龙（图 Ys013）；二式的主体纹样为八团龙，款式和一式相同（图 Ys112）；三式和二式相同，但下摆没有江水海崖（图 Ys111）。

1. 一式

图 Ys013 红色缎地云龙纹女龙袍
年代：清中期
工艺：妆花缎
尺寸：身长 141 厘米，通袖长 192 厘米，下摆宽 119 厘米

此件为宫廷女龙袍。清代的男龙袍和一式女龙袍的区别不大，明显的区别在接袖和龙袍之间，两边分别添加两条小行龙。

实际上，几乎所有满族女装有使用接袖的风俗，具体采用带纹样的绸缎，把袖子分成两段，一般龙袍接龙纹袖，花卉服装用花卉纹样。因为清代有“男从女不从”的规章，清代汉族女装和满族女装有很大差别，汉族女性穿短款龙袍，身长约 110 厘米，宽袖或平直袖，下身穿裙子。

2. 二式

二式女龙袍采用八团纹样，基本款式和龙袍没有区别，同样用托领、接袖和马蹄袖的形式。龙袍的色彩和团龙的纹样是区别品级的重要标识，根据阶级的不同，分别穿用明黄、杏黄、金黄、蓝和石青等色，纹样分别有正龙、行龙、夔龙、花卉等变化。

图 Ys112 黄色妆花缎八团龙纹皇后龙袍（二式）
年代：清中期
尺寸：身长 140 厘米，通袖长 196 厘米，下摆宽 120 厘米

图 Ys174 石青色妆花八团纹龙袍
年代：清早中期
尺寸：身长 132 厘米，通袖长 186 厘米，下摆宽 112 厘米

在清代初期，男人也穿用八团袍服，如《清代宫廷服饰》第58、59页。到清代中晚期，男人不穿八团服装，八团成为宫廷女装的主要图案。皇后、皇贵妃等穿的石青色对襟龙褂、女式龙袍的二式和三式都采用八团纹样。

3. 三式

三式女龙袍和二式基本相同，区别是二式的下摆带海水江崖，三式的下摆则无海水纹样。

图 Ys111 石青色提花加妆花八团纹龙袍
年代：清早期
工艺：提花加妆花
尺寸：身长 143 厘米，通袖长 140 厘米，下摆宽 124 厘米

图 Ys113 蓝色缎地八团纹龙袍（三式）
年代：清中期
工艺：妆花缎
尺寸：身长 138 厘米，通袖长 192 厘米，下摆宽 114 厘米

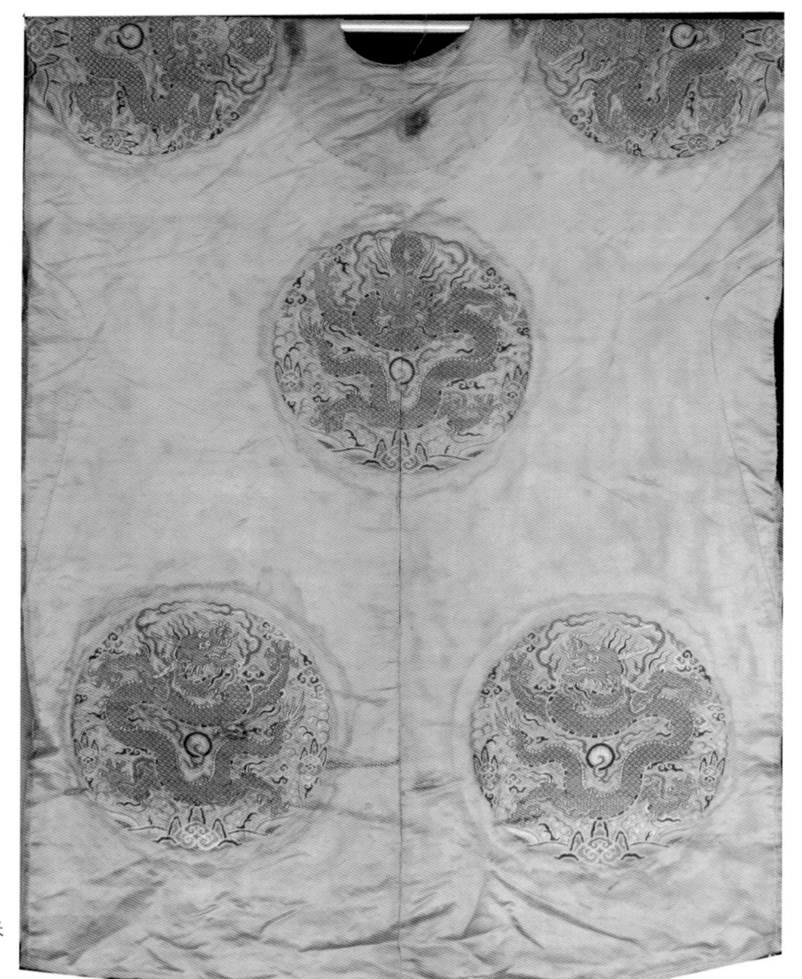

图 Ys238 明黄色三式女龙袍坯料
年代：清早期
工艺：妆花缎
尺寸：匹料全长 264 厘米，幅宽 113 厘米

第六节 八团花卉纹女袍

清代宫廷女装中，八团纹样的传世较多，女龙袍的二式和三式、女龙褂都用八团纹。根据典章记载，女龙褂的纹样有明确规定，镇国公夫人以上分别用不同姿态的龙纹，镇国公夫人以下用花卉纹。

根据传世实物，二式和三式龙袍也采用八团形式，同样有正龙、行龙、夔龙，同时有更多数量的花卉纹。但无论是龙纹还是花卉纹，史料中均未查到相应的级别。按照逻辑，在纹样上，八团袍和八团褂的级别相同，所以八团花卉袍应该是镇国公夫人以下命妇所穿的龙袍二式。

因为不能使用高于自身级别的纹样和色彩，但可以任意穿用低于自身级别的纹样和色彩，所以八团花卉纹有各种黄色，如图 Ys112、Ys162。黄色八团袍可以用龙纹，也可以用花卉纹样，但黄色袍的穿用者一定是皇贵妃以上。

图 Yf033 红色八团花卉纹女袍
年代：清晚期
工艺：缂丝
尺寸：身长 140 厘米，通袖长 196 厘米，下摆宽 114 厘米

图 Yf034 红色八团花卉纹女袍
年代：清晚期
工艺：缂丝
尺寸：身长 144 厘米，通袖长 190 厘米，下摆宽 112 厘米

图 Yf035 红色八团花卉纹女袍
年代：清晚期
工艺：缂丝
尺寸：身长 138 厘米，通袖长 200 厘米，下摆宽 112 厘米

图 Yf048 红色八团花卉纹女袍
年代：清晚期
工艺：缂丝
尺寸：身长 140 厘米，通袖长 188 厘米，下摆宽 114 厘米

图 Yf047 红色八团花卉纹女袍
年代：清晚期
工艺：缂丝
尺寸：身长 136 厘米，通袖长 192 厘米，下摆宽 120 厘米

图 Ys164 红色妆花缎八团花卉纹女袍
年代：清早中期
尺寸：身长 137 厘米，通袖长 175 厘米，下摆宽 108 厘米

图 Ys162 香黄色缎地喜相逢纹八团纹女袍
年代：清早期
工艺：妆花缎
尺寸：身长 138 厘米，通袖长 165 厘米，下摆宽 110 厘米

此女袍的年代较早，根据下摆的云纹，应是乾隆时期，八团花卉纹袍多数采用刺绣和缂丝工艺，妆花工艺的八团花卉纹很少。主体纹样是两只相对的蝴蝶，人们把这种构图形式叫做喜相逢，具有爱情的含意。

第七节 女龙褂

龙褂是所有大小命官都要穿用的，包括宫廷和地方的文武百官。和龙袍不同，这种身长140厘米左右的八团袍或者褂，应是宫廷满族女性穿的外褂，所以整体的传世数量较少，工艺构图等精细规范。

女龙褂都为石青色，圆领对襟，平直袖，左右开裾，团龙纹或花卉纹。八团龙纹是后、妃级别穿用的，纹样为胸前、后背及两肩四条团龙，下摆前后四条团龙，共八条团龙纹，袖端有行龙纹或小团龙纹加海水纹，下摆有海水纹。嫔妃龙褂下摆的四条团龙为夔龙纹。

从福晋开始，皇子福晋、世子福晋、郡王福晋，到镇国公夫人及以上，各级别的龙纹都有变化，具体的顺序为：

皇子福晋为前后两肩四团正龙；

亲王福晋为前后正龙，两肩行龙；

郡王福晋为四团行龙；

贝勒夫人为前后两团正龙；

贝子夫人为前后两团行龙；

镇国公夫人为前后行龙，下摆夔龙。

镇国公夫人以下的朝廷命妇穿八团花卉纹。现在市场上能见到的八团袍大部分为刺绣或缂丝工艺。妆花工艺的年代在乾隆以前，因为年代较早，传世较少。

图 Yf049 石青地八团龙纹对襟龙褂

年代：清中期

工艺：缂丝

尺寸：身长140厘米，通袖长190厘米，下摆宽120厘米

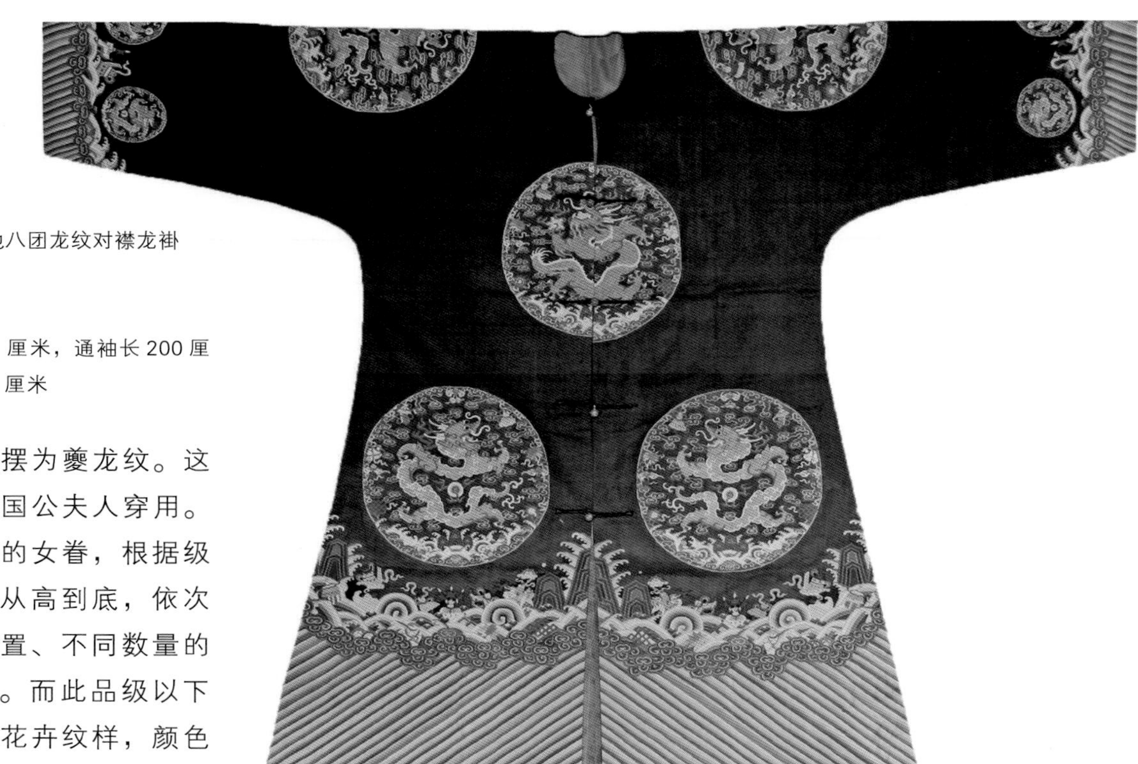

图 Yf050 石青地八团龙纹对襟龙褂
年代：清晚期
工艺：缂丝
尺寸：身长 141 厘米，通袖长 200 厘米，下摆宽 116 厘米

此褂下摆为夔龙纹。这种纹样仅镇国公夫人穿用。此级别以上的女眷，根据级别的不同，从高到底，依次穿用不同位置、不同数量的正龙、行龙。而此品级以下的女眷穿用花卉纹样，颜色均为石青色。

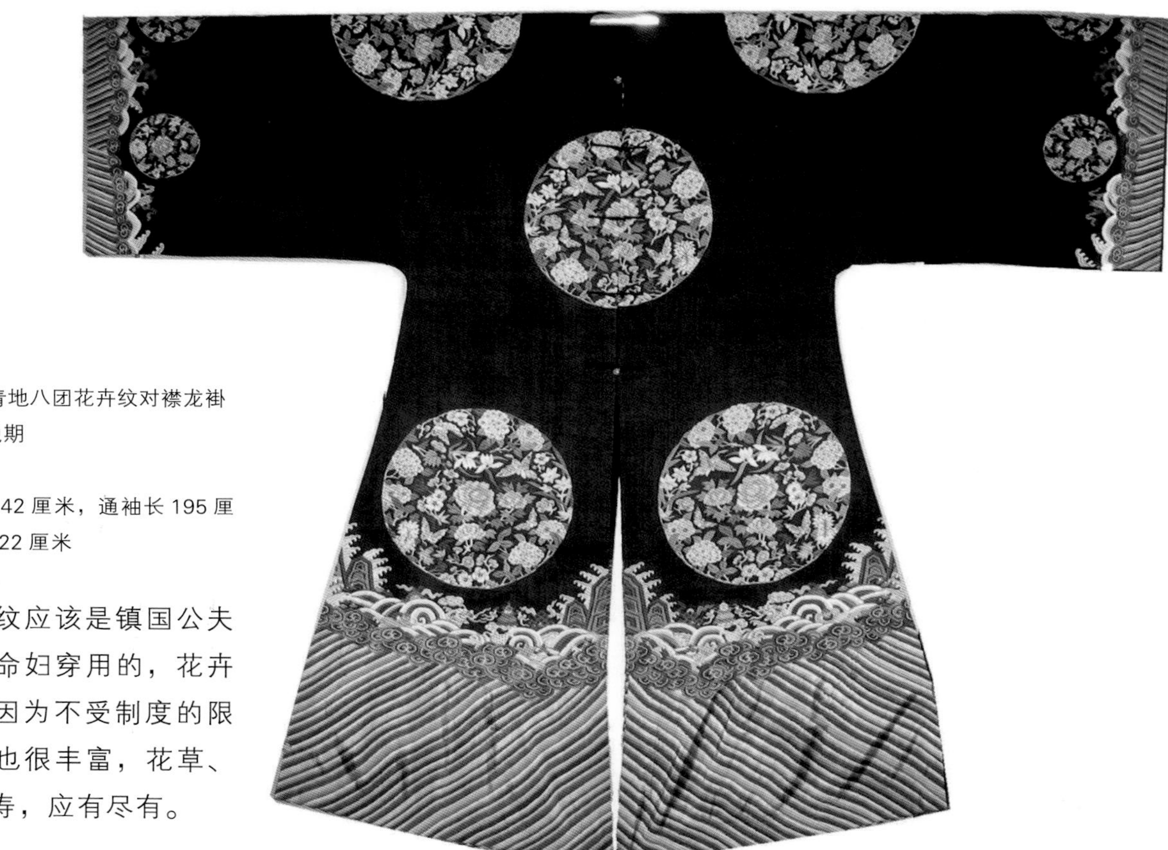

图 Yf051 石青地八团花卉纹对襟龙褂
年代：清中晚期
工艺：缂丝
尺寸：身长 142 厘米，通袖长 195 厘米，下摆宽 122 厘米

花卉纹应该是镇国公夫人及以下命妇穿用的，花卉纹很多，因为不受制度的限制，题材也很丰富，花草、蝴蝶、福寿，应有尽有。

图 Yf042 石青色缂丝八宝纹龙褂
年代：清中期
尺寸：身长 141 厘米，通袖长 184 厘米，下摆宽 120 厘米

此件八团龙褂除了八个团花以外，还有很多花卉纹，但身长和款式和典章规定的八团褂相同。

在清代中晚期的满族女装中，有很多满、汉融合的款式和纹样，如图 Yf042 所示龙褂周身的花卉纹，就融合了汉族女装中氅衣的构图；再如图 Yf039 所示的淡青色满族衬衣，袖子宽、无接袖、不镶花边，也融合了汉族氅衣的风格。

第八节 宫廷氅衣和衬衣

氅衣和衬衣的款式差别不大，一般身长为135～140厘米，多数镶有花边。二者的差别在于：氅衣的两侧都有很高的开襟，同时两侧都有相应的花边；而衬衣的下摆没有开襟，即所谓的一裹圆，从前面看，大部分领、袖和大襟有花边，左侧没有，而从后面看，只有下摆横向有一条花边，也有少量衬衣不镶花边。这种款式主要见于清晚期的宫廷服装，宫廷以外的满族人、蒙古族人在同一时期也有少量穿用，但数量较少，工艺多数明显粗糙，在工艺和色彩上，都和宫廷服装的差别很大。

在清代宫廷女装中，这种款式的服装形成时间较晚，在清早期的实物和资料中，没有见过这种款式，根据较多的传世实物，大约在道光时期开始使用。由于这种款式在视觉上华丽端庄，发展和流行比较迅速，很快就成为后宫女士日常穿用服装的主流。因为在款式和纹样上，除了黄色和龙纹以外，没有典章和阶级限制，所以穿用的人多，年龄跨度大。清代晚期的传世实物较多，风格和织绣工艺的粗细差距不大，都很精细规范。

一、氅衣

氅衣身长约138厘米，大部分有挽袖和花边。穿用时，一般把本来很长的袖子从里面折返一下，折返后袖子显得很短，有层次感。有人把这种衣服叫做氅衣，故宫记载也有这种称呼。过去，北京的业内人士把这种衣服叫做旗衣，也有人叫做格格服。

在相关资料和传世品中，没有清代早期的文字、图片或传世实物，所以，这种款式的宫廷女装的形成年代较晚，工艺采用刺绣或缂丝和少量提花，很难看到妆花工艺的氅衣。

图 Yf036 粉色梅花蝴蝶纹满族氅衣

年代：清晚期

工艺：缂丝

尺寸：身长139厘米，通袖长140厘米（展开长220厘米）下摆宽110厘米

图 Yf059 蓝色缂丝氅衣
年代：清晚期
工艺：缂金
尺寸：身长 141 厘米，通袖长 155 厘米（展开长 226 厘米）下摆宽 118 厘米

图 Ys246 紫地镶蝴蝶花卉纹边饰满族氅衣
年代：清晚期
工艺：提花
尺寸：身长 140 厘米，通袖长 143 厘米（展开长 220 厘米）下摆宽 100 厘米。

图 Ys166 月白色提花纹满族氅衣
年代：清晚期
尺寸：身长 138 厘米，通袖长 142 厘米，下摆宽 116 厘米

图 Ys170 绿色提花绸满族氅衣
年代：清晚期
尺寸：身长 140 厘米，通袖长 142 厘米，下摆宽 118 厘米

氅衣的款式为两边开裾，袖子较衬衣肥大，带挽袖，应该是套在外边穿的。大多数氅衣配有花边，因为两侧开裾很高，花边几乎和托领相接，所以多数花边几乎将整件衣服围绕。挽袖比汉式挽袖宽一倍左右，挽起袖口时，织绣纹样的一半露在外面，一半在袖口里面。

二、衬衣

衬衣的流行年代、工艺特点等和氅衣相同，款式也没有太大的区别，最大的不同是氅衣左右有很高的开襟，而衬衣不开襟，左侧没有花边，俗称一裹圆，多数的下摆和右侧大襟带花边。衬衣的肥瘦差距很大，有的胸围和氅衣类似，约 75 厘米，而同样的款式，有一种瘦的，胸围仅 50 厘米左右。

图 Yf037 红色花卉纹满族衬衣
年代：清晚期
工艺：缂丝
尺寸：身长 136 厘米，通袖长 156 厘米，下摆宽 112 厘米

图 Yf039 淡青色花卉纹满族衬衣
年份：清晚期
工艺：缂丝
尺寸：身长 140 厘米，通袖长 186 厘米，下摆宽 120 厘米

图 Ys241 紫地菊花纹满族衬衣
年代：清晚期
工艺：织金面料，刺绣花边
尺寸：身长 139 厘米，通袖长 145 厘米（展开长 225 厘米）下摆宽 113 厘米

图 Ys242 蓝地牡丹花纹满族衬衣
年代：清晚期
工艺：提花面料，刺绣花边
尺寸：身长 138 厘米，通袖长 145 厘米（展开长 215 厘米）下摆宽 112 厘米

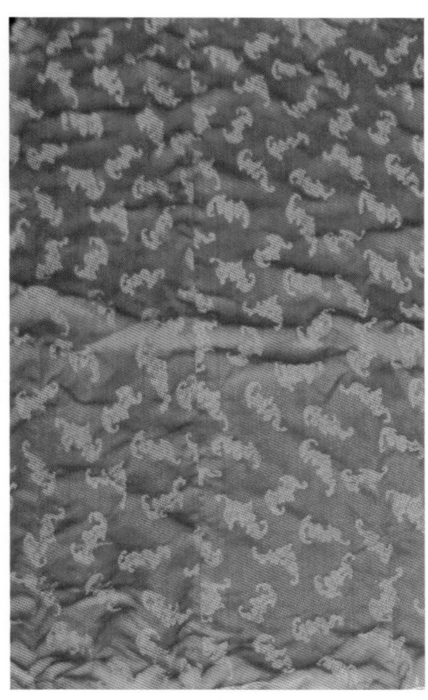

图 Ys243 红色百福百蝶纹满族衬衣
年代：清晚期
工艺：提花百福面料，刺绣百蝶花边
尺寸：身长 139 厘米，通袖长 145 厘米（展开长 225 厘米）下摆宽 113 厘米

图 Ys245 紫地牡丹纹满族衬衣
年代：清晚期
工艺：织锦面料，刺绣花边
尺寸：身长 141 厘米，通袖长 150 厘米（展开长 225 厘米）下摆宽 115 厘米

除了花边以外，氅衣和衬衣的面料主要有三种，即刺绣、缂丝和提花，采用妆花工艺的很少，各种颜色都有应用，纹样用百蝶、牡丹较普遍。氅衣普遍较肥，而衬衣的肥瘦差距较大。

第九节 汉式女装

一、汉式女龙袍

清代典章规定，只要是朝廷命官，无论是满人还是汉人，都可以穿龙（蟒）纹袍，称之为蟒袍。由于清代实行“男从女不从”的政策，在款式上，满人和汉人之间，男式龙袍没有区别，女龙袍却有很大差别。

汉式女龙袍在业内也叫作女蟒，款式基本延续明代的风格，没有托领、马蹄袖和接袖，为圆领、宽袖，袖子的两端后面各加一条龙，底襟无龙，全身共计十条龙，下摆有海水江崖。这种汉族命妇穿的龙袍的流行区域很广，传世量也很多，绝大多数是红色，其他颜色很少。晚期的汉式女龙袍，刺绣工艺的较多，有少量的缂丝，妆花和织锦工艺的年代相对较早。

汉式女蟒基本采用品字形排列的龙纹，也有少数绣过肩龙，身长到膝盖左右。因为当时女人的脚是不能外露的，所以下身和裙子配套穿用，在正式场合穿着时，外罩霞帔。

图 Ys170 红色缎地过肩龙纹汉式女龙袍
年代：清早期
工艺：妆花缎
尺寸：身长 120 厘米，通袖长 183 厘米，下摆宽 112 厘米

过肩龙的汉式女龙袍的传世较少，年代也较早。

图 Ys117 红色缎地云龙纹宽袖汉式女龙袍
年代：清中期
工艺：妆花缎
尺寸：身长 120 厘米，通袖长 192 厘米，下摆宽 118 厘米

图 Ys116 红色缎地云龙纹汉式女龙袍
年代：清中期
工艺：妆花缎
尺寸：身长 121 厘米，通袖长 190 厘米，下摆宽 112 厘米

图 Ys014 石青缎地过肩龙纹对襟褂
年代：清早期
工艺：妆花缎
尺寸：身长 118 厘米，通袖长 192 厘米，下摆宽 120 厘米

图 Yf 038 红色缂丝云龙纹汉式女龙袍
年代：清晚期
工艺：缂丝
尺寸：身长 112 厘米，通袖长 190 厘米，下摆宽 108 厘米

图 Ys114 红色缎地汉式女龙袍
年代：清中期
工艺：妆花缎
尺寸：身长 114 厘米，通袖长 185 厘米，下摆宽 110 厘米

图 Ys115 红色缎地云龙纹汉式女龙袍
年代：清中期
工艺：妆花缎
尺寸：身长 112 厘米，通袖长 174 厘米，下摆宽 108 厘米

图 Ys194 咖啡色缎地云龙纹汉式女龙袍
年代：清早中期
工艺：妆花缎
尺寸：身长 112 厘米，通袖长 182 厘米，下摆宽 113 厘米

二、霞帔

霞帔的使用场合等同于满人的朝褂，是汉族命妇在各种礼仪场合穿用的外套，前后补子的品级代表本人或丈夫的品级，霞帔的补子全部为鸟纹，武官的妻室也用鸟纹。按清代典章，霞帔应该是石青色或蓝色，但清早期的霞帔也有红色。这种现象可能和汉人当时崇尚明代的红色有关。和其他清代宫廷服装相同，年代较早的霞帔，大部分工艺精细规范，但不符合典章的现象也比较多。这种现象应属正常，因为一个新政权的规章，肯定有逐步完善的过程，每一次改朝换代，都有一个逐步完善的阶段。

妆花工艺的霞帔，传世很少，几乎都是清代早期。到清代中晚期，妆花工艺的霞帔基本绝迹，全部被刺绣和缂丝工艺所取代。从传世实物看，清代中期以后，霞帔的整体数量在快速增加，而工艺差距也越来越大。

图 Ys119 红色缎地孔雀纹三品补霞帔
年代：清早期
工艺：妆花缎
尺寸：身长 116 厘米，下摆宽 72 厘米

图 Ys120 石青缎地孔雀纹三品补霞帔
年代：清早期
工艺：妆花缎
尺寸：身长 120 厘米，下摆宽 70 厘米

图 Ys118 红色缎地孔雀纹三品补霞帔
年代：清早期
工艺：妆花缎
尺寸：身长 118 厘米，下摆宽 76 厘米

图 Ys038 石青色六品鸬鹚纹补霞帔
年代：清中期
工艺：缂丝
尺寸：身长 122 厘米，下摆宽 68 厘米

图 Ys043 石青地七品鸂鶒纹补霞帔
年代：清中期
工艺：缂丝
尺寸：身长 118 厘米，下摆宽 72 厘米

图 Ys123 石青色六品鸬鹚纹补霞帔
年代：清晚期
工艺：缂丝
尺寸：身长 116 厘米，下摆宽 70 厘米

缂丝霞帔的年代一般较晚，传世数量较多，工艺差距较大，年代越晚，工艺越粗，多数采用缂丝和绘画结合的方法，构图明显呆板。

三、汉式氅衣和裙子

汉式氅衣是清代汉族服装品种之一，由于汉族人口众多，流行时间长，整个清代到民国，都有流行。作为不受典章限制的外套，传世量很大，但是由于工艺局限等原因，织锦工艺的氅衣的传世很少，绝大部分是刺绣工艺。

汉式氅衣有前开襟的褂和侧开襟的(大襟)袍之分，但因为不是法定服装，款式和纹样上没有穿着场合和适用人群的规定，所以这里统称为汉式氅衣。

在色彩风格上，除了不能使用黄色以外，基本上和宫廷服装类似，褂主要是石青色，袍以红色为主，但两者都不绝对，只是数量相对多而已。清代汉式氅衣身长一般约为 110 厘米，比宫廷长袍短 30 厘米左右，因为汉族妇女下裳穿裙子。

图 Ys122 石青地八团灯笼纹对襟褂
年代：清中期
尺寸：身长 113 厘米，通袖长 196 厘米，下摆宽 110 厘米

图 Ys165 石青色八团花卉纹汉式氅衣
年代：清中期
尺寸：身长 110 厘米，通袖长 192 厘米，下摆宽 112 厘米

图 Ys157 蓝色梅花蝴蝶纹上衣
年代：清晚期或民国
工艺：双色织锦
尺寸：身长 88 厘米，通袖长 148 厘米，下摆宽 82 厘米

清代中晚期，刺绣工艺的服装较多，也有少量的妆花和缂丝产品。

图 Ys202 红色妆花缎裙子
年代：清中期

清中期曾流行妆花龙凤裙，但从工艺风格上看，流行的时间不长。清晚期也有少量缂丝裙子，但数量很少。

图 Ys203 红色妆花裙子
年代：清中期

图 Ys204 淡青色织金裙子
年代：清中期

图 Ys007 红色绣花裙子
年代：清中期

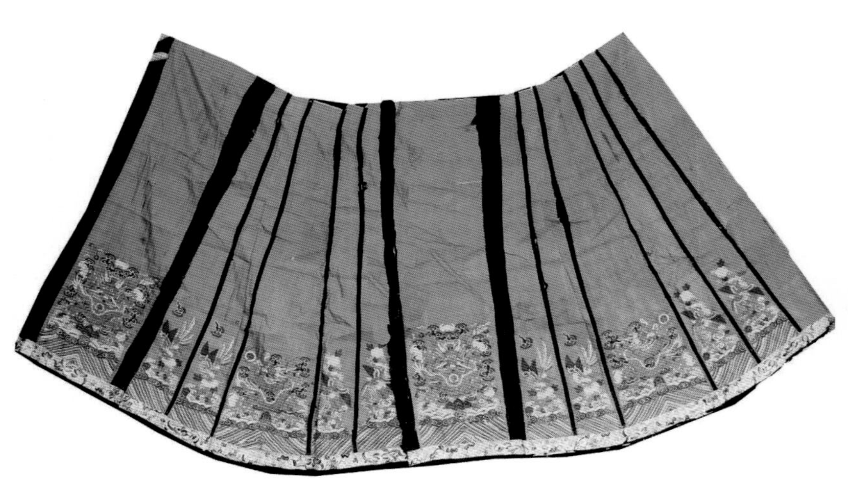

图 Yf040 浅蓝地四龙八凤纹女裙
年代：清晚期
工艺：缂丝

（a）正面

（b）反面

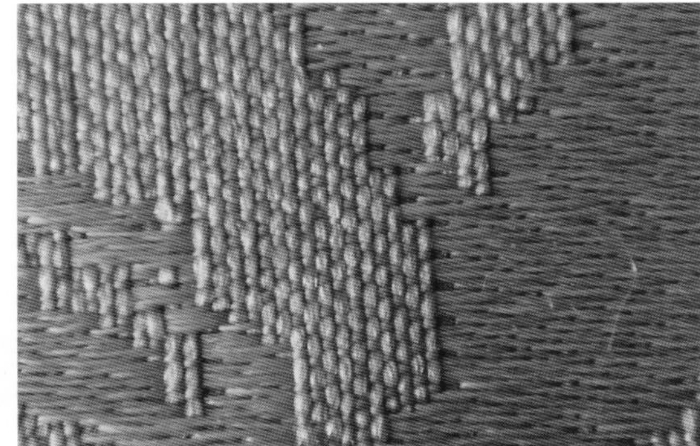

（c）局部放大图

图 Ys155 黄缎地花卉纹挽袖
年代：清晚期
工艺：双色提花

（a）正面

（b）反面

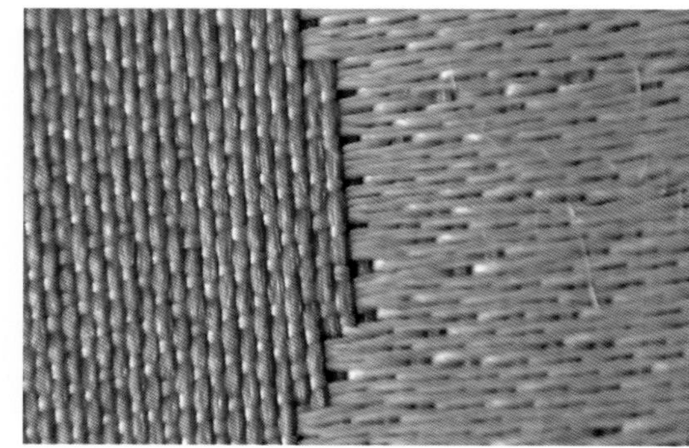

（c）局部放大图

图 Ys156 蓝缎地花卉纹挽袖
年代：清晚期
工艺：双色织锦

后记

我们注意到，世界上很多知名工艺品来自中国，而纺织品应该首当其冲。当笔者认真分析不同工艺的各种纺织品时，发现无论在工艺上还是在纹样上，中国在世界范围内始终处在领先的地位。在历史上，勤劳的中国人从桑蚕的养殖到蚕丝的应用，以及棉麻的加工制造，生产的纺织品始终使我们骄傲。

从敬奉神灵宗祖到达官显贵的生活用品，从商周时期的青铜礼器到唐宋明清的瓷杂玉翠，人们在努力追忆古人的文明，从而更多地了解先人当时的生活习惯和社会状态。笔者始终认为，对于纺织品的发展史，无论是组织结构还是衣冠款式或纹样的变化，都能够最直接地反映人类的衣着时尚和各个领域的社会现象。系统地研究古代服饰的文化和纺织技术，对于了解当时的政治、经济和时尚元素等，都具有无可替代的作用。现在有很多专家、学者在研究古代服装和纺织技术，很多史料对纺织服装领域研究的贡献极大，笔者从中获益匪浅。

由于特殊的职业环境，加之对明清纺织品的喜爱，笔者几十年来几乎每天接触明清织绣品，所接触的种类之多、范围之广，难以想象，并有意识地收藏一些具有代表性的实物。经过长时间的分析和整理，我们尽最大努力，把我们对明清织绣品的理解和认识梳理成册，为中国古代纺织品的研究尽绵薄之力。

由于现代经济的快速发展和各种合成纤维的创新和改良，20 世纪 70 年代以后，蚕的养殖不断缩小，丝织品的市场份额也日益缩减。通过多年的发展和对比，天然纤维又受到人们的青睐。此书旨在对明清纺织品的工艺、纹样、品种、名称等做一个较为完整的记载，同时有益于传统工艺的传承和发展。

2020年6月